ひと目でわかる

Visual C# 2017

Webアプリケーション開発入門

ファンテック株式会社
／五百蔵 重典
著

日経BP社

はじめに

Visual C# 2017は、多彩なクラスを持つ.NET Framework 4.6をサポートした高度な開発言語です。Visual Studioの統合開発環境を利用することで、さまざまなコントロールを装備したWebフォームを簡単に作成できます。また、ADO.NETを利用することにより、SQL ServerやOracle、Accessなどのデータベースを Webアプリケーションで操作できるようになっています。

本書は、Visual C# 2017で、SQL Server 2017を使用したWeb-DBシステムを構築するための学習書です。Visual C# 2017の最新技術と本格的なWeb-DBシステムの開発手法を、網羅的にわかりやすく習得できるようにまとめています。各章の手順どおりに操作していくことで、Web-DBシステムの開発手順、Visual C# 2017の言語技術、Visual Studioの統合開発環境の使い方、SQL Serverデータベースとのやり取り、AJAXの利用方法、IISの設定方法など、Web-DBシステムを構築するために必要となる基本的な開発手法を自然に習得できます。

操作しながら学習できる

わかりやすい解説とサンプルプログラムにより、手順どおりに操作するだけで、スムーズにVisual C# 2017によるWeb-DBシステムの開発技術を学ぶことができます。

Web-DBシステム開発の流れを踏まえた構成

Web-DBシステムの開発で必要なポイントをしっかりと習得できるようにするため、一般的なシステム開発で必須となるデータベースの設計や基本設計書の作成などの重要な事柄を、サンプルアプリケーションを構築する一連のシステム開発工程の流れの中で丁寧に解説しています。また、Webサーバー（IIS）の環境設定についても説明しています。

Web-DBシステムとして必要な機能を網羅したサンプルを提供

一般的なシステム開発で必要となる機能を網羅したサンプルアプリケーションは、実際にオリジナルのWeb-DBシステムを開発する際にも、すぐに活用できる多くの開発技法が含まれています。

SQL Serverの操作方法を解説

SQL Serverは、マイクロソフト社が提供する高性能なリレーショナルデータベース管理システムです。本書では、SQL Serverの準備や、データベースおよびテーブルの作成、バックアップ方法など、Web-DBシステムを開発するために必要となる操作方法について、できる限り詳細に説明しています。

本書がこれからWeb-DBシステムを開発しようとするSEやプログラマの方々にとって、大きなステップアップの一助となれば幸いです。

本書の表記

本書では、次のように表記しています。

■ウィンドウ、アイコン、メニュー、コマンド、ツールバー、ダイアログボックスの名称やボタン上の表示、各種ボックス内の選択項目の表示を、原則として［ ］で囲んで表記しています。

■手順説明の中で、「［○○］メニューの［××］をクリックする」と記載されている場合は、［○○］メニューをクリックしてコマンド一覧を表示し、［××］をクリックしてコマンドを実行します。

■階層化されたメニューのコマンドを選択する場合は、メニュー名に続いて、コマンド名を「－」（ハイフン）で結合して記載しています。たとえば、「［ファイル］メニューの［新規追加］－［プロジェクト］をクリックする」と記載されている場合には、［ファイル］メニューの［新規追加］をマウスでポイントして、サブコマンドとして表示される［プロジェクト］をクリックします。

■ツリー構造の階層を表す場合には、親の階層から順次「－」（ハイフン）で結合して表記しています。たとえば、「［インストール済み］－［Visual C#］－［Web］」のように記載されている場合には、それぞれを▷や［+］をクリックして順次展開します。

■キーボードのキーはCtrlのように表記しています。

■入力する文字列などについては**色付きの太字**で表記しています。

■コンピューター名やシステムで入力する値など、環境や操作によって変わる箇所については*イタリック体*で表記しています。

■コードは次のような書体になっています。

```
protected void FormView1_ItemUpdating(object sender, ➔
  FormViewUpdateEventArgs e)
{
  // 最終更新日時と最終更新者をセットする
  e.NewValues["update_date"] = DateTime.Now;          ┐
  e.NewValues["update_staff_name"] = "(―――)";        ┘ 1
}
```

・色文字部分は入力するコードです。
・紙面に見やすく収まるように➔で改行しています。実際にコードを記述する場合は、この➔は入力せずに、次の行のコードを続けて入力してください。
・1などの数字は、その後のページの「コードの解説」で使用している番号です。
・本書に記述されているコードとVisual Studioのコードエディターに入力したコード、ダウンロードしたサンプルファイルのコードは多少異なる（インデントの位置やコメントの有無、空行など）ことがありますが、動作に違いはありません。

トピック内の要素とその内容については、次の表を参照してください。

要 素	内 容
ヒント	他の操作方法や知っておくと便利な情報など、さらに使いこなすための関連情報を紹介します。
注 意	操作上の注意点を説明します。
参 照	関連する機能や情報の参照先を示します。
用 語	本文中に「*」が付いている用語について解説します。

ソフトウェア名の記載について

本書では、主なMicrosoftのソフトウェア名に対し、次のように表記しています（その他のMicrosoft製品の場合も、以下の規則に準じて表記しています）。

Microsoft Windows 10 .... **Windows 10、Windows**
Microsoft Visual Studio 2017 .... **Visual Studio 2017、Visual Studio**
Microsoft Visual C# 2017 .... **Visual C# 2017、Visual C#**
Microsoft SQL Server 2017 .... **SQL Server 2017、SQL Server**
Microsoft SQL Server 2017 Express .... **SQL Server 2017 Express**
Microsoft SQL Server Management Studio
.... **SQL Server Management Studio、Management Studio**

本書のサンプルファイルについて

本書のサンプルファイルは、学習で使用するコンピューターにダウンロードしてご利用ください。次の手順でダウンロードすることができます。なお、表示されたページでサンプルファイルを使用する際の注意事項を確認したうえでご利用ください。

❶以下のサイトにアクセスします。
http://ec.nikkeibp.co.jp/nsp/dl/05378/
❷表示されたページにあるダウンロードのアイコンをクリックしてダウンロードします。
❸ダウンロードしたZIP形式の圧縮ファイルを解凍すると［VC2017Web］フォルダーが作成されます。
❹解凍したフォルダーに含まれるReadmeファイルをお読みください。ファイルの利用方法および注意事項が記載されています。

本書編集時の環境について

本書の編集にあたり、次のソフトウェアを使用しました。

■環境1（開発環境のクライアント）
- Windows 10 Pro（64ビット版）バージョン 1803
- Visual Studio Community 2017 バージョン 15.7.1
- SQL Server 2017 Express バージョン 14.0.1000
- SQL Server Management Studio バージョン 14.0.17230.0

■環境2（サーバー）
- Windows Server 2016 Standard バージョン 1607
- SQL Server 2017 Express バージョン 14.0.1000
- SQL Server Management Studio バージョン 14.0.17230.0

注意事項

本書の説明および操作画面のサンプルでは、上記の環境1を使用しています（Windows Server 2016の記述のみ環境2を使用)。他の環境（エディションやバージョンなど）や異なる設定内容の場合には、操作内容および画面表示において、若干の相違があるという点にご注意ください。

また、本書ではWindows 10による操作説明を行っていますが、Windows 7、8、8.1でも学習していただくことができます。ただし、それらのバージョンでは操作方法に若干の相違がある場合があります。

本書に掲載されているWebサイトについて

本書に掲載されているWebサイトに関する情報やURLアドレスは、本書の編集時点で確認済みのものです。Webサイトは、内容やURLアドレスの変更が頻繁に行われるため、本書の発行後、内容の変更、追加、削除やアドレスの移動、閉鎖などが行われる場合があります。あらかじめご了承ください。

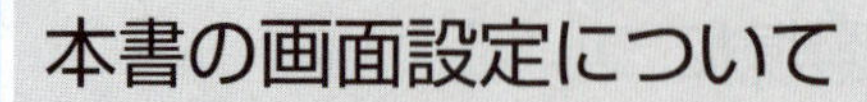

本書の画面設定について

本書では、Visual Studioの統合開発環境のウィンドウを次の画面のように表示しています。それぞれのウィンドウが表示されていない場合には、[表示] メニューで該当するウィンドウを表示してください。ツールボックスのウィンドウの表示/非表示を切り替えるには、ツールボックスの [自動的に隠す] ボタンをクリックします。また、本書の画面ではプロパティを探しやすくするために、プロパティウィンドウの [アルファベット順] ボタンをクリックして、アルファベット順に並べた状態で表示しています。

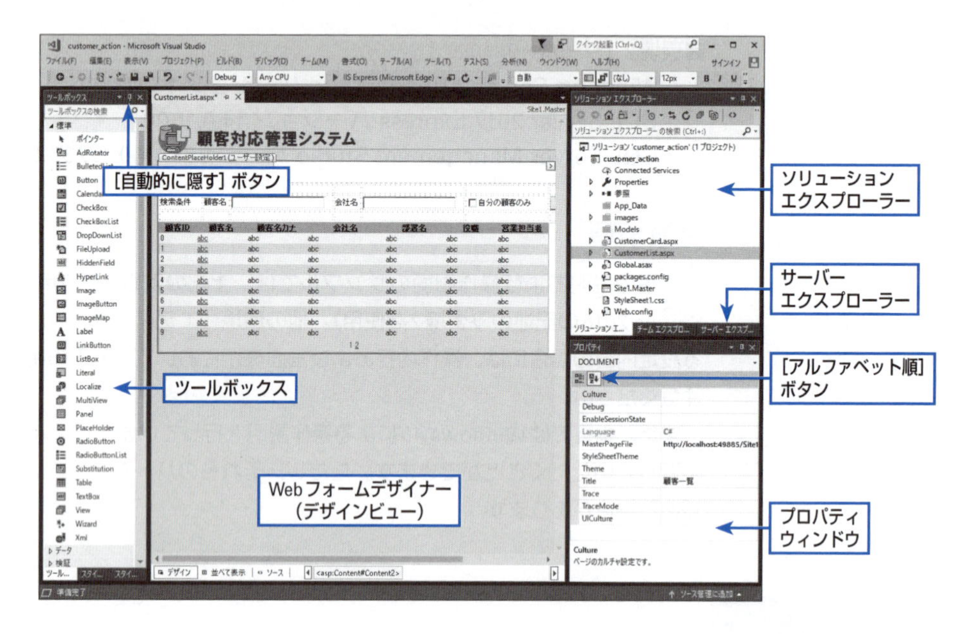

第14章 インターネット インフォメーション サービス(IIS)の環境構築 303

第15章 本番環境への導入とシステムテスト 319

Visual C#とSQL Serverによる Web-DBシステムの開発手順

第1章

この章では、Web-DBシステムの基本的な構成や開発に必要となる技術を整理して、Visual C# 2017を使用した一般的なシステム開発の手順を紹介します。

▼この章で学習する内容

STEP 1 Web-DBシステムの開発を始める前に理解しておきたい事柄として、ASP.NETによるWeb-DBシステムの基本的な動作の仕組みと、開発に必要となる知識や技術を整理します。

STEP 2 Web-DBシステムを稼働させるために必要なサーバーの構成について学習します。1台のサーバーだけを使用する場合と、2台のサーバーを使用する場合があります。

STEP 3 実際にVisual C#でWeb-DBシステム開発を行うために必要となる知識と技術を整理します。自分の不足している知識と技術を確認してください。

STEP 4 システム設計からデータベース構築、プログラム開発、テスト、環境構築といった、Visual C#によるWeb-DBシステム開発の手順を学習します。

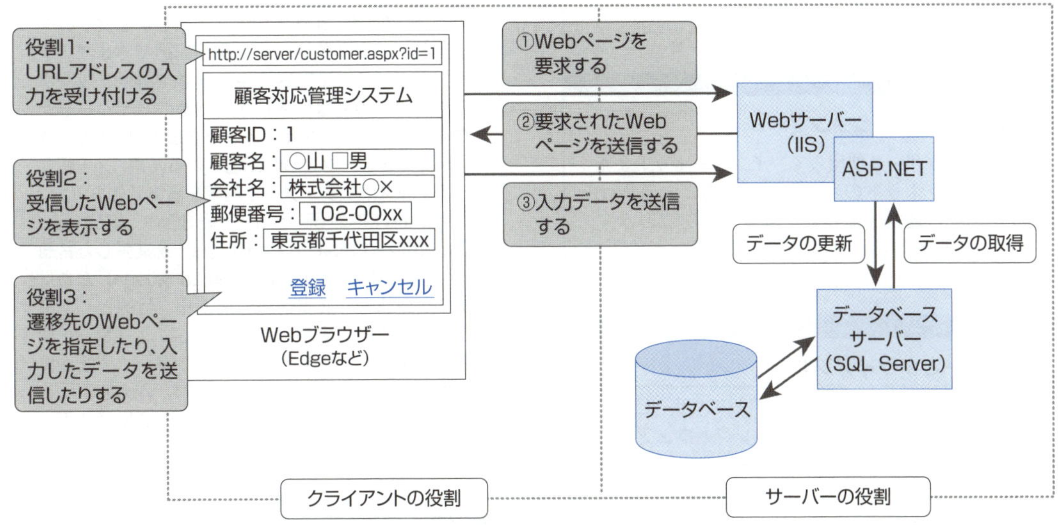

▲ASP.NETによるWeb-DBシステムの動作の仕組み

1 Web-DBシステムの動作の仕組み

最初に、ASP.NETによるWeb-DBシステムがどのような仕組みで動作するのかを整理しておきましょう。また、Webサーバーとデータベースサーバーの役割についても説明します。

Webサーバーとデータベースサーバー

Web-DBシステム*は、Webサーバーとデータベースサーバーが連携して動作するWebアプリケーション*です（ここでのサーバー*は、いずれもハードウェアではなくソフトウェアを意味しています）。Webサーバーは、クライアント*のコンピューターで動作するWebブラウザーの要求に応じて、HTML*形式でWebページ*のデータを送信する機能を持つソフトウェアです。データベースサーバーは、データを管理する機能を持つソフトウェアです。データベースサーバーは、データベースにデータを格納し、Webサーバーに要求されたデータを受け渡します。また、Webサーバーからのデータの新規追加、更新、削除といった要求に応じて、データベース上のデータを処理します。

なお、本書では、Webサーバーとしてインターネット インフォメーション サービス（IIS：Internet Information Services）、データベースサーバーとしてSQL Server 2017、WebブラウザーとしてEdgeまたはInternet Explorerを使用します。

用語

Web-DBシステム

Webブラウザーで動作するデータベースシステムのことです。

用語

Webアプリケーション

Webブラウザーを使用して、インターネットまたはイントラネットのネットワーク内にあるWebサーバーと通信することで動作するアプリケーションの形態です。

用語

サーバーとクライアント

サーバーとは、ネットワークを介して、サービスを提供するハードウェアもしくはソフトウェアのことを言います。サーバーには、Webサーバー、データベースサーバー以外にも、ファイルサーバー、DNSサーバー、メールサーバーといったものがあります。

クライアントは、サーバーからサービスを受けるハードウェアやソフトウェアのことを言い、Web-DBシステムの場合で言えば、Webサーバーとやり取りするWebブラウザーやコンピューターがクライアントということになります。

用語

HTML

HyperText Markup Languageの略。Webページの記述に使用される言語で、タグという文字列を使用して、構造化された文書を記述できます。また、タグを使って文書の中に画像や動画をリンクしたり、他の文書に遷移するためのハイパーリンクを埋め込んだりすることができます。HTML自体はテキストデータとして記述されるため、メモ帳などのテキストエディターで内容を編集できます。

なお、HTMLの元となったSGML（Standard Generalized Markup Language）を拡張した言語に、XML（Extensible Markup Language）があります。SGMLは文書情報の構造化を目的として策定されたものですが、XMLはさらにユーザーが独自のタグを定義できるようになっており、さまざまな用途での活用を可能にしています。Visual Studioでも、環境設定用のファイルなどでXMLが使用されています。

用語

Webページ

Webブラウザーに表示されるひとまとまりのデータ群を表します。Webページには、HTMLによって構造化されたテキストデータと、そこからリンクされた画像や動画などのファイルが含まれます。

ASP.NETによるWeb-DBシステムの仕組み

ASP.NETによるWeb-DBシステムは、以下のような仕組みで動作します。

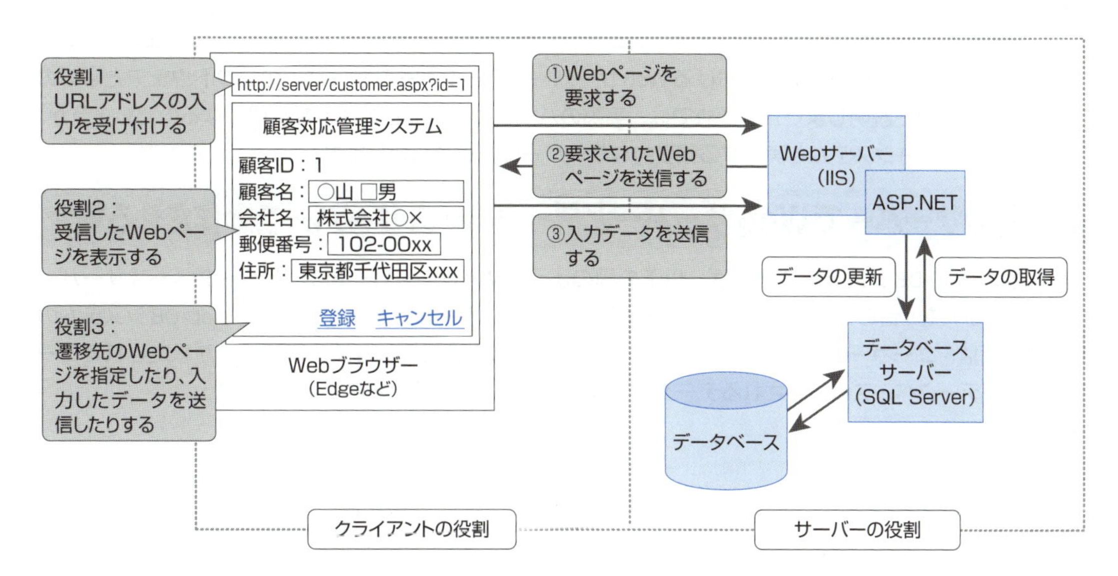

Webブラウザーは、Webサーバーとネットワーク上で通信することで動作します。ユーザーがWebブラウザーにURLアドレスを入力することで、URLアドレスで指定されたWebサーバーに、Webページのリクエスト（要求）が送信されます。

Webサーバーは、受信したURLアドレスを解析して、リクエストされたWebページを送信します。Webサーバーの当初の機能は、Webブラウザーから要求された静的なWebページ※を配信することであり、ユーザーの要求に合わせて動的にWebページを生成する機能は持っていません。しかし、Webサーバーのオプション機能を利用することで、動的なWebページ※を生成できるようになります。IISにおいて、動的にWebページを生成するためのオプション機能の1つが「ASP.NET」です。ASP.NETを利用すると、Visual C#やVisual Basicといった言語で記述されたプログラムによって、配信するWebページを動的に生成できます。

また、ASP.NETには、データベースとやり取りを行う機能も装備されています。Web-DBシステムでは、データベースに格納されたデータをユーザーに提供する機能と、ユーザーが入力したデータをデータベースに格納する機能が必要になりますが、これらの動作もASP.NETで実現できます。なお、本書では、ASP.NETによるプログラムはすべてVisual C#で記述します。

用語

静的なWebページと動的なWebページ

静的なWebページとは、あらかじめ記述されたコンテンツのことを言います。動的なWebページとは、ユーザーの要求などに応じてオンデマンドで作成されるWebページのことを言います。たとえば、ユーザーが条件を指定すると、一覧の情報が変化するようなものが動的なWebページです。

2 Web-DBシステムの構成

前の節では、Web-DBシステムにおけるWebサーバーとデータベースサーバーのソフトウェアとしての役割と動作について説明しました。それでは、実際のハードウェアはどのような構成になるのでしょうか。ここでは、Web-DBシステムを実現する代表的なサーバーの構成を紹介します。

1台のサーバーでWebサーバーとデータベースサーバーを動作させる場合

小規模なWeb-DBシステムであれば、以下の図のようにWebサーバー（IIS）とデータベースサーバー（SQL Server）を1台のコンピューター（サーバー）にインストールできます。なお、Web-DBシステムの規模の判断は、ユーザー数（システムを利用するユーザー数の合計ではなく、同時接続が想定されるユーザー数）やデータベースに格納されるデータの量、処理の重さ、処理の頻度で決定します。

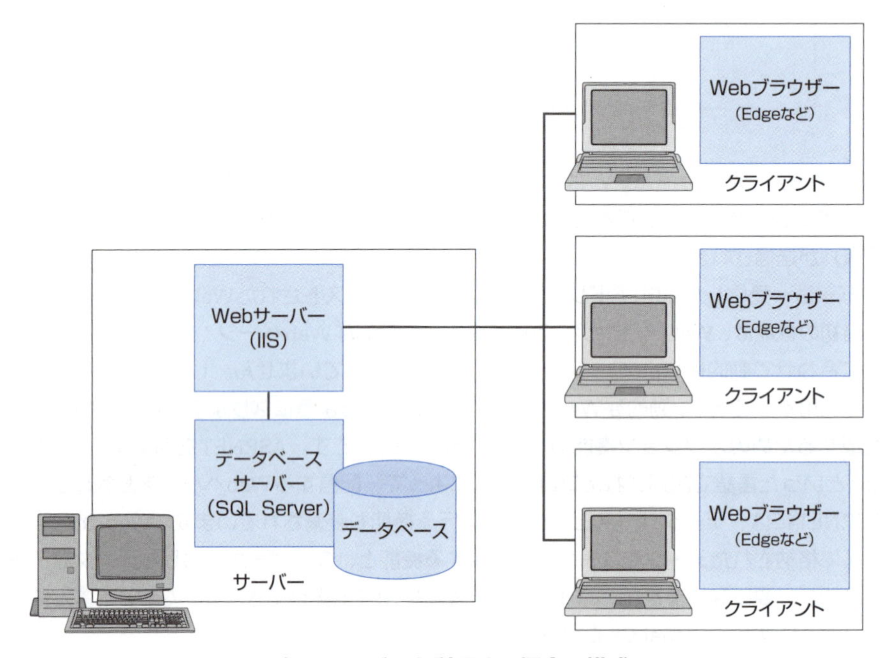

1台のサーバーを利用する場合の構成

Webサーバーとデータベースサーバーを別々のサーバーで動作させる場合

ある程度の規模のWeb-DBシステムであれば、安定性を向上させ処理速度を上げるために、ネットワーク上に2台のコンピューターを用意して、1台をWebサーバー、もう1台をデータベースサーバーとして利用します。一般的に、Web-DBシステムでは、Webサーバーよりもデータベースサーバーの方がシステム全体における負荷が高いため、データベースサーバーの方に性能（CPU、メモリ、ハードディスクなど）の高いコンピューターを準備してください。

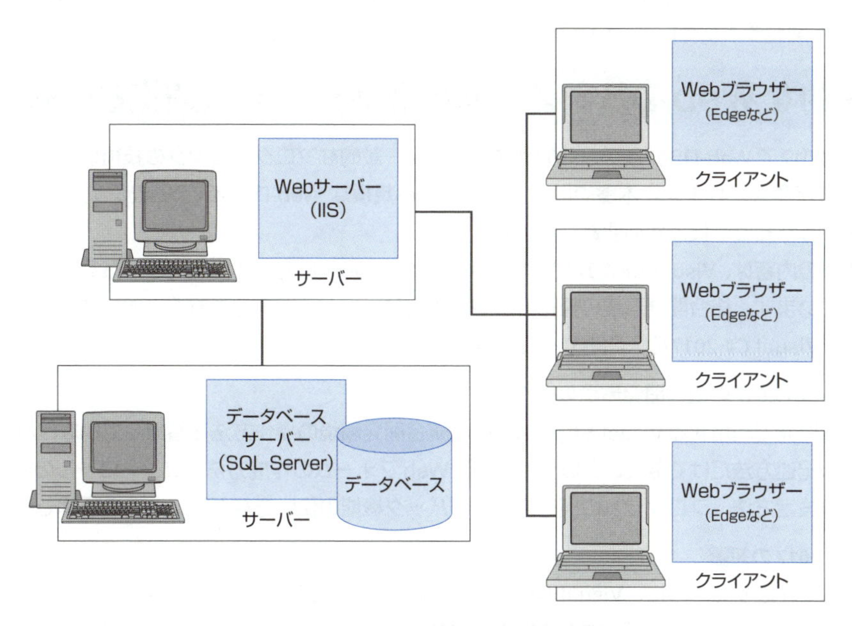

2台のサーバーを利用する場合の構成

注意

インターネットに公開する場合

インターネットに公開するWeb-DBシステムにおいて、データベースに個人情報や機密情報が含まれているときには、直接インターネットから参照可能なコンピューター（グローバルIPアドレスを持つコンピューター）でデータベースサーバー（SQL Server）を実行しないようにしてください。これは、データベースサーバーのOSやソフトウェアなどにセキュリティホールが残されていたり、新たなセキュリティホールが発見されたりした場合、インターネット上からデータベースに格納されているデータが不正に読み出されたり、書き換えられたりする危険性があるためです。

インターネットに公開するWeb-DBシステムの場合には、Webサーバーとデータベースサーバーを別々のコンピューターで実行するようにして、Webサーバーだけをインターネット側に公開します。そして、Webサーバーとデータベースサーバーはローカルの IPアドレスによって接続します。

ヒント

データベースのバックアップ

実際にWeb-DBシステムを運用する際には、障害の発生に備えて、データベースのバックアップを欠かすことはできません。SQL Server 2017では、データベースのバックアップはハードディスクやテープメディア（DDS、DLTなど）に作成できます。なお、バックアップをハードディスクに作成する場合には、ハードディスクの破損を想定して、コンピューターが動作しているディスクとは物理的に異なるハードディスクに保存することを検討してください。

3 Web-DBシステムの開発に必要な知識と技術

Visual C# 2017でWeb-DBシステムを開発する場合には、どのような技術が必要になるのでしょうか。ここでは、Web-DBシステムの開発に必要な知識と技術を整理します。本書をお読みになる上では、ここに列挙した知識と技術をすべて習得していなければならないというわけではありませんが、実際に独自のWeb-DBシステムを開発するためには、いずれも欠くことのできないものと言えます。

一般的なWeb-DBシステムの開発に必要な知識と技術

Visual C# 2017でWeb-DBシステムを開発するには、一般的なプログラミングの技術以外にも、さまざまな知識や技術が要求されます。本書で取り上げている小規模なWeb-DBシステムを開発する場合であっても、以下のような知識や技術が必要となります。

なお、本書の内容は、Visual C# 2017および.NET Frameworkに対する基本的な知識を習得していることを前提としています。総合開発環境の操作方法や基本的なプログラムの記述方法、.NET Frameworkの知識については、Visual C# 2017の入門書やヘルプなどをお読みください。

●Visual Studio 2017の統合開発環境の操作方法

プログラム開発で利用するVisual Studio 2017の統合開発環境の操作方法を習得していなければなりません。コードの記述方法だけでなく、プロジェクトやWebフォームの作成方法、コントロールの配置方法、オブジェクトの設定方法、プログラムの実行方法、デバッグ機能の使い方などについての理解も必要です。

●Visual C# 2017の知識

プログラムを作成するために、Visual C# 2017によるコードの記述方法（変数やメソッドの定義方法、ステートメントの記述方法、オブジェクトの操作方法など）を習得している必要があります。

●.NET Frameworkの知識

Visual C# 2017でコードを記述するためには、.NET Frameworkの概要と.NET Frameworkに含まれるクラスの使い方を理解しなければなりません。なお、.NET Frameworkについては、Visual Studio 2017のヘルプを参照することで、その詳細情報を得ることができます。

●ADO.NETの知識

Visual C# 2017では、データベースとの汎用的なアクセスインターフェイスとして、ADO.NETという技術が提供されています。ADO.NETでは、異なるデータベースエンジンを使用した場合であっても、共通のクラスライブラリによってデータのやり取りが可能です。

Visual C# 2017では、多くのWebフォーム用標準コンポーネントが提供されているため、データベースのデータを表示したり、編集画面を作成したりするだけであれば、ADO.NETの技術を理解している必要はありません。しかし、コードを記述して、データベースのデータを読み出したり、データの一括更新処理を実行したりする場合には、ADO.NETを利用することになります。ADO.NETの利用方法の詳細については、「第10章 プログラムによるSQLステートメントの実行」を参照してください。

●AJAX（エイジャックス）の知識

AJAXはWebページ内のクライアントスクリプトによって非同期でデータをやり取りし、Webページの一部を書き換えることでユーザーインターフェイスを向上させる技術の総称です。AJAXを利用することで、従来のWebアプリケーションを越えた効率的で使いやすいユーザーインターフェイスを実現することができます。たとえば、Webページのリロードや別ページへの遷移なしにWebページの一部を書き換えたり、AJAXによるクライアントコンポーネントでWebページにさまざまな拡張機能を装備したりすることができます。AJAXを利用するためには、AJAXの技術的な実現方法を理解する必要があります。また、AJAXによる拡張コントロールを利用する場合には、それらのコントロールの導入方法や設定方法を理解しなければなりません。AJAXについては、「第11章 AJAXの利用」を参照してください。

●データベースの設計技術

Web-DBシステムを開発するためには、システムで使用するデータベースを適切に設計する技術が必要となります。少なくとも、開発するシステムのデータベースにおいて、どのテーブルにどのようなデータ型の列が必要であるかということを定義できなければなりません。データベースの設計の詳細については、「第2章 データベースとSQLの基礎」および「第3章 システムの基本設計」を参照してください。

●SQLの知識

SQL（Structured Query Language）は、リレーショナルデータベースを操作するための言語です。プログラムでデータベースに対する処理を実行するには、SQLステートメントを記述して、データベースに格納されているデータを取得したり、データベース上のデータを操作したりすることになります。そのためには、SQLの文法を理解して、SQLステートメントの記述方法を習得していなければなりません。SQLの詳細については、第2章の「6 SQLの概要」および「第5章 SQLステートメントの記述と実行」を参照してください。

●データベース管理ツールの利用方法

Web-DBシステムで利用するデータベースを構築するには、データベース管理ツールの操作方法を習得していなければなりません。データベースの作成、テーブルの作成、列の定義、主キーの設定など、データベースに関するさまざまな操作は、データベース管理ツールを使用して実行できます。これらのツールの操作方法はデータベース管理システムによって異なるため、使用するデータベース管理システムのマニュアルやヘルプを参考にしてください。

なお、SQL Serverのデータベースは、SQL Server Management StudioというユーティリティやVisual Studio 2017の統合開発環境に装備されているサーバーエクスプローラーを使用して操作できます。

SQL Server Management Studioの操作方法については、「第4章 SQL Serverデータベースの準備」を参照してください。

●HTMLの知識

Visual C#では、Webフォームに対して処理に必要なコードを記述することで、Webアプリケーションを開発します。Webフォームは、Visual Studioの統合開発環境でWebフォームデザイナーというGUI画面で各種コントロールを配置することで簡単に作成できますが、その裏側ではHTML（HyperText Markup Language）が自動的に生成されます。そのため、複雑なUI処理を要求されるWeb-DBシステムを開発しようとした場合には、WebフォームデザイナーでWebフォームを作成するだけでなく、HTMLを直接編集する技術も必要になります（Webフォームデザイナーを使用せずに、HTMLを記述してWebフォームを作成することもできます）。

また、完成したWeb-DBシステムをデバッグする際には、Webブラウザーに送信されたWebページのソースを解析する必要もあります。その場合にも、HTMLの知識は必須と言えます。

●インターネット インフォメーション サービス（IIS）の知識とIISマネージャーの使い方

WebブラウザーにWebページを配信するには、Webサーバーが必要です。本書では、Windowsに装備されているインターネット インフォメーション サービス（IIS）を使用するため、IISによるWebサイトの管理方法、仮想ディレクトリの作成方法、各種プロパティの設定方法を習得していなければなりません。IISの操作方法については、「第14章 インターネット インフォメーション サービス（IIS）の環境構築」および「第15章 本番環境への導入とシステムテスト」を参照してください。

4 Web-DBシステムの開発手順

Web-DBシステムは、どのような手順で開発するのでしょうか。ここではVisual C# 2017を使用したWeb-DBシステムの一般的な開発手順を紹介します。

一般的なWeb-DBシステムの開発手順

Visual C# 2017による一般的な開発手順は、以下のようになります。それぞれの手順ごとに、該当する章を記載しておきますので、本書を読み進める際の参考にしてください。

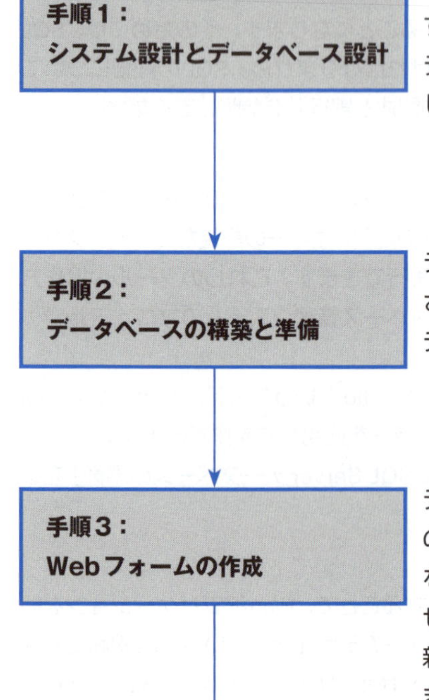

システムの機能や処理内容を整理して、システム全体の構成と使用するデータベースを設計します。データベースの設計は、個々のテーブルを定義してから、それぞれのテーブルに含まれる列を定義します。

➡「第3章 システムの基本設計」

データベースの設計内容に基づいて、データベースを構築します。さらに、開発時のテストで利用できるようにするため、それぞれのテーブルにサンプルデータを入力しておきます。

➡「第4章 SQL Serverデータベースの準備」

データ入力やデータ閲覧用のWebフォームを作成します。それぞれのWebフォームには、データベースと連動するためのデータソースを配置します。さらに、Webフォームごとにシステムの要求に合わせたコントロールを配置して、データの表示や絞り込み、追加、更新、削除などの機能を装備します。

また、Webフォームによっては、データベースからデータを読み出したり、データを一括更新したりするためのコードを記述します。

➡第6章～第11章

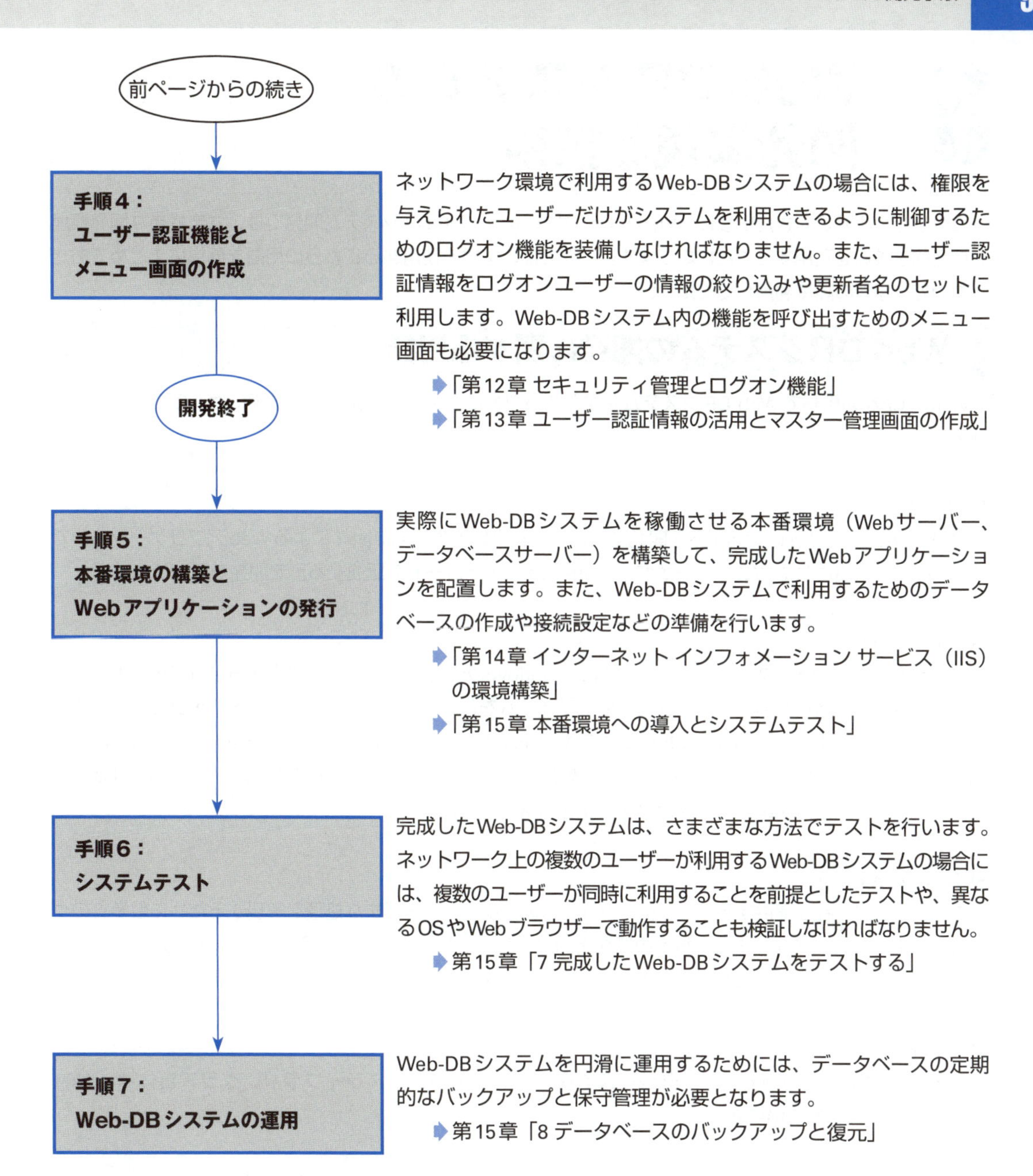

ヒント

ウォーターフォール型開発手法

本書で取り上げているような「要求定義」→「システム設計」→「システム開発」→「システムテスト」といった流れで行う開発手法を、「ウォーターフォール型開発手法」と言います。ウォーターフォール型開発手法は、要求定義やシステム設計といった初期段階でのミスが、開発工程全体に大きな影響を与えることもあり、最近では別の開発手法が模索されていますが、今のところ最も一般的な開発手法です。

別の開発手法として、変化する要求に応えるため、最近では「アジャイル型開発手法」の採用も増えています。アジャイル型開発手法は、すべての仕様を決定せずに開発を開始し、必要な機能ごとに開発、テスト、修正、機能改善を繰り返しながら開発を進行するやり方です。

5 Web-DBシステムの開発環境と技術

これまでに説明してきたように、Visual C# 2017によるWeb-DBシステム開発では、さまざまな開発環境や複合的な技術を利用することになります。ここでは、本書で使用するこれらの用語を簡単にまとめておきますので、学習の際に利用してください。

Web-DBシステムの開発に関する用語

Visual C#を利用してWeb-DBシステムを開発する場合に、必要な開発環境や技術には、以下のものがあります。

●Visual C#

プログラム言語。Visual Studioを開発環境として利用します。ASP.NETによるWebアプリケーションでは、HTMLで記述されたWebフォームに、Visual C#によるコードを記述する形で開発を行います。

●Visual Studio

統合開発環境。Webアプリケーションの他に、Windowsアプリケーションも開発できます。Visual Studioには統合的な開発環境が装備されており、Webフォームを作成したり、プログラムをデバッグしたりする機能が用意されています。Visual Studio 2017では、Visual C# 2017の他に、Visual Basic 2017、Visual C++ 2017、Visual F# 2017などの言語が使用できますが、ASP.NETによるWebアプリケーションの開発ではVisual C# 2017、Visual Basic 2017のいずれかを利用します。

●.NET Framework

マイクロソフト社が提供するアプリケーションの動作環境。さまざまな処理を実現するために数多くのクラスが提供されています。また、特定の開発言語に依存せずに動作するという特徴もあります。Visual C# 2017は、.NET Framework 2.0、3.0、3.5、4.0、4.5、4.6上で動作するプログラムを開発できます。

●ADO.NET

Visual C#やVisual Basicでデータベースを操作するためのクラスライブラリ。クラス自体は、.NET Frameworkに含まれています。

●AJAX（エイジャックス）

JavaScriptによるクライアントスクリプトを用いた非同期の処理により、Webページの一部を書き換える拡張技術。AJAXを利用することで、Webページのリロードや別ページへの遷移なしにWebページの一部を書き換えたり、Webページ内でさまざまな処理を実現したりできます。

●インターネット インフォメーション サービス（IIS：Internet Information Services）

マイクロソフト社の提供するWebサーバーで、Windows 10やWindows Server 2016などのOSに標準的に装備されています。IIS単体では、Webブラウザーからのリクエストに応じて、HTMLによる静的なWebページを送信するための機能しか持っていませんが、ASP.NETを追加することでVisual C#などによるプログラムを実行して動的なWebページを送信できるようになります。

●ASP.NET

IISのオプション機能として提供されている.NET Frameworkを使用したアプリケーション実行環境。ASP.NETではVisual C#やVisual Basicのプログラムを実行でき、ユーザーの要求に合わせた動的なWebページの配信を可能にしています。また、ASP.NETでADO.NETを利用すると、プログラムからデータベースを操作できるようになります。

●SQL Server

マイクロソフト社の提供するデータベース管理システムで、Windows上のサービスとして常駐した形で動作します。SQL Serverを利用すると、データベースにデータを格納し、プログラムからの要求に応じて、データの抽出、登録、削除を行うことができます。

以下の図は、これらのWeb-DBシステムの開発に関わる主要な開発環境や技術をまとめたものです。

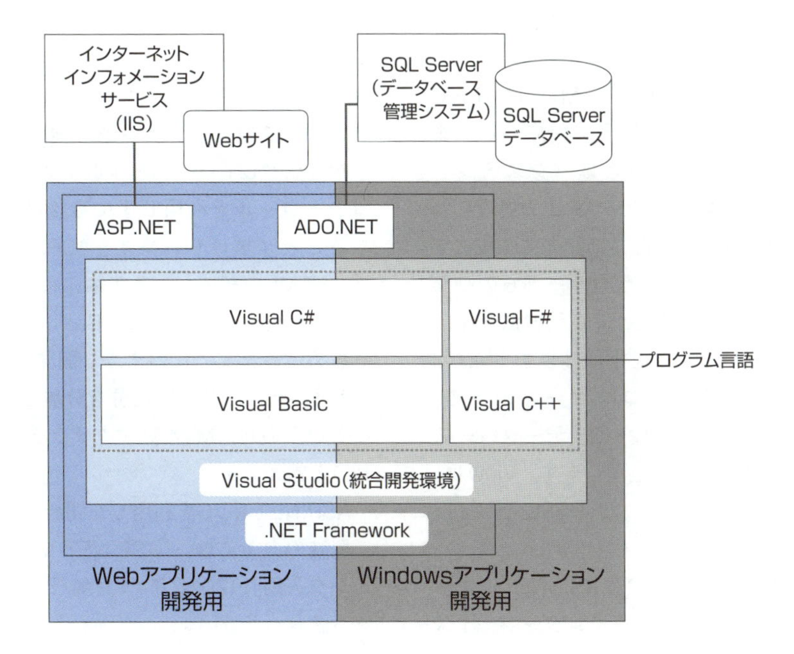

ASP.NET MVC

Visual Studio 2017は、新しいWebアプリケーションの開発アーキテクチャとしてASP.NET MVCに対応しています。ASP.NET MVCはASP.NETとは根本的に異なるアーキテクチャであり、これまでのASP.NETとは別の手法でWebアプリケーションを開発することができます。

従来のASP.NETによるWebアプリケーションの開発は、ポストバックやビューステートといった機能の実装により、イベントドリブン型のWindowsアプリケーションと同様の開発を可能にしたものでした。具体的には、ユーザーインターフェイスであるWebフォームを用意して、そこに必要となるコントロールを配置し、Webフォームやコントロールへのイベントに対するプログラムを記述していく開発手法を取ります。

これに対して、ASP.NET MVCは「MVCアーキテクチャ」による開発に対応しています。MVCアーキテクチャとは、システムをModel（データ処理部）、View（入出力処理部）、Controller（制御部）に分離して開発する技法です。Controllerは、Webブラウザーからのリクエストを受け付けて、Viewに表示方法を指示し、Modelにデータ生成を指示します。Modelはデータの管理を行うコンポーネントで、Controllerからの指示によって、データベースにアクセスしてデータを処理します。Viewは、Modelから受け取ったデータをHTMLとして出力します。

つまり、ASP.NET MVCはASP.NETによるWebフォームというユーザーインターフェイス中心の開発ではなく、Model、View、Controllerという3要素に分離した開発が可能になっているのです。

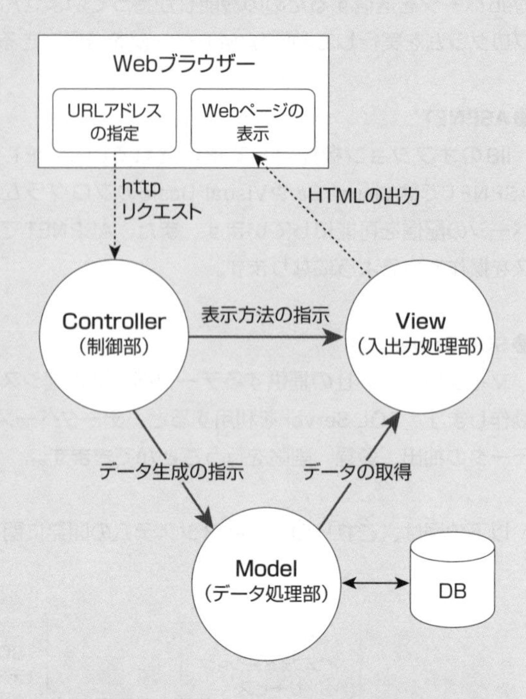

Webアプリケーションを開発する際の大きな相違点としては、ツールボックスのサーバーコントロールを利用せずに直接HTMLを記述することが挙げられます。ASP.NET MVCでは、HTMLを記述し、その中に<% %>で括った形でVisual C#やVisual Basicのプログラムを埋め込みます。このような開発手法により、デザイン部分とコード部分を分離して開発できるというのが、MVCアーキテクチャの最大の利点と言えます。

ASP.NET MVCを利用した開発の詳細について興味のある方は、「ASP.NET MVCプログラミング入門」（2016年11月発行、日経BP社）をお読みください。

データベースとSQLの基礎

第2章

Web-DBシステムを開発する際には、事前にデータベースを設計し、構築する必要があります。そのためには、まずデータベースについて正しく理解することが大切です。
この章では、リレーショナルデータベースと、リレーショナルデータベースを操作するための言語であるSQLについて、基本的な事柄を学習します。

▼この章で学習する内容

STEP 1 データベースの機能とメリットを確認し、実際にWeb-DBシステムでデータベースがどのように動作するのかを学習します。

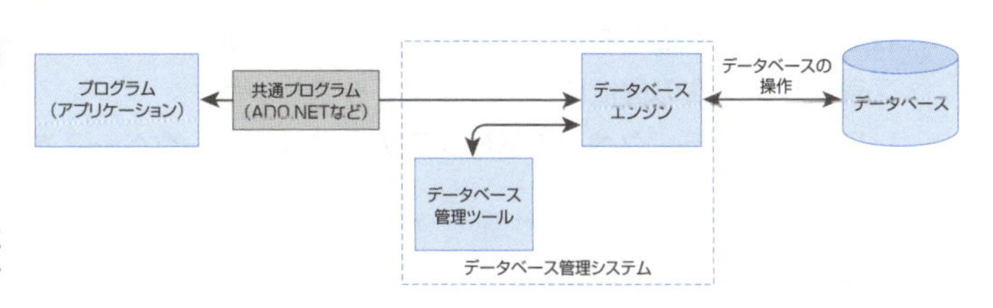

▲データベース管理システムとアプリケーションの関係

STEP 2 リレーショナルデータベースの概要と、実社会の事象をテーブルとして定義していく方法を学習します。テーブルを定義する際には、実体の属性を検証して、属性の値を格納するのに適切なデータ型を選定する必要があります。

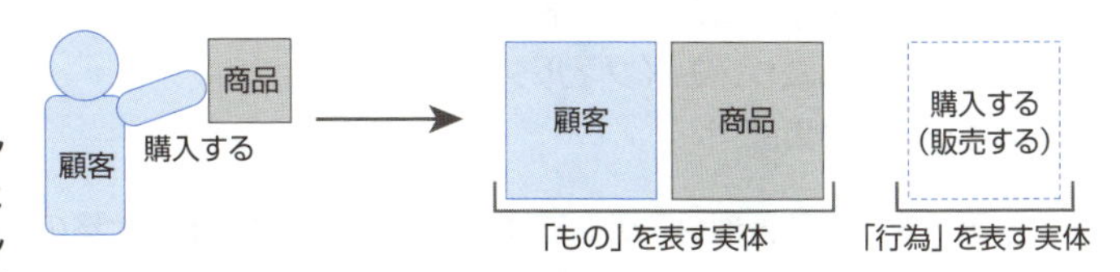

▲データベースへの実社会の事象の定義(例)

STEP 3 リレーショナルデータベースでは、テーブルの中で行を一意に識別するために、主キーという列を定義します。ここでは、各テーブルに格納されたデータが、主キーによるテーブル間の関連付けによって、どのように抽出(取得)できるのかということを学習します。

STEP 4 リレーショナルデータベースで使用するSQLという言語について、基本的な事柄を学習します。SQLには、データ定義機能、データ操作機能、トランザクション処理などの命令が用意されており、これらの命令を使用することで、データベースに対するさまざまな処理を実行することができます。

1 データベースの概要

一般的な業務システムでは、データを管理するためにシステムの裏側でデータベースを利用しています。「データベース」とは、コンピューターで管理されるデータのまとまりを表す言葉です。データを操作したり管理したりするソフトウェアをデータベースと呼ぶこともありますが、本書ではそれらを区別して、ソフトウェアについてはデータベース管理システム（DBMS：DataBase Management System）と呼びます。

データベースの機能とメリット

Visual C#を始めとする一般的なプログラム言語では、プログラム（コード）を記述することで、システムで取り扱うデータをテキストファイルなどのファイルに格納することができます。しかし、今日の業務システムの多くは、データの格納や処理、管理のために、ファイルではなくデータベースを利用しています。これは、データベースを利用することで開発工数を劇的に減らすことができるだけでなく、プログラムの信頼性を向上させることもできるからです。ここでは、データベースのメリットを理解するために、データベース管理システムの機能について考えてみましょう。

ほとんどのデータベース管理システムには、データベースを操作するための次のような機能が装備されています。

- データの抽出（取得）
- データの新規追加、更新、削除
- データの検索
- データの並べ替え（ソート）
- データの絞り込み（フィルター）
- データの集計

データベース管理システムでは、コンピューター上で大量のデータを効率的に処理する技術が組み込まれているため、業務システムで頻繁に利用される上記のようなデータに対する操作を、高速かつ簡単に実行できます。

もちろん、データベース管理システムを使用しなくても、線形探索（リニアサーチ）や二分探索（バイナリサーチ）といった特別な探索のアルゴリズム※を利用したプログラムによって、データを高速に検索することは可能です。また、バブルソートやクイックソートといったアルゴリズムを利用すれば、データの並べ替えの機能をプログラムに実装すること自体はそれほど困難ではないかもしれません。

しかし、実際にこれらの処理を一から記述した独自のプログラムによって実現しようとする場合には、汎用化、実行速度、大量データの処理方法、複数ユーザーによる同時操作など、対応すべき多くの課題を抱えることになります。その結果、データの処理に関することだけで、プログラムの開発工数が大幅に増加してしまいます。また、記述するプログラムの量が増えれば増えるほど、バグ（期待どおりに動作しないプログラム上の不具合）の増える可能性が高くなり、開発する業務システム全体の信頼性の低下を招きます。

用語

アルゴリズム

課題である何らかの問題を解決するための処理手順のこと。

これに対して、データベース管理システムを利用した場合には、データに関する処理をすべてデータベース管理システムに任せることができるため、プログラマはデータ登録のためのユーザーインターフェイス（画面表示や操作方法など）とデータベースの制御（データベースへの接続やデータの読み込み、更新、削除など）に集中できるようになります。さらに、採用したデータベース管理システムが多くのユーザーやプログラマによって利用されているものであれば、その分だけ安定した動作と処理速度の向上を期待できるため、開発する業務システム全体の信頼性とパフォーマンスを向上させることにつながるというわけです。

また、業務システムを開発する際には、初期データベースの作成やシステム利用前におけるデータの準備、デバッグ時におけるデータの検証（確認）など、プログラムによる操作以外にも、数多くの場面でデータベースを操作する必要があります。このようなときに、データ操作用のプログラムを開発しなくても、データベース管理システムに付属しているユーティリティ、またはそのデータベース管理システムとデータ連携が可能な表計算ソフトやAccessなどのクライアント用データベース管理システムを利用して作業できるというのも、データベース管理システムを使用する大きなメリットの1つです。

データベース管理システムの構成とデータベースへのアクセス

一般的なデータベース管理システムは、データベースエンジンとデータベース管理ツールから構成されています。通常、データベース管理ツールには、データベースの作成や修正、バックアップといった管理機能の他に、データの閲覧、新規追加、更新、削除などを行う機能が備わっています。また、SQL Serverのように、データベース操作言語のSQLに対応したデータベース管理システムの場合には、SQLステートメント※を実行したりデバッグしたりするためのユーティリティも用意されています。

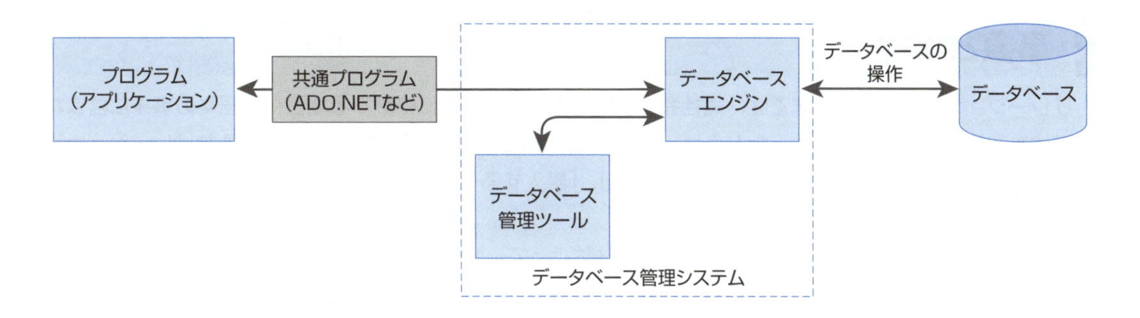

SQL ServerやOracleといったデータベース管理システムでは、データベースエンジン部分が独立しているため、開発するアプリケーションから共通プログラムを介して、データベースにアクセスできるようになっています（データベースへのアクセスにデータベース管理ツールは必要ありません）。なお、Visual C#では、.NET Frameworkに含まれているADO.NETを利用することで、プログラムからSQL ServerやOracleなどのデータベースを操作できます。

用語

SQLステートメント

SQLで記述されたデータベースに対する命令文のこと。アプリケーションではSQLステートメントをデータベースに対して実行することで、データベースに格納されているデータを取得したり、データベースにデータを登録、削除したりすることができます。

参照

ADO.NETについて

第1章の「3 Web-DBシステムの開発に必要な知識と技術」
「第10章 プログラムによるSQLステートメントの実行」

2 リレーショナルデータベースとは

ひとことでデータベースと言っても、実際には非常に多くの種類のものがあります。一般のユーザーが使用するクライアント用のデータベースには、カード型データベースや表計算ソフトを利用したものがあります。さらに、住所録や名刺管理といった特定の用途にのみ利用できるデータベースも発売されています。現在の業務システムでは、ほとんどの場合、リレーショナルデータベースが利用されています。

リレーショナルデータベース

リレーショナルデータベース（RDB：Relational Database）とは、データベースの管理方式の1つで、複数のテーブル（表）に格納されたデータを関連（relation）付けて使用することから、このように呼ばれています。そして、リレーショナルデータベースで利用するデータモデルのことを、リレーショナルデータモデルと言います。

リレーショナルデータモデルでは、商品や顧客、購入といった実体（entity：エンティティ）の構成要素を、個々のテーブルに分けて格納します。これらのテーブルから情報を取得する場合には、指定した条件に基づいて複数のテーブルを結合しなければなりません。現在利用されているリレーショナルデータベースのほとんどは、SQLというデータベース操作言語を利用して、これらのテーブルの結合条件を指定するようになっています。

事象と実体

リレーショナルデータベースでは、実社会の事象をデータベースに格納する場合に、個々の事象に含まれる実体を取り出して定義します。たとえば、「ある顧客がある商品を購入する」という事象をリレーショナルデータベースで管理する場合には、「顧客」、「商品」、「購入する」という3つの実体としてデータを取り扱います。

データベース化する事象やそのデータの利用方法によって、実体の定義方法は異なりますが、一般的には「ものを表す実体」と「行為を表す実体」に切り分けて考えるとわかりやすくなります。

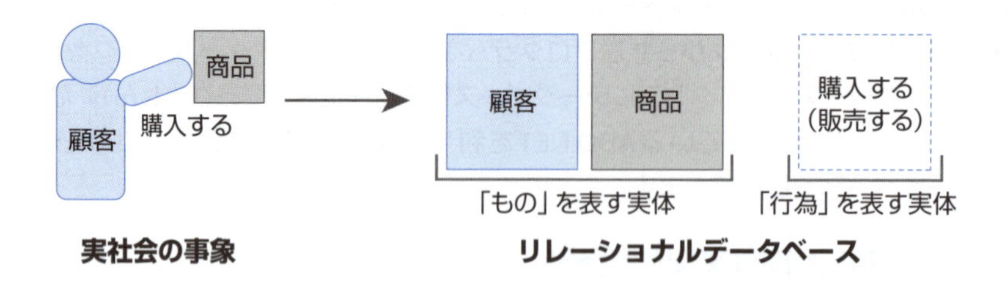

3　テーブル、列、行

リレーショナルデータベースでは、取り扱うデータを実体ごとにいくつかのテーブルに分割して格納します。それぞれのテーブルでは、列と行によって情報が分類されています。

テーブルの構成

実社会におけるすべての実体は、さまざまな情報を保有しています。これらの個々の情報を属性（attribute：アトリビュート）と呼びます。たとえば、「商品」という実体は、「商品名」、「単価」、「メーカー」、「色」、「発売日」といった属性を持ちます。

リレーショナルデータベースでは、あらかじめテーブルに「列」という枠を定義して、実体が持つ個々の属性を格納します。このとき、それぞれの列には、格納するデータの範囲や性質を指定するために「データ型」を明確に定義しなければなりません。

テーブルに格納されたデータは、1つの実体に関する属性のまとまりが1件の「行」として取り扱われます。つまり、テーブルは縦に行、横に列が並んだ表の形式で表されると考えることができます。なお、Acccssなど、リレーショナルデータベースの一部では、列を「フィールド」、行を「レコード」と呼んでいます。

商品名	単価	メーカー	色	発売日
AAA	¥120	A社	Red	2018/5/10
BBB	¥150	B社	Yellow	2018/6/10
CCC	¥110	C社	Green	2018/7/10
...	...	...	...	...
...	...	...	...	...

列のデータ型

列には、格納するデータにとって適切な「データ型」を定義しなければなりません。リレーショナルデータベースでは、動作速度向上のために、あらかじめ個々の列にデータ型とサイズ（文字列の長さや数値の桁数）を指定するようになっています。

ほとんどのデータベース管理システムには、文字列、数値、日付、通貨といったデータの種別ごとに、さまざまなデータ型が用意されていますが、データ型の名称や格納方法はそれぞれのデータベース管理システムによって異なります。たとえば、日時を扱う場合、SQL Serverではdatetime型やsmalldatetime型を使用しますが、Accessでは日付/時刻型を使用します。

SQL Server 2017には、次のページで示すように多くのデータ型が用意されています（表では一部のデータ型を省略しています）。文字列を格納する場合には、char型、varchar型、nvarchar型といったデータ型を指定します。また、数値の場合には、int型、smallint型、decimal型、float型といったデータ型が用意されています。金額の場合には、money型というデータ型を使用します。money型は、小数点以下4桁までであれば、誤差のない計算を行うことができ、実際には金額に限らず、その他の数値データを格納することも可能です。日付や時刻を管理する場合には、datetime型やdate型などを使用します。

ここで注意すべき点は、格納するデータに合わせて、適切なデータ型やサイズを指定しておかなければならないということです。情報を格納するために不適切な定義を行ってしまうと、実際にシステムを利用し始めてから、必要なデータが格納できなかったり、適切な精度で計算できなかったりするといった問題が起こり得ます。

これらの理由だけであれば、可能な限り大きなサイズを指定したり、大きな桁数を扱うことができるデータ型を選択しておけば問題がないと考えてしまうかもしれません。しかし、データベースの設計で難しいのは、できる限り最小のデータ型とサイズを選択しなければならない点にあります。これは、データを格納する領域を必要最低限のサイズに定義することによって、登録、検索、集計といった頻繁に発生するデータの処理を高速化できるためです。つまり、不要な領域を確保してしまうと、その分だけデータのサイズが大きくなり、取り扱う速度が低下してしまうというわけです。

商品番号 int型
商品名 nvarchar(30)型
単価 money型
発売日 date型

商品番号	商品名	単価	メーカー	色	発売日
1	AAA	¥120	A社	Red	2018/5/10
2	BBB	¥150	B社	Yellow	2018/6/10
3	CCC	¥110	C社	Green	2018/7/10
4	DDD	¥130	D社	Blue	2018/8/10
5	EEE	¥140	E社	White	2018/9/10
6	FFF	¥175	F社	Black	2018/9/25
...	...	...	...	...	...
...	...	...	...	...	...
...	...	...	...	...	...

メーカー nvarchar(50)型
色 varchar(10)型

それぞれの列ごとに適切なデータ型とサイズを定義しなければならない

データベース管理システムによっては、データ型によって機能が制限される場合もあります。たとえば、SQL Server 2017では、char型、nchar型、varchar型、nvarchar型、varchar(MAX)型、nvarchar(MAX)型のいずれのデータ型を使用しても文字列を格納できますが、varchar(MAX)型、nvarchar(MAX)型の列は、この後の節で説明する主キーとして設定することができません。また、これらのデータ型にはインデックスを設定したり、集計対象の項目として指定したりすることもできません。

データベース管理システムによっては、テーブルにデータを登録した後でも、列のデータ型やサイズを変更できる場合もあります（SQL ServerやAccessでも可能です）。しかし、後からデータ型やサイズを変更してしまうと、そのデータを取り扱うプログラムが正常に動作しなくなったり、データ型を変更する際にデータの一部が切り捨てられてしまったりする危険性があるため、やはりシステムの開発前にデータベース設計の検討は念入りに行っておくべきでしょう。

次の表は、SQL Server 2017のデータベースで使用できる主なデータ型の一覧です。

データ型	説　明	記憶領域のサイズ（数値はバイト）
文字列		
char型	8,000バイト以内の固定長のUnicode以外の文字データを格納する。	指定した値
varchar型	8,000バイト以内の可変長のUnicode以外の文字データを格納する。	入力データの長さ（バイト数）+2
varchar(MAX)型	2^{31}-1(2,147,483,647)バイト以内の可変長のUnicode以外の文字データを格納する。	入力データの長さ（バイト数）+2
text型	2^{31}−1(2,147,483,647)バイト以内の可変長のUnicode以外の文字データを格納する。なお、text型は将来的に削除される予定のため、SQL Server 2005以降では代わりにvarchar(MAX)型の使用が推奨されている。	入力データの長さ（バイト数）
nchar型	4,000文字以内の固定長のUnicodeデータを格納する。	指定した値の2倍
nvarchar型	4,000文字以内の可変長のUnicodeデータを格納する。	入力文字数の2倍+2
nvarchar(MAX)型	2^{31}-1(2,147,483,647)バイト以内の可変長のUnicodeデータを格納する。	入力文字数の2倍+2
ntext型	2^{30}-1(1,073,741,823)バイト以内の可変長のUnicodeデータを格納する。なお、ntext型は将来的に削除される予定のため、SQL Server 2005以降では代わりにnvarchar(MAX)型の使用が推奨されている。	入力文字数の2倍
数値（整数のみ）		
bigint型	-2^{63}(−9,223,372,036,854,775,808)～2^{63}-1(9,223,372,036,854,775,807)までの整数を格納する。	8
int型	-2^{31}(-2,147,483,648)～2^{31}-1(2,147,483,647)までの整数を格納する。	4
smallint型	-2^{15}(-32,768)～2^{15}-1(32,767)までの整数を格納する。	2
tinyint型	0～255までの整数を格納する。	1
bit型	1または0の整数を格納する。	1ビット
数値（小数値を含む）		
decimal型	$-10^{38}+1$～$10^{38}-1$までの固定長の有効桁数と小数点部桁数の数値を格納する。	指定した桁数によって、5、9、13、17のいずれかになる
numeric型	decimal型と同機能のデータ型	指定した桁数によって、5、9、13、17のいずれかになる
float型	-1.79×10^{308}～1.79×10^{308}までの浮動小数点数のデータを格納する（仮数部のビット数を指定できる）。	指定した仮数部のビット数によって、4または8になる
real型	-3.40×10^{38}～3.40×10^{38}までの浮動小数点数のデータを格納する（単精度の浮動小数点数値データ型）。	4
通貨		
money型	通貨単位の10,000分の1までの精度で、-922,337,203,685,477.5808～+922,337,203,685,477.5807までの通貨の値および数値データを格納する。	8
smallmoney型	通貨単位の10,000分の1までの精度で、-214,748.3648～+214,748.3647までの通貨の値および数値データを格納する。	4
日付と時刻		
datetime型	300分の1秒、つまり3.33ミリ秒の精度で、1753年1月1日～9999年12月31日までの日付と時刻の値を格納する。	8
smalldatetime型	分単位の精度で、1900年1月1日～2079年6月6日までの日付と時刻の値を格納する。	4
date型	1年1月1日～9999年12月31日までの日付の値を格納する。	3
time型	00:00:00.0000000～23:59:59.9999999までの時刻の値を格納する。	指定した秒の有効桁数によって、3～5のいずれかになる

4 主キーと外部キー

リレーショナルデータベースでは、それぞれのテーブルごとに、行を一意に識別するための「主キー」を設定しなければなりません。また、別のテーブルの主キーと結合するための列（「外部キー」と呼びます）を用意することで、2つのテーブルを関連付けることができるようになります。

主キー

テーブルには、格納されている実体を一意（データのまとまりの中で常に他に同じ値が存在しない状態のこと）に識別できるようにするために、特定の列または特定の列の組み合わせを主キー（primary key：プライマリキー）として定義しなければなりません。たとえば、「商品」という実体を表すテーブルの場合には、一般的には「商品コード」や「商品番号」といった列を用意して、主キーとして定義します。「商品名」という列でも「商品」を識別できそうなものですが、同じ商品名でも色が違っていたり、別の会社から同じ名前の商品が発売されていたりするかもしれません。

実体を一意に識別できる属性を持たない場合には、実体の名称に「ID」、「番号」、「ナンバー」、「コード」といった文字を付加した列を設定して、それらの列を主キーとして定義します。たとえば、顧客番号、商品コード、販売IDのような列を定義して、そこに一意となる値を格納します。

リレーショナルデータベースでは、テーブルに一意となる主キーの列を保有することによって、この実体のデータを参照する際に、対象とする行を明確に決定できるようになります。そして、この主キーはこの後で説明するテーブルの関連付けにとって、重要な役割を果たします。

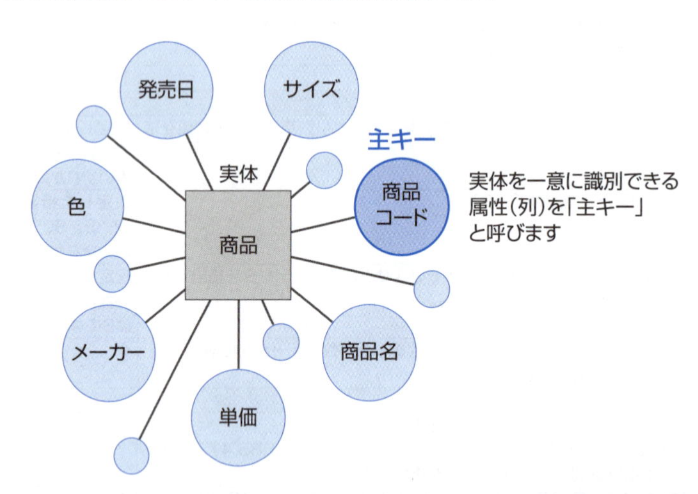

ヒント

主キーの自動付番

ほとんどのデータベース管理システムには、一意の値を自動的に付番するためのデータ型や機能が用意されているため、一意となる列を持たない実体に対しても、簡単に主キーを設定できます。たとえば、SQL Serverでは、int型やsmallint型などの数値のデータ型にIDENTITYプロパティを設定することで、自動的に一意となる値（連番）を設定できます。

また、Accessにはオートナンバー型というデータ型が用意されています。オートナンバー型を指定した場合には、連続した数値またはランダムな数値の長整数型の値が自動的に設定されます。

テーブルの関連付けと外部キー

リレーショナルデータベースでは、異なるテーブル間の列同士を結合することで、関連する複数のテーブルから情報を取得できます。

次の図では、商品テーブルと販売テーブルが、商品テーブルの主キーである「商品コード」によって関連付けられています。また、顧客テーブルと販売テーブルは、「顧客コード」によって関連付けられています。このとき、販売テーブルの「商品コード」と「顧客コード」のように、別のテーブルの主キーと結び付く列を外部キーと呼びます。

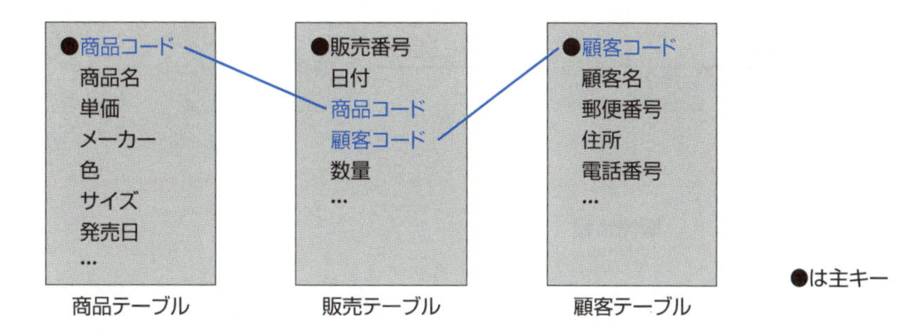

この3つのテーブルの中で最も特徴的なのは、販売テーブルです。この販売テーブルには、商品コードと顧客コードという2つの外部キーが含まれていますが、実際の商品や顧客という実体を表す属性は何も含まれていません。つまり、この販売テーブルからだけでは商品名や顧客名といった情報を得ることはできないということになります。

「販売」という行為を定義付ける情報には、日付や数量の他に、商品名や単価、メーカー、色といった商品の持つ属性と、顧客名や住所、電話番号といった顧客の持つ属性が必要となりますが、実際の販売テーブルにはこれらの情報が含まれておらず、その代わりにそれぞれの実体（商品と顧客）を参照するための2つのコード（外部キー）が登録されています。実際の販売テーブルの内容は、次の図のようになります。

販売番号	日付	商品コード	顧客コード	数量
1	2018/4/1	S001	A0001	4
2	2018/4/1	S003	A0315	4
3	2018/4/1	S002	A0123	2
4	2018/4/2	S002	A0322	1
⋮	⋮	⋮	⋮	⋮
360	2018/9/13	S001	A0366	3
361	2018/9/14	S004	A0005	4

この図のように、販売テーブルには商品コードと顧客コードが含まれていますが、商品と顧客に関するその他の情報は格納されていません。販売情報として商品や顧客のデータが必要な場合には、SQLを利用して、商品テーブルや顧客テーブルから関連する情報を取得しなければならないのです。

参照

SQLの詳細について
この章の「6 SQLの概要」

参照

SQLの記述例について
「第5章 SQLステートメントの記述と実行」

リレーショナルデータベースのメリット

SQL Serverなどのリレーショナルデータベースでは、SQLステートメントを記述することによって、結合したそれぞれのテーブルから必要なデータを自由に取り出すことができます。この例で言うと、販売テーブルと商品テーブルを関連付けることにより、販売情報として商品名や単価を取得できるというわけです。これらのことを実現するために、商品テーブルのデータを検索するプログラムを自分でコーディングする必要はまったくありません。これは、顧客テーブルについても同様です。

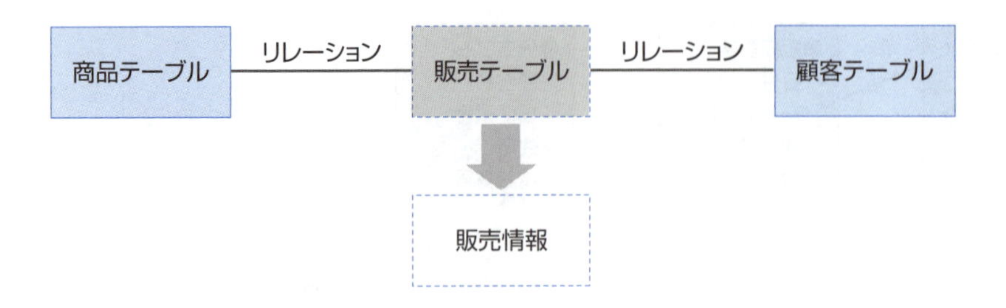

取り出した販売情報

販売番号	日付	商品コード	商品名	単価	数量	金額	色	サイズ	顧客コード	顧客名	住所
1	2018/4/1	S001	商品名001	¥3,800	4	¥15,200	Black	B	A0001	顧客名0001	東京都千代田区…
2	2018/4/1	S003	商品名003	¥2,400	4	¥9,600	Gold	C	A0315	顧客名0315	東京都港区…
3	2018/4/1	S002	商品名002	¥1,200	2	¥2,400	Blue	B	A0123	顧客名0123	東京都品川区…
4	2018/4/2	S002	商品名002	¥1,200	1	¥1,200	Blue	B	A0322	顧客名0322	東京都千代田区…
⋮	⋮	⋮	⋮	⋮	⋮	⋮	⋮	⋮	⋮	⋮	⋮
360	2018/9/13	S001	商品名001	¥3,800	3	¥11,400	Black	B	A0366	顧客名0366	神奈川県横浜市…
361	2018/9/14	S004	商品名004	¥1,800	4	¥7,200	Blue	B	A0005	顧客名0005	東京都墨田区…

商品テーブルから取得する（商品名・単価）　計算式で算出する（金額）　商品テーブルから取得する（色・サイズ）　顧客テーブルから取得する（顧客名・住所）

リレーショナルデータベースでは、このような形にテーブルを分割して管理することにより、重複するデータを排除して独立性を高めることができます。このことは、データの検索や集計の速度を向上させると共に、情報の格納領域を最小限に抑えることができるというメリットにつながっています。

一対多の関連

リレーショナルデータベースにおけるテーブルの結合として、最も一般的に利用されるのが「一対多」の関連です。一対多の関連は、この章で取り上げている商品と販売、顧客と販売のように、一側のテーブルのそれぞれの行が、多側のテーブルの何件かの行と結び付けられる関係を表します（ただし、一側のすべての行が、多側の行に結び付く必要はありません）。

つまり、1つの商品が複数の販売データに含まれる関係を「一対多」と呼びます。多くの実体関連図では、「多」を次の図のように「n」と記載します。なお、実体関連図については、第3章の「3 データベースを設計する」を参照してください。

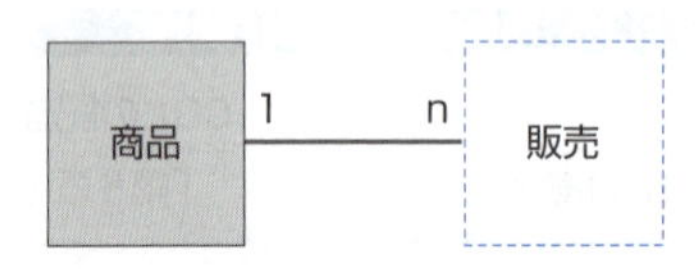

一対一の関連

「一対一」の関連は、一対多の関連に比べると、利用頻度はずっと少なくなります。一対一の関連は、2つの実体が対等の関係であることを表すもので、1つの実体を何らかの理由で2つに分割した場合に発生します（つまり、2つのテーブルの主キーが同じ列になります）。

最も一般的な用途は、登録されることが少ない情報を別のテーブルに分割する場合です。たとえば、1つのテーブルには、氏名、ID、パスワードといった顧客の基本情報を格納しておき、もう1つのテーブルに生年月日や家族構成、勤務先といった顧客の付帯情報を格納します。このように顧客情報を分割すると、付帯情報を持たないデータは基本情報だけになり、結果として、無駄なディスク容量を使わずに済みます。

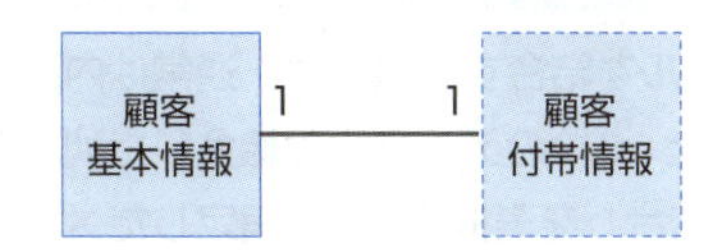

もう1つの用途として、セキュリティ確保の観点からテーブルを分割することがあります。たとえば、クレジットカード番号などの機密情報を別のテーブルに格納しておき、そのテーブルに対して特別な利用権限を割り当てることで、機密情報のデータのセキュリティレベルを高めるというものです。

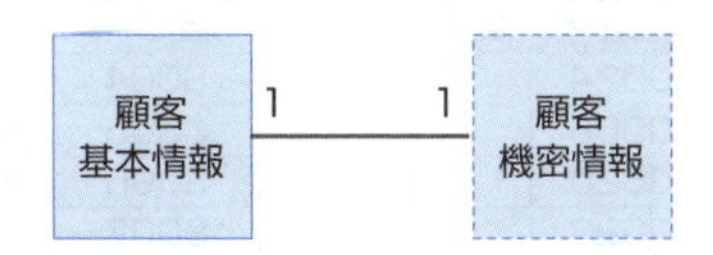

多対多の関連

最後の関連は、「多対多」の関連です。これは、販売データの例で言うと、商品と顧客の関連にあたります。実際には「商品－販売」の一対多の関連と「顧客－販売」の一対多の関連によって構成されていますが、「商品－顧客」との間が「販売」を介して多対多の関係にあると考えることができます。

このような関連は、リレーショナルデータベースでは非常に多く見られるものであり、最も特徴的な関連と言えます。

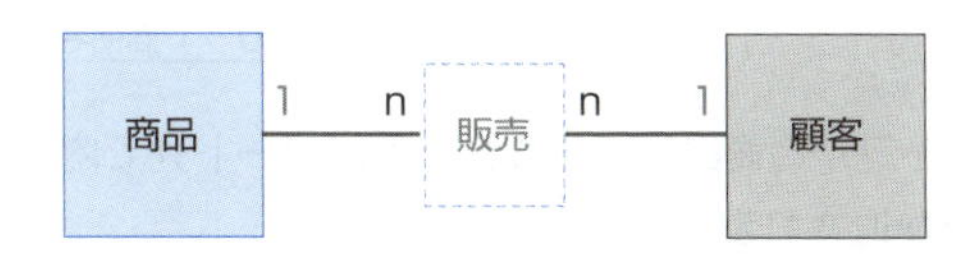

ヒント

マスターとトランザクション

「マスター」とは、業務システムにおける基本データのことを言います。一般的には、「もの」を表す実体をマスターとして管理することがほとんどです。また、マスターに対して、日常的に登録されていくデータのことを「トランザクション」と呼びます。たとえば、商品テーブルと顧客テーブルはマスター（商品マスターや顧客マスターと呼ぶこともあります）ですが、販売テーブルはシステムに常時データが追加されていくトランザクションです。

業務システムにおけるマスターは、日常的なシステム運用とは別に管理することが多いため、メンテナンス用にマスター管理という機能を用意することが一般的です。

内部結合と外部結合

ここまでに説明してきたように、リレーショナルデータベースの最大の特徴は、複数のテーブルに情報を分割して管理できるという点にあります。分割されたテーブルから必要な情報を取得するためには、SQLステートメントの命令によって、お互いのテーブルを指定した列で結合します。

結合の種類

SQLステートメントで2つのテーブルを結合する際には、通常は内部結合と外部結合のいずれかの方法を指定します。「内部結合」を選択すると、2つのテーブルの結合した列で値の一致する行のみが結果として返されるようになります。また、「外部結合」を選択すると、指定したメインテーブルのすべての行が結果として返されるようになります。

たとえば、次の図のような販売テーブルと商品テーブルの2つのテーブルで考えてみましょう。

販売テーブル

販売番号	日付	商品コード	顧客コード	数量
1	2018/8/10	S008	A0024	4
2	2018/8/20	S019	A0006	4
3	2018/8/20	S004	A0020	2
4	2018/8/22	S011	A0023	1
5	2018/8/25	S003	A0018	4
6	2018/8/26	S001	A0019	4
7	2018/8/29	S020	A0024	2
8	2018/9/13	S019	A0024	4
9	2018/9/14	S004	A0003	3
10	2018/9/23	S002	A0008	1
11	2018/9/27	S005	A0027	4
12	2018/9/28	S016	A0009	6

■は商品テーブルに存在しない商品コード

商品テーブル

商品コード	商品名	単価	色	サイズ
S004	商品名004	¥1,800	Blue	B
S005	商品名005	¥2,400	Red	C
S006	商品名006	¥3,000	Aqua	C
S007	商品名007	¥1,200	Green	D
S008	商品名008	¥4,800	Black	B
S009	商品名009	¥5,000	Black	D
S010	商品名010	¥2,100	Gold	C
S011	商品名011	¥5,800	Blue	A
S012	商品名012	¥3,600	Red	B
S013	商品名013	¥4,200	Aqua	C
S014	商品名014	¥1,700	Green	A
S015	商品名015	¥5,100	Black	D
S016	商品名016	¥4,600	Yellow	B
S017	商品名017	¥5,200	Pink	B
S018	商品名018	¥5,800	Brown	A
S019	商品名019	¥2,400	Gold	C
S020	商品名020	¥6,100	Olive	D

この2つのテーブル（販売テーブルと商品テーブル）を商品コード列で内部結合して情報を取得した場合には、結果として次のような行が返されます。

販売番号	日付	商品コード	顧客コード	数量	商品名	単価	色	サイズ
1	2018/8/10	S008	A0024	4	商品名008	¥4,800	Black	B
2	2018/8/20	S019	A0006	4	商品名019	¥2,400	Gold	C
3	2018/8/20	S004	A0020	2	商品名004	¥1,800	Blue	B
4	2018/8/22	S011	A0023	1	商品名011	¥5,800	Blue	A
7	2018/8/29	S020	A0024	2	商品名020	¥6,100	Olive	D
8	2018/9/13	S019	A0024	4	商品名019	¥2,400	Gold	C
9	2018/9/14	S004	A0003	3	商品名004	¥1,800	Blue	B
11	2018/9/27	S005	A0027	4	商品名005	¥2,400	Red	C
12	2018/9/28	S016	A0009	6	商品名016	¥4,600	Yellow	B

元の販売テーブルには12件の行が存在していましたが、内部結合で指定した結果の表（前ページ参照）を見ると9件の行しか取得できていません。これは、販売テーブルのデータとして、商品テーブルに存在しない「S001」、「S002」、「S003」の商品コードが登録されているためです。このようなデータが存在するのは、販売テーブルに対して、存在しない商品コードを誤って登録したケースや、販売データの登録後に商品テーブルから商品データが削除されたケースが考えられます。

このような内部結合で問題となるのは、「存在しない商品が登録されている販売データが表示されなくなってしまう」という点にあります。本来であれば、「存在しない商品を販売したという販売データ」として表示されて欲しいものです。

これを実現するのが「外部結合」という結合方法です。外部結合では、メインテーブルを指定することで、メインテーブルのすべての行を取得します。その上で、結合先のサブテーブルの行が存在すれば、そのサブテーブルの情報を表示してくれます。

前述の販売テーブルと商品テーブルを外部結合で指定すると、次のようなデータを取得できます（販売テーブルをメインテーブルとした場合）。

販売番号	日付	商品コード	顧客コード	数量	商品名	単価	色	サイズ
1	2018/8/10	S008	A0024	4	商品名008	¥4,800	Black	B
2	2018/8/20	S019	A0006	4	商品名019	¥2,400	Gold	C
3	2018/8/20	S004	A0020	2	商品名004	¥1,800	Blue	B
4	2018/8/22	S011	A0023	1	商品名011	¥5,800	Blue	A
5	2018/8/25	S003	A0018	4				
6	2018/8/26	S001	A0019	4				
7	2018/8/29	S020	A0024	2	商品名020	¥6,100	Olive	D
8	2018/9/13	S019	A0024	4	商品名019	¥2,400	Gold	C
9	2018/9/14	S004	A0003	3	商品名004	¥1,800	Blue	B
10	2018/9/23	S002	A0008	1				
11	2018/9/27	S005	A0027	4	商品名005	¥2,400	Red	C
12	2018/9/28	S016	A0009	6	商品名016	¥4,600	Yellow	B

このようにリレーショナルデータベースでは、2つのテーブルを結合する方法によって取得できるデータが変化します。Web-DBシステムのプログラムでも、複数のテーブルを結合してデータを取得するSQLステートメントを記述しますが、ここで紹介したような情報の欠落を防ぐために、基本的には外部結合を指定するようにしてください。

参照

SQLステートメントについて

この章の「6 SQLの概要」
「第5章 SQLステートメントの記述と実行」

6 SQLの概要

リレーショナルデータベースでは、SQLという言語を使用してデータベースを操作します。SQLを使用すると、複数のテーブルを結合して情報を抽出したり、データの更新や削除などの処理を実行したりすることができます。また、テーブルの作成や列の追加などもSQLで実行できます。

SQLとは

SQLとは、Structured Query Languageの略で、リレーショナルデータベースで標準的に利用されている言語です。言語といっても、アプリケーションを開発するためのものではなく、データベース管理システムに対してデータベースの操作やデータの抽出（取得）といった指示を与えるために使われます。

データベース管理システムによっては、記述されたSQLを実行するだけでなく、繰り返しや分岐、変数の利用といったプログラミング言語的な拡張により、データベースを操作する一連の処理を柔軟に実現できるものもあります。

SQLには、大きく分類して次の3種類の機能があります。これらの機能を利用することによって、データベースに対するさまざまな操作を実行できます。

- データ定義機能…………データベースやテーブル、ビューなどの定義と管理を行う。
- データ操作機能…………データの抽出（取得）、更新、挿入（新規追加）、削除を行う。
- トランザクション処理……データベースへの変更作業（更新、挿入、削除）の制御を行う。

SQLは、データベース管理システムに付属しているユーティリティや、開発するプログラム内のコードで実行できます。SQL Serverでは、データベース管理ツールのSQL Server Management Studio（以下、Management Studio）でSQLステートメントによるクエリ※を実行したり、結果を確認したりすることができます。

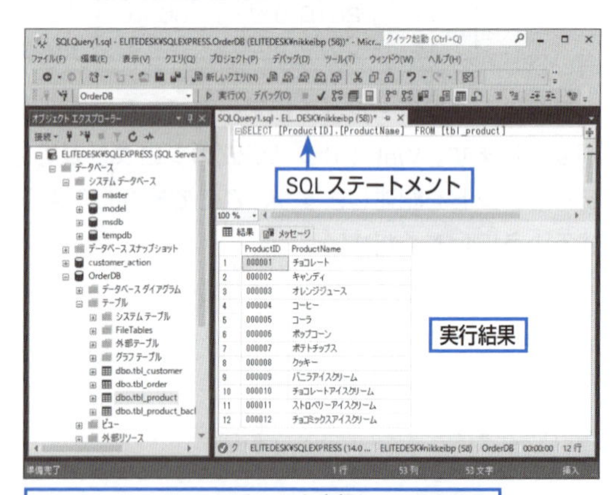

Management Studioでクエリを実行しているところ

用語

クエリ

データベース管理システムに対する処理の要求（Query：問い合わせ）のこと。一般的なリレーショナルデータベースでは、SQLを使用してクエリを実行します。

注意

SQLの方言

SQLはISOで標準規格が策定されていますが、実際にはSQL Server、Access、Oracleなどのデータベース管理システムによって、装備されている言語の仕様が少しずつ異なります。これを「SQLの方言」と言います。

この節では、SQL ServerのSQLを例に挙げて紹介しているため、他のデータベース管理システムでは若干命令が異なっていたり、サンプルのSQLステートメントが実行できなかったりする場合があるので注意してください。

データ定義機能

データ定義機能とは、データベース自体や、データベースに格納されるテーブル、ビュー※、ストアドプロシージャ※などの作成、修正、削除のために利用される機能です。通常は、データベースの構築時に利用するもので、アプリケーションから実行して利用するケースはそれほど多くありません。

データ定義機能で利用される代表的な命令には、次のものがあります。

命令	動作内容
CREATE DATABASE	新しいデータベースを作成する。
CREATE TABLE	新しいテーブルを作成する。
CREATE VIEW	新しいビューを作成する。
CREATE PROCEDURE	新しいストアドプロシージャを作成する。
CREATE FUNCTION	新しいユーザー定義関数を作成する。
CREATE INDEX	新しいインデックスを作成する。
ALTER DATABASE	既存のデータベースのファイル構成を変更する。
ALTER TABLE	既存のテーブルの定義を変更する。
ALTER VIEW	既存のビューの定義を変更する。
ALTER PROCEDURE	既存のストアドプロシージャの定義を変更する。
ALTER FUNCTION	既存のユーザー定義関数の定義を変更する。
DROP DATABASE	既存のデータベースを削除する。
DROP TABLE	既存のテーブルを削除する。
DROP VIEW	既存のビューを削除する。
DROP PROCEDURE	既存のストアドプロシージャを削除する。
DROP FUNCTION	既存のユーザー定義関数を削除する。

使用例：商品テーブル（tbl_product）を作成する

```
CREATE TABLE tbl_product (
       ProductID char (6) COLLATE Japanese_CI_AS NOT NULL ,
       ProductName nvarchar (40) COLLATE Japanese_CI_AS NOT NULL ,
       ProductNamekana nvarchar (80) COLLATE Japanese_CI_AS NOT NULL ,
       SupplierName nvarchar (40) COLLATE Japanese_CI_AS NULL ,
       UnitPrice money NULL ,
       UnitsInStock smallint NULL ,
       BeginningDate datetime NULL ,
       Discontinued bit NOT NULL ,
       CONSTRAINT PK_tbl_product PRIMARY KEY CLUSTERED (ProductID)
)
```

なお、これらの処理は上記の例のようなSQLステートメントを記述して実行することもできますが、多くのリレーショナルデータベース管理システムは、付属しているデータベース管理ツールを利用してGUIで操作できるようになっています（SQL Serverでは、Management Studioを使用することで、GUIによるSQLステートメントの作成と実行が可能です）。

用語

ビュー

SELECT命令を使用したSQLステートメントによって抽出条件や結合条件、出力列などが定義された仮想的なテーブルのこと。データベース内に保存しておくことで、実際のテーブルと同様に利用できます。

用語

ストアドプロシージャ

Transact-SQLというプログラミング言語で記述された特殊なSQLステートメント。パラメーターで変動する条件を指定したり、変数の宣言、条件分岐、繰り返し処理などを利用した複雑な処理を実現したりすることができます。

データ操作機能

データ操作機能は、データベースに格納されているデータに対して、取得、追加、更新、削除といった処理を実行するための命令で、業務システムにおいて最も頻繁に利用されるものです。そのため、システム開発者にとっても、非常に重要で使用頻度の高い命令が含まれています。

データ操作機能で利用される代表的な命令には、次のものがあります。

命令	動作内容
SELECT	指定された条件でデータを取得する。
INSERT	テーブルに新しい行を追加する。
UPDATE	対象となる列の値を更新する。
DELETE	条件に一致する行を削除する。

SQLステートメントにおけるこれら4つの命令は、少しでもリレーショナルデータベースを操作したことがある方であれば、おそらく何度も目にしたことがあるのではないかと思います。たとえば、次のSQLステートメントはSELECT命令を使用したものです。

使用例：商品テーブル（tbl_product）から条件に一致するデータを取得する

```
SELECT ProductName, UnitPrice FROM tbl_product WHERE UnitPrice >= 3000
```

このSQLステートメントでは、SELECT命令を使用して、商品テーブル（tbl_product）から単価（UnitPrice）が3,000円以上のデータの商品名（ProductName）と単価（UnitPrice）を取得して列挙します。

ヒント

AccessのクエリとSQLステートメント

Accessはデザインビューと呼ばれるGUIグリッドでクエリを作成できるため、ユーザーは基本的にSQLステートメントを意識する必要がありません。しかし、実際にはデザインビューでクエリを作成したときに、選択したテーブルとフィールド、テーブル間の結合条件、抽出条件などから、裏側でSQLステートメントが自動生成されています。Accessには、いくつかのクエリの種類がありますが、そのうち選択クエリはSELECT命令、追加クエリはINSERT命令、更新クエリはUPDATE命令、削除クエリはDELETE命令が使用されています。

なお、クエリで生成されたSQLステートメントは、SQLビューに切り替えることで確認できます。また、ユーザーがSQLビューを使用して、SQLステートメントを直接記述することもできます。

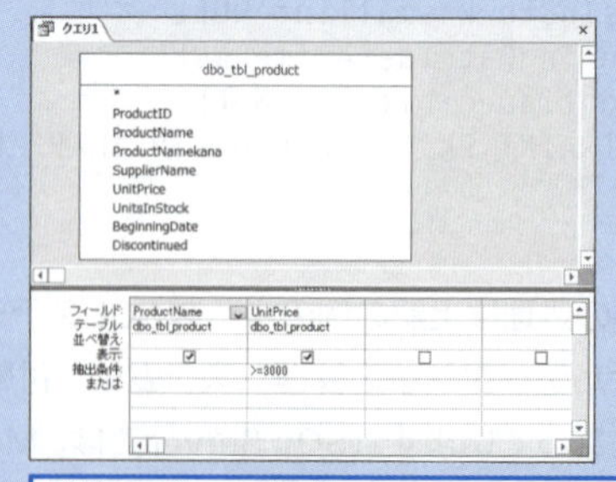

デザインビューで作成しているAccessのクエリ

```
SELECT dbo_tbl_product.ProductName, dbo_tbl_product.UnitPrice
FROM dbo_tbl_product
WHERE (((dbo_tbl_product.UnitPrice)>=3000));
```

上記のクエリをSQLビューで表示したところ

トランザクション処理

トランザクション処理は、データベースを更新する際にデータ操作機能と組み合わせて利用します。業務システムでは、サーバーやネットワーク機器のトラブル、回線障害、複数ユーザーによる同時更新、特定データによって発生する障害などによって、要求された処理がうまく実行できない状況も想定しなければなりません。そのような場合に、トランザクション処理が必要になります。

たとえば、あるユーザーが銀行のATMで「A銀行の口座からB銀行の口座に10万円を送金する」という操作を行った場合について考えてみましょう。トランザクション処理が行われない場合には、この処理が失敗すると、次の図のような事態が発生してしまうかもしれません。

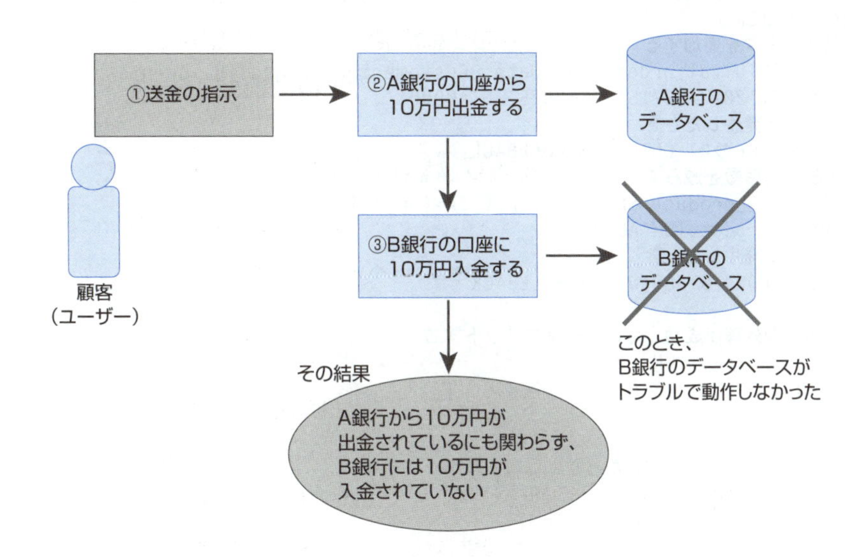

この操作には、「A銀行の口座から10万円を出金する」と「B銀行の口座に10万円を入金する」という2つの処理が含まれています。そして、当然のことですが、この2つの処理は「どちらも成功」か「どちらも失敗」のいずれかでなければなりません。しかし、このケースでは、1つ目の処理が成功したにも関わらず、2つ目の処理が失敗したため、この顧客の口座からはなんと10万円が出金されただけの状態になってしまったというわけです。逆に、1つ目の処理が失敗したにも関わらず、2つ目の処理が成功した場合には、B銀行に10万円が入金されただけになってしまいます。いずれにしても、このようなことが許されるはずはありません。

このようなトラブルが発生しないようにするためには、トランザクション処理による制御が必要です。このケースでは、2つ目の処理である「B銀行の口座に10万円を入金する」が失敗したところで、すべての処理を中断し、2つの処理をいずれも取り消して、元の状態に戻す必要があります。もちろん、このユーザーが利用しているATMの画面に「処理が正常に終了できませんでした。誠に申し訳ありませんが、もう一度お手続きをお願い致します」といったメッセージを表示することも忘れてはいけません。

トランザクション処理で利用される代表的な命令には、次のものがあります。

命令	動作内容
BEGIN TRANSACTION	トランザクション処理を開始する。
COMMIT TRANSACTION	すべての処理が正常に実行できた場合に、データベースに対するすべての変更を確定する（コミットする）。
ROLLBACK TRANSACTION	いずれかの処理でエラーが発生した場合に、データベースに対するすべての変更を取り消す（ロールバックする）。

使用例：SQL Serverのストアドプロシージャによるトランザクション処理

```
--トランザクション処理の開始
BEGIN TRANSACTION
      --受注データを追加する
      INSERT INTO tbl_order(OrderDate, CustomerID, ProductID, Quantity, EmployeeID)
        VALUES('2017/12/15', 'C0025', 'A00001', 5, 10)
      --エラーが発生したとき
      IF (@@ERROR<>0) GOTO ERR_ROLLBACK
      --商品の在庫数を減らす
      UPDATE tbl_product SET UnitsInStock=(UnitsInStock - 5)
        WHERE ProductID='A00001'
      --エラーが発生したとき
      IF (@@ERROR<>0) GOTO ERR_ROLLBACK

      --すべての処理が成功したときにはコミットする
      COMMIT TRANSACTION
      RETURN

ERR_ROLLBACK:
      --いずれかの処理が失敗したときにはロールバックする
      ROLLBACK TRANSACTION
      RETURN
```

通常のプログラムでは、処理の中で発生したエラーを捕捉し対応するために「エラー制御」を行いますが、データベースでも一連のSQLステートメントの実行中に発生したエラーに対応するため、エラー制御の機能が用意されています。エラー制御を行った場合には、一連の処理を確定または取り消すためにトランザクション処理を使用します。

回線障害や複数ユーザーの同時更新などは、どのようなプログラムを記述しても完全には避けることができないものです。そのため、どんなに面倒であっても、複数テーブルに対する更新処理を連続して実行する場合には、必ずトランザクション処理を追加しなければなりません。そして、システムの中では、データベースに対する処理の結果を判定して、実行結果をユーザーに伝達するようにプログラムを記述することも大切です。

ヒント

ADO.NETによるトランザクション処理の実装

この節では、SQL Serverのストアドプロシージャとして記述するSQLステーメントによるトランザクション処理を紹介しています。本書では取り上げていませんが、Visual C#ではプログラムの中でADO.NETによるコマンド（command）に対して、トランザクション処理を実行することもできます。

ヒント

SQL Serverのコメント（注釈）

SQL ServerのSQLステートメントでは、「--」の後ろの文字列については何の処理も行いません。そのため、「--」を利用して、SQLステートメント中にコメントを記述できます。

7 SQL Server 2017のエディションの違い

マイクロソフト社のデータベース管理システムであるSQL Server 2017には、さまざまなエディションが用意されています。ここでは、SQL Server 2017のエディションの違いを説明します。

SQL Server 2017のエディション

SQL Server 2017には、以下のエディションがあります。

エディション	概要
Enterprise	大規模な基幹系システムに利用可能なエディション。CPUとメモリの制限を最大限に利用可能。
Standard	標準エディション。SQL Server 2017では128GBまでのメモリを利用できる。
Web	インターネットに公開されるWebサイトでのみ利用可能なエディション。データベースとしての基本的な機能を装備したエディションであるが、Standardエディションに用意されているいくつかの機能が利用できない。メモリは64GBまで利用可能。
Express	無償で利用可能なエディション。利用可能なCPUが1ソケットまたは4コアまで、メモリが1GBまで、データベースの最大容量が10GBまでに制限されているが、小規模なデータベースとしては十分な能力を持つ。なお、SQL Serverエージェントは利用できないため、定期的なタスクを実行することはできない。
Developer	開発および学習用のエディション。実際の業務で運用できるライセンスを持たないこと以外は、Enterpriseと同等の機能を持つ。

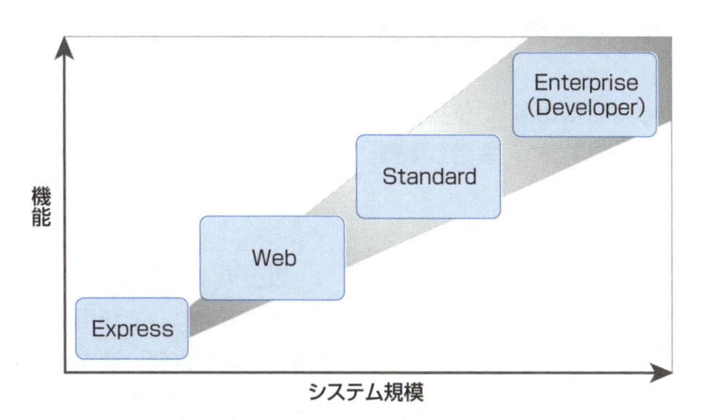

ヒント

AzureのSQLデータベース

マイクロソフト社が提供しているAzureクラウドサービスに「SQLデータベース」があります。このSQLデータベースは、クラウドサービスとしてリレーショナルデータベースを利用できるサービスであり、SQL Serverを元にして作られたものになっています。クラウドサービスであるため、月額の利用料金の支払いのみで使用でき、インストール作業やパッチの適用などの管理が不要になります。また、バックアップも自動的に実行され、任意の時点のデータに戻すことができるなど、管理者にとっても利便性の高いサービスです。

なお、Visual C# 2017のプロジェクトでは、AzureのSQLデータベースについてもSQL Serverと同様の手順で利用できます。

SQL ServerとAccessの相違点

Accessは、手軽なデータベース管理システムであり、高度な機能を持つシステム開発環境でもあります。さらに、Visual C# 2017などで開発したWindowsアプリケーションやWebアプリケーションからも、ADO.NETを介してAccessデータベースのファイル（accdbファイル）にアクセスすることで、SQL Serverと同様にデータベースエンジンとして利用できます。

それでは、データベースエンジンとしてAccessを利用した場合、SQL Serverと比べてどのような点が異なるのでしょうか。次に、SQL ServerデータベースとAccessデータベースの主な相違点を整理します。

- SQL Serverはサービスとしてバックグラウンドで実行し、常にデータベースファイルを操作している状態で動作するが、Accessはデータベースエンジンが実行時にデータベースファイルを開いて処理する。このため、SQL Serverの方が高速に動作する。
- SQL Serverは、Accessに比べて、複数ユーザーで同時に利用する場合に、安定して動作する。
- SQL Serverは、指定した時刻にデータベースのバックアップを作成できる（Expressを除く）。Accessでは、ユーザーが手動でファイルをコピーしてバックアップしなければならない。Accessでバックアップを自動化する場合には、バックアップ用のバッチファイルを作成した上で、Windowsのタスク作成などの処理が必要になる。
- SQL Serverは、指定した時刻にデータベースを自動的に修復して最適化することができる（Expressを除く）。Accessは、ユーザーが手動でデータベースの最適化や修復を実行しなければならない。
- SQL Serverは、指定した時刻に自動的にバッチ処理などのプログラムを実行することができる（Expressを除く）。
- SQL Serverでは、テーブルのデータが更新された際に「トリガー」と呼ばれる一連のSQLステートメントを自動的に実行できる。
- SQL Serverでは、ストアドプロシージャを使用できる。ストアドプロシージャは通常のSQLステートメントに加え、条件判定や繰り返しの処理、パラメーターの指定などを行うことができる。作成されたストアドプロシージャは、サーバー上のデータベースに格納される。
- SQL Serverは、サーバーでデータを処理してから、結果だけをネットワークを介してクライアントに送信する。Accessに比べてネットワークの通信量が軽減され、より安定した稼働を実現できる。

以上のような点から検討すると、Accessはスタンドアロンで利用する小規模なシステムを構築するには使いやすいデータベースエンジンですが、中規模以上のシステムや安定性が要求されるシステムではSQL Serverを利用する方が望ましいと言えるでしょう。

システムの基本設計

第 3 章

システムを開発する際には、実現すべき機能を定義するために、まず最初に基本設計を行わなければなりません。基本設計の内容は、システムの規模や内容などによって異なりますが、最低限、システムの機能一覧やデータベースの定義は整理しておくべき事柄と言えます。
この章では本書で作成する「顧客対応管理システム」を例に挙げて、小規模なシステムを前提とした基本設計の手順と基本仕様書の作成について説明します。

▼この章で学習する内容

STEP 1 一般的なシステムの開発工程と、基本設計の内容を学習します。

STEP 2 機能設計を行う段階で必要となるドキュメントについて学習します。機能一覧には、システムに装備される機能とその内容を列挙します。画面遷移図では、システムに含まれる機能をフロー図として整理します。

STEP 3 システムで使用するデータベースの定義を行います。また、実体関連図を作成して、データベースに含まれるテーブルとテーブル間の関連を整理します。それぞれのテーブルでは、列を定義します。

STEP 4 顧客対応管理システムを例に挙げて、機能詳細のサンプルを紹介します。ここでは、画面ごとにそれぞれの画面レイアウトと機能の内容を列挙していきます。

STEP 5 最終的にまとめておくべき基本仕様書の項目例を紹介します。

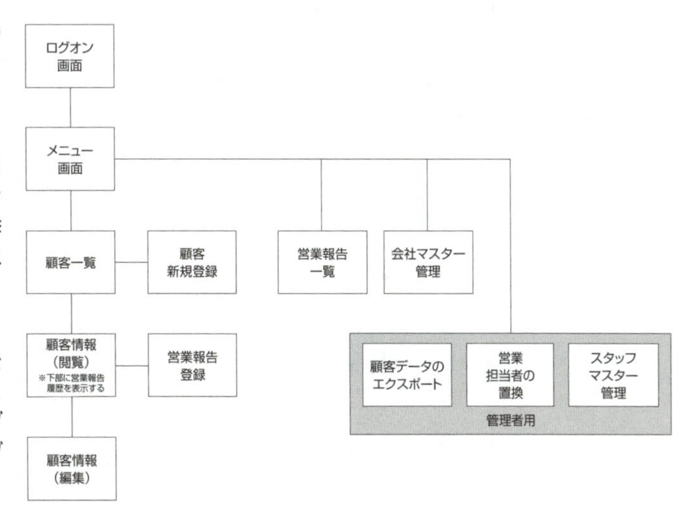

▲顧客対応管理システムの画面遷移図

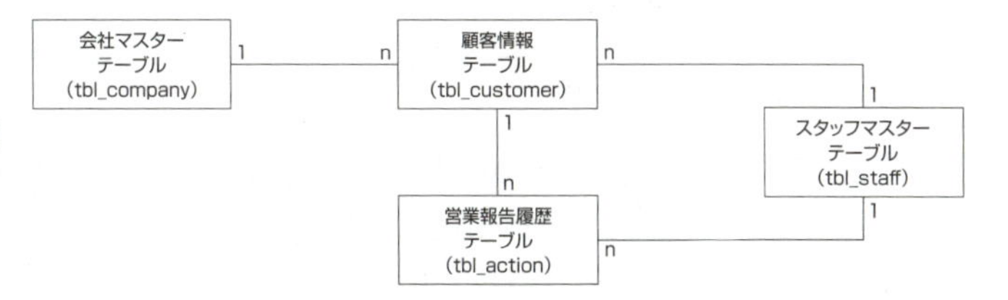

▲顧客対応管理システムの実体関連図

1 システムを設計する

ここでは、システムの一般的な開発工程と基本設計の内容について説明します。

システムの開発工程

最初に、システム開発における一般的な工程を整理してみましょう。ここでは、システムを実際に利用する人を「エンドユーザー」、システムに対する要求を取りまとめて依頼内容を整理する人を「発注者」、実際にシステムの開発を受託する人を「開発者」としています。システムや社内体制によっては、エンドユーザーと発注者が同じである場合もあります。また、発注者の作業の一部を開発者が行うこともあります。

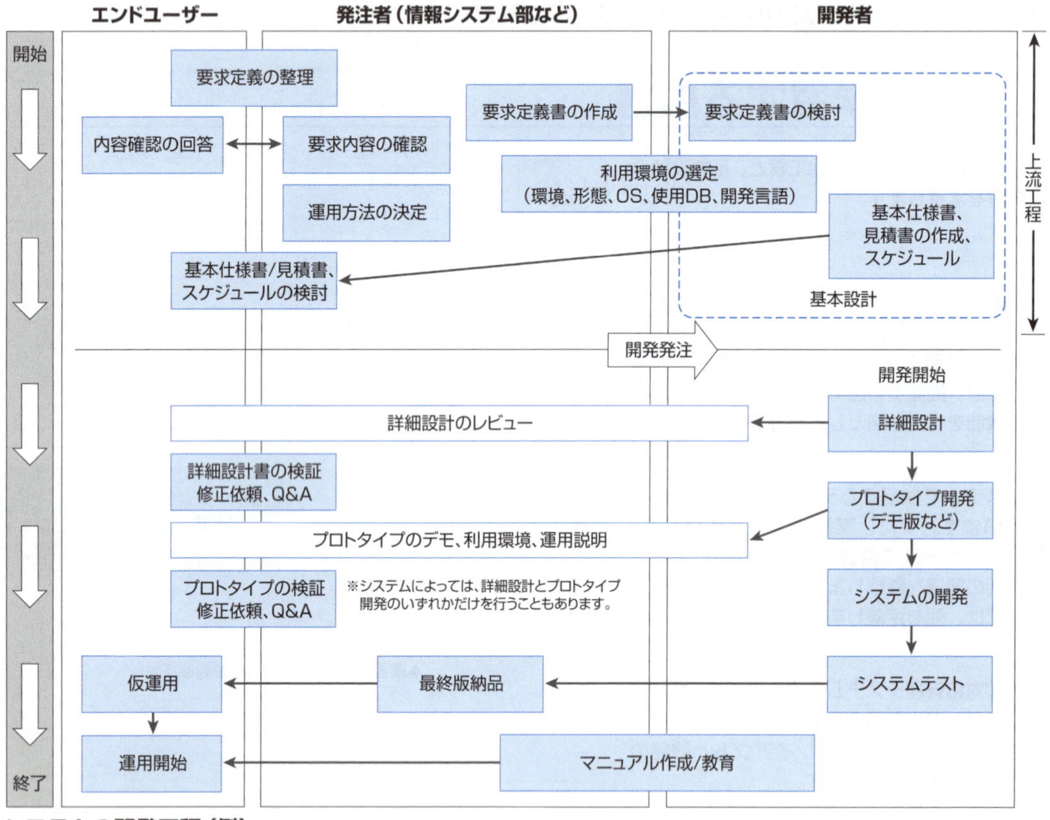

システムの開発工程(例)

この図のうち、要求定義の整理から基本仕様書の作成までを「上流工程」と言います。「要求定義」とは、開発するシステムでどのような機能を実現すればよいかをまとめたもので、開発者はこの要求定義を元に基本設計や開発費の見積り作業を行います。基本設計では開発するシステムの概要を取りまとめますが、データベースを利用したシステムの場合には、基本設計の段階で適切なデータベース設計を行っておくことが大切です。この上流工程の作業で手を抜いたり、懸念事項を後回しにしたりしてしまうと、システムが完成してから大幅な修正作業(手戻り)が発生する可能性が高くなるため、この段階における適切かつ充分な基本設計作業が必須と言えます。

基本設計の内容

システムの基本設計では、主に次のことを行います。

●要求定義の分析

発注者の取りまとめた要求定義を分析し、実現性を判断した上でシステムの概要を決定します。

●システムの動作環境の決定

サーバーやクライアントの環境、ネットワークの環境、ライセンスの確認、サーバーやクライアントの導入などを検討します。同時に、使用する開発言語やデータベース管理システム、帳票等のコンポーネントを決定します。

●システム機能の整理

システムの機能を整理して、全体のシステム構造を決定し、システムの機能一覧と画面遷移図を作成します（この章の「2 システム機能を整理する」を参照してください）。

●データベースの設計

テーブル間の関連を考慮しながらデータベースを設計し、テーブルを定義します。テーブルの定義には、個々の列の定義や主キーの設定も含まれます（この章の「3 データベースを設計する」を参照してください）。

●機能詳細とユーザーインターフェイスの設計

システム内のそれぞれの画面や処理ごとに、装備すべき機能の詳細とユーザーインターフェイス（データの表示方法や入力方法）を設計します（この章の「4 機能詳細とユーザーインターフェイスを設計する」を参照してください）。

●運用チャートの作成

ユーザーの立場で、業務フローに合わせたシステムの利用方法を検討して、運用チャートを作成します。システムの導入に伴い、現在行っている業務の流れを見直さなければならないケースも発生します。

●開発スケジュールの作成

システムの開発から、テスト、導入までのスケジュールを作成します。

●基本仕様書の作成

基本設計の成果物を「基本仕様書」としてまとめます（この章の「5 基本仕様書を作成する」を参照してください）。

2 システム機能を整理する

機能一覧や画面遷移図を作成しておくと、システムの全体像が明確になり、機能概要を整理するのに役立ちます。機能一覧はシステムで実現する処理や機能を整理したもので、画面遷移図はシステム内での画面のつながりを図に表したものです。

ここからは、「顧客対応管理システム」をサンプルとして取り挙げて、基本設計の例を紹介します（本書では、ここで紹介する機能のうち主要な箇所を開発します）。

機能一覧の作成

顧客対応管理システムの機能一覧は、以下のとおりです。

機能一覧

顧客対応管理システムは、以下の機能を装備します。

●ログオン処理

システム起動時に、システムの利用を許可されたユーザーであることを認証するために、ユーザーIDとパスワードを確認します。

●メニュー画面

それぞれの機能を実行するためのリンクを配置したメニュー用のパネルです。ログオン処理の後に表示します。ログオンしたユーザーの権限（管理者または一般ユーザー）によって、使用できる機能が切り替わります。

●顧客一覧

顧客情報を一覧表示します。顧客一覧では、顧客名や会社名などでデータを絞り込み、指定した項目で並べ替えることができます。また、一覧から選択した顧客情報をカード画面に表示することや、顧客の新規登録画面に遷移することができます。

●顧客新規登録

顧客の新規登録を行う入力画面です。

●顧客情報（閲覧）

顧客一覧から表示される閲覧用のカード画面です。画面上部に顧客情報が、画面下部にはその顧客に対する営業報告履歴が一覧表示されます。

●顧客情報（編集）

顧客情報（閲覧）画面から表示される編集用のカード画面です。この画面で顧客情報のデータ修正や削除を行います。

●営業報告登録

顧客に対する営業活動報告として、日付、内容、対応者を登録します。

●営業報告一覧

期間を指定して、営業報告一覧を表示します。

●会社マスター管理

会社マスターを管理するための一覧画面で、編集機能も装備します。

●顧客データのエクスポート

登録されている顧客データをcsvファイル（カンマ区切りのテキストファイル）として出力します。この機能は管理者のみが利用できます。

●営業担当者の置換

スタッフの退社や異動時に、そのスタッフが担当していた顧客を別のスタッフに一括で置換します。この機能は管理者のみが利用できます。

●スタッフマスター管理

スタッフマスターを管理するための一覧画面で、編集機能も装備します。この画面では、システムを利用するユーザーのユーザーIDとパスワードも登録します。この機能は管理者のみが利用できます。

顧客対応管理システムの機能一覧

機能一覧を作成する際のポイントは、システムの持つ機能をわかりやすく整理することです。基本仕様書で、この機能一覧をシステム概要や動作環境などと共に資料の先頭にまとめておくと、システムの全体像を把握する目的で利用することができます。この後で作成する「画面遷移図」を同時に参照できるようにすれば、さらにシステムの全体像が把握しやすくなります。

ヒント

csvファイル

csvファイルは、カンマ区切りのテキストファイルです。データベースソフトや表計算ソフトの多くがcsvファイルの入出力に対応しているため、異なるシステムやデータベース間のデータコンバートに利用できます。
一般的なcsvファイルでは、1行目に項目名を列挙して、2行目以降に1データ1行の形式でデータを保持します。各データの列はカンマ（,）で区切り、データにカンマが含まれる可能性のある文字列データはダブルクォーテーション（"）で囲みます。
ただし、csvファイルにはデータ型を保持できないため、別のデータベースにcsvファイルのデータを読み込む場合には、事前にデータ型を定義しておく必要があります。

```
"顧客ID","顧客名","会社名","営業スタッフ"
"1","橋本","株式会社百面相△□","大下"
"2","貫井 ","ググッド◎◇株式会社","小川"
"3","久保山","株式会社パル×○","古賀"
"4","山下","株式会社パル×○","小川"
"5","山下","PPソフト△×株式会社","古賀"
"6","田所 ","ビビット△●株式会社","大下"
"7","若狭 ","ビビット△●株式会社","但馬"
"8","大原","株式会社キャリア□ ◎","山本 "
"9","針生","CIAC□▼株式会社","高山"
"10","青山","PPソフト△×株式会社","坂下"
"11","富士井","株式会社○◎産業","山本"
```

【csvファイルの例】

画面遷移図の作成

顧客対応管理システムの画面遷移図は、以下のようになります。

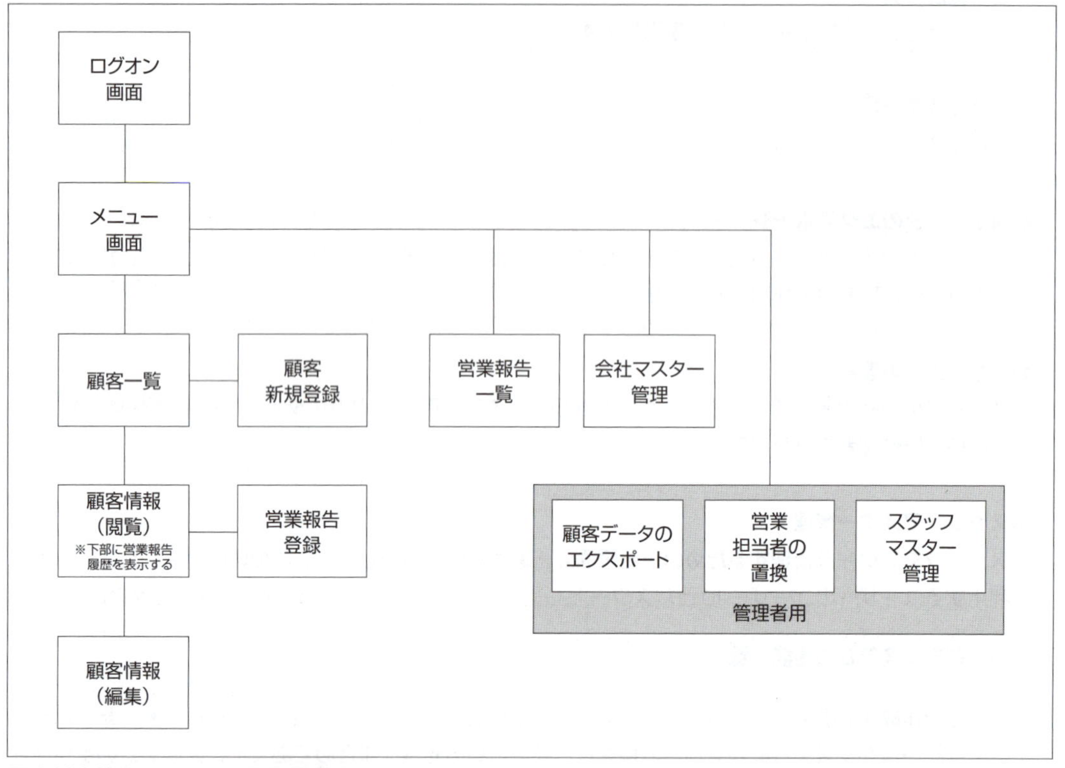

顧客対応管理システムの画面遷移図

本書で開発する顧客対応管理システムは非常にシンプルなシステムであるため、画面遷移図はこのような小さな図になりましたが、実際の業務システムでは1枚の用紙には収まり切らない大きさになることもあります。その場合には、機能やサブメニューごとに画面遷移図を分けることを検討してください。

画面遷移図を作成する最大の利点は、機能一覧と共に参照することで、運用に合わせた操作の流れがイメージしやすくなることです。特に画面制御の階層が深くなるシステムの場合には、このような画面遷移図の作成は必須と言えます。また、システム開発の前にエンドユーザーや発注者へ完成イメージを説明するときにも役立ちます。

3 データベースを設計する

システム機能の整理が完了したところで、データベースの設計に進みます。実際の設計作業では、それぞれの画面や機能の検討と並行して、データベースの定義や見直しを行うことが一般的な手順になります。

データベースの設計は、データベース全体の定義と個々のテーブルの定義に分けられます。ここでは、データベース全体を定義するために実体関連図（ER図）を作成し、その後でテーブル一覧を作成します。

実体関連図（ER図）の作成

実体関連図（ER図）とは、データベースに含まれる主要なテーブルを配置して、関連するテーブル間を結合線で結び付けたものです。実体関連図にはさまざまな表記法があり、どの方法を利用しても構いませんが、少なくとも個々のテーブルの存在とそれらの関連付けだけは明確に記載しておかなければなりません。

顧客対応管理システムで利用するデータベースでは、顧客情報テーブル（tbl_customer）、営業報告履歴テーブル（tbl_action）、スタッフマスターテーブル（tbl_staff）、会社マスターテーブル（tbl_company）の4つのテーブルを使用します。これらのテーブルの関連を図示すると、以下のようになります。

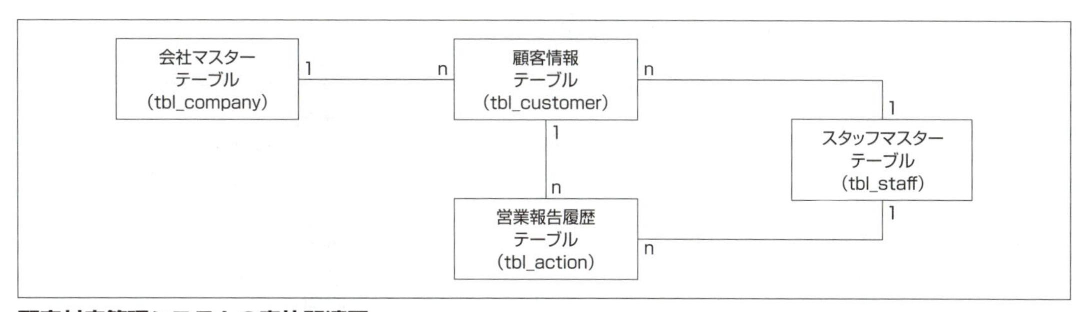

顧客対応管理システムの実体関連図

この実体関連図では、4つの四角形が個々のテーブルを表しています。また、それぞれの四角形を結んだ直線はテーブル間に関連があることを表しており、線の両端に付いている「1」と「n」の文字は、それぞれのテーブル間の関連の種類を示しています。

たとえば、1人の顧客には複数の営業報告データを登録できるようにするため、顧客情報テーブルと営業報告履歴テーブルは「一対多」の関連になります。それを示すために、顧客情報テーブルに「1」、営業報告履歴テーブルに「n」の文字を記述しています（「n」は「多」を表します）。

また、顧客に登録される営業担当者は、1人のスタッフが複数の顧客を担当することもあるため、多対一の関連を持ちます。

参照
データベースについて
「第2章 データベースとSQLの基礎」

参照
テーブル間の関連について
第2章の「4 主キーと外部キー」

テーブル一覧の作成

実体関連図で示したように、顧客対応管理システムで利用するデータベースには、顧客情報テーブル（tbl_customer）、営業報告履歴テーブル（tbl_action）、会社マスターテーブル（tbl_company）、スタッフマスターテーブル（tbl_staff）の4つのテーブルが含まれます。

基本設計時には、できる限り各テーブルの列の定義まで決定しておきます。ここでは、列名、データ型、サイズ、主キー、必須入力、用途/メモを記載したテーブル一覧を作成しています。

テーブル名	列名	データ型	サイズ	主キー	必須入力	用途/メモ
tbl_customer （顧客情報）	customerID	int		●	○	顧客ID
	customer_name	nvarchar	20		○	顧客名（個人名）
	customer_kana	nvarchar	20		○	顧客名カナ
	companyID	int				会社ID
	section	nvarchar	50			部署名
	post	nvarchar	30			役職
	zipcode	nvarchar	8			郵便番号
	address	nvarchar	100			住所
	tel	nvarchar	20			電話番号
	staffID	int				スタッフID（営業担当者）
	first_action_date	datetime				初回訪問日
	memo	nvarchar	MAX			備考
	input_date	datetime				入力日
	input_staff_name	nvarchar	20			スタッフ名（入力者名）
	update_date	datetime				更新日
	update_staff_name	nvarchar	20			スタッフ名（更新者名）
	delete_flag	bit				削除フラグ（削除の場合にTrue）
tbl_action （営業報告履歴）	ID	int		●	○	ID
	customerID	int			○	顧客ID
	action_date	datetime			○	アクション日
	action_content	nvarchar	400			内容
	action_staffID	int				スタッフID（対応者）
tbl_company （会社マスター）	companyID	int		●	○	会社ID
	company_name	nvarchar	100		○	会社名
	company_kana	nvarchar	100			会社名カナ
	delete_flag	bit				削除フラグ（削除の場合にTrue）
tbl_staff （スタッフマスター）	staffID	int		●	○	スタッフID
	staff_name	nvarchar	20		○	スタッフ名
	userID	nvarchar	10			ユーザーID（ログオン処理用）
	password	nvarchar	10			パスワード（ログオン処理用）
	admin_flag	bit				管理者フラグ（管理者の場合にTrue）
	delete_flag	bit				削除フラグ（削除の場合にTrue）

顧客対応管理システムで使用するデータベースのテーブル一覧

なお、システムの開発を開始してからも、項目が不足していたり、基本設計時には想定していなかった機能を装備する必要があったりといった理由で、テーブルの設計を変更しなければならないことも少なくありませんが、その際にはテーブル一覧を同時に修正しておくことをお勧めします。このテーブル一覧は、後日システムの修正が発生した際に、非常に役立つ資料の1つになります。

コラム　データ型の決定方法

テーブルの設計を行う際に最も悩まされるのが、データ型の選択です。ほとんどの場合、格納するデータの属性を丁寧に分析していけば、「文字」、「数値」、「日付/時刻」、「オブジェクト（画像など）」という選択は容易に行うことができるはずですが、問題となるのは、文字と数値の場合のデータ型の選択です。

SQL Server 2017を利用する場合には、文字と数値のデータ型について、次に記すデータ型の選択方法を参考にしてください（SQL Server 2017のデータ型の詳細については、第2章の「3 テーブル、列、行」を参照してください）。

文字の場合

●決められた文字数までのデータを格納する場合
➡varchar(size)型/nvarchar(size)型

●商品コードや郵便番号など、すべてのデータで桁数が固定されるデータを格納する場合
➡char(size)型/nchar(size)型
※sizeには文字数を指定します。特殊な文字を格納する場合には、nchar型を使用します。

●メモや備考など、事前に決定できない文字数のデータを格納する場合
➡varchar(MAX)型/nvarchar(MAX)型

なぜ桁数が固定のデータの場合にchar型を使用するかというと、データベースへの格納方法が「固定長形式」になることで、処理速度が向上するためです。これに対して、varchar型を使用した場合には、「可変長形式」という格納方法になります。

上記のデータ型のうちnvarchar型、nchar型、nvarchar(MAX)型は、Unicode（ユニコード）の形式でデータを格納します。

varchar型やchar型の列には、シフトJISという文字コードで日本語の文字を格納することができます。これらに対して、Unicodeに対応したnvarchar型やnchar型の列には、世界中の言語で使用される文字を格納することができるようになっています。

なお、Unicodeを使用してデータを格納すると、半角文字と全角文字が同じデータサイズ（いずれも1文字のデータ）として取り扱われるため、プログラムにおける文字数のエラーチェックが簡単になります（シフトJISを使用した場合は、全角文字が半角文字の2文字分のサイズとして扱われます）。

数値の場合

●整数値を格納する場合
➡bigint型、int型、smallint型、tinyint型
※格納する数値の最大値によって、データ型を選択します。

●整数部および小数部の桁数が固定されている数値を格納する場合
➡decimal型

●小数部の桁数が変動する数値を格納する場合
➡float型
※real型でも小数を持つ値を格納できますが、演算誤差が大きくなるためreal型は使用しない方がよいでしょう。また、float型であっても誤差が含まれることがあります。

●金額を格納する場合
➡money型
※小数点以下4桁までであれば、誤差のない計算を行うことができ、金額以外の数値データを格納することもできます。

4 機能詳細とユーザーインターフェイスを設計する

開発手法によっては、システムの基本設計をまとめ終わったところで、すぐに開発作業に取りかかるやり方もありますが、手戻りを最小限に抑えるには、開発前にシステム内のすべての機能に対して、表示項目や操作方法、動作内容などの詳細を決定しておくことが理想的です。ここでは、顧客対応管理システムのすべての機能に対する機能詳細とユーザーインターフェイスを設計してみましょう。

なお、この節では、それぞれの機能について、本書内での該当箇所を参照先として示しています。参照先のない機能がいくつかありますが、それらの機能は完成版の顧客対応管理システムに含まれています。これらの作成方法のポイントについては、サンプルファイルの「顧客対応管理システムのその他の機能.pdf」で解説しています。サンプルファイルについては、「はじめに」の「本書のサンプルファイルについて」をお読みください。

「ログオン画面」の機能

ログオン画面はシステムの起動時に表示して、ユーザー認証を行います。

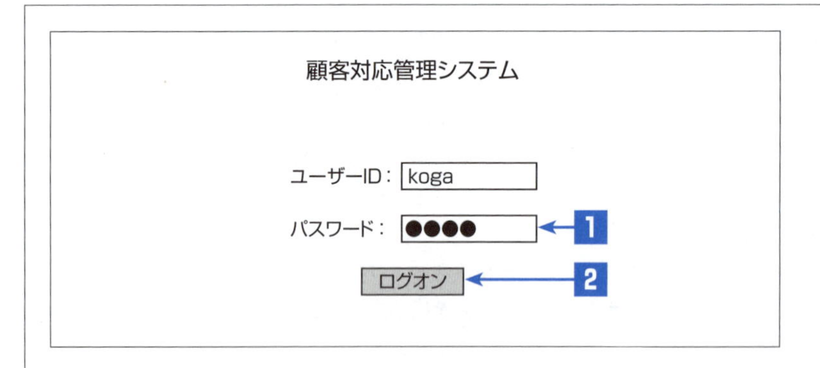

1 ［パスワード］ボックス

入力時には文字列を「●」で置き換えて表示します。

2 ［ログオン］ボタン

①ユーザーIDが未入力の場合には、「ユーザーIDを入力してください。」というメッセージを表示します。

②パスワードが未入力の場合には、「パスワードを入力してください。」というメッセージを表示します。

③ユーザーIDまたはパスワードが正しくない場合には、「ユーザーIDまたはパスワードが違います。」というメッセージを表示します。

④正しいユーザーIDとパスワードが入力された場合には、セッション変数にログオン情報を保存して、メニュー画面を表示します。

「ログオン画面」の機能詳細

参照

［ログオン］フォームの作成

第12章の「1 ログオン処理とユーザー権限」

「メニュー画面」の機能

メニュー画面はシステムの全機能の入り口となります。ログオンしたユーザーが「管理者」のときにはすべての機能が使用できますが、「一般ユーザー」のときには、「顧客データのエクスポート」、「営業担当者の置換」、「スタッフマスター管理」を使用できないように、リンクを非表示にします。

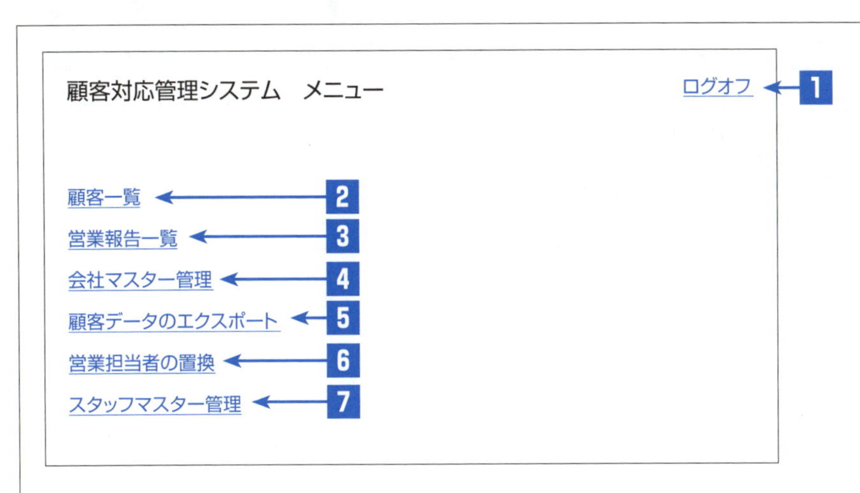

1 [ログオフ] リンク
セッション変数をクリアして、ログオン画面を表示します。

2 [顧客一覧] リンク
[顧客一覧] フォームを表示します。

3 [営業報告一覧] リンク
[営業報告一覧] フォームを表示します。

4 [会社マスター管理] リンク
[会社マスター管理] フォームを表示します。

5 [顧客データのエクスポート] リンク
[顧客データのエクスポート] フォームを表示します。このリンクは、ログオンユーザーが管理者のときにのみ表示します。

6 [営業担当者の置換] リンク
[営業担当者の置換] フォームを表示します。このリンクは、ログオンユーザーが管理者のときにのみ表示します。

7 [スタッフマスター管理] リンク
[スタッフマスター管理] フォームを表示します。このリンクは、ログオンユーザーが管理者のときにのみ表示します。

「メニュー画面」の機能詳細

参照
[メニュー] フォームの作成
第12章の「2 ユーザー別のメニュー画面を作成する」

「顧客一覧」の機能

顧客一覧の画面では、指定した条件に一致する顧客データを一覧表示します。

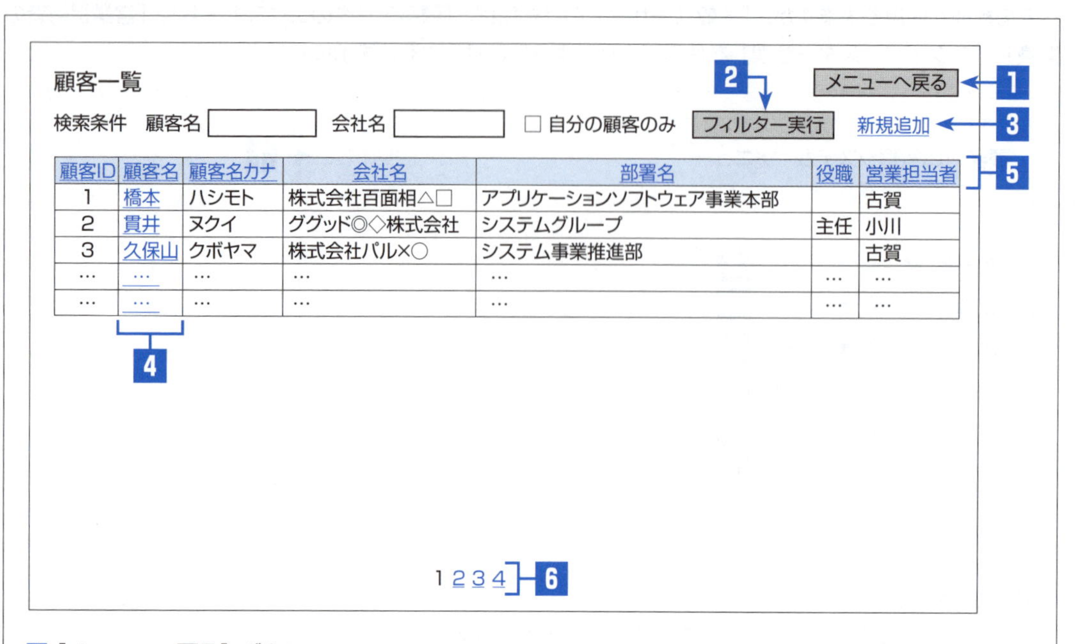

1 [メニューへ戻る] ボタン

メニュー画面に戻ります。

2 [フィルター実行] ボタン

顧客名や会社名を指定して［フィルター実行］ボタンをクリックすると、指定した条件で一覧のデータが絞り込まれます（顧客名と会社名は部分一致）。［自分の顧客のみ］チェックボックスをオンにすると、ログオンユーザーが担当する顧客のデータだけを表示します（既定ではオフ）。

3 [新規追加] リンク

［顧客新規登録］フォームが表示され、新規に顧客データを登録できます。

4 [顧客名] のリンク

クリックした行の顧客データを［顧客情報（閲覧）］フォームで表示します。

5 一覧の項目名のリンク

項目名をクリックすると、その項目で一覧を並べ替えます。

6 ページの切り替え

1ページに10件ずつデータを表示します。ページ番号の数値をクリックすると、クリックしたページに切り替わります。

【特記事項】

削除フラグがTrueのデータは顧客一覧に表示されません（論理削除）。

「顧客一覧」の機能詳細

参照

［顧客一覧］フォームの作成

「第6章 リスト型画面の作成1－フォームの作成」、「第7章 リスト型画面の作成2－フィルター機能の追加」

「顧客情報（閲覧）」の機能

顧客情報（閲覧）の画面は、顧客一覧で選択したデータを表示します。この画面では、顧客のデータを修正できません。画面下部には、この顧客の営業報告履歴データを一覧表示します。

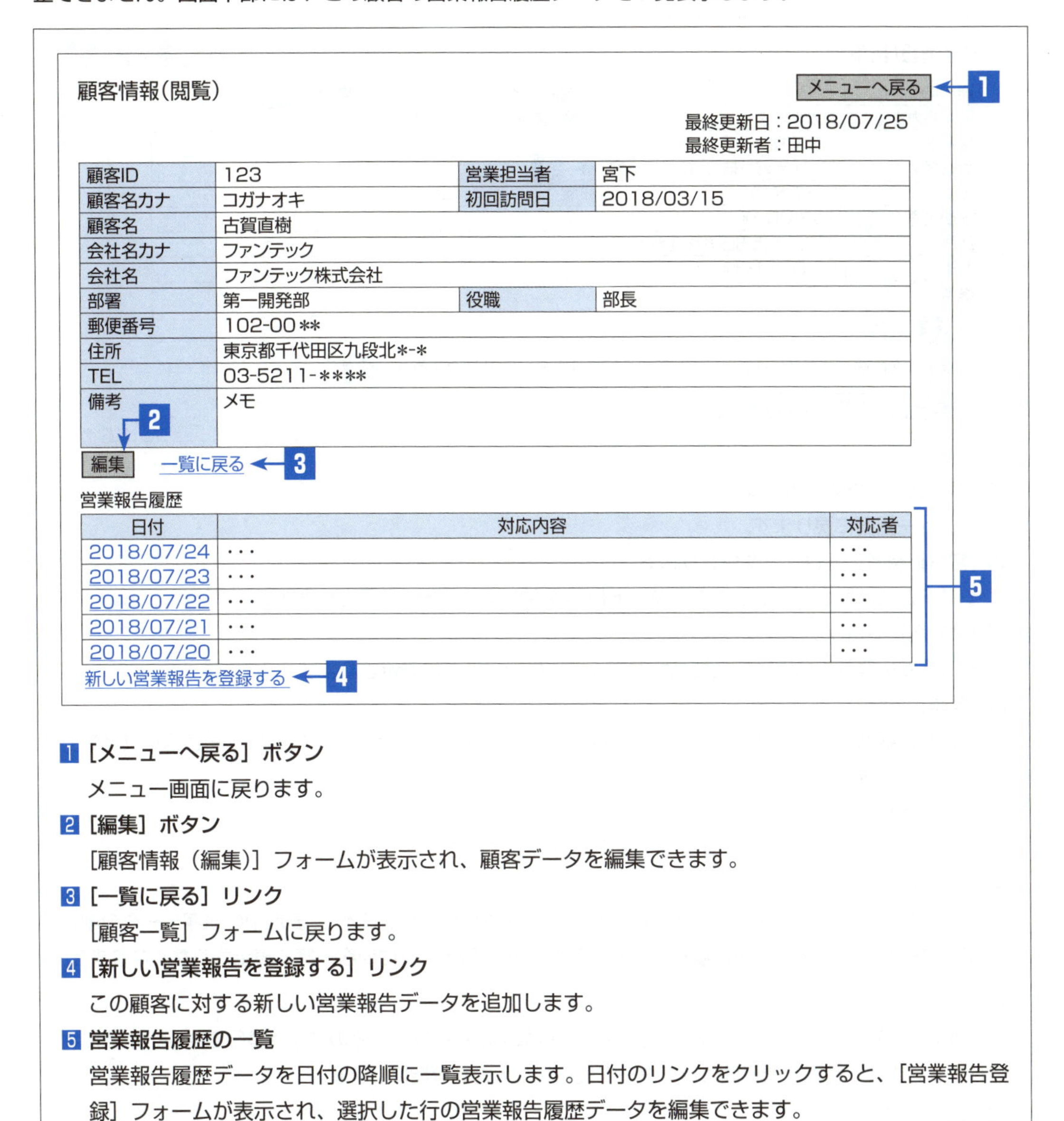

1 ［メニューへ戻る］ボタン

メニュー画面に戻ります。

2 ［編集］ボタン

［顧客情報（編集）］フォームが表示され、顧客データを編集できます。

3 ［一覧に戻る］リンク

［顧客一覧］フォームに戻ります。

4 ［新しい営業報告を登録する］リンク

この顧客に対する新しい営業報告データを追加します。

5 営業報告履歴の一覧

営業報告履歴データを日付の降順に一覧表示します。日付のリンクをクリックすると、［営業報告登録］フォームが表示され、選択した行の営業報告履歴データを編集できます。

「顧客情報（閲覧）」の機能詳細

注意

営業報告履歴の機能

営業報告履歴の一覧や登録機能は、本書の手順では作成しません（完成版には含まれています）。

参照

［顧客情報（閲覧）］フォームの作成
「第8章 カード型画面の作成1－閲覧画面の作成」

「顧客情報（編集）」の機能

顧客情報（編集）の画面は、顧客情報（閲覧）で表示された顧客データを編集します。

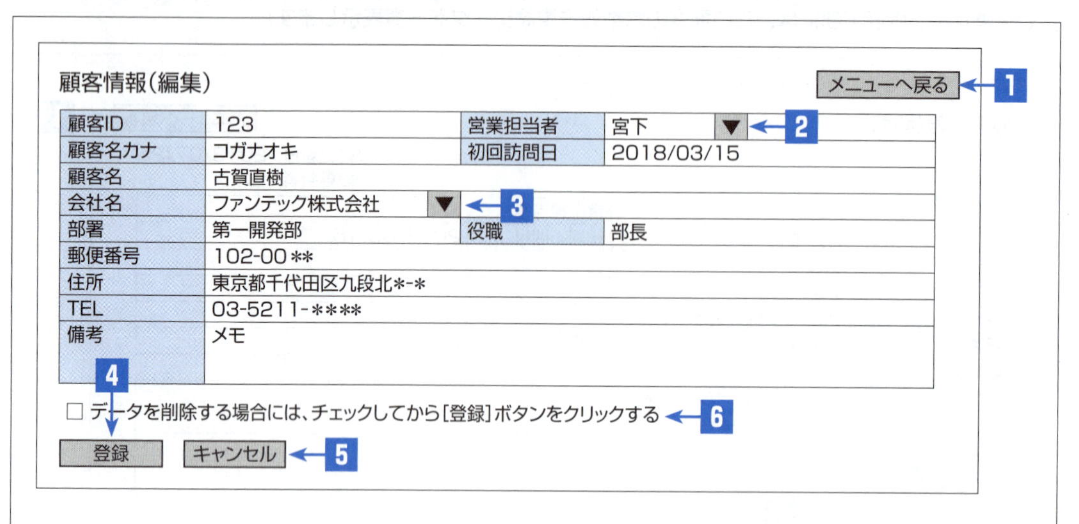

1 ［メニューへ戻る］ボタン

メニュー画面に戻ります。

2 ［営業担当者］ドロップダウンリスト

システムに登録されているスタッフがドロップダウンリストに表示されます。

3 ［会社名］ドロップダウンリスト

システムに登録されている会社名がドロップダウンリストに表示されます。

4 ［登録］ボタン

修正した顧客データをデータベースに登録します。なお、処理後は、自動的に［顧客情報（閲覧)］フォームに戻ります。

5 ［キャンセル］ボタン

データを登録せずに、［顧客情報（閲覧)］フォームに戻ります。

6 削除用のチェックボックス

チェックボックスをオンにしてから［登録］ボタンをクリックすることで、表示中の顧客データの削除フラグをTrueにします（論理削除）。削除フラグがTrueのデータは顧客一覧に表示されなくなります。

【特記事項】

この画面では補助機能として、郵便番号とTELには数字とハイフン以外の文字が登録できないように制御します。また、初回訪問日はカレンダーを使用した入力を可能にします。

「顧客情報（編集)」の機能詳細

ヒント

AJAXの利用

［顧客新規登録］フォームおよび［顧客情報（編集)］フォームでは、入力文字の制限、カレンダー機能といった補助機能を装備するためにAJAXを利用します。AJAXによる補助機能の追加については、「第11章 AJAXの利用」を参照してください。

参照

［顧客情報（編集)］フォームの作成
「第9章 カード型画面の作成2－編集画面の作成」

「営業報告登録」の機能

営業報告登録の画面は、顧客に対する営業報告の内容を登録します。

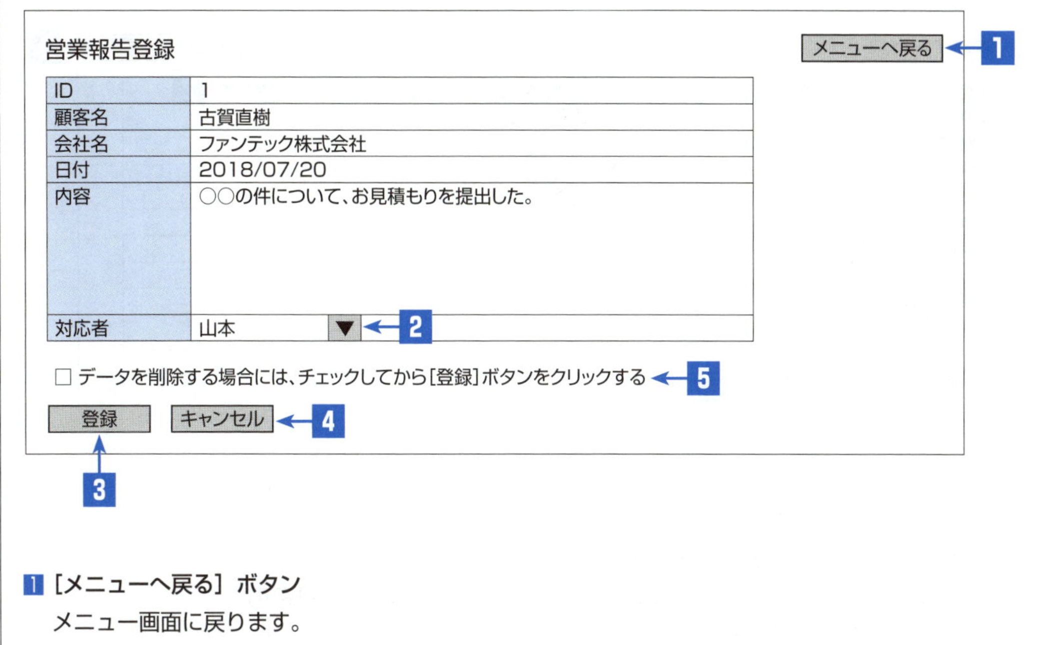

1 [メニューへ戻る] ボタン

メニュー画面に戻ります。

2 [対応者] ドロップダウンリスト

システムに登録されているスタッフがドロップダウンリストに表示されます。

3 [登録] ボタン

入力した営業報告データをデータベースに登録します。

4 [キャンセル] ボタン

データを登録せずに、前の画面に戻ります。

5 削除用のチェックボックス

チェックボックスをオンにしてから［登録］ボタンをクリックすることで、表示中の営業報告データを削除します（物理削除）。

「営業報告登録」の機能詳細

注意

営業報告登録の機能

営業報告登録の機能は、本書の手順では作成しません（完成版には含まれています）。

「顧客新規登録」の機能

顧客新規登録の画面では、顧客データを新規に登録することができます。

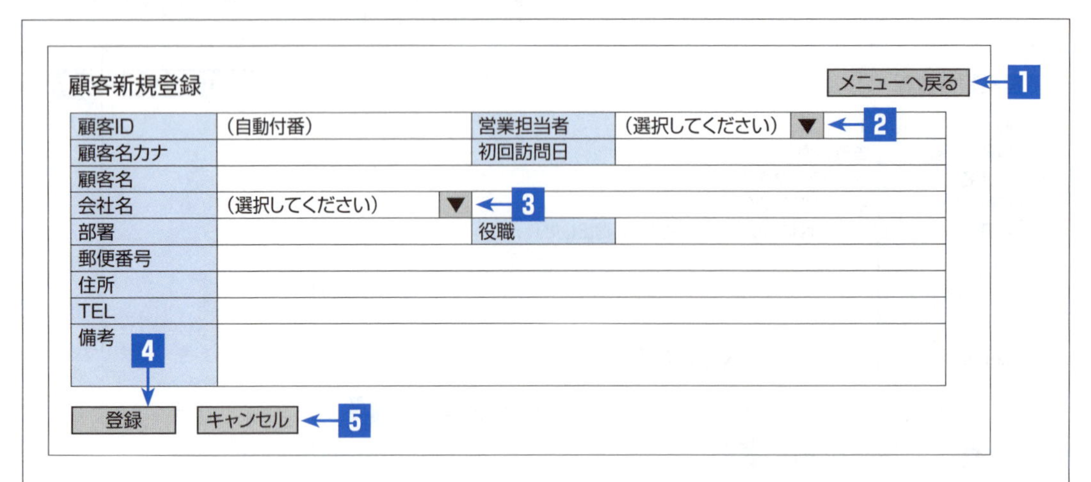

1 [メニューへ戻る] ボタン
　メニュー画面に戻ります。

2 [営業担当者] ドロップダウンリスト
　システムに登録されているスタッフがドロップダウンリストに表示されます。

3 [会社名] ドロップダウンリスト
　システムに登録されている会社名がドロップダウンリストに表示されます。

4 [登録] ボタン
　入力した顧客データをデータベースに登録します。なお、顧客IDは、登録時に現在のDB上の最大値＋1の値を自動的に付番します。

5 [キャンセル] ボタン
　データを登録せずに、顧客一覧に戻ります。

【特記事項】
この画面では補助機能として、郵便番号とTELには数字とハイフン以外の文字が登録できないように制御します。また、初回訪問日はカレンダーを使用した入力を可能にします。

「顧客新規登録」の機能詳細

ヒント

AJAXの利用

[顧客新規登録] フォームおよび [顧客情報 (編集)] フォームでは、入力文字の制限、カレンダー機能といった補助機能を装備するためにAJAXを利用します。AJAXによる補助機能の追加については、「第11章 AJAXの利用」を参照してください。

参照

[顧客新規登録] フォームの作成
「第9章 カード型画面の作成2ー編集画面の作成」

「営業報告一覧」の機能

営業報告一覧画面は、対応期間（範囲）の条件を指定して、該当する営業報告履歴のデータを一覧表示します。

期間: 2018/07/01 ～ 2018/07/07　[フィルター実行] ← 2　[メニューへ戻る] ← 1

日付	対応者	顧客名	会社名	対応内容
2018/07/03	古賀	真下 ×男	株式会社パル○△	お見積もりを提出した
2018/07/03	木之元	田中 ×悟	ファンテ×株式会社	新任のご挨拶
2018/07/03	・・・	・・・	・・・	・・・
2018/07/03	・・・	・・・	・・・	・・・
2018/07/04	・・・	・・・	・・・	・・・
2018/07/04	・・・	・・・	・・・	・・・
2018/07/05	・・・	・・・	・・・	・・・
2018/07/05	・・・	・・・	・・・	・・・
2018/07/05	・・・	・・・	・・・	・・・
2018/07/05	・・・	・・・	・・・	・・・

1 ［メニューへ戻る］ボタン
メニュー画面に戻ります。

2 ［フィルター実行］ボタン
期間のテキストボックスに日付を入力して、［フィルター実行］ボタンをクリックすると、日付の範囲に含まれる営業報告履歴が一覧表示されます。期間には、既定でシステム日－6とシステム日の日付がセットされます。

「営業報告一覧」の機能詳細

「顧客データのエクスポート」の機能

顧客データのエクスポートの画面は、顧客データをcsvファイル（カンマ区切りのテキストファイル）として出力する機能です。営業担当者を指定して出力することも、全データを対象にすることもできます。

1 ［メニューへ戻る］ボタン
メニュー画面に戻ります。

2 ［出力対象担当者］ドロップダウンリスト
システムに登録されているスタッフがドロップダウンリストに表示されます。

3 ［出力実行］ボタン
顧客データをエクスポートして、csvファイルを作成します。

「顧客データのエクスポート」の機能詳細

参照

［顧客データのエクスポート］フォームの作成
第10章の「3 顧客データをエクスポートする」

「会社マスター管理」の機能

会社マスター管理の画面は、顧客データで使用する会社マスターを一覧表示します。一覧の［編集］ボタンをクリックすると、指定した行の編集ができるようになります。

1 ［メニューへ戻る］ボタン
メニュー画面に戻ります。

2 ［会社の追加］ボタン
新しい会社ID（DB上の最大値＋1）を付番して、会社データを追加します。

3 ［編集］ボタン
指定した行が編集行に切り替わり、［更新］ボタンと［キャンセル］ボタンが表示されます。

4 ［更新］ボタン
入力された会社データをデータベースに登録して、閲覧の状態に戻ります。

5 ［キャンセル］ボタン
登録を中止して、閲覧状態に戻ります。

「会社マスター管理」の機能詳細

注意

会社マスター管理の機能

会社マスター管理の機能は、本書の手順では作成しません（完成版には含まれています）。

「営業担当者の置換」の機能

営業担当者の置換の画面は、スタッフの退社や異動時に利用する機能です。すべての顧客データに対して、指定した営業担当者のスタッフIDを別のスタッフIDに置き換えます。

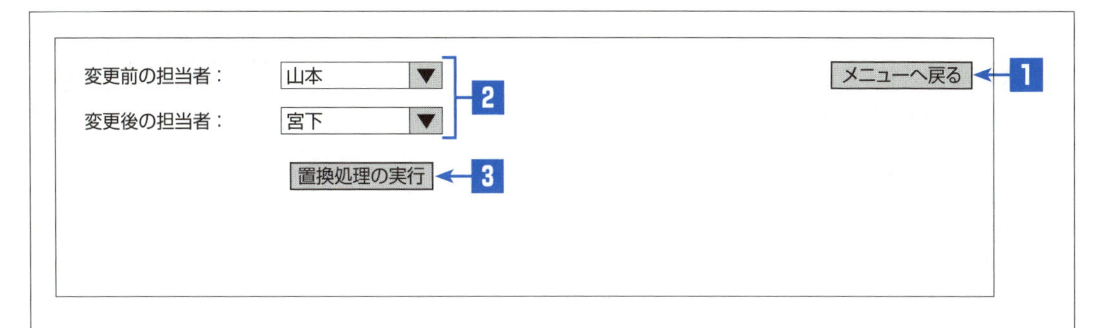

1 ［メニューへ戻る］ボタン

メニュー画面に戻ります。

2 ［変更前の担当者］ドロップダウンリスト、［変更後の担当者］ドロップダウンリスト

システムに登録されているスタッフがドロップダウンリストに表示されます。既定では「(選択してください)」と表示します。

3 ［置換処理の実行］ボタン

［変更前の担当者］ボックスと［変更後の担当者］ボックスで対象となるスタッフを選択して［置換処理の実行］ボタンをクリックすると、顧客情報の営業担当者を一括で置換します。

いずれかのドロップダウンリストで対象のスタッフが選択されていない場合には、「変更前と変更後の担当者を選択してください。」というエラーメッセージを表示します。

両方のドロップダウンリストで同じ担当者が指定された場合には、「変更前と変更後の担当者が同じであるため、処理を実行できません。」というエラーメッセージを表示します。

処理が完了したら、「n件の顧客で担当者を変更しました。」(nは処理件数）というメッセージを表示します。

「営業担当者の置換」の機能詳細

参照

［営業担当者の置換］フォームの作成

第10章の「2 営業担当者を置換する」

「スタッフマスター管理」の機能

スタッフマスター管理の画面は、顧客データや営業報告履歴で使用するスタッフを一覧表示します。一覧の［編集］ボタンをクリックすると、指定した行の編集ができるようになります。

スタッフマスター管理　　［メニューへ戻る］←1

［スタッフの追加］←2

	スタッフID	スタッフ名	ユーザーID	パスワード	管理者フラグ	削除フラグ
4→［編集］	1	鈴木	suzuki	abc123	□	□
［更新］［キャンセル］←5	2	石川	ishikawa	xxx	□	□
［編集］	3	相田	aida	pass	□	□
［編集］	4	植野	ueno	12345	□	□
［編集］	5	大下	ooshita	tokyo	□	□
［編集］	6	川瀬	kawase	dog	□	□
［編集］	7	菊田	kikuta	kiku	□	□
［編集］	...	...	...	...	□	□
［編集］	...	...	...	...	□	□
［編集］	...	...	...	...	□	□
［編集］	...	...	...	...	□	□
［編集］	...	...	...	...	□	□
［編集］	...	...	...	...	□	□
［編集］	...	...	...	...	□	□
［編集］	...	...	...	...	□	□
［編集］	...	...	...	...	□	□
［編集］←3	...	...	...	...	□	□

1 2 3 4

1 ［メニューへ戻る］ボタン
メニュー画面に戻ります。

2 ［スタッフの追加］ボタン
新しいスタッフID（DB上の最大値＋1）を付番して、スタッフデータを追加します。

3 ［編集］ボタン
指定した行が編集行に切り替わり、［更新］ボタンと［キャンセル］ボタンが表示されます。

4 ［更新］ボタン
入力されたスタッフデータをデータベースに登録して、閲覧の状態に戻ります。

5 ［キャンセル］ボタン
登録を中止して、閲覧状態に戻ります。

「スタッフマスター管理」の機能詳細

参照

［スタッフマスター管理］フォームの作成
第13章の「3 ユーザー管理画面を作成する」

共通仕様

以下の点は、システム全体で共通の仕様です。特に記載のない限り、各画面はこの仕様に準拠するものとします。

共通仕様

顧客対応管理システムの各画面は、以下の共通仕様に準拠して開発します。

●必須入力チェック

各テーブルにおける必須入力項目を、データの登録時にチェックします。必須入力項目にデータが入力されていない場合には、各項目の下に「必須入力です」というエラーメッセージを表示します。

●桁数のチェック（文字列の場合）

文字列項目の登録時に、各項目に定められた桁数をオーバーした場合には、それぞれの入力用のテキストボックスの下に「○文字以内で入力してください」というエラーメッセージを表示します。

●日付や時刻の表記

日付のデータは、「yyyy/mm/dd」（例：2018/08/01）の書式で表示します。日時のデータは、「yyyy/mm/dd hh:nn:ss」（例：2018/08/01 10:00:00）の書式で表示します。

●日本語入力モードの切り替え

入力用のボックスにフォーカスが移動した場合には、以下のように日本語入力モードを切り替えます。

- 数値や日付を入力するコントロール　「オフ」
- 文字列を入力するコントロール　「オン」

●認証済みユーザーのチェック

各Webページではユーザーが認証済みであることを確認し、認証されていないときには、ユーザーに認証を促すためにログオン画面にリダイレクトします。

顧客対応管理システムの共通仕様

ヒント

日本語入力モードの切り替え

Internet Explorerでは、システムでIMEを制御することによって、テキストボックスにフォーカスがセットされた（カーソルが移動した）ときに、日本語入力モードを切り替えることができます。
たとえば、日付や金額などでは日本語入力を使用しないように設定し、人名や会社名では日本語入力を使用するように設定すると、登録画面の使い勝手が良くなります。
日本語入力モードのWebフォームへの設定方法は、第7章の「1 フィルター実行用のコントロールを追加する」を参照してください。

参照

認証済みユーザーのチェック

第12章の「3 ユーザー認証済みであることをチェックする」

5 基本仕様書を作成する

この章で定義したシステムの基本設計は、最終的に基本仕様書としてまとめておきます。特に、受託開発の場合には、顧客との最終確認として基本仕様書は大切な資料になります。また、後日システムに手を加えることになった場合には、当初どのような仕様でシステムを開発したかをまとめた資料が必要になることが多いものです。

基本仕様書の作成

基本仕様書は、システム規模、顧客の要求内容、社内規定、受注条件などによって、さまざまな様式が考えられます。しかし、システムの内容をわかりやすく取りまとめたドキュメントという性質から考えると、基本仕様書には少なくとも以下の内容を明記しておくべきです。

- Webサーバーの環境(OS、必要なソフトウェア、必要な機器、設定内容など)
- データベースサーバーの環境(OS、必要なソフトウェア、必要な機器、設定内容など)
- 使用するコンポーネント(帳票コンポーネントなど)
- 対応するクライアントの環境(OS、必要なソフトウェアなど)
- 対応するWebブラウザー(ソフトウェア、バージョン)
- 使用する開発言語とバージョン
- システム概要、目的、機能一覧
- 画面遷移図
- データベース設計内容(実体関連図、テーブル一覧)
- 機能詳細
- 帳票サンプル/出力データのサンプルなど

小規模なシステムの場合には、基本仕様書の段階では「実現すべき内容」を記載して、「実現する方法」までは明記しないことも多いようです。このような場合、「実現する方法」についての資料は、システム完成後に「どのように実現したか」ということを詳細設計書などの資料としてまとめることもありますが、変数の定義や共通処理の仕様などを基本的なルールに則って開発し、それ以外の情報はソースコード中にわかりやすくコメントとして記載しておくケースもあります。

SQL Server データベースの準備

第4章

本書では、データベース管理システムとして、マイクロソフト社のSQL Server 2017を利用します。この章では、最初にSQL Serverの動作状況を確認し、次に本書の開発実習で使用するSQL Serverのデータベースの準備を行います。

▼この章で学習する内容

STEP 1 SQL Server構成マネージャーを起動して、SQL Serverのサービスと動作状況を確認します。

STEP 2 Management Studioを使用して、データベースの作成を行います。作成したデータベースにテーブルを定義し、データを登録します。

STEP 3 本書の開発実習で利用するためのサンプルデータベースを準備します。

STEP 4 SQL Serverでは、データベースにSELECT命令を使用したSQLステートメントをビューとして登録しておくことができます。ここでは、データベースにビューを作成する方法を学習します。

STEP 5 SQL Serverには、Windows認証とSQL Server認証という2つの認証方法が用意されています。この2つの認証方法とデータベースユーザーの権限管理方法について学習し、データベースに接続するためのユーザーを作成します。

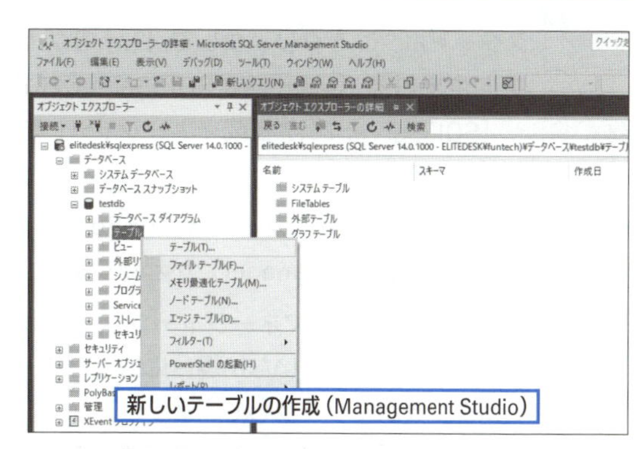

新しいテーブルの作成（Management Studio）

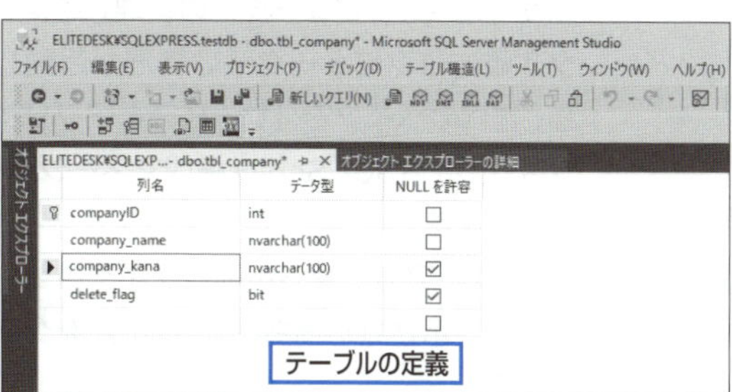

テーブルの定義

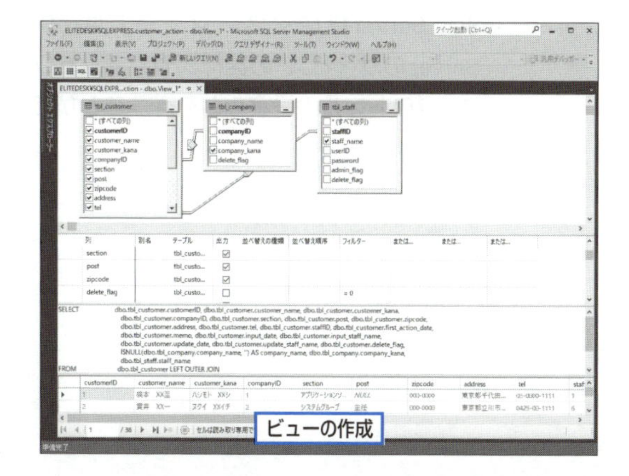

ビューの作成

1 SQL Serverの動作状況を確認する

本書で使用するSQL Server 2017は、サービスとしてバックグラウンドで動作します。本書での学習を進める際には、使用するコンピューターでSQL Server 2017が正しく動作している必要があるため、ここでSQL Server 2017の動作状況を確認します。なお、SQL Server 2017のインストール方法については、製品に付属している説明やマイクロソフト社のWebサイトを参照してください。

SQL Server 2017の動作状況の確認

以下の手順で、SQL Server 2017（以下、SQL Server）の動作状況を確認してください。なお、この章の操作は、管理者権限を持つユーザーでWindowsにサインインして実行してください。

1

スタートボタンをクリックして、「M」のグループに含まれる［Microsoft SQL Server 2017］－［SQL Server 2017 構成マネージャー］をクリックする。

➡SQL Server構成マネージャー（Sql Server Configuration Manager）が起動する。

●SQL Server構成マネージャーがスタートメニューに含まれていない場合には、スタートボタンを右クリックして、ショートカットメニューの［コンピューターの管理］をクリックする。コンピューターの管理が起動したら、左側のペインで［サービスとアプリケーション］－［SQL Server構成マネージャー］を展開する。

●［ユーザーアカウント制御］ダイアログボックスが表示された場合は、［はい］をクリックする。

●SQL Server構成マネージャーでは、SQL Serverのサービス※の実行状態やネットワーク、プロトコルの設定などを行うことができる。

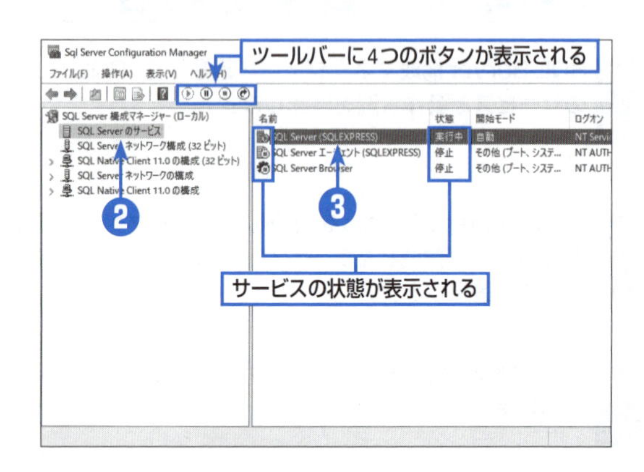

SQL Serverの動作状況

- サービスが起動している
- サービスが一時的に停止している
- サービスが停止している

用語

サービス

サービスとは、Windowsによるバックグラウンドにおけるプログラムの実行のこと。SQL Serverは、通常のWindowsアプリケーションのようにタスクバーに表示された状態で動作するのではなく、バックグラウンドでプログラムが実行されている状態になります。このような状態を「サービスが実行されている」と言います。

2

左側のペイン※で［SQL Serverのサービス］をクリックする。

➡右側のペインに、コンピューターにインストールされているSQL Serverのサービスが一覧表示される（一覧に含まれる内容やインスタンス名※は、エディションやインストール時の設定によって異なる）。

●SQL Serverを実行するサービスは、［SQL Server（インスタンス名）］に表示されたアイコンや［状態］列の内容によって実行状態を確認できる。

●右側のペインの表示方法が図と異なる場合には、［表示］メニューの［詳細］をクリックする。

3

右側のペインで［SQL Server（インスタンス名）］をクリックする。

➡ツールバーに［サービスの開始］、［サービスの一時停止］、［サービスの停止］、［サービスの再起動］の4つのボタンが表示される。これらのボタンをクリックすることによって、サービスの状態を制御できる（ただし、管理者権限を持つユーザーでWindowsにサインインしていなければならない）。

●SQL Serverのサービスが実行されていない場合には、ツールバーの［サービスの開始］ボタンをクリックする。

4

SQL Serverのインスタンス名およびサービスの状態を確認したら、閉じるボタンをクリックして、SQL Server構成マネージャーを終了する。

用語

ペイン

ウィンドウやダイアログボックスで、上下や左右に区分けされた領域のこと。

ヒント

開始モードの変更

［開始モード］列が「自動」になっていない場合には、Windowsの起動時にサービスは実行されません。再起動時に自動的にサービスを実行するように設定したいときには、一覧のサービスをダブルクリックしてプロパティウィンドウを表示し、［サービス］タブで［開始モード］を［自動］に変更してください。

用語

インスタンス名

SQL Serverは、インスタンスという単位でサービスを実行します。1つのインスタンスには複数のデータベースを格納できますが、いくつかのインスタンスにデータベースを分散すると、安定性を向上させたり、メモリの使用量を分配したりすることができます。
なお、既定のインスタンス名は、SQL Server 2017 Expressでは「SQLEXPRESS」、それ以外のエディションでは「MSSQLSERVER」となります。

参照

SQL Server 2017の各エディションの概要

第2章の「7 SQL Server 2017のエディションの違い」

2 データベースを作成する

SQL Server 2017では、1つのインスタンスに複数のデータベースを作成できます。この節では、Management Studioを使用して、新しいデータベースを作成する手順を紹介します。

Management Studioの起動

Management Studioは、SQL Serverの管理に利用するデータベース管理ツールです。Management Studioは、データベースの作成、テーブルの定義、データの登録といったデータベースに対する操作と、データベースのバックアップや復元、メンテナンスプランの登録など、SQL Serverに対するさまざまな管理業務に利用できます。Management Studioは、SQL Server 2017には付属していないため、別途マイクロソフト社のホームページからダウンロードする必要があります。Management Studioのダウンロードについては、この後のヒントを参照してください。

Management Studioは、以下の手順で起動します。

1 スタートボタンをクリックして、「M」のグループに含まれる［Microsoft SQL Server Tools 17］－［Microsoft SQL Server Management Studio 17］をクリックする。

➡Management Studioが起動して、［サーバーへの接続］ダイアログボックスが表示される。

2 Windows認証を使用している場合には、そのまま［接続］をクリックする。SQL Server認証を使用している場合には［認証］ボックスを［SQL Server認証］に変更して、ログイン情報を入力してから、［接続］をクリックする。

➡SQL Serverに接続する。

●サーバー名には、コンピューター名またはコンピューター名¥インスタンス名と指定する（SQL Server 2017 Expressの場合は、既定のインスタンス名がSQLEXPRESSとなるため、コンピューター名¥SQLEXPRESSとなる）。
認証方法は、通常Windows認証（サインインしているWindowsユーザーによる認証）で接続できるが、SQL Server認証を使用する場合には登録したユーザー名とパスワードを入力して接続する。

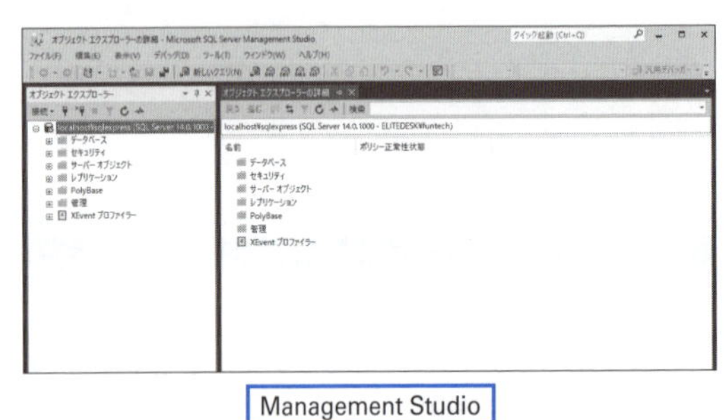

Management Studio

Management Studioでは、オブジェクトエクスプローラーを使用してSQL Server 2017に含まれるオブジェクトを操作します。オブジェクトエクスプローラーでは、登録されているデータベース、テーブル、管理項目などを参照できるようになっています。

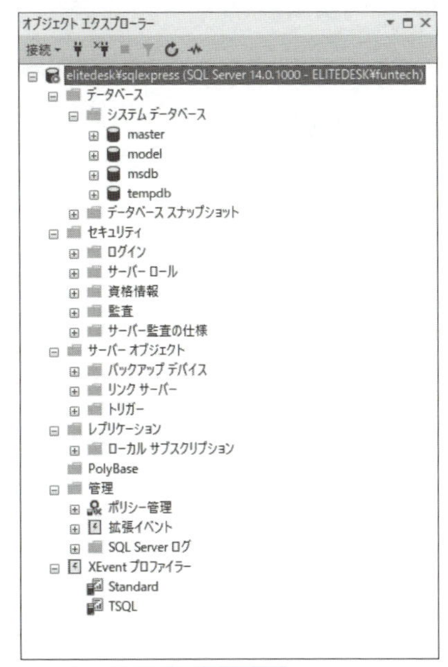

オブジェクトエクスプローラー

ヒント

ネットワーク上のサーバーの操作

Management Studioは、ネットワーク上の別のコンピューターで実行しているSQL Serverを管理することもできます。そのため、開発用または管理用のクライアントにManagement Studioをインストールしておくことで、サーバーを直接操作しなくてもデータベースを管理できます。

注意

Management Studioの実行権限

Management Studioでこの節の操作を行うためには、SQL Serverの実行権限を持つWindowsユーザーで作業を行う必要があります。そのため、作業を行うWindowsユーザーをログインとして登録し、sysadminなどのサーバーロールを設定しなければなりません。なお、SQL Serverのインストーラーでは、セットアップを実行したWindowsユーザーを登録できるようになっています。

ヒント

Management Studioのダウンロード

Management Studioのダウンロードサイトは、SQL Server 2017のセットアップ画面（SQL Serverインストールセンター）の左側のペインで［インストール］を選択して、右側のペインで［SQL Server Management Toolsのインストール］リンクをクリックしてください。Webブラウザー（EdgeまたはInternet Explorer）で「SQL Server Management Studio（SSMS）のダウンロード」のWebサイトが表示され、そこからプログラムをダウンロードすることができます。

なお、後からSQL Serverインストールセンターを起動するには、スタートボタンをクリックして、「M」のグループに含まれる［Microsoft SQL Server 2017］－［SQL Server 2017インストールセンター］をクリックします。

SQL Serverインストールセンター

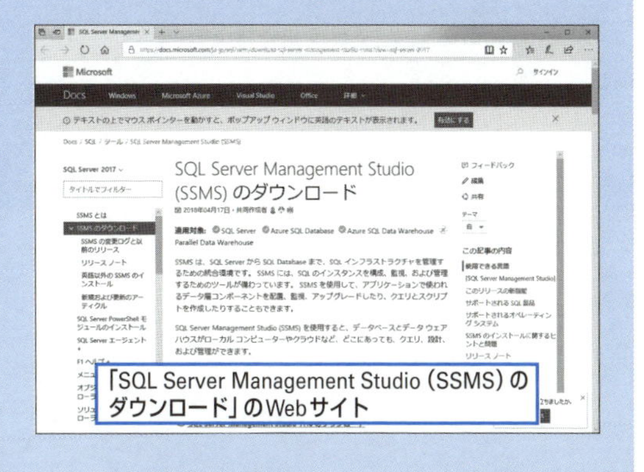

「SQL Server Management Studio（SSMS）のダウンロード」のWebサイト

データベースの作成

Management Studioを使用して、新しいデータベースを作成するには、以下の手順で操作します。

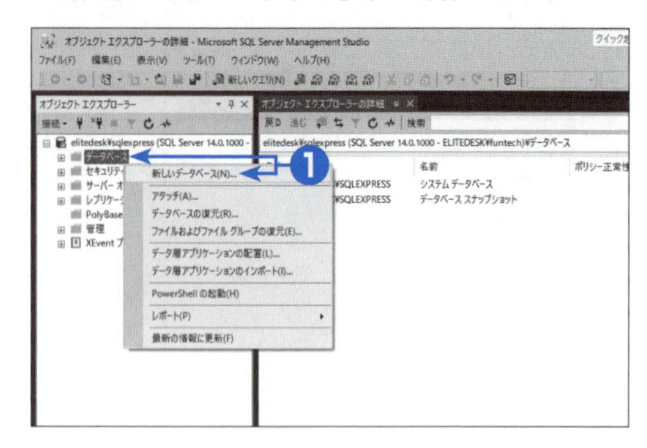

1

オブジェクトエクスプローラーで[データベース]を右クリックして、ショートカットメニューの[新しいデータベース]をクリックする。

➡[新しいデータベース]ダイアログボックスが表示される。

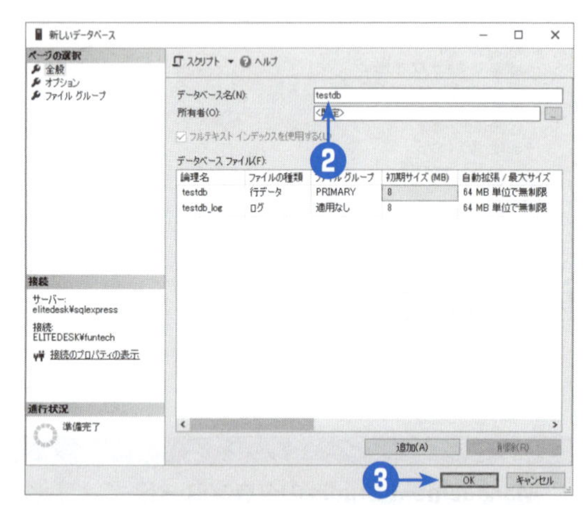

2

[新しいデータベース]ダイアログボックスの[データベース名]ボックスに、作成するデータベースの名前を入力する。ここでは、**testdb**と入力する。

➡[データベースファイル]の一覧に、「testdb」というデータファイルと、「testdb_log」というログファイルが表示される。この一覧で、それぞれのファイルの格納フォルダーを変更することもできる。

3

[OK]をクリックする。

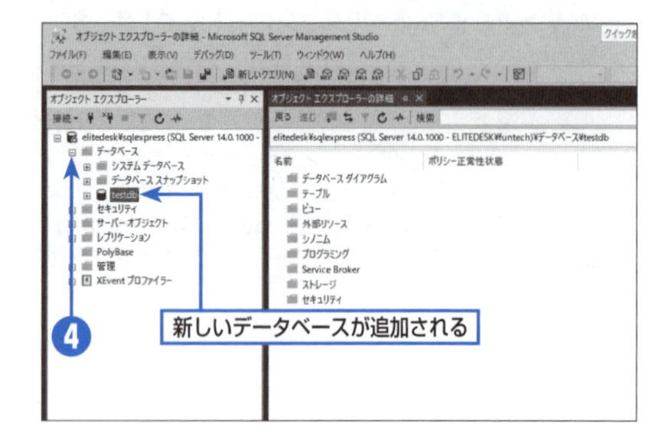

4

オブジェクトエクスプローラーで[データベース]の左にある[+]をクリックする。

➡「データベース」が展開して、testdbデータベースが作成されていることが確認できる。

これで、新しいデータベースが作成されました。なお、ここで作成したtestdbデータベースは、この後の操作練習で利用します。

テーブルを作成する

Management Studioを使用すると、データベースに新しいテーブルを作成したり、既存のテーブルのデザインを変更したりすることができます。

新しいテーブルの作成

Management Studioを使用して、testdbデータベースに新しいテーブルを追加してみましょう。

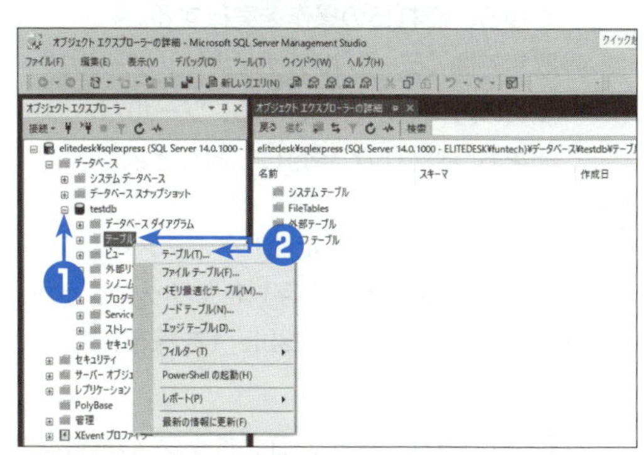

❶ オブジェクトエクスプローラーで、前の節で作成したデータベース［testdb］の左にある［+］をクリックする。

➡ testdbデータベースのオブジェクトフォルダーが展開される。

❷ ［テーブル］を右クリックして、ショートカットメニューの［テーブル］をクリックする。

➡ テーブルデザイナーが表示される。

●テーブルデザイナーでは、グリッドの1行に1列を定義することができる。1行目に定義情報を入力すると、2行目に列を追加するための空白行が表示される。

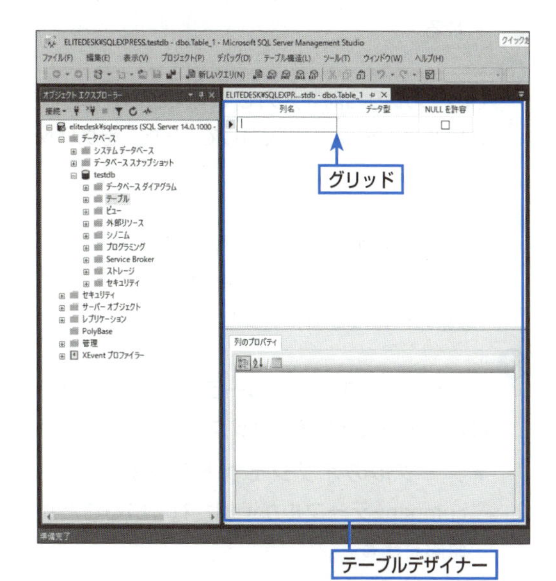

❸ tbl_companyテーブルを作成するために、次の表のように3つの列を定義する。

●列にNull値※の登録を許可しない場合には、［Nullを許容］チェックボックスをオフにする。

列名	データ型	Nullを許容
companyID	int	
company_name	nvarchar(100)	
delete_flag	bit	✔

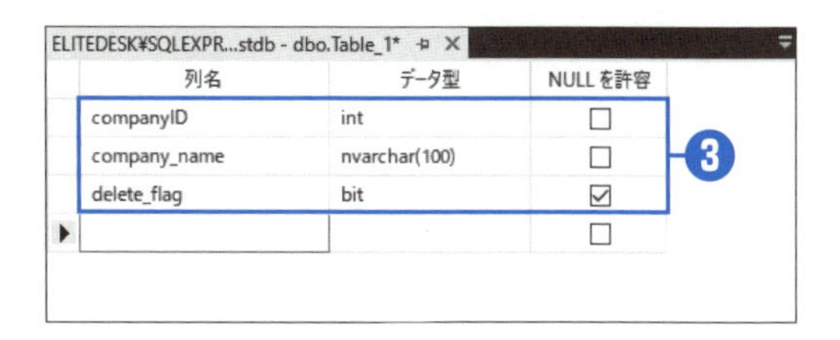

4

companyID列を選択して、[テーブル構造] メニューの [主キーの設定] をクリックするか、[テーブルデザイナー] ツールバーの [主キーの設定] ボタンをクリックする。

➡主キーが設定され、列の左端に主キーを表す鍵のアイコンが表示される。

●複数の列の組み合わせを主キーとして設定する場合には、あらかじめ複数の行を選択してから、これらの操作を実行する。

●既定では [テーブルデザイナー] ツールバーが右の方に表示されるため、ツールバーの左端をドラッグして移動しておくとよい。

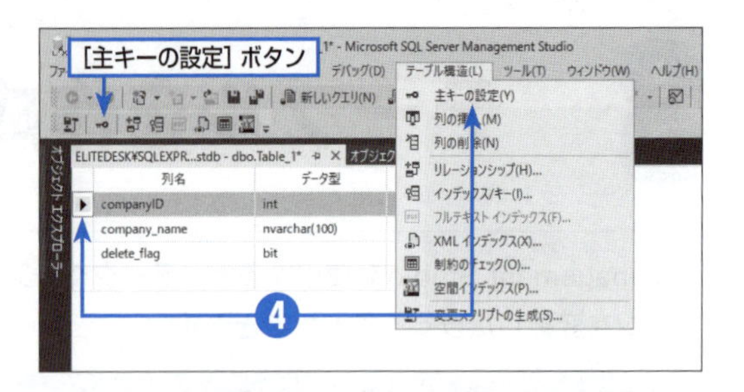

5

テーブルを保存するために、[ファイル] メニューの [Table_1を保存] をクリックするか、[標準] ツールバーの [Table_1を保存] ボタンをクリックする。

➡[名前の選択] ダイアログボックスが表示される。

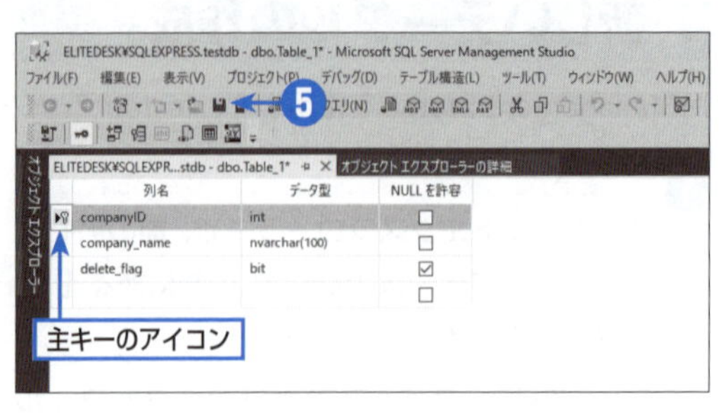

6

[テーブルの名前を入力してください] ボックスに**tbl_company**と入力して、[OK] をクリックする。

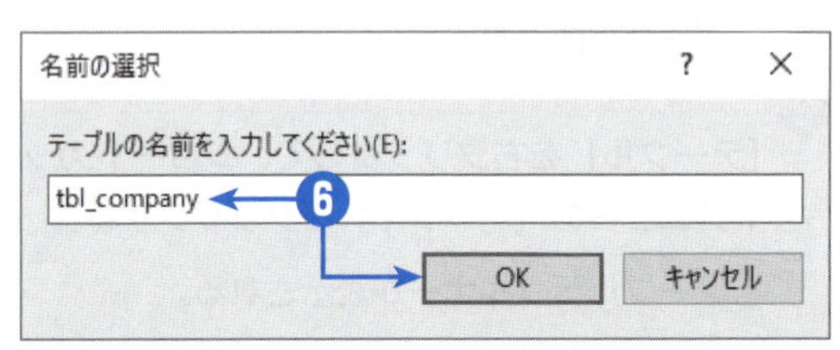

7

オブジェクトエクスプローラーで [テーブル] を右クリックして、ショートカットメニューの [最新の情報に更新] をクリックする。

8

オブジェクトエクスプローラーで [テーブル] の左にある [+] をクリックする。

➡テーブルのオブジェクトが展開し、tbl_companyテーブルが追加されていることが確認できる。

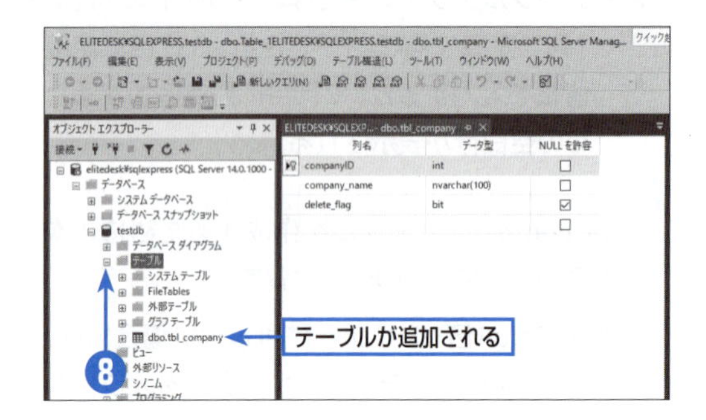

用語

Null値

Null値とは、データベースの列に格納される値が「空」であることを表す値です。列にNull値を許可するということは、その列に値を登録せずに行を保存できることを意味します。主キーの列にはNull値を許可できませんが、それ以外の列では必要に応じて設定することができます。設計時点でどちらに設定すればよいかが不明な場合には、ひとまずNullを許可にしておいても問題はありません。

ヒント

テーブルの所有者

SQL Serverデータベースでは、データベースそのものやデータベースに含まれる各オブジェクトに所有者が定められています。オブジェクトエクスプローラーで、テーブル名の前に表示される「dbo.」は「dbo」が所有者であることを示しています。

なお、ここで所有者として表示されたdboとは、データベースの所有者（DataBase Owner）を表す特別なユーザーであり、データベースの所有者が所有するオブジェクトであることを表しています。

ヒント

インデックスの作成

テーブルにインデックスを作成すると、検索や集計を高速化できます。テーブルにインデックスを設定するには、対象テーブルがテーブルデザイナーに表示されている状態で［テーブル構造］メニューの［インデックス/キー］をクリックするか、［テーブルデザイナー］ツールバーの［インデックスとキーの管理］ボタンをクリックして、［インデックス/キー］ダイアログボックスを表示します。［追加］をクリックして、インデックスを作成する列やその他の条件を指定することで、インデックスを作成できます。

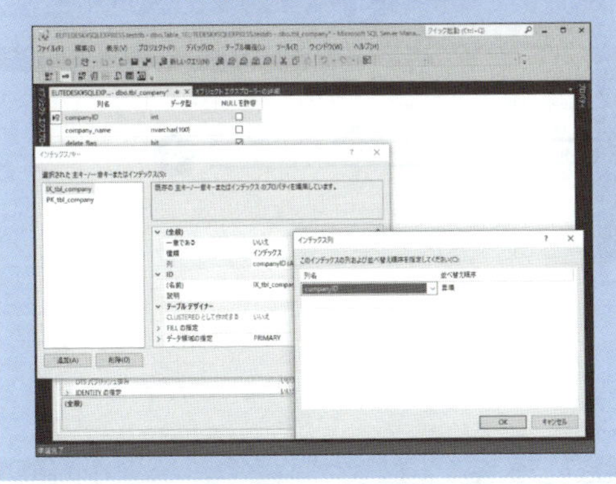

ヒント

複数の列の選択

複数の列を主キーとして設定する場合には、あらかじめテーブルデザイナーでグリッド内の複数の列を選択しておかなければなりません。テーブルデザイナーのグリッドでは、Shiftを押しながら行セレクター（各行の左端の灰色の領域）をクリックして複数の連続した列を選択できます。また、Ctrlを押しながら行セレクターを順次クリックすると、連続していない複数の列を選択することも可能です。

	列名	データ型	NULLを許容
▶🔑	companyID	int	☐
	company_name	nvarchar(100)	☐
	delete_flag	bit	☑
			☐

連続した複数の列の選択

テーブルのデザイン変更

作成したテーブルは、後から列のデータ型を変更したり、新しく列を追加したりすることができます。ここでは、先ほど作成したtbl_companyテーブルに、company_kana列を追加します。

なお、Management Studioのテーブルデザイナーでは、既定の状態でテーブルの変更作業の一部ができないようになっているため、操作の前にあらかじめ設定を変更しておきます。

❶ ［ツール］メニューの［オプション］をクリックする。

➡［オプション］ダイアログボックスが表示される。

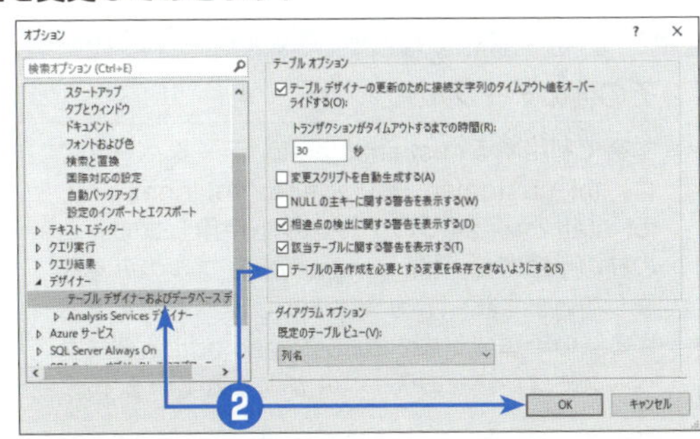

2

左側のボックスで［デザイナー］－［テーブルデザイナーおよびデータベースデザイナー］を選択し、右側のペインで［テーブルの再作成を必要とする変更を保存できないようにする］チェックボックスをオフにして、［OK］をクリックする。

●この設定により、テーブルデザイナーで、テーブルへの新しい列の挿入や列の削除、データ型の変更などが可能になる。

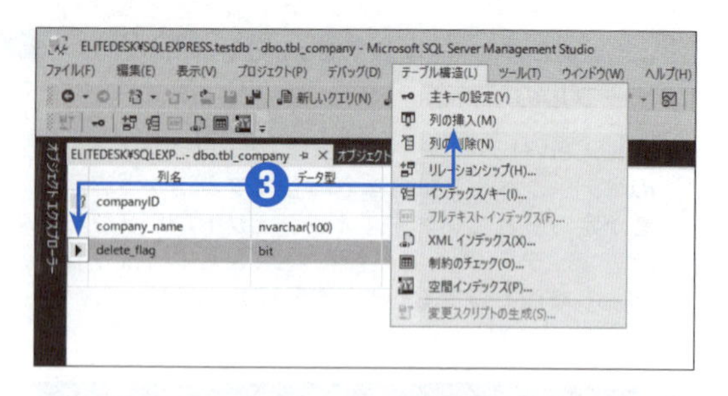

3

テーブルデザイナーでdelete_flag列を選択して、［テーブル構造］メニューの［列の挿入］をクリックする。

➡3行目に空の行が挿入される。

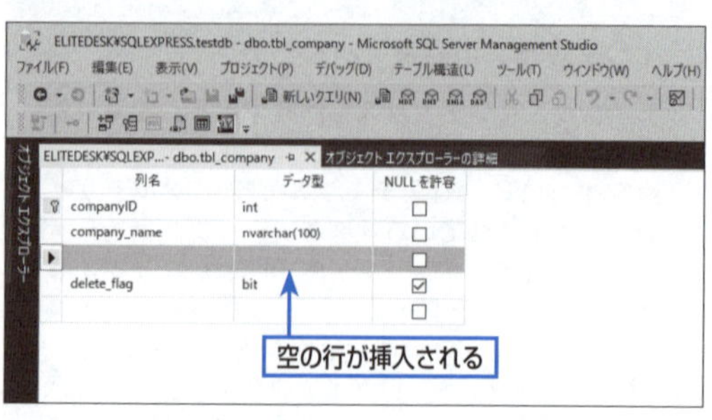

4

新しく挿入された行にcompany_kana列を次の表のように定義する。

列名	データ型	Nullを許容
company_kana	nvarchar(100)	✔

5

修正が終了したら、［ファイル］メニューの［tbl_companyを保存］をクリックするか、［標準］ツールバーの［tbl_companyを保存］ボタンをクリックして、変更したテーブル定義を保存する。

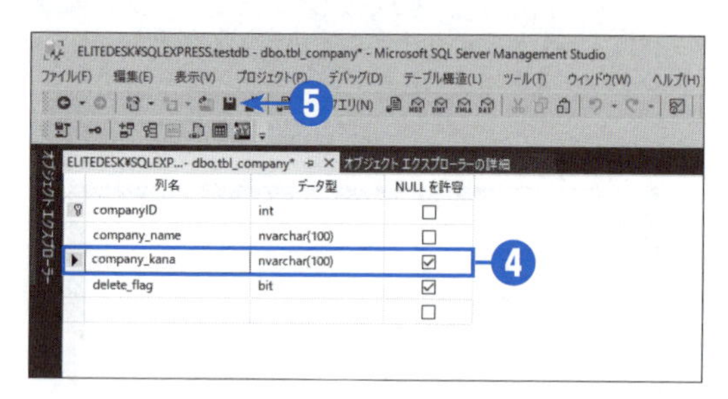

ヒント

列の削除

列を削除する場合には、削除する列を選択して、［テーブル構造］メニューの［列の削除］をクリックするか、行セレクターをクリックして行全体を選択してから Delete を押します。

ヒント

その他のテーブル

本書で利用するcustomer_actionデータベースでは、tbl_customer、tbl_action、tbl_company、tbl_staffという4つのテーブルを使用します。この節の手順では、tbl_companyテーブルのみを作成していますが、「5 サンプルデータベースを準備する」の手順で作成するcustomer_actionデータベースには、残りのテーブルが含まれています。

注意

デザイン変更時の注意事項

SQL Serverでは、既にデータが登録されているテーブルに対してデザイン変更を行った場合であっても、登録されているデータを可能な限り保持する仕組みになっています。
しかし、データ型の変更やサイズの変更を行うと、データの値が変更されたり、データが消去されたり、文字列の一部が切り捨てられたりすることがあります。
そのため、データベースの利用開始後には、できるだけテーブルのデザインは変更しないようにすることが理想的です。どうしてもテーブルのデザインを変更しなければならない場合には、あらかじめデータベースのバックアップを取ってから作業するようにしてください。
なお、データベースのバックアップ方法については、第15章の「8 データベースのバックアップと復元」を参照してください。

4 データの閲覧と修正

Management Studioを使用すると、データベースにデータを追加したり、修正や削除を行ったりすることができます。この機能は、システム開発時におけるサンプルデータの登録や、プログラムの動作結果の確認に役立ちます。

データの登録

Management Studioでは、データグリッドを使用してデータベースのテーブルにデータを登録することができます。ここでは、前の節で作成したtbl_companyテーブルにデータを登録してみましょう。

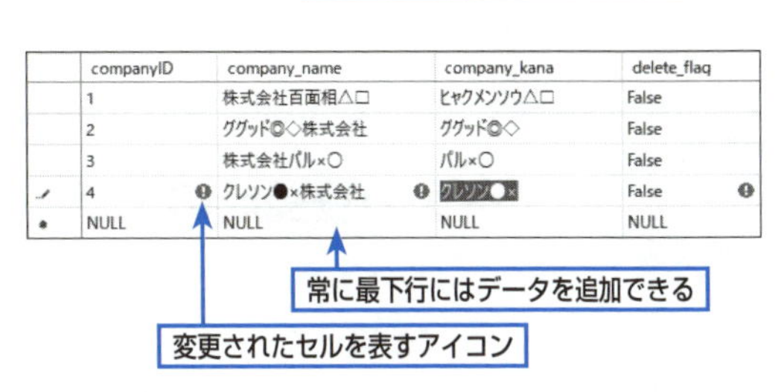

1

Management Studioのオブジェクトエクスプローラーで、testdbデータベースの［テーブル］を展開し、［dbo.tbl_company］を右クリックして、ショートカットメニューの［上位200行の編集］をクリックする。

➡ tbl_companyテーブルに格納されているデータがデータグリッドに表示される。ただし、この時点ではtbl_companyテーブルには1件もデータが登録されていないため、データグリッドには「NULL」と表記されている空白行だけが表示される。

2

データグリッドの空白行のcompanyIDのセルにデータを入力し、Tabを押して右のセルに移動する。

➡ 入力したセルに赤色の「！」マークが表示される。このアイコンは、このセルの内容が変更されたことを表している。

3

すべての列にデータを入力したらEnterを押す。

➡ データが登録され、次の行に移動する。

●bit型の列（delete_flag）では、**True**または**False**と入力する（**1**または**0**でも入力可能）。

4

最下行にデータを入力することで、さらにデータを追加することができる。

●データを修正する場合には、データグリッドで該当のデータが登録されているセルをクリックして修正することができる。また、データを削除する場合には、行セレクターをクリックしてからDeleteを押す。

注意

データの登録と削除

Management Studioのデータグリッドでは、行を移動する際に、データベースにデータが書き込まれます。また、一度登録したり削除したりしたデータを元に戻す機能は装備されていないので、注意してください。

ヒント

登録されているデータが多い場合

データグリッドでは、新規データを登録するための空白行が最下行に用意されています。そのため、データ数が多いと、画面内に空白行が表示されないことがあります。そのような場合にはスクロールバーで最下行まで移動してください。

ヒント

Null値の登録

一度入力したセルの値をNull値（何も値を持たない状態を表す値）に修正したい場合には、Ctrl＋0（ゼロ）を押します。単にBack spaceやDeleteで文字列を削除した場合は、Null値ではなく、空文字列（""）として登録されます。

ヒント

登録データの閲覧

データの閲覧だけを行う場合には、テーブルのショートカットメニューの［上位1000行の選択］をクリックします。

ヒント

選択と編集の件数

Management Studioの既定の状態では、閲覧（選択）と編集の件数がそれぞれ1000行と200行に制限されています。この設定を変更する場合には、［ツール］メニューの［オプション］をクリックして、［オプション］ダイアログボックスを表示し、左側のボックスで［SQL Serverオブジェクトエクスプローラー］を選択します。右側のペインで［上位<n>行の選択コマンドの値］と［上位<n>行の編集コマンドの値］に行数を指定できます。0を登録した場合には、すべての行を閲覧、編集できるようになります。

データの登録時のエラー

データグリッドを使用してデータを登録する場合には、データ型やサイズ、主キーなどの設定内容によって、データベースからエラーが返されることがあります。

たとえば、下の図で1つ目の例は主キー違反（主キーに重複した値を登録）、2つ目の例がデータ型違反（bit型の列に不適切な値を入力）のエラーメッセージです。これらのエラーメッセージが表示された場合には、該当するデータを修正してから再度登録を行ってください。

主キー違反

	companyID	company_name	company_kana	delete_flag
	1	株式会社百面相△□	ﾋｬｸﾒﾝｿｳ△□	False
	2	グヴッド◎◇株式会社	ｸﾞｳﾞｯﾄﾞ◎◇	False
	3	株式会社パル×○	ﾊﾟﾙ×○	False
✎	1	クレソン●×株式会社	ｸﾚｿﾝ●×	False
*	NULL	NULL	NULL	NULL

4行目に入力したデータの主キー（companyID）が1行目と重複している

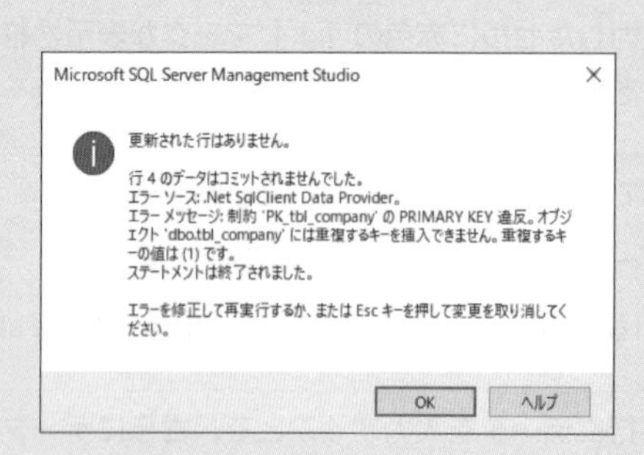

データ型違反

	companyID	company_name	company_kana	delete_flag
	1	株式会社百面相△□	ﾋｬｸﾒﾝｿｳ△□	False
	2	グヴッド◎◇株式会社	ｸﾞｳﾞｯﾄﾞ◎◇	False
	3	株式会社パル×○	ﾊﾟﾙ×○	False
✎	4	クレソン●×株式会社	ｸﾚｿﾝ●×	-1
*	NULL	NULL	NULL	NULL

4行目に入力したデータの削除フラグ（delete_flag）の値が不適切である

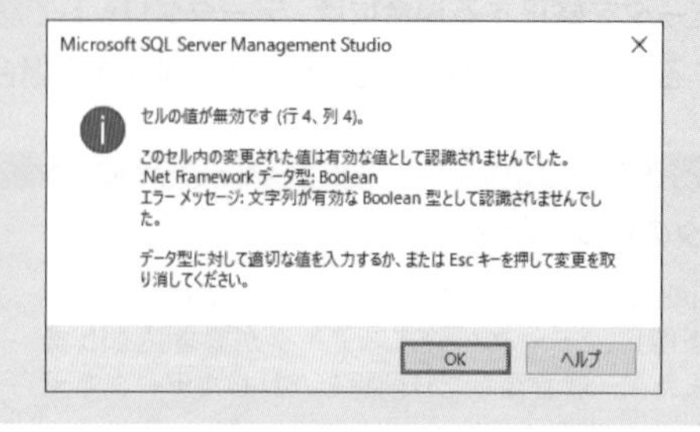

5 サンプルデータベースを準備する

ここでは、この後の章の実習で使用する開発用のサンプルデータベースを作成します。ここで作成するcustomer_actionデータベースには、開発時に利用できるサンプルデータも含まれています。

サンプルデータベースの作成

ここではサンプルファイルに含まれるSQLステートメントを利用するため、あらかじめダウンロードしたサンプルファイルをコピーしておきます（サンプルファイルについては、「はじめに」の「本書のサンプルファイルについて」をお読みください）。

サンプルファイルの準備が完了したら、以下の手順でSQLステートメントを実行してください。

❶ ［ファイル］メニューの［開く］－［ファイル］をクリックする。

➡［ファイルを開く］ダイアログボックスが表示される。

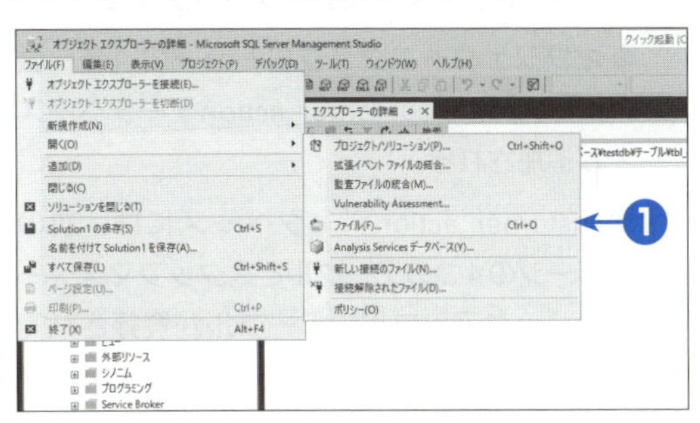

❷ ダウンロードしたサンプルファイルの［¥VC2017Web¥SQL］フォルダーで［MakeDB.sql］（拡張子が表示されていない場合には［MakeDB］）を選択して、［開く］をクリックする。

➡SQLエディターに、サンプルデータベースを構築するためのSQLステートメントが表示される。

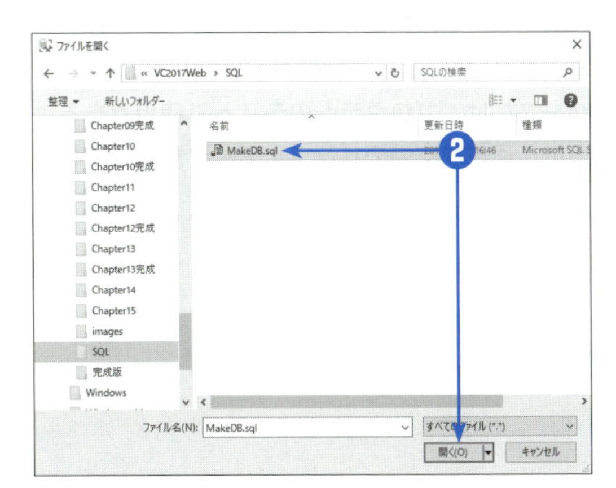

3

［クエリ］メニューの［実行］をクリックするか、［SQLエディター］ツールバーの［実行］ボタンをクリックする。

➡SQLステートメントが実行され、データベースとテーブル、ビュー、サンプルデータを作成、追加したというメッセージが表示される。

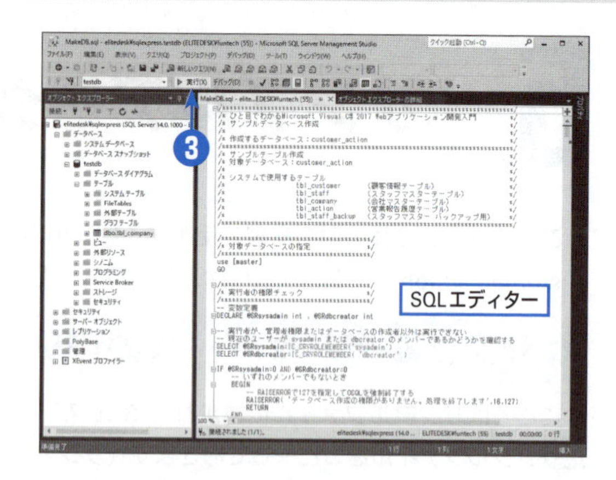

4

オブジェクトエクスプローラーで［データベース］の左にある［+］をクリックして展開し、［データベース］を選択して、［表示］メニューの［最新の情報に更新］をクリックする。

➡オブジェクトエクスプローラーの［データベース］に、customer_actionデータベースが追加される。

●customer_actionデータベースには、次のページの4つのテーブルとスタッフマスターのバックアップ用のテーブルが登録されている。

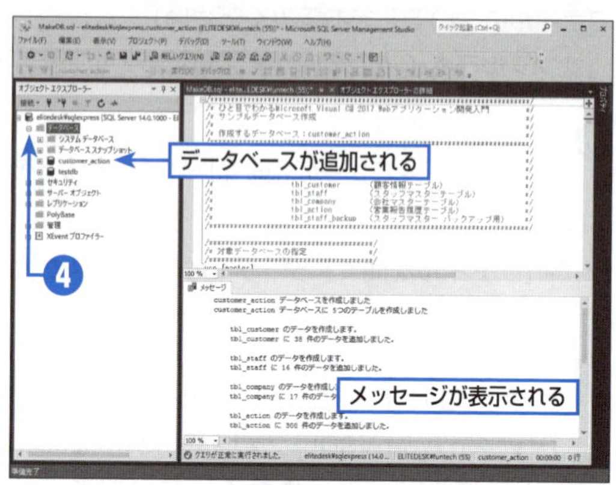

以上で、実習用のサンプルデータベースができあがりました。なお、このcustomer_actionデータベースには、プログラムのテストで使用できるように、何件かずつのサンプルデータが登録されています。

ヒント

サンプルデータベース構築用のSQLステートメント

MakeDB.sqlには、customer_actionサンプルデータベースを準備するための次の処理が含まれています。

- ●実行権限の確認
- ●customer_actionデータベースの作成
- ●各テーブルの作成
- ●ビューの作成
- ●各テーブルへのサンプルデータの登録
- ●メッセージの表示

これらの処理におけるSQLステートメントの記述内容については、SQLエディターで確認することができます。

customer_actionデータベースに含まれる4つのテーブル

テーブル名	列名	データ型	Nullを許容	主キー	用途/メモ
tbl_customer（顧客情報）	customerID	int		●	顧客ID
	customer_name	nvarchar(20)			顧客名（個人名）
	customer_kana	nvarchar(20)			顧客名カナ
	companyID	int	✔		会社ID
	section	nvarchar(50)	✔		部署名
	post	nvarchar(30)	✔		役職
	zipcode	nvarchar(8)	✔		郵便番号
	address	nvarchar(100)	✔		住所
	tel	nvarchar(20)	✔		電話番号
	staffID	int	✔		スタッフID（営業担当者）
	first_action_date	datetime	✔		初回訪問日
	memo	nvarchar(MAX)	✔		備考
	input_date	datetime	✔		入力日
	input_staff_name	nvarchar(20)	✔		スタッフ名（入力者名）
	update_date	datetime	✔		更新日
	update_staff_name	nvarchar(20)	✔		スタッフ名（更新者名）
	delete_flag	bit	✔		削除フラグ（削除の場合にTrue）
tbl_action（営業報告履歴）	ID	int		●	ID
	customerID	int			顧客ID
	action_date	datetime			アクション日
	action_content	nvarchar(400)	✔		内容
	action_staffID	int	✔		スタッフID（対応者）
tbl_company（会社マスター）	companyID	int		●	会社ID
	company_name	nvarchar(100)			会社名
	company_kana	nvarchar(100)	✔		会社名カナ
	delete_flag	bit	✔		削除フラグ（削除の場合にTrue）
tbl_staff（スタッフマスター）	staffID	int		●	スタッフID
	staff_name	nvarchar(20)			スタッフ名
	userID	nvarchar(10)	✔		ユーザーID（ログオン処理用）
	password	nvarchar(10)	✔		パスワード（ログオン処理用）
	admin_flag	bit	✔		管理者フラグ（管理者の場合にTrue）
	delete_flag	bit	✔		削除フラグ（削除の場合にTrue）

ヒント

スタッフマスターバックアップテーブル（tbl_staff_backupテーブル）

customer_actionデータベースには、上記の4つのテーブルに加えて、実習用のスタッフマスターバックアップテーブル（tbl_staff_backupテーブル）が用意されています。スタッフマスターバックアップテーブル（tbl_staff_backupテーブル）には、スタッフマスターテーブル（tbl_staff）と同じ列が定義されています。

6 サンプルデータベースにビューを追加する

SQL Serverのデータベースでは、SELECT命令を使用したSQLステートメントをビューとして登録することができます。抽出条件や結合条件を持つビューを用意しておくと、毎回複雑なSQLステートメントを記述しなくても、テーブルからデータを抽出するのと同じように、作成したビューから必要な情報を取り出すことができるようになります。

ビューの登録

ここでは、前の節で作成したcustomer_actionデータベースに、次のような「顧客情報」を表示するためのビューを登録します。このビューは、顧客情報テーブル（tbl_customer）に会社マスターテーブル（tbl_company）とスタッフマスターテーブル（tbl_staff）を外部結合したものです。

customerID	customer_name	customer_kana		company_name	company_kana	staff_name
1	橋本　XX至	ハシモト　XXシ		株式会社百面相△□	ヒャクメンソウ	大下
2	貫井　XXー	ヌクイ　XXイチ	・・・	ググッド◎◇株式会社	ググッド	大森
3	久保山　XX聡	クガヤマ　XXソウ		株式会社パル×○	パル	古賀
・・・	・・・	・・・		・・・	・・・	・・・

以下の手順で、customer_actionデータベースに新しいビューを追加します。

❶ オブジェクトエクスプローラーで、前の節で作成したcustomer_actionデータベースの左にある［+］をクリックする。

➡データベースのオブジェクトが展開される。

❷ ［ビュー］を右クリックして、ショートカットメニューの［新しいビュー］をクリックする。

➡ビューデザイナーが表示され、［テーブルの追加］ダイアログボックスが表示される。

●ビューデザイナーには、既定の状態で「ダイアグラムペイン」、「抽出条件ペイン」、「SQLペイン」、「結果ペイン」の4つのペインが表示される。

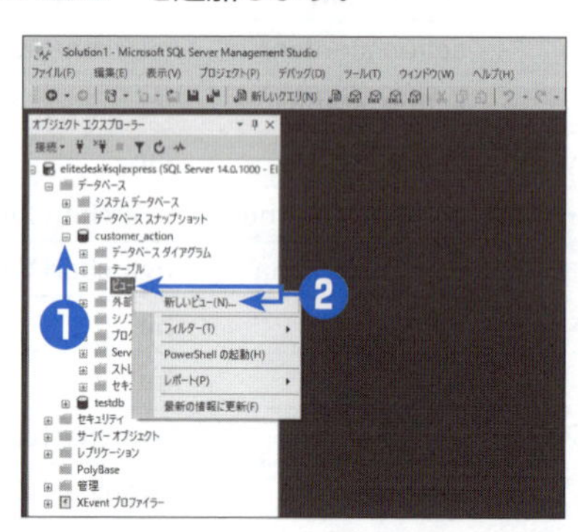

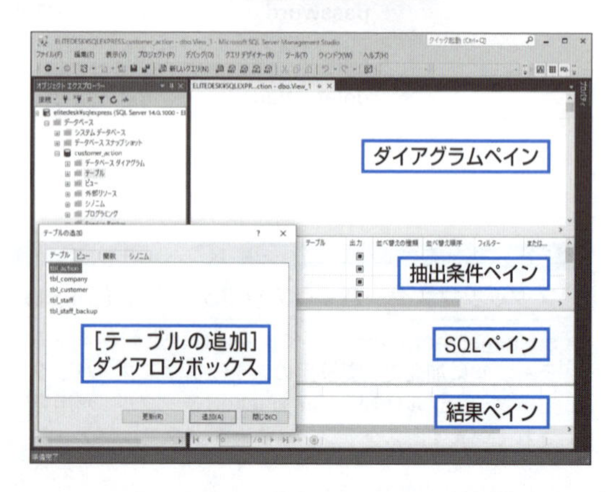

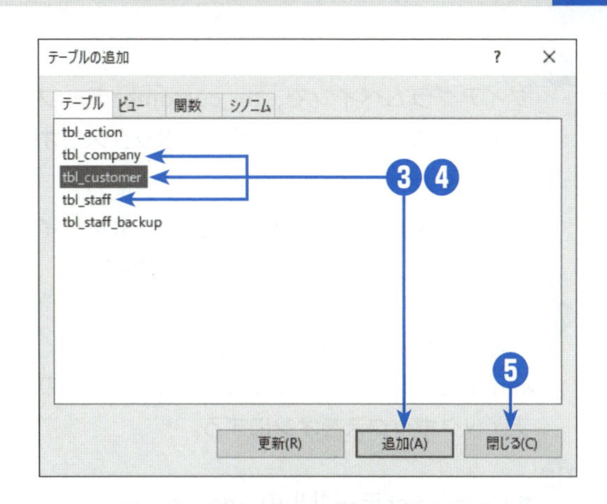

❸

[テーブルの追加] ダイアログボックスの[テーブル] タブで [tbl_customer] を選択して、[追加] をクリックする。

➡ビューデザイナーのダイアグラムペインにtbl_customerテーブルが追加される。

❹

手順❸と同様にして、tbl_companyテーブルとtbl_staffテーブルを追加する。

❺

[テーブルの追加] ダイアログボックスで [閉じる] をクリックする。

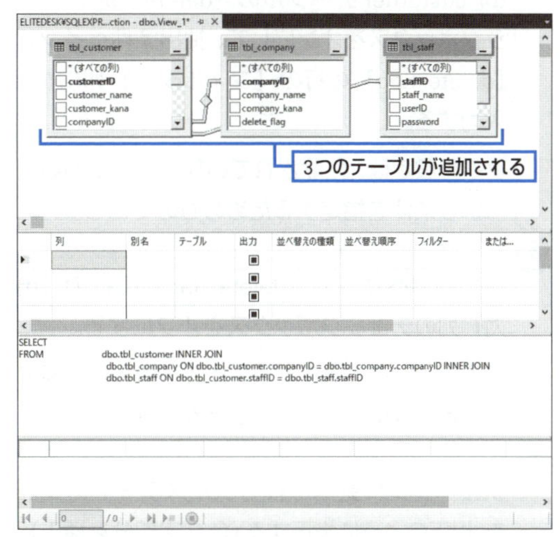

❻

ビューデザイナーのダイアグラムペインに追加されたtbl_customerテーブルとtbl_companyテーブルの結合線を選択して、[クエリデザイナー] メニューの [tbl_customerからすべての行を選択] をクリックする。

➡結合線がtbl_customerからtbl_companyへの右向きの矢印に変わり、SQLペインの結合条件が「INNER JOIN」から「LEFT OUTER JOIN」に変更される。

●このように設定することで、テーブルの結合を内部結合から外部結合に変更できる。

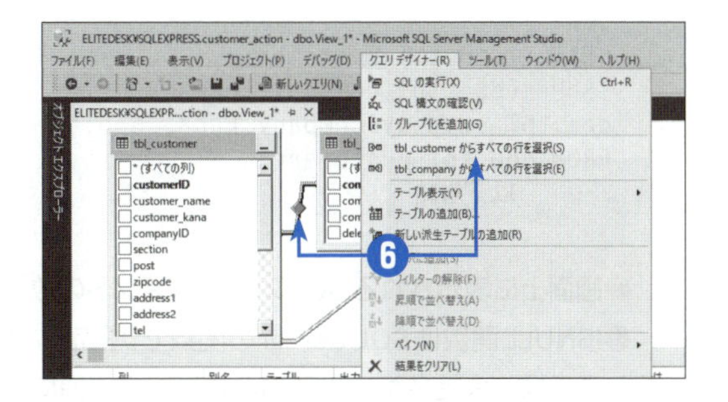

❼

手順❻と同様にして、tbl_customerテーブルとtbl_staffテーブルの結合線を選択して、[クエリデザイナー] メニューの [tbl_customerからすべての行を選択] をクリックする。

➡結合線がtbl_customerからtbl_staffへの右向き矢印に変わり、SQLペインの結合条件が「INNER JOIN」から「LEFT OUTER JOIN」に変更される。

●ダイアグラムペインでは、テーブルのタイトルバーをドラッグして移動すると、テーブルを見やすく配置できる。

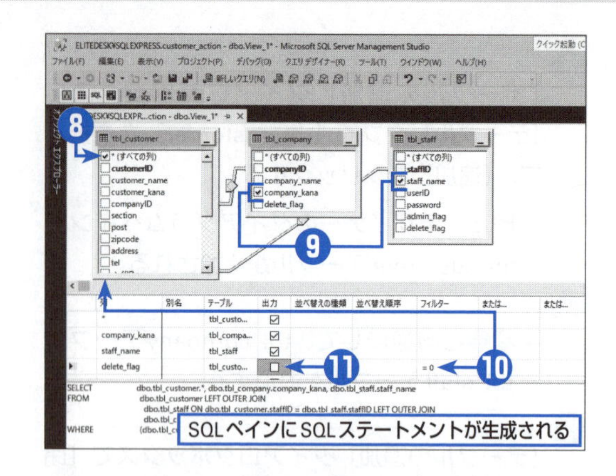

8

ダイアグラムペインで、tbl_customerテーブルの［*（すべての列）］チェックボックスをオンにする。

➡［*］が抽出条件ペインに追加され、SQLペインのSQLステートメントが修正される。

9

同様に、tbl_companyテーブルの［company_kana］とtbl_staffテーブルの［staff_name］のチェックボックスをオンにする。

10

tbl_customerテーブルの［delete_flag］チェックボックスをオンにして、抽出条件ペインで［delete_flag］の行の［フィルター］列に**0**と入力する。

●この設定は、削除されていない顧客であるという条件を指定するためのものである。

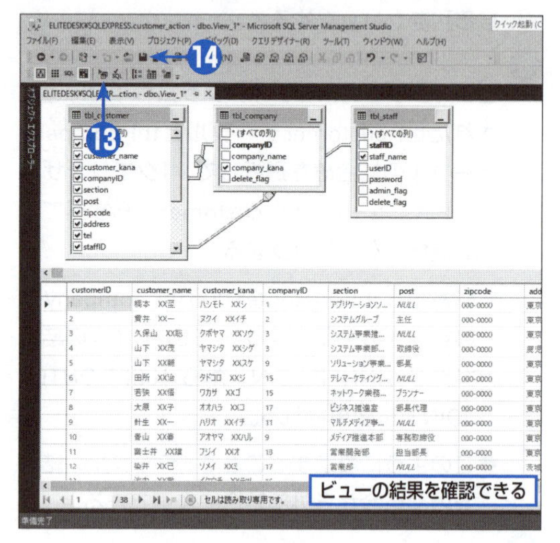

11

抽出条件ペインで［delete_flag］の行の［出力］列のチェックボックスをオフにする。

●このようにすることで、ビューの実行結果に表示しないようにすることができる。

12

SQLペインに生成されたSQLステートメントを、以下のように修正する（色文字部分を挿入）。

```
SELECT dbo.tbl_customer.*,
ISNULL(dbo.tbl_company.company_name, '') AS company_name,
dbo.tbl_company.company_kana, dbo.tbl_staff.staff_name
FROM dbo.tbl_customer
・・・ 以下省略 ・・・
```

●画面上に表示されるSQLステートメントの改行位置は上記と異なるが、該当箇所を修正する。

●ISNULL関数はSQL Serverの関数で、指定した項目がNull値の場合に別の値を返すことができる。ここでは、会社名がNull値のときに空文字列に変換している（文字列処理を可能にするため）。

●入力後はSQLペインのSQLステートメントが自動的に更新される（「*」が個々の列名に変わる）。

⑬
[クエリデザイナー] メニューの [SQLの実行] をクリックするか、[ビューデザイナー] ツールバーの [SQLの実行] ボタンをクリックする。

➡ビューデザイナーの結果ペインで、ビューの実行結果を確認できる。

●customer_actionデータベースにはサンプルデータが登録されているため、ビューには3つのテーブルを結合したデータが表示される。

●既定では [ビューデザイナー] ツールバーが右の方に表示されるため、ツールバーの左端をドラッグして移動しておくとよい。

⑭
[ファイル] メニューの [コンピューター名.customer_action-dbo.View_1の保存] をクリックするか、[標準] ツールバーの [コンピューター名.customer_action-dbo.View_1の保存] ボタンをクリックする。

➡[名前の選択] ダイアログボックスが表示される。

●Expressエディションなど、SQL Serverで既定のインスタンス（MSSQLSERVER）以外を使用している場合には、コマンド名とボタン名はコンピューター名¥インスタンス名.customer_action-dbo.View_1となる。

⑮
[ビューの名前を入力してください] ボックスに**vw_customer_view_test**と入力して、[OK] をクリックする。

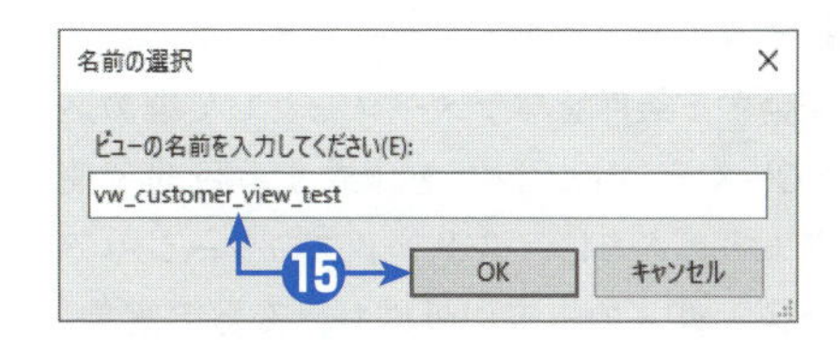

⑯
オブジェクトエクスプローラーで [ビュー] を右クリックして、ショートカットメニューの [最新の情報に更新] をクリックする。

⑰
オブジェクトエクスプローラーで [ビュー] を展開して、[dbo.vw_customer_view_test] を右クリックして、ショートカットメニューの [上位1000行の選択] をクリックする。

➡作成したビューの実行結果を確認できる。

以上の操作で、データベースにビューを登録することができました。Management Studioを使用すると、ダイアグラムペインと抽出条件ペインによるGUIの操作で、簡単にビューを作成することができます。なお、SQL Serverにおけるビューとは、あらかじめ記述されたSQLステートメントのことであり、GUIで作成されたビューであっても、SQL Serverのデータベースの内部ではSQLステートメントとして保存されます。

ヒント

ビューのメリット

ビュー（view）には、「見えるもの」や「視点」といった意味があります。リレーショナルデータベースにおけるビューとは、抽出条件の追加や複数テーブルの結合によって、新しい「視点」を作り出すオブジェクトです。
通常、リレーショナルデータベースを使用する場合には、本書のサンプルデータベースのように複数のテーブルに個々の実体を登録します。その場合、SQLステートメントによって、テーブルを結合したり抽出条件を加えたりするなどの方法で情報を取得しますが、毎回同じ条件で情報を表示したい場合には、SQLステートメントを記述する手間が増えてしまいます。
SELECTステートメントのFROM句ではテーブルの代わりにビューを指定することもできるため、あらかじめデータベースにビューを作成しておくと、プログラムで毎回同じSQLステートメントを記述しなくても情報を参照できるようになります。

ストアドプロシージャ

ビューでは、変動する条件を埋め込む指定を行うことはできません。これは、営業報告履歴テーブル（tbl_action）で言えば、指定した期間や指定したスタッフのデータだけを取り出すことができないということを意味しています（ただし、ビューをFROM句に使用したSQLステートメントを記述すれば、WHERE句による条件を指定することは可能です）。

変動する条件を指定したい場合には、「ストアドプロシージャ」（stored procedure、格納済みプロシージャの意味）を使用します。ストアドプロシージャは、SQL Serverデータベースに格納することのできるステートメントのことで、変動する条件をパラメーターとして埋め込んだSQLステートメントを作成する目的で使用できます。さらに、ストアドプロシージャではパラメーターの指定以外にも、変数の宣言、条件分岐、繰り返し処理などを利用した複雑な処理が記述できるようになっています。

また、ビューではSELECT命令しか使用できませんが、ストアドプロシージャではINSERT命令やUPDATE命令、DELETE命令によるSQLステートメントを記述することができます。これらの命令を使用したSQLステートメントでもパラメーターを指定できるため、作成済みのストアドプロシージャを実行するだけで、指定したスタッフのデータを削除したり、指定したスタッフのコードを別のスタッフに置き換えたりすることにも対応できます。これらのようなストアドプロシージャをうまく利用すると、データベースに関する処理をSQL Server側で実行することができるようになり、プログラムのコードを大幅に減らすことができます。

なお、Management Studioを使用すると、ストアドプロシージャを作成したり、実際にパラメーターを指定してテスト実行したりすることができます。

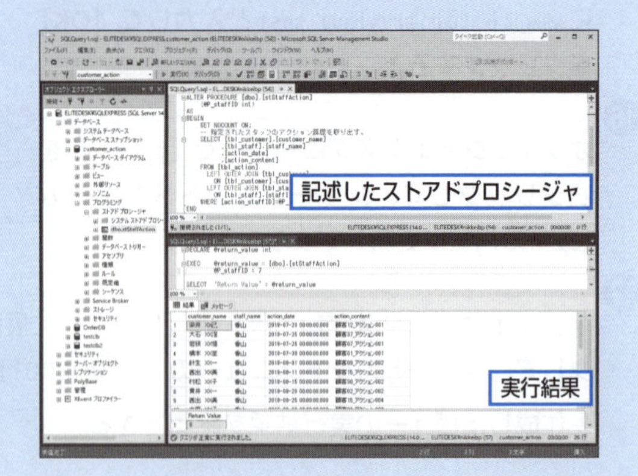

7 SQL Serverの認証方法を設定する

ほとんどのデータベース管理システムでは、セキュリティを確保するために、ユーザーごとにデータベースの利用権限を管理できるようになっています。ここでは、SQL Serverの認証機能について解説し、実際にデータベースに接続するためのユーザーを作成します。

Windows認証とSQL Server認証

SQL Serverでは、データベースを利用するために、あらかじめ設定された権限を持つユーザー（ログイン）として認証を受ける必要があります。SQL Serverでは、Windows認証とSQL Server認証が利用できるようになっています。

Windows認証は、OS（Windows）にサインインしたユーザー情報を引き継いで、SQL Serverのユーザーとして利用する認証方法です。これに対して、SQL Server認証は、OSのサインインユーザーに関わりなく、SQL Serverに接続するユーザーを独自に管理する認証方法です。

データベースユーザーの権限

SQL Serverでは、データベースごとにデータベースユーザーを作成して、そのデータベースユーザーごとに権限を指定できるようになっています。データベースへの接続時に認証を受けるユーザー（ログインと呼ぶ）は、このデータベースユーザーと関連付ける（ユーザーマッピング）ことによって、実際のデータベースを操作することができます。

たとえば、下の図のように2つのデータベースを動作させている場合であれば、それぞれのデータベースユーザーを別々のログインと関連付けることによって、個々のログインが許可されたデータベースだけを使用できるように設定できます。また、登録用ユーザーと閲覧用ユーザーを作成して、閲覧用ユーザーはデータの読み取りしか許可しない、といったように設定することも可能です。このように、SQL Serverではデータベースに対する権限をユーザーごとに制限することによって、セキュリティを強化できるようになっています。

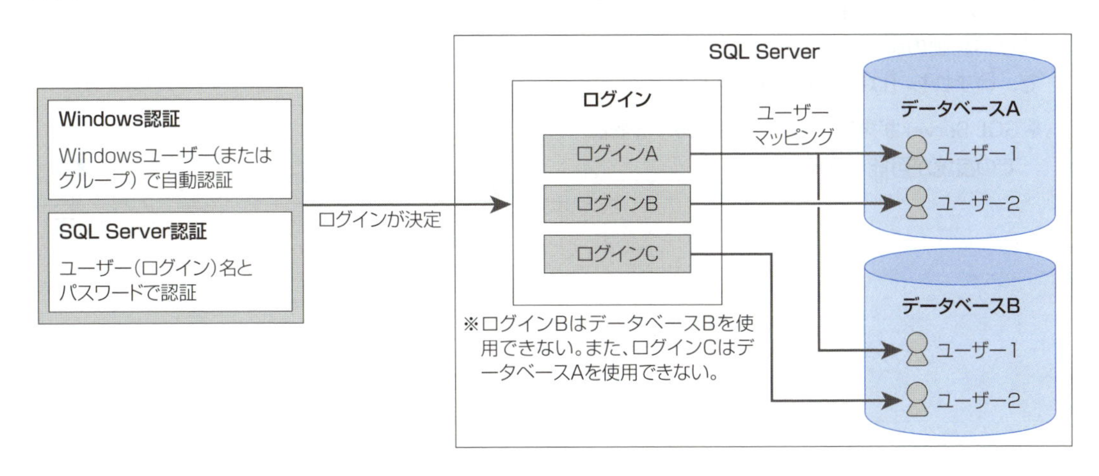

認証モードの変更

SQL Serverでは、認証モードとして「Windows認証モード」または「SQL Server認証モードとWindows認証モード」のいずれかに設定できます。

本書のサンプルプログラムではSQL Server認証を使用するため、以下の手順でSQL Server認証を使用できるように設定します。

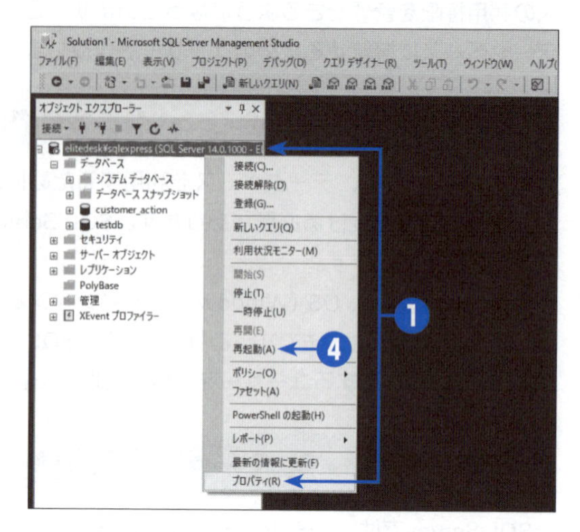

1 オブジェクトエクスプローラーの先頭にあるコンピューター名またはコンピューター名¥インスタンス名を右クリックして、ショートカットメニューの［プロパティ］をクリックする。

➡［サーバーのプロパティ］ダイアログボックスが表示される。

2 ［ページの選択］で［セキュリティ］を選択し、［サーバー認証］を［SQL Server認証モードとWindows認証モード］に変更して、［OK］をクリックする。

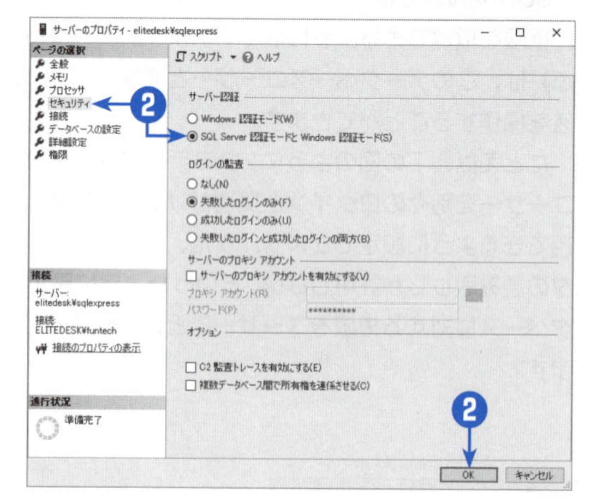

3 「構成の変更の一部は、SQL Serverを再起動するまで有効になりません。」というメッセージが表示されるので、［OK］をクリックする。

4 オブジェクトエクスプローラーの先頭にあるコンピューター名またはコンピューター名¥インスタンス名を右クリックして、ショートカットメニューの［再起動］をクリックする。［ユーザーアカウント制御］ダイアログボックスと再起動の確認メッセージが表示されるので、いずれも［はい］をクリックする。

➡ SQL Serverが再起動して、SQL Server認証での接続が可能になる。

ログインとデータベースユーザーの作成

customer_actionデータベースは、SQL Server認証のu_customer_actionログインに対して利用権限を与えることとします。以下の手順で、u_customer_actionログインを作成し、customer_actionデータベースのユーザーに登録してください。

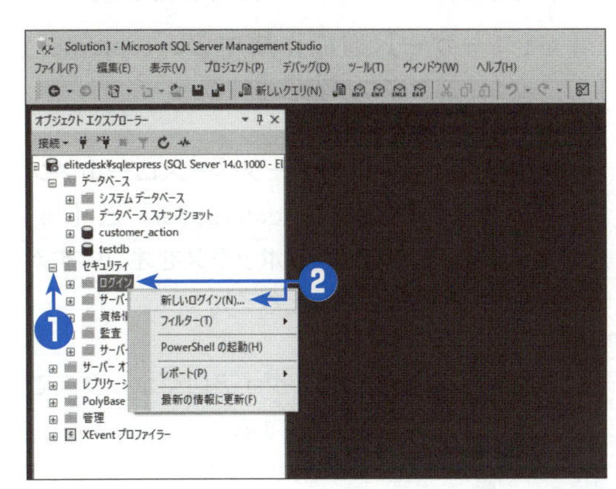

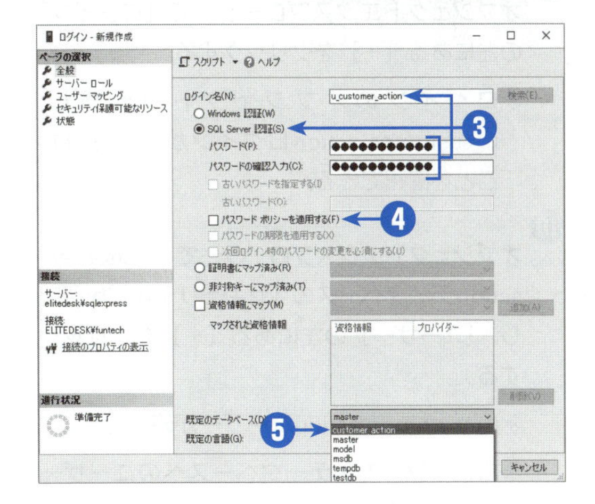

1

オブジェクトエクスプローラーで［セキュリティ］の左にある［+］をクリックする。

2

［ログイン］を右クリックして、ショートカットメニューの［新しいログイン］をクリックする。

➡「ログイン - 新規作成」ダイアログボックスが表示される。

3

［ログイン名］ボックスに**u_customer_action**と入力して、［SQL Server認証］を選択し、［パスワード］ボックスに**cst%VC#2017**と入力する。［パスワードの確認入力］ボックスにも同じパスワードを入力する。

4

［パスワードポリシーを適用する］チェックボックスをオフにする。

➡［パスワードの期限を適用する］チェックボックスと［次回ログイン時のパスワードの変更を必須にする］チェックボックスがオフで使用不可になる。

●これらのチェックボックスをオンにした場合、コンピューターのセキュリティポリシー（ローカルセキュリティポリシーまたはグループポリシー）の設定によって、パスワードのチェック内容および有効期限が適用される。

5

［既定のデータベース］ボックスで［customer_action］を選択する。

●ここで選択したデータベースが、このログインの既定のデータベースとなる。

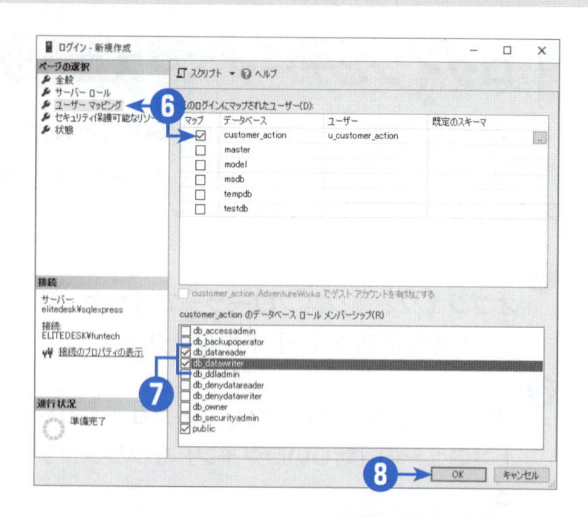

6

［ページの選択］で［ユーザーマッピング］をクリックして、［このログインにマップされたユーザー］でcustomer_actionデータベースの行にあるチェックボックスをオンにする。

➡［ユーザー］列に作成中のu_customer_actionログインが表示される。

7

［customer_actionのデータベースロールメンバーシップ］で、［db_datareader］と［db_datawriter］のチェックボックスをオンにする（［public］は常にオンとなる）。

8

「ログイン - 新規作成」ダイアログボックスで［OK］ボタンをクリックする。

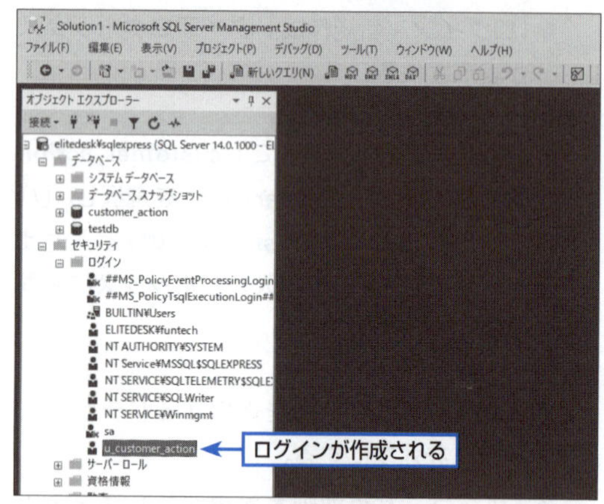

9

オブジェクトエクスプローラーで［ログイン］の左にある［+］をクリックする。

➡ログインのオブジェクトが展開し、u_customer_actionログインが作成されたことを確認できる。

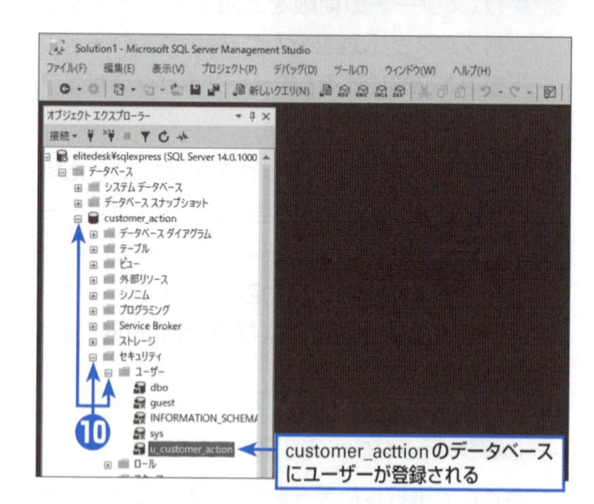

10

オブジェクトエクスプローラーで、customer_actionデータベースの［セキュリティ］を展開し、［ユーザー］の左にある［+］をクリックする。

➡u_customer_actionユーザーが確認できる。

●ログインに対象データベースへのユーザーマッピングを設定したことにより、customer_actionデータベースにu_customer_actionユーザーが同時に登録された。

以上で、customer_actionデータベースに対して、データの読み取りと書き込みが可能なu_customer_actionユーザーが作成されました。

ヒント

ログインとユーザー

この節の手順ではu_customer_actionログインを作成していますが、作成したu_customer_actionログインをcustomer_actionデータベースに登録したことで、自動的にu_customer_actionユーザーが作成されます。各データベースに登録されたユーザーは、手順10の操作で確認できます。

メモリとプロセッサの制限

SQL Serverは自分自身が高速に動作できるように、できるだけ多くのメモリとプロセッサ（CPU）を使用するようになっています。そのため、他の用途でも利用するコンピューターでSQL Serverを動作させる場合には、メモリとプロセッサを制限するようにしてください。

メモリとプロセッサを制限するには、Management Studioのオブジェクトエクスプローラーでコンピューター名またはコンピューター名¥インスタンス名を右クリックして、ショートカットメニューの［プロパティ］をクリックします。［サーバーのプロパティ］ダイアログボックスの［ページの選択］で［メモリ］をクリックし、［最大サーバーメモリ］テキストボックスの値を変更します。この設定値はMB単位なので、たとえば1GBに設定するのであれば、1024と入力してください。

プロセッサについては、［サーバーのプロパティ］ダイアログボックスの［ページの選択］で［プロセッサ］をクリックします。既定ではすべてのプロセッサを必要に応じて使用するように設定されていますが、上部の2つのチェックボックスをオフにすると、その下にあるプロセッサツリーで、使用するCPUを指定することができるようになります（ここで設定できるプロセッサは、SQL Serverが動作しているコンピューターに装備されているCPUによって異なります）。

「プロセッサの関係」は処理に使用するCPUを指定し、「I/O関係」はディスクのやり取りに使用するCPUを指定します。プロセッサごとに個々に設定する場合は、「プロセッサの関係」と「I/O関係」のどちらか1つをオンにするようにしてください。たとえば、プロセッサが4つのコンピューターで、Webサーバー（IIS）の機能も使用できるように制限する場合には、「プロセッサの関係」にCPU0とCPU1を、「I/O関係」にCPU2を割り当てて、CPU3をSQL Serverでは利用しないように設定します。

なお、Expressエディションでは、メモリは1GBまで、プロセッサは1ソケットまたは4コアの小さい方に制限されます。

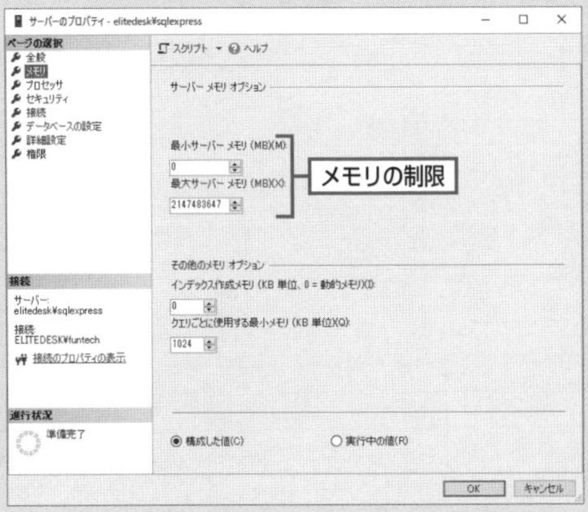

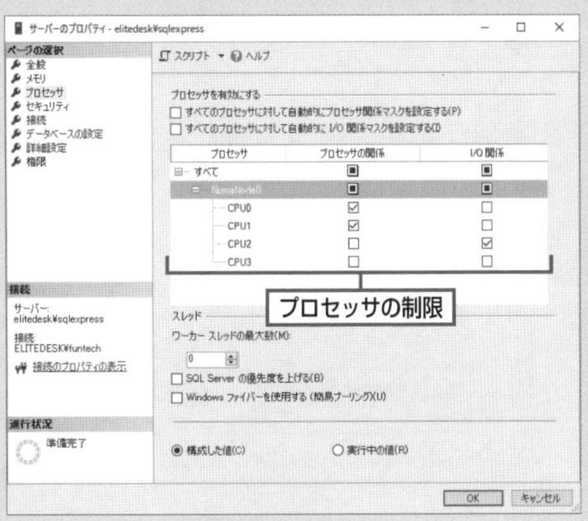

メモリの制限

プロセッサの制限

SQLステートメントの記述と実行

第5章

この章では、SQL Serverの管理ツールであるManagement Studioを利用して、SQLステートメントの記述方法と実行方法を学習します。また、システム開発で利用する頻度の高いSQLステートメントの命令について、基本的な例文を実際に作成しながら学習します。

▼この章で学習する内容

STEP 1 Management Studioを使用したクエリの作成方法を学習します。クエリはSQLエディターでSQLステートメントを記述して作成し、実行前には構文の確認を行います。作成したSQLステートメントは、SQLエディター上で実行して結果を確認します。

STEP 2 さまざまな条件を指定したSELECT命令による記述例と、INSERT命令、UPDATE命令、DELETE命令による一括処理用クエリの記述例を学習します。これらのSQLステートメントの記述例は、すべてcustomer_actionデータベースを使用して実際の実行結果を確認しながら演習を行います。

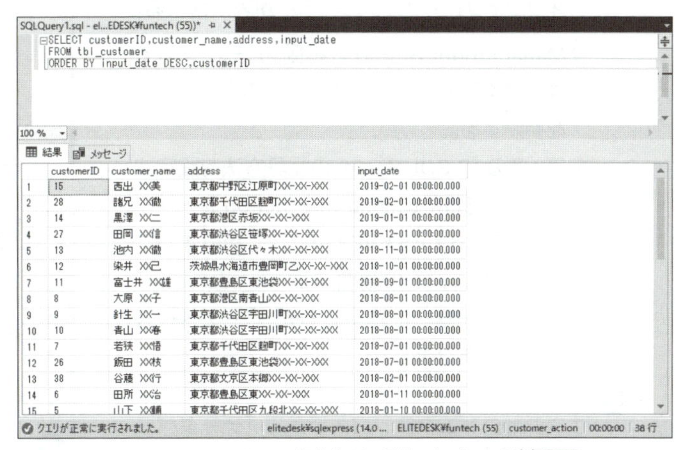

▲Management StudioによるSQLステートメントの実行画面

1 Management Studioで SQLステートメントを記述する

Management Studioを使用すると、SQLステートメントを記述して、その実行結果を確認できます。ここでは、customer_actionデータベースを使用したSQLステートメントの記述方法と実行方法を学習します。

SQLステートメントの記述

以下の手順で、Management Studioを起動して、SQLステートメントを記述してください。

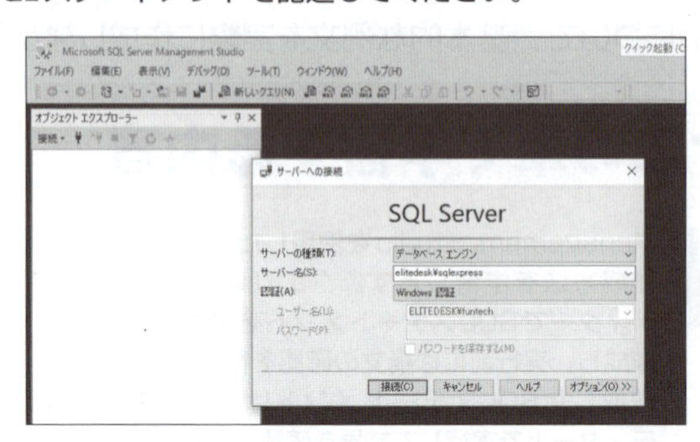

❶ Management Studioを起動して、SQL Serverに接続する。

➡オブジェクトエクスプローラーが表示される。

●Management Studioの起動方法については、第4章の「2 データベースを作成する」を参照する。

●第4章の「7 SQL Serverの認証方法を設定する」で作成したu_customer_actionユーザー（パスワード：cst%VC#2017）で接続することもできる。その場合には、u_customer_actionユーザーに許可されたデータベースだけを操作できる。

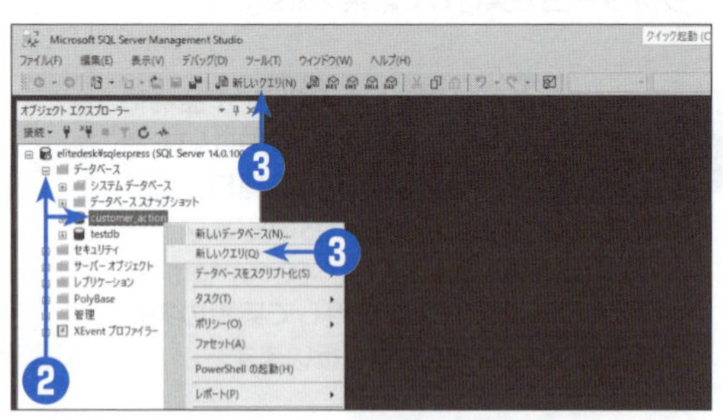

❷ オブジェクトエクスプローラーで［データベース］の左にある［+］をクリックして展開し、［customer_action］をクリックして選択する。

❸ ［標準］ツールバーの［新しいクエリ］ボタンをクリックするか、［customer_action］を右クリックしてショートカットメニューの［新しいクエリ］をクリックする。

➡SQLエディターが表示される。

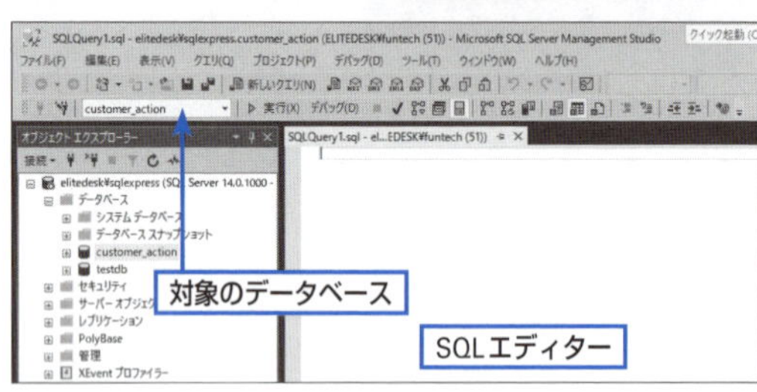

●［標準］ツールバーの［新しいクエリ］ボタンでクエリを作成するときには、先にオブジェクトエクスプローラーで対象のデータベースを選択しなければならない。

ヒント

SQLステートメントを実行するデータベース

［SQLエディター］ツールバーにある［使用できるデータベース］ドロップダウンリストでは、SQLステートメントを実行するデータベースが表示され、任意のデータベースに切り替えることができます。SQLエディターでSQLステートメントを記述する際には、必ず処理対象となっているデータベースを確認するようにしてください。

4 SQLエディターに、以下のSQLステートメントを記述する（□は半角スペース）。

SELECT□staffID,staff_name
FROM□tbl_staff

●このSQLステートメントは、スタッフマスターテーブル（tbl_staff）からすべての行のstaffID列とstaff_name列を抽出（取得）する。

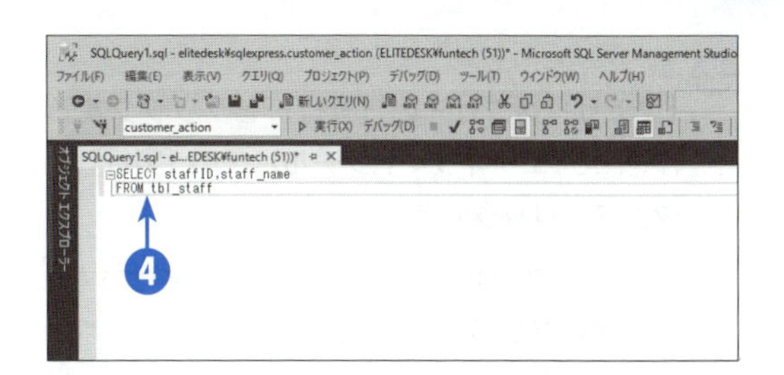

> **ヒント**
>
> **SQLステートメントの区切り**
>
> ここではSQLステートメントの区切りとして、FROMの前に改行を入れていますが、改行の代わりに半角スペースで区切ることもできます。

> **ヒント**
>
> **SQLエディターでのIntelliSense機能**
>
> SQLエディターにはIntelliSense（インテリセンス）という入力支援機能が装備されているため、SQLステートメントの入力中に、テーブル名や列名の候補から選択することもできます。
> たとえば、上記のSQLステートメントの場合、「FROM　t」と入力した時点で「t」で始まる項目が入力候補一覧として表示されます。入力候補一覧で↑または↓で入力したい項目（テーブル名）を選択して、Tabを押すと、その項目がSQLエディターにセットされます。

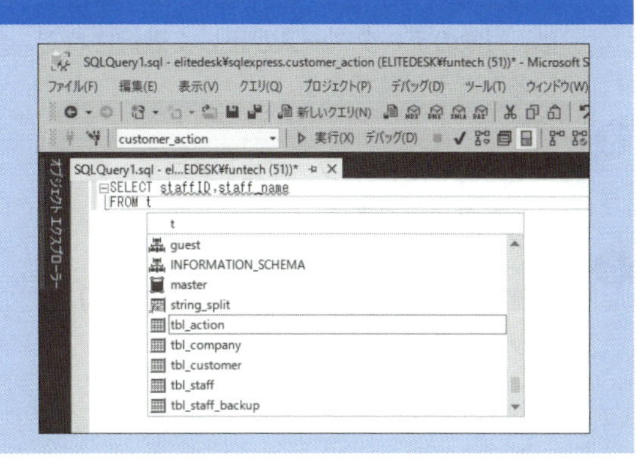

SQLステートメントの解析と実行

以下の手順で、SQLエディターに記述したSQLステートメントの解析と実行を行います。

1 ［クエリ］メニューの［解析］をクリックするか、［SQLエディター］ツールバーの［解析］ボタンをクリックする。

➡記述したSQLステートメントの構文がチェックされ、構文にエラーがなければ、「コマンドは正常に完了しました。」というメッセージが表示される。

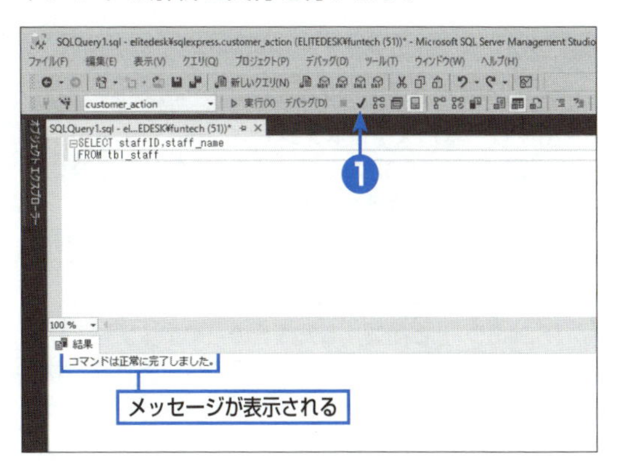

2

［クエリ］メニューの［実行］をクリックするか、［SQLエディター］ツールバーの［実行］ボタンをクリックする。

➡記述したSQLステートメントが実行され、処理結果が結果ペインに表示される。

●SQLエディターでは、ペインの間の境界線をドラッグしてペインの表示領域を調整することができる。右の図では、結果ペインの表示領域を広くするように高さを調整している。

●「オブジェクト名 'tbl_staff' が無効です。」というエラーメッセージが表示された場合には、対象のデータベースが正しく選択されているかどうか確認する。

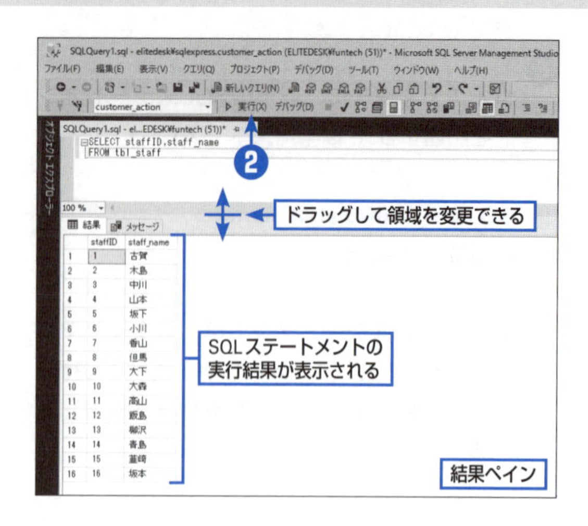

3

結果を確認したら、［ファイル］メニューの［閉じる］をクリックする。

4

保存確認のダイアログボックスで［いいえ］をクリックする。

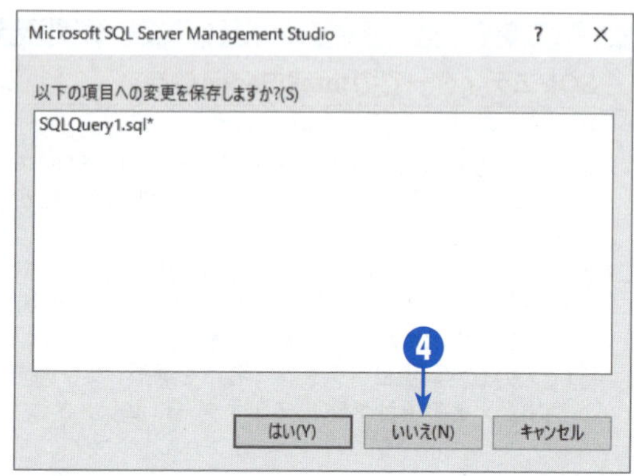

以上のように、Management StudioのSQLエディターを使用すると、記述したSQLステートメントをテストできます。

ヒント

SQLステートメントの実行エラー

記述したSQLステートメントにエラーが含まれている場合には、SQLステートメントの実行の際にエラーメッセージが表示されます。
たとえば、右の1つ目の図は列名のスペルを入力ミス（「staffID」を「stafID」と記述）した場合のもので、2つ目の図はキーワードを入力ミス（「SELECT」を「SERECT」と記述）した場合のものです。
なお、2つ目の例は構文エラーのため、実行時だけでなく、解析時にもエラーが表示されます。

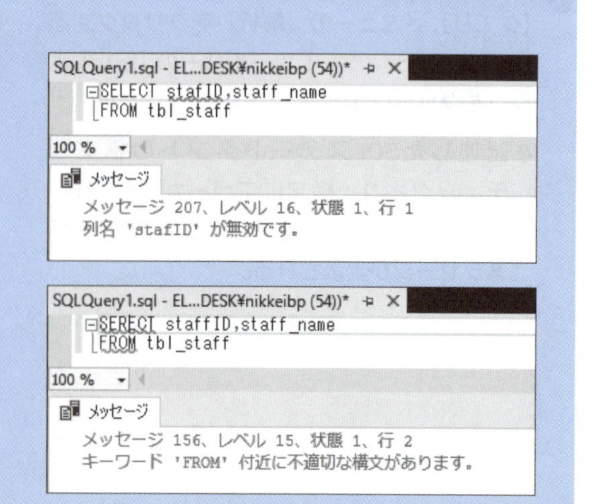

2 さまざまなSQLステートメントを実行する

SQLステートメントの記述は、データベースを利用したシステム開発では欠かすことができないものです。ここでは、システム開発で特に頻繁に利用するSQLステートメントの基本的な例文を紹介します。

なお、ここで取り上げるSQLステートメントは、すべてcustomer_actionデータベースで実行することができます。この章の「1 Management StudioでSQLステートメントを記述する」と同じ手順で、それぞれのSQLステートメントを記述して実行してください。

SELECT命令の記述例

データベースからデータを抽出する場合には、SELECT命令を使用します。

●SELECT命令の例1（指定したテーブルからすべてのデータを抽出する）

```
SELECT□*□FROM□tbl_customer
```

FROM句は対象とするテーブル名を指定するキーワード※です。「*」(アクタリスク）は、テーブルに含まれるすべての列を意味しています（必ず半角で入力してください）。なお、□には半角スペースを入力します。

この例では、顧客マスターテーブル（tbl_customer）からすべての行のすべての列を取得します。

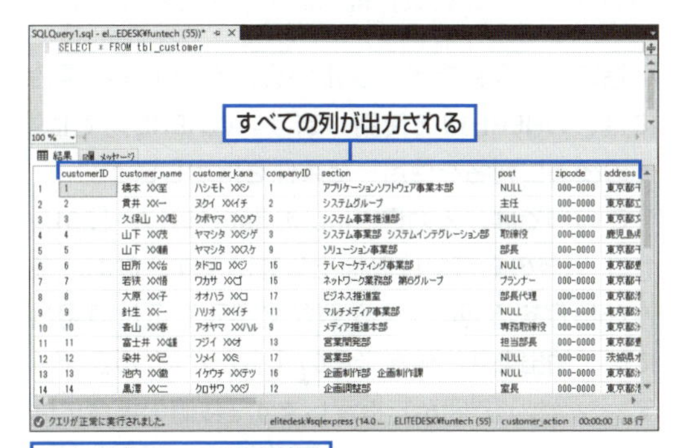

SQLエディターでの実行結果

ヒント

選択クエリ

Accessでは、テーブルからデータ（行と列）を取り出すSELECT命令によるSQLステートメントを選択クエリと呼んでいます。

用語

キーワード

SQLステートメントの中で使用される命令や定義語をキーワードと言います。なお、本書ではキーワードを大文字で記載していますが、SQL Serverでは大文字と小文字のどちらでも認識します。

●SELECT命令の例2（指定したテーブルから特定の列を抽出する）

```
SELECT customerID,customer_name,address,input_date
FROM tbl_customer
```

テーブルからいくつかの列を抽出する場合には、SELECTの後に列名を半角の「,」（カンマ）で区切って列挙します。

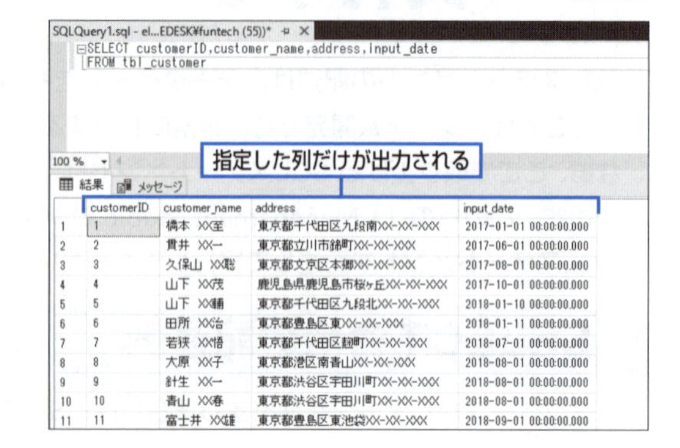

●SELECT命令の例3（指定したテーブルから条件に一致する行を抽出する）

```
SELECT customerID,customer_name,address,input_date
FROM tbl_customer WHERE input_date>='2018/1/1'
```

指定した条件でテーブルから行を抽出する場合には、WHERE句を使用します。WHERE句では、その後ろに列名を使用した条件を指定します。

この例では、入力日（input_date列）が「2018/1/1」以降の顧客だけを抽出しています。なお、条件を指定する列のデータ型が文字列や日付の場合には、抽出条件の値を半角の「'」（シングルクォーテーション）で囲んで指定します（数値の場合には「'」は不要です）。日付の指定方法は、データベース管理システムによって異なることが多いため、特に注意してください。

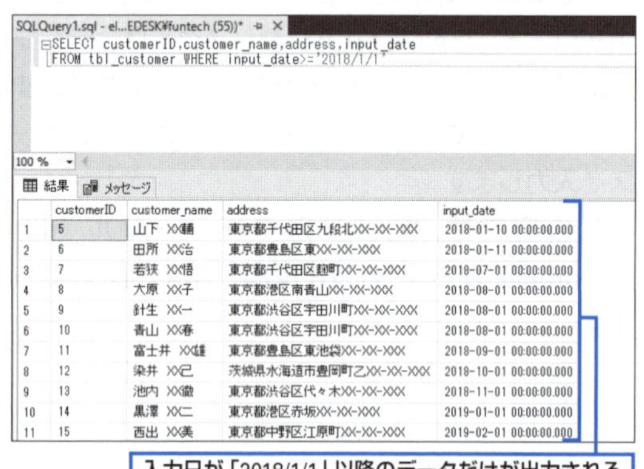

●SELECT命令の例4（部分一致の条件を指定する）

```
SELECT customerID,customer_name,address,input_date
FROM tbl_customer WHERE address LIKE N'%千代田区%'
```

部分一致は、LIKE演算子による条件として、ワイルドカード文字の半角の「%」（パーセント）を付けて指定します。

この例では、住所（address列）に「千代田区」という文字列を含む顧客を抽出しています。%を前後のいずれか1つにすることで、前方一致や後方一致の指定にすることもできます。このような部分一致の指定方法もデータベース管理システムによって異なります。

文字列の前に付いている「N」については、この後のヒントを参照してください。

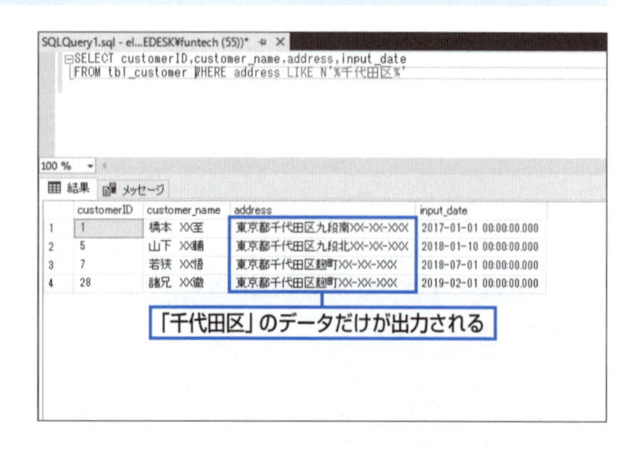

●SELECT命令の例5（複数の条件を指定する：AND条件）

```
SELECT□customerID,customer_name,address,input_date
FROM□tbl_customer
WHERE□address□LIKE□N'%千代田区%'□AND□input_date>='2018/1/1'
```

複数の項目の論理積の条件（AND条件）を指定するには、WHERE句の条件をAND演算子で結合します。

この例では、住所（address列）に「千代田区」という文字列を含み、入力日（input_date列）が「2018/1/1」以降の顧客を抽出しています。

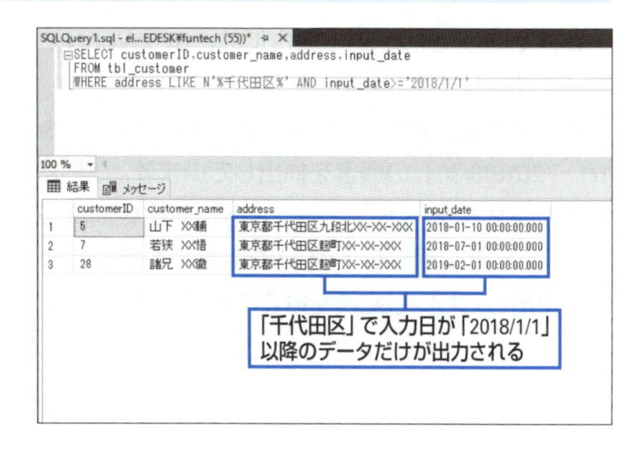

●SELECT命令の例6（複数の条件を指定する：OR条件）

```
SELECT□customerID,customer_name,address,input_date
FROM□tbl_customer
WHERE□address□LIKE□N'%千代田区%'□OR□address□LIKE□N'%港区%'
```

複数の項目の論理和の条件（OR条件）を指定するには、WHERE句の条件をOR演算子で結合します。

この例では、住所（address列）に「千代田区」または「港区」という文字列を含む顧客を抽出しています。

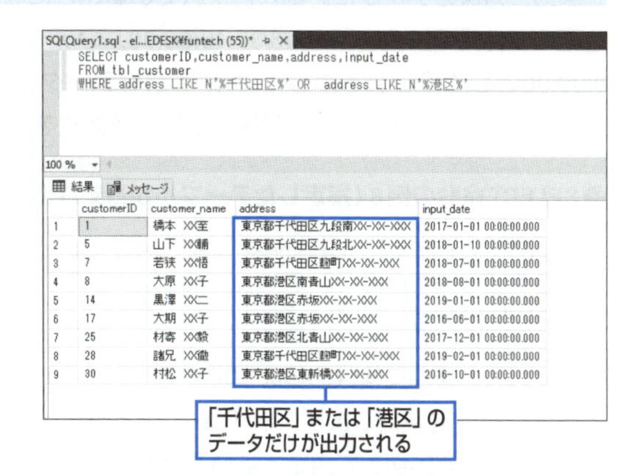

ヒント

SQLステートメントにおけるUnicode文字の処理

第3章の「3 データベースを設計する」で説明したように、本書では顧客名（customer_name列）やスタッフ名（staff_name列）など、全角の文字列を格納する列についてはnvarchar型で定義しています。varchar型の場合にはシフトJISで文字が格納されるため、一部の文字（中国語などの外国語の文字や日本語の一部の文字）が正しく格納できませんが、nvarchar型の場合はUnicodeを使用するため、どのような文字であっても格納できます。

SQLステートメントにおいて、nvarchar型に文字列を格納したりWHERE句で検索したりする場合には、「'」（シングルクォーテーション）の前に半角の「N」を付けて記述します（「SELECT命令の例4」〜「SELECT命令の例6」、「INSERT命令の例1」のSQLステートメント参照）。

なお、varchar型の列の場合には、「〜 LIKE '%千代田区%'」のように「N」を付けずに記述してください。

●SELECT命令の例7(指定したテーブルから条件に一致する行を抽出する:範囲指定の場合)

```
SELECT customerID,customer_name,address,input_date
FROM tbl_customer
WHERE input_date BETWEEN '2018/1/1' AND '2018/6/30'
```

条件を範囲で指定する場合には、BETWEEN演算子を使用します。

この例では、入力日(input_date列)が「2018/1/1〜2018/6/30」の顧客を抽出しています。

次のSQLステートメントのように、比較演算子(>=、<=)と論理演算子のAND演算子を組み合わせて使用しても同じ結果を得ることができます。

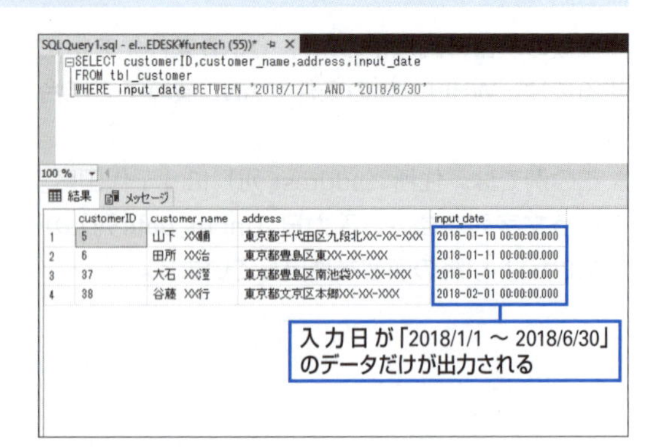


```
SELECT customerID,customer_name,address,input_date
FROM tbl_customer
WHERE input_date>='2018/1/1' AND input_date<='2018/6/30'
```

なお、対象のデータに時刻が含まれているときには、条件式の記述方法に注意してください。たとえば、上記の条件式の場合、「2018/6/30 10:00:00」のデータは対象になりません(日付のみを指定した場合には、0:00:00として扱われるため)。時刻を含むデータに対して特定の日付以前を指定するときには、「input_date<'2018/7/1'」のように翌日未満という条件式を記述します。

●SELECT命令の例8(指定したテーブルから条件に一致する行を抽出する:複数指定の場合)

```
SELECT customerID,customer_name,address,input_date
FROM tbl_customer
WHERE customerID IN(1,2,3)
```

特定の列の条件に複数の値を指定する場合には、INキーワードを使用します。INの後ろの括弧内の値は、カンマで区切って指定する必要があります。

この例では、顧客ID(customerID列)が「1」、「2」、「3」のいずれかである顧客を抽出しています。

なお、次のSQLステートメントのように、比較演算子(=)と論理演算子のOR演算子を組み合わせて記述しても同じ結果を得ることができます。

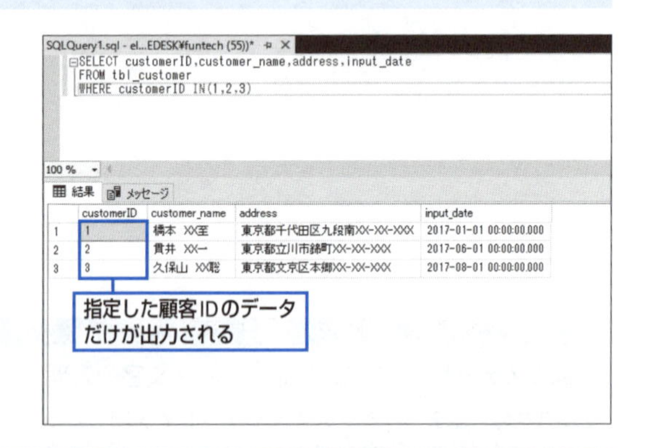


```
SELECT customerID,customer_name,address,input_date
FROM tbl_customer
WHERE customerID=1 OR customerID=2 OR customerID=3
```

●SELECT命令の例9（特定の列で並べ替える）

```
SELECT customerID,customer_name,address,input_date
FROM tbl_customer
ORDER BY input_date DESC,customerID
```

結果の行を特定の列の値で並べ替えるには、ORDER BY句を指定します。ORDER BY句に指定した列名の後ろに、昇順（ASC）または降順（DESC）で方向を指定できます（省略時は昇順になります）。2つ目以降の条件を追加する場合には、「,」（カンマ）で区切って指定します。

この例では、入力日（input_date列）の降順、顧客ID（customerID列）の昇順で並べ替えています。

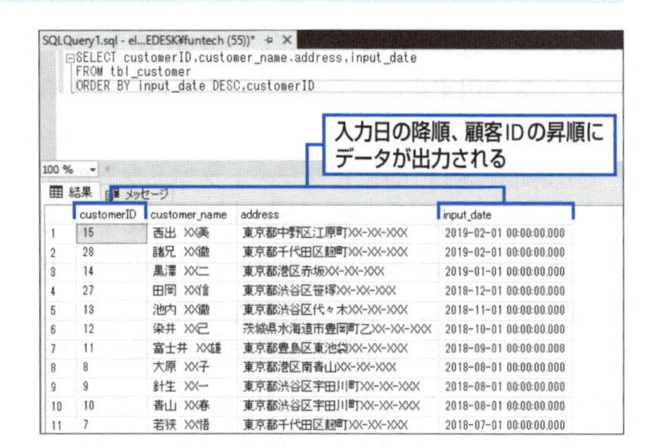

●SELECT命令の例10（複数のテーブルを結合して特定の列を抽出する：内部結合）

```
SELECT tbl_customer.customerID,tbl_customer.customer_name,tbl_staff.staff_name
FROM tbl_customer
INNER JOIN tbl_staff ON tbl_staff.staffID=tbl_customer.staffID
```

INNER JOIN句（INNER JOIN...ON...）を使用すると、テーブル間の結合を内部結合として指定できます。

この例では顧客情報テーブル（tbl_customer）とスタッフマスターテーブル（tbl_staff）をスタッフID（staffID列）で結合しています。このように記述すると、スタッフ名（staff_name列）を結合先のスタッフマスターテーブル（tbl_staff）から取得できます。複数のテーブルを結合したときには、tbl_staff.staff_nameのようにテーブル名.列名の形式で記述して、出力する列を指定します。

なお、内部結合では、2つのテーブルを結合した列で、値の一致する行のみが結果として返されます。このSQLステートメントでは、顧客情報テーブル（tbl_customer）に38件のデータが登録されているにも関わらず、取得できるデータは36件になります。つまり、2件のデータは、顧客情報テーブル（tbl_customer）に登録されているスタッフID（staffID列）が、スタッフマスターテーブル（tbl_staff）に登録されていないことになります。

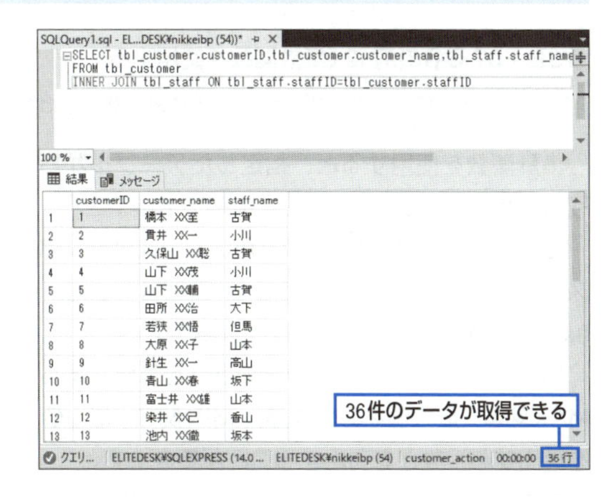

参照

内部結合について

第2章の「5 内部結合と外部結合」

●SELECT命令の例11（複数のテーブルを結合して特定の列を抽出する：外部結合）

```
SELECT□tbl_customer.customerID,tbl_customer.customer_name,tbl_staff.staff_name
FROM□tbl_customer
LEFT□OUTER□JOIN□tbl_staff□ON□tbl_staff.staffID=tbl_customer.staffID
```

LEFT OUTER JOIN句（LEFT OUTER JOIN...ON...）を使用すると、テーブル間の結合を外部結合として指定できます。

この例は、例10のSQLステートメントを外部結合に変更したもので、メインテーブルである顧客情報テーブル（tbl_customer）のすべての行が結果として返されます。なお、結合先のスタッフマスターテーブル（tbl_staff）に一致する行が存在しない場合には、スタッフ名（staff_name列）の値としてNull値（何も値を持たない状態を表す値）が返されます。

そのため、このSQLステートメントで取得できる結果は、顧客情報テーブル（tbl_customer）に格納されているデータ数と同じ38件になります。

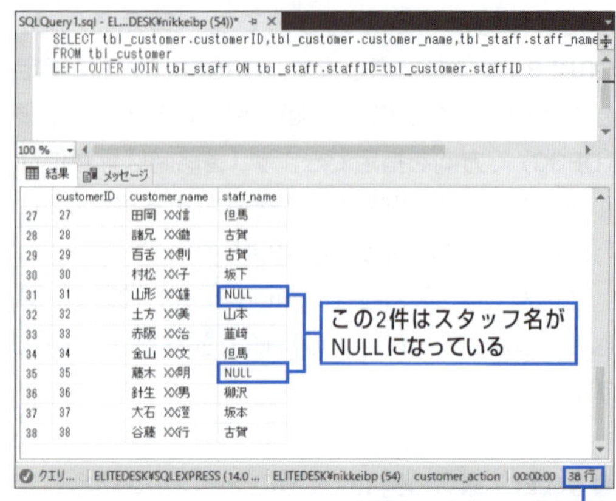

●SELECT命令の例12（集計関数を使用する）

```
SELECT□COUNT(*)□FROM□tbl_staff□WHERE□admin_flag=1
```

集計関数を使用すると、指定したテーブルから取得した列の値を集計することができます。

この例では、COUNT関数を用いて、スタッフマスターテーブル（tbl_staff）のうち、管理者（admin_flag列が1）の件数を取り出しています。

他にも、SUM関数（列の値の合計を算出する）、MAX関数（最大値を算出する）、MIN関数（最小値を算出する）などを利用することができます。

なお、SQLステートメントでbit型の列に対してWHERE句における値の指定を行う場合には、Trueは1、Falseは0と記述します。

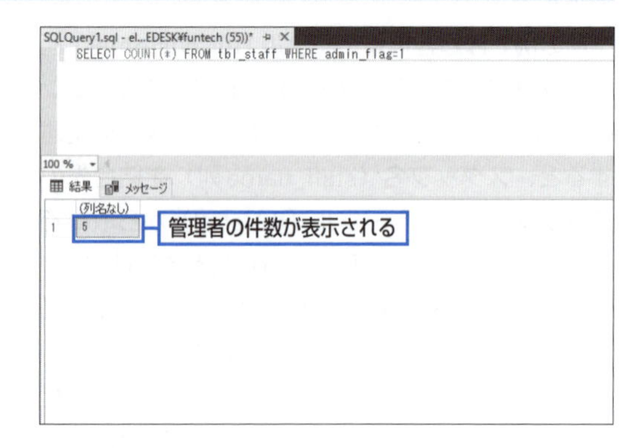

ヒント

外部結合の種類

「SELECT命令の例11」で使用しているLEFT OUTER JOIN句は、「左外部結合」と呼ばれる指定方法です。「右外部結合」として指定するためのRIGHT OUTER JOIN句も用意されていますが、テーブルの指定順を逆にすることでLEFT OUTER JOIN句で書き換えることができます。

参照

外部結合について

第2章の「5 内部結合と外部結合」

INSERT命令、UPDATE命令、DELETE命令の記述例

INSERT命令、UPDATE命令、DELETE命令を使用すると、データの追加、更新、削除の一括処理を実行できます。ここで紹介する例では、それぞれの処理が終わった後に「SELECT * FROM tbl_staff_backup」というSQLステートメントを実行することで、実行結果を確認できます（例2以降の図はすべて確認結果のものです）。

なお、以下のSQLステートメントについては、必ず順番通りに実行してください。

●INSERT命令の例1（指定したテーブルに追加する内容を値で指定する）

```
INSERT INTO tbl_staff_backup(staffID,staff_name)
VALUES (99,N'山田')
```

INSERT命令は、指定したテーブルに行を追加するものです。

この例では、スタッフマスターバックアップテーブル（tbl_staff_backup）に、スタッフID（staffID列）、スタッフ名（staff_name列）の値を持つ行を追加しています。各列の値は、VALUES句で指定することができます。

このSQLステートメントを実行すると、右の図のように［メッセージ］タブに処理件数が表示されます（SELECT命令と違って、データは表示されません）。

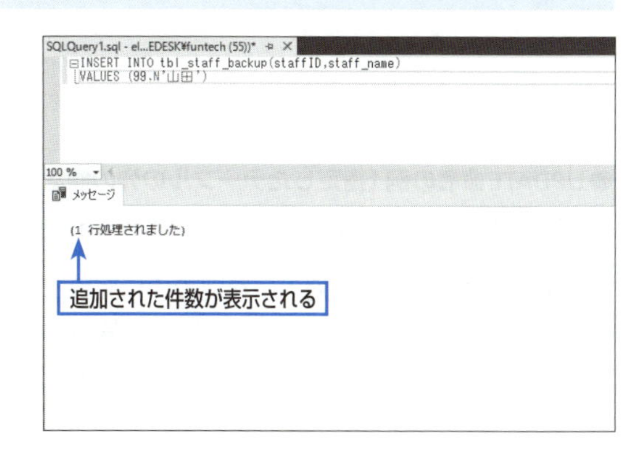


```
SELECT * FROM tbl_staff_backup
```

上記の確認用のSQLステートメントを実行すると、右の図のようにスタッフマスターバックアッププテーブル（tbl_staff_backup）の内容が表示されます。この後の実習では、このSQLステートメントを使用して、処理結果を確認してください。

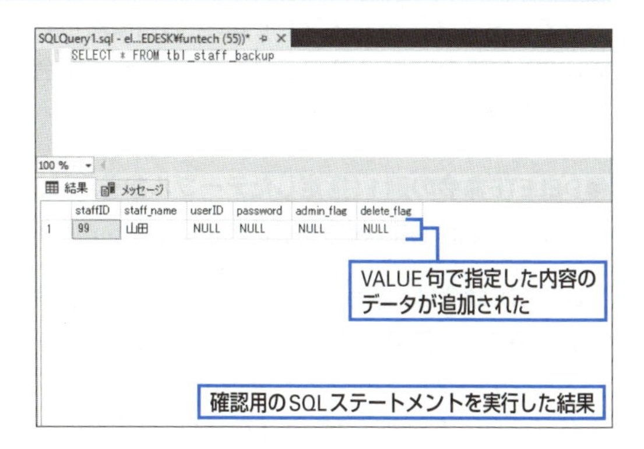

●INSERT命令の例2（別のテーブルから行を追加する）

```
INSERT INTO tbl_staff_backup(staffID,staff_name,userID,password,admin_flag,delete_flag)
SELECT staffID,staff_name,userID,password,admin_flag,delete_flag
FROM tbl_staff
```

INSERT命令にSELECT...FROM句を指定して実行すると、FROM句で指定したテーブルから行を追加できます。

この例では、スタッフマスターテーブル（tbl_staff）のすべての行をスタッフマスターバックアップテーブル（tbl_staff_backup）に追加しています。

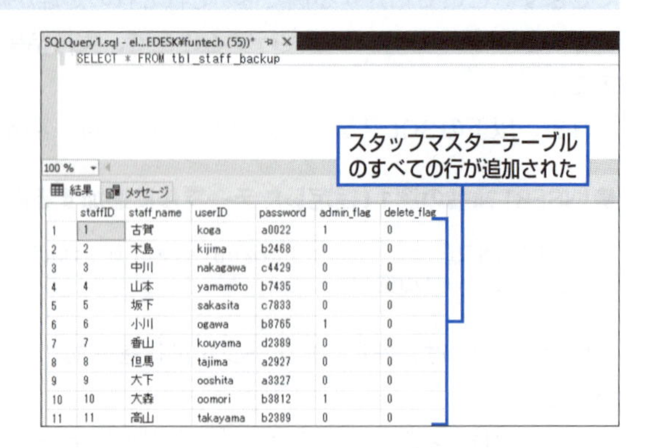

	staffID	staff_name	userID	password	admin_flag	delete_flag
1	1	古賀	koga	a0022	1	0
2	2	木島	kijima	b2468	0	0
3	3	中川	nakagawa	c4429	0	0
4	4	山本	yamamoto	b7435	0	0
5	5	坂下	sakasita	c7833	0	0
6	6	小川	ogawa	b8765	1	0
7	7	香山	kouyama	d2389	0	0
8	8	但馬	tajima	a2927	0	0
9	9	大下	ooshita	a3327	0	0
10	10	大森	oomori	b3812	1	0
11	11	高山	takayama	b2389	0	0

●UPDATE命令の例（指定したテーブルの列の値を更新する）

```
UPDATE tbl_staff_backup SET delete_flag=1 WHERE staffID=1
```

UPDATE命令は、指定列の値を別の値に変更するものです。WHERE句を付けて記述した場合には、指定した条件を満たす行の値だけを変更できます。

この例では、スタッフID（staffID列）が「1」のスタッフについて、削除フラグ（delete_flag列）を「1（True）」に更新します。

なお、SQLステートメントでbit型の列に対してWHERE句やSET句における値の指定を行う場合には、Trueは1、Falseは0と記述します。

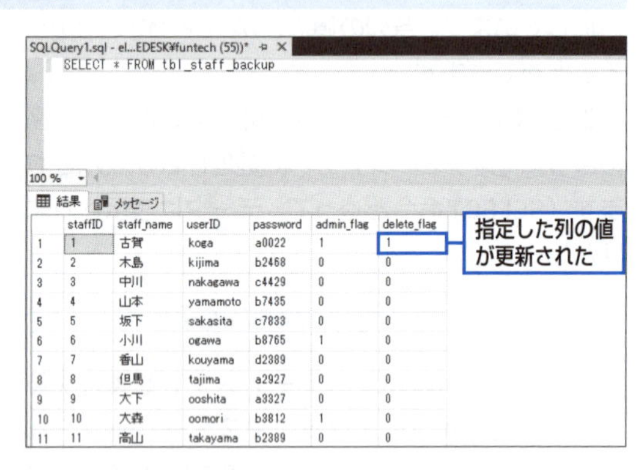

	staffID	staff_name	userID	password	admin_flag	delete_flag
1	1	古賀	koga	a0022	1	1
2	2	木島	kijima	b2468	0	0
3	3	中川	nakagawa	c4429	0	0
4	4	山本	yamamoto	b7435	0	0
5	5	坂下	sakasita	c7833	0	0
6	6	小川	ogawa	b8765	1	0
7	7	香山	kouyama	d2389	0	0
8	8	但馬	tajima	a2927	0	0
9	9	大下	ooshita	a3327	0	0
10	10	大森	oomori	b3812	1	0
11	11	高山	takayama	b2389	0	0

●DELETE命令の例1（指定したテーブルから条件に一致する行を削除する）

```
DELETE FROM tbl_staff_backup WHERE delete_flag=1
```

DELETE命令は、指定した条件を満たす行を削除するものです。この例では、スタッフマスターバックアップテーブル（tbl_staff_backup）から削除フラグ（delete_flag列）が「1（True）」の行を削除します。

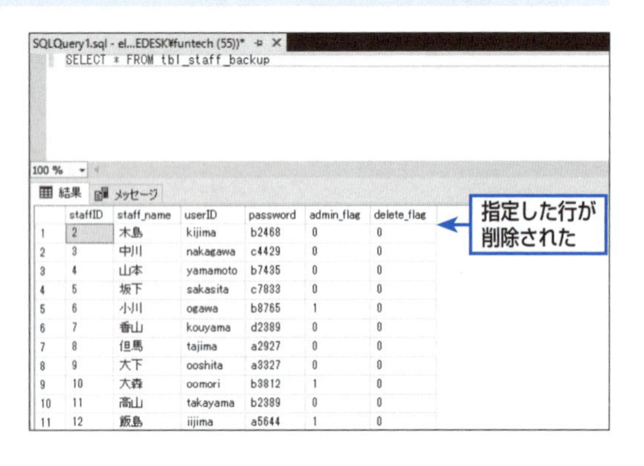

	staffID	staff_name	userID	password	admin_flag	delete_flag
1	2	木島	kijima	b2468	0	0
2	3	中川	nakagawa	c4429	0	0
3	4	山本	yamamoto	b7435	0	0
4	5	坂下	sakasita	c7833	0	0
5	6	小川	ogawa	b8765	1	0
6	7	香山	kouyama	d2389	0	0
7	8	但馬	tajima	a2927	0	0
8	9	大下	ooshita	a3327	0	0
9	10	大森	oomori	b3812	1	0
10	11	高山	takayama	b2389	0	0
11	12	飯島	iijima	a5644	1	0

●DELETE命令の例2（指定したテーブルからすべての行を削除する）

```
DELETE FROM tbl_staff_backup
```

WHERE句を指定せずにDELETE命令を実行すると、指定したテーブルからすべての行を削除できます。

この例では、スタッフマスターバックアップテーブル（tbl_staff_backup）からすべての行を削除します。

なお、この操作でスタッフマスターバックアップテーブル（tbl_staff_backup）がクリアされるため、「INSERT命令の例1」からこの項の実習を繰り返すことができます。

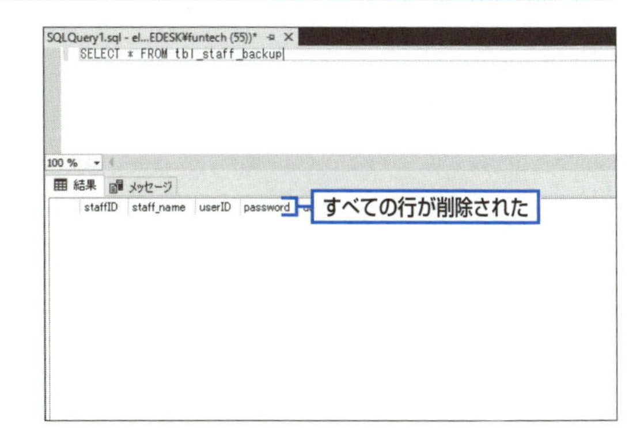

ヒント

Management Studioのクエリデザイナー

Management Studioでは、GUIでSQLステートメントを記述することもできるようになっています。クエリデザイナーを表示して、［クエリ］メニューの［エディターでクエリをデザイン］をクリックすると、右の図のようなGUIの画面が表示されます。GUIの画面で対象テーブルや列、条件を指定して［OK］をクリックすると、作成したSQLステートメントがSQLエディターに転記されます。

なお、GUIの画面の操作方法はビューデザイナーと同様であるため、詳細は第4章の「6 サンプルデータベースにビューを追加する」を参照してください。

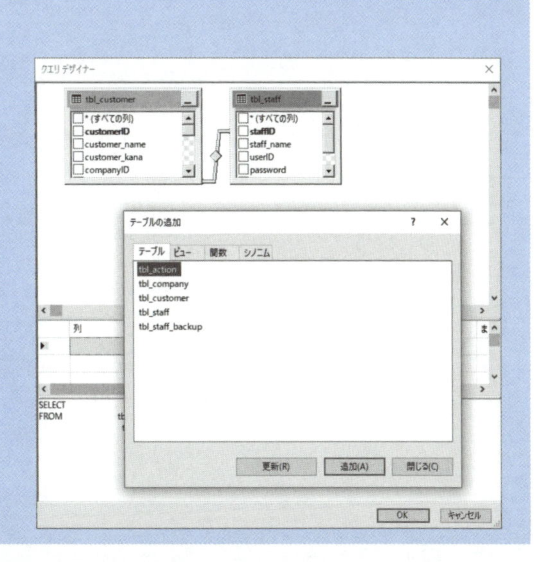

リスト型画面の作成1－フォームの作成

第 6 章

ここから、実際にVisual C# 2017を使用した顧客対応管理システムの開発を開始します。

この章では、Webアプリケーションの準備やテスト実行の方法など、Web-DBシステム開発の概要について説明します。すべてのWebフォームを一貫性のあるデザインにするため、はじめにマスターページを準備します。次に、データベースに登録されている顧客データを一覧表示するWebフォームを作成します。

▼この章で学習する内容

STEP 1 Visual Studio 2017を起動して、統合開発環境の設定を行います。

STEP 2 customer_actionアプリケーションを開発するための新しいプロジェクトを作成します。

STEP 3 すべてのWebフォームに対する共通要素として、タイトルバナーとメニューに戻るためのイメージボタンを配置したマスターページを作成します。

STEP 4 顧客一覧を表示するための新しいWebフォームを作成します。

STEP 5 データベースとの接続方法を定義するデータ接続を登録し、Webフォームで使用するためのデータソースを設定します。

STEP 6 Webフォームにデータソースを使用したグリッドビューを配置します。

STEP 7 ［顧客一覧］フォームをテスト実行して、Webブラウザーで動作を確認します。

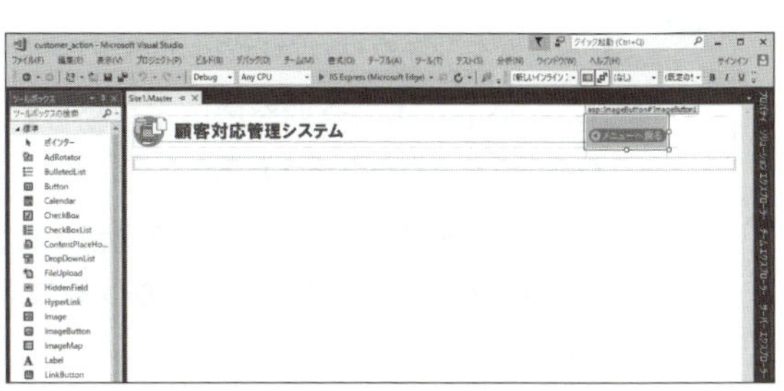

▲マスターページ

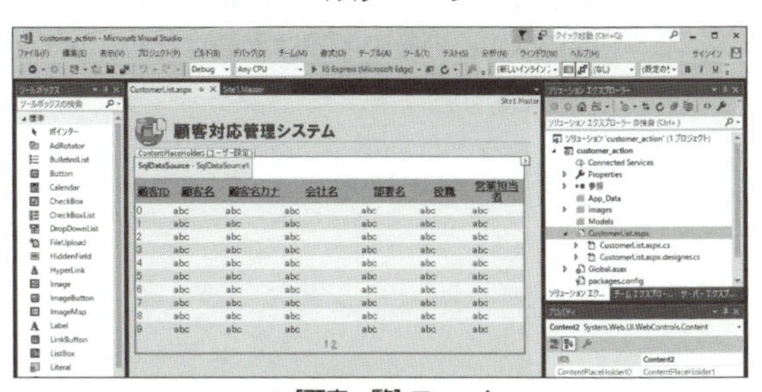

▲［顧客一覧］フォーム

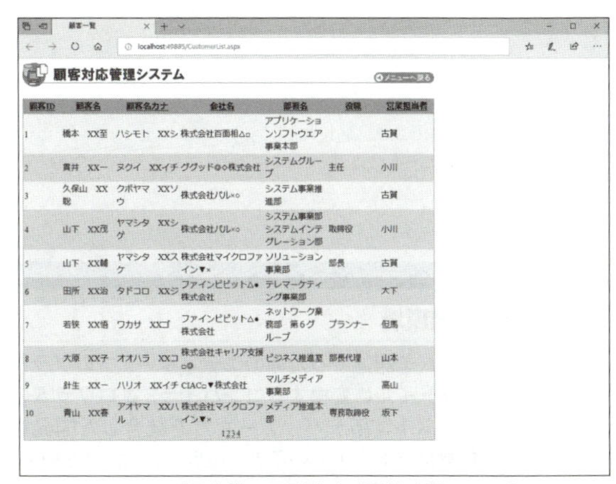

▲Webブラウザーで実行した［顧客一覧］フォーム

1 Visual Studio 2017を起動する

前の章までに、Web-DBシステム開発に必要なデータベースの準備およびデータベースの操作方法について学習しました。この章からVisual Studio 2017を使用して、Visual C# 2017によるWeb-DBシステムの開発に取りかかります。ここでは、まずVisual Studio 2017を起動して、開発環境の設定を行いましょう。

Visual Studio 2017の起動と環境設定

Visual C# 2017（以下、Visual C#）によるWebアプリケーションの開発作業は、Visual Studio 2017（以下、Visual Studio）の統合開発環境※で行います。Visual Studioでは、開発するアプリケーションに合わせて環境設定を変更することができますが、本書の操作および画面では「Web開発」を使用します。

以下の手順で、Visual Studioを起動して、開発環境の設定を行ってください。

❶ スタートボタンをクリックして、「V」のグループに含まれる［Visual Studio 2017］をクリックする。

➡Visual Studioの統合開発環境が起動して、スタートページが表示される。

●Visual Studioを初めて起動する場合には、「Visual Studioの初回起動時における環境設定」のヒントを参照する。

●環境設定が「Web開発」に設定されている場合には、この後の手順は不要なため、次の節に進む。

ヒント

Visual Studioの初回起動時における環境設定

Visual Studioでは、最初の起動時に環境設定を指定できます。起動時に、下の図の環境設定の選択画面が表示された場合には、［開発設定］ボックスで［Web開発］を選択して［Visual Studioの開始］をクリックしてください。

用語

統合開発環境

プログラムを記述するためのエディター、プログラムを実行ファイルに変換するコンパイラ、プログラムの動作をテストするデバッガーなどを統合した開発用の統合型ソフトウェアのこと。さらに、Visual Studioでは、GUIによるフォーム作成を行うデザイナーも統合されています。IDE（Integrated Development Environment）と呼ぶこともあります。

2

［ツール］メニューの［設定のインポートとエクスポート］をクリックする。

➡設定のインポートとエクスポートウィザードが起動する。

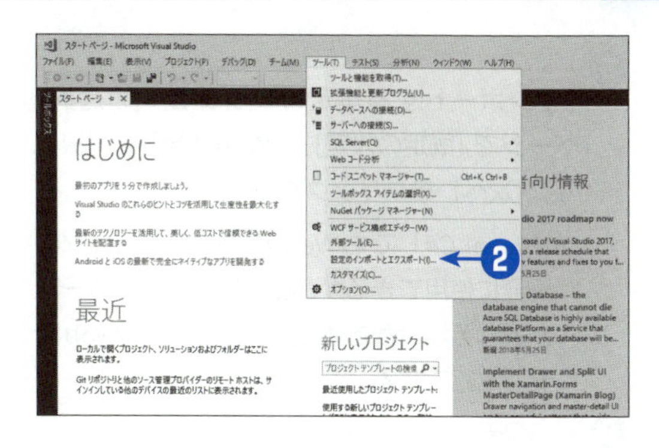

3

［設定のインポートとエクスポートウィザードへようこそ］ページで［選択された環境設定をインポート］を選択して、［次へ］をクリックする。

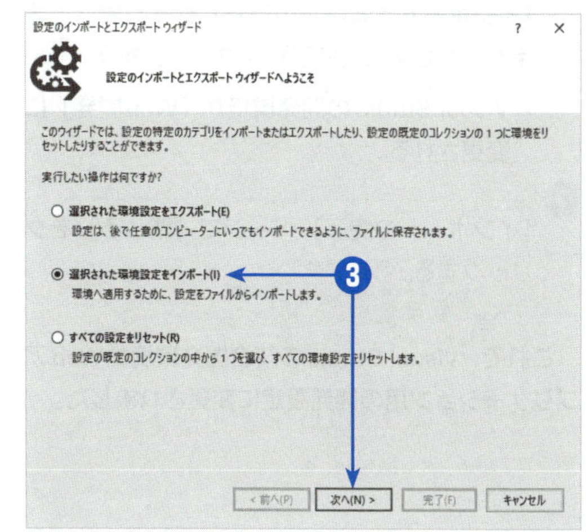

4

［現在の設定の保存］ページでは、現在の設定を保存するか、上書きするかを選択して、［次へ］をクリックする。

●設定を保存しておかなければ、元の環境に戻すことができなくなるため、必要であれば設定を保存する。

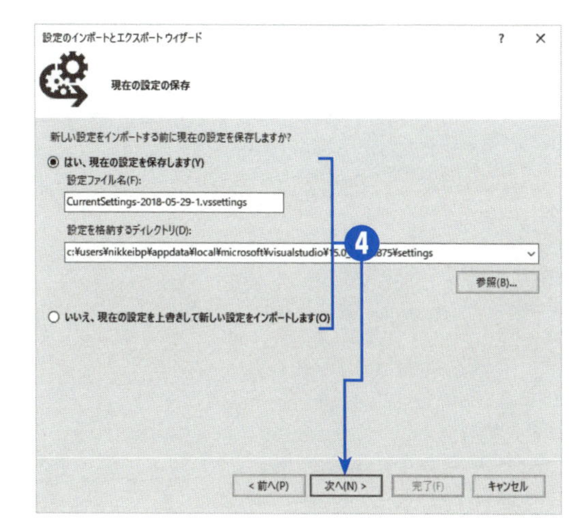

5

［インポートする設定コレクションの選択］ページで［既定の設定］−［Web開発］を選択して、［次へ］をクリックする。

●「Visual C#」でもWebアプリケーションの開発に使用できるが、画面やメニューの一部が異なる場合があるため、ここでは「Web開発」を指定する。

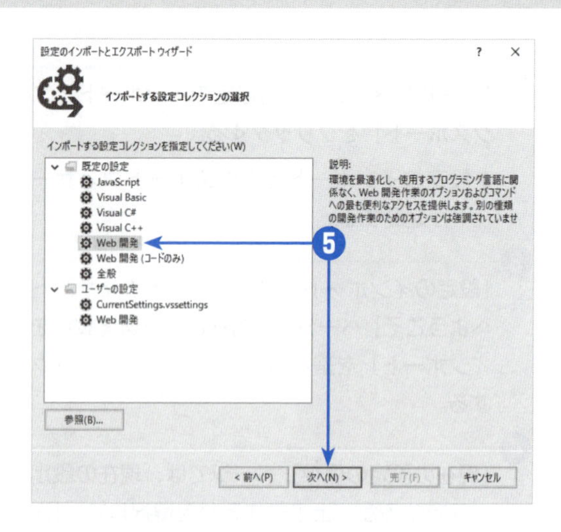

6

［インポートする設定の選択］ページでは、設定を変更せずに［完了］をクリックする。

➡Visual Studioの開発環境が「Web開発」に変更される。

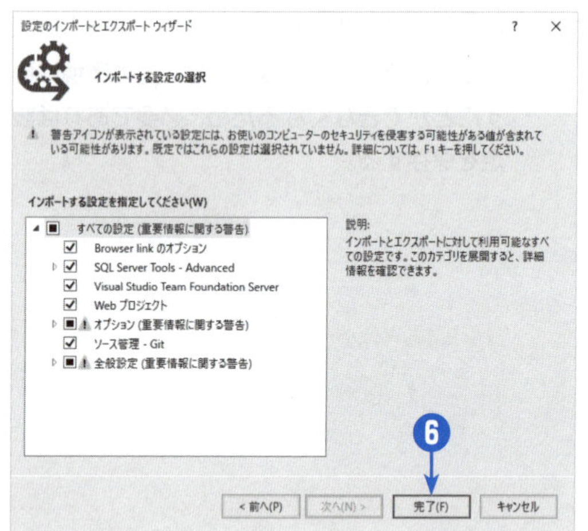

7

［インポートの完了］ページで［閉じる］をクリックする。

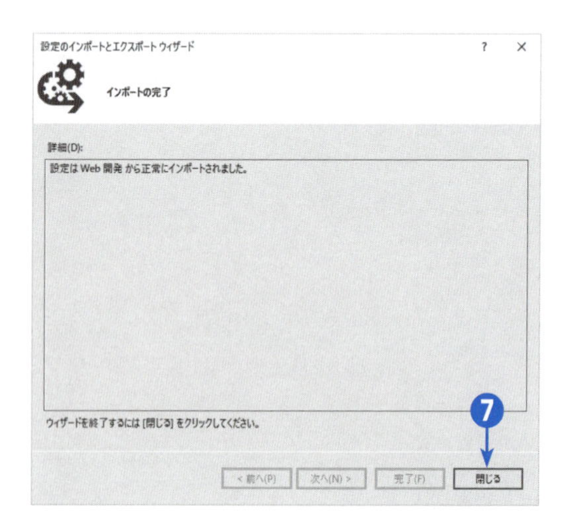

これで、Visual Studioの統合開発環境がWebアプリケーション用の開発設定に変更されました。

2 プロジェクトを新規作成する

Visual StudioのWebアプリケーション開発環境では、プロジェクトという単位で開発するアプリケーションを管理するようになっています。本書で開発する顧客対応管理システムは、ログオン画面などのすべての機能が1つ1つのWebフォームとして、プロジェクトに含まれることになります。

まず、Visual StudioでWebアプリケーション用の新しいプロジェクトを作成しましょう。

プロジェクトの新規作成

Visual C#によるWebアプリケーションの開発作業は、Visual Studioの統合開発環境で行います。以下の手順で、Webアプリケーション用の新しいプロジェクトを作成してください。

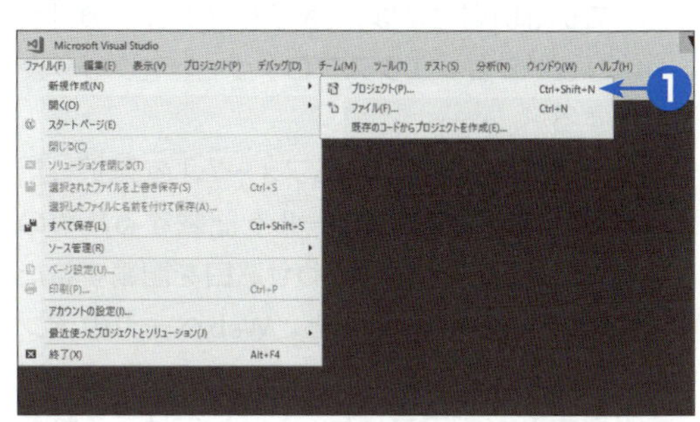

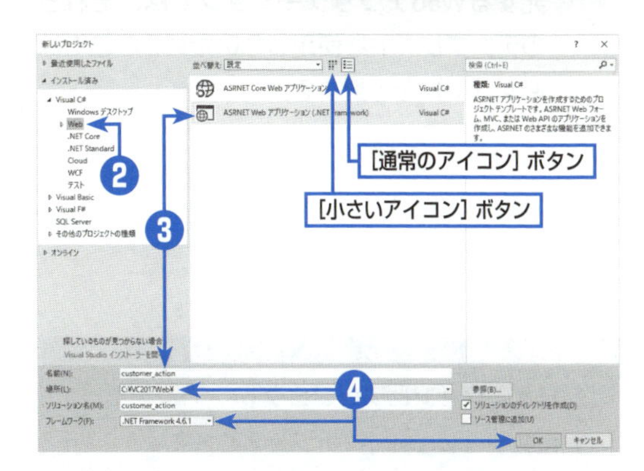

❶ [ファイル] メニューの [新規作成] － [プロジェクト] をクリックする。

➡[新しいプロジェクト] ダイアログボックスが表示される。

❷ 左側のペインで [インストール済み] － [Visual C#] － [Web] を選択する。

❸ 中央のペインで [ASP.NET Webアプリケーション (.NET Framework)] を選択して、[名前] ボックスに**customer_action**と入力する。

➡[ソリューション名] ボックスの値がcustomer_actionになる。

❹ [場所] ボックスに**C:¥VC2017Web¥**と入力して、[フレームワーク] ドロップダウンリストで [.NET Framework 4.6.1] を選択して、[OK] をクリックする。

➡[新しいASP.NET Webアプリケーション] ダイアログボックスが表示される。

●他のドライブなど、任意のフォルダーを使用しても構わない。

ヒント

[新しいプロジェクト] ダイアログボックスの表示方法

上部にある2つのボタン ([小さいアイコン] ボタンと [通常のアイコン] ボタン) をクリックして、テンプレートの表示方法を切り替えることができます。また、この後の操作で使用する [新しい項目の追加] ダイアログボックスの表示方法についても同様です。
なお、本書の操作画面では、すべて「通常のアイコン」の表示方法を選択しています。

5 プロジェクトのテンプレートから［空］を選択し、下部の［フォルダーおよびコア参照を追加する］の［Webフォーム］チェックボックスをオンにして、［OK］をクリックする。

➡ customer_actionプロジェクトのフォルダーが生成され、ソリューションエクスプローラーに表示される。

● ソリューションエクスプローラーには、指定したプロジェクトに含まれるすべてのフォルダーとファイルが表示される。なお、ソリューションエクスプローラーが表示されていない場合には、［表示］メニューの［ソリューションエクスプローラー］をクリックする。

● テンプレートで［Webフォーム］を選択した場合には、プロフィールを記載するためのAbout.aspxや問い合わせ窓口を記載するためのContact.aspxなど、Webページのテンプレートが作成された状態となる。本書で開発するWebアプリケーションでは、それらのテンプレートを使用しないため、ここでは必ず［空］を選択する。

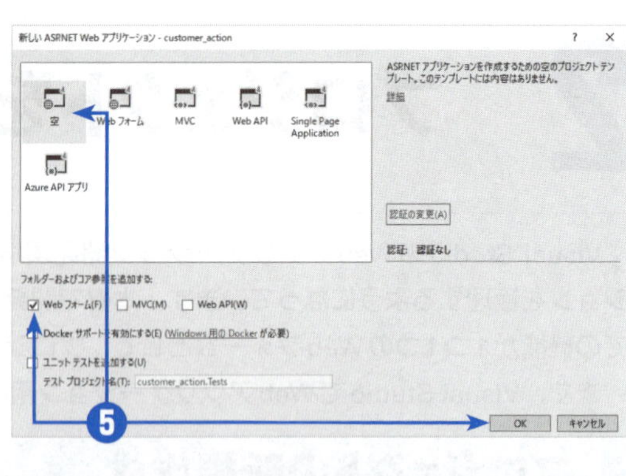

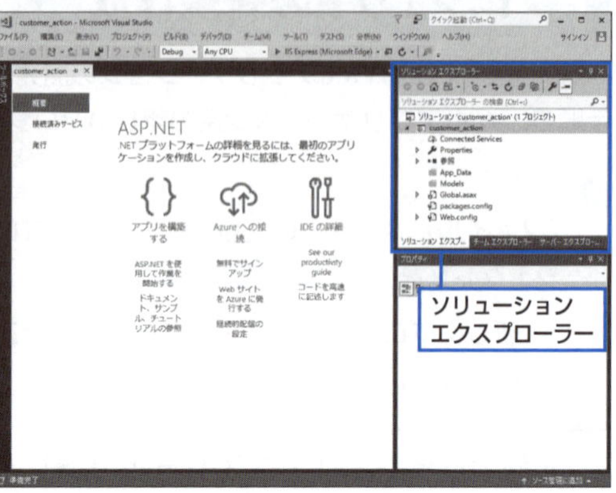

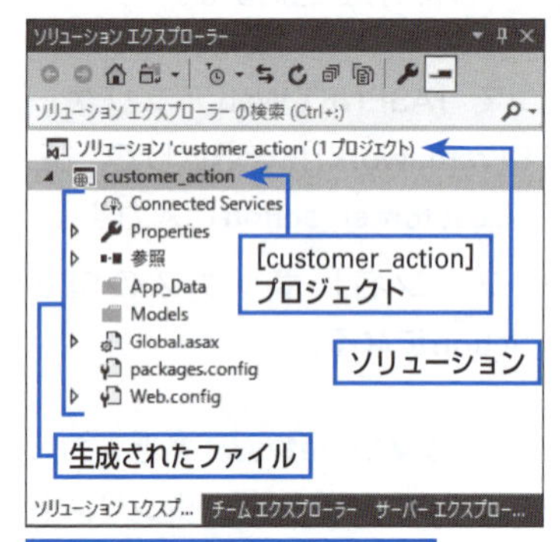

ヒント

ソリューションとプロジェクト

Visual Studioでは、プロジェクトを束ねるために、ソリューションという枠組みが用意されています。ソリューションは拡張子slnのファイルで管理され、本書の手順では［C:¥VC2017Web¥customer_action］フォルダーにcustomer_action.slnファイルが作成されます。また、ソリューションのフォルダーの中にプロジェクトのフォルダー（本書の手順では［C:¥VC2017Web¥customer_action¥customer_action］フォルダー）が作成され、ここにプロジェクト内のWebフォームのデザインファイルやプログラムファイル、設定ファイル等が格納されます。
なお、本書では、ソリューションに1つのプロジェクトしか格納しませんが、別のプロジェクトを追加して、一括管理することも可能です。

3 マスターページを準備する

使いやすいWeb-DBシステムを作るためには、すべてのWebページにタイトルバナーなどの共通要素を配置して、一貫性のあるデザインにしたいものです。Visual C#では「マスターページ」を使用することによって、共通デザインを持つWebページを作成できるようになっています。

この節では、本書で開発する顧客対応管理システムのすべてのWebページで使用するマスターページを作成します。作成するマスターページには、タイトルバナーと［メニューへ戻る］ボタンを配置します。

画像ファイルの準備

まず、マスターページで使用する2つの画像ファイルを開発用のプロジェクトのフォルダーにコピーします。以下の手順で、ダウンロードしたサンプルファイルから画像ファイルをコピーしてください（サンプルファイルについては、「はじめに」の「本書のサンプルファイルについて」をお読みください）。

❶ Windowsエクスプローラーで、ダウンロードしたサンプルファイルの［¥VC2017Web¥images］フォルダーをコピーする。

❷ Visual Studioの開発環境に戻り、ソリューションエクスプローラーで［customer_action］プロジェクト（上から2番目の階層の項目）を右クリックして、ショートカットメニューから［貼り付け］をクリックする。

➡ソリューションエクスプローラーに、［images］フォルダーが追加される。

●プロジェクトに含まれるファイルはソリューションファイルで管理されているため、Windowsエクスプローラーでプロジェクトのフォルダーに［images］フォルダーを貼り付けてもソリューションエクスプローラーには反映されない。この手順のように、ソリューションエクスプローラーへの貼り付けが必要になる。

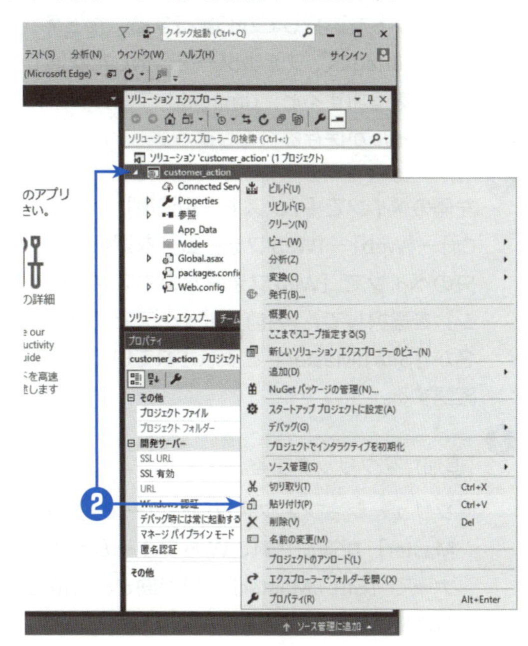

以上で、マスターページで使用する画像ファイルを含む［images］フォルダーの準備ができました。

マスターページの作成

マスターページは、プロジェクトの中に用意する項目（ファイル）の1つになります。以下の手順でマスターページを作成して、タイトルバナーとメニューに戻るための画像を配置しましょう。

1

ソリューションエクスプローラーで［customer_action］プロジェクトを選択して、［プロジェクト］メニューの［新しい項目の追加］をクリックする。

➡［新しい項目の追加］ダイアログボックスが表示される。

●追加できる項目の種類や保存先のフォルダーは、ソリューションエクスプローラーで選択している項目によって異なるため、必ずプロジェクトを選択してから実行する。たとえば、［images］フォルダーを選択した状態で項目を追加すると、［images］フォルダーにファイルが保存されてしまう。

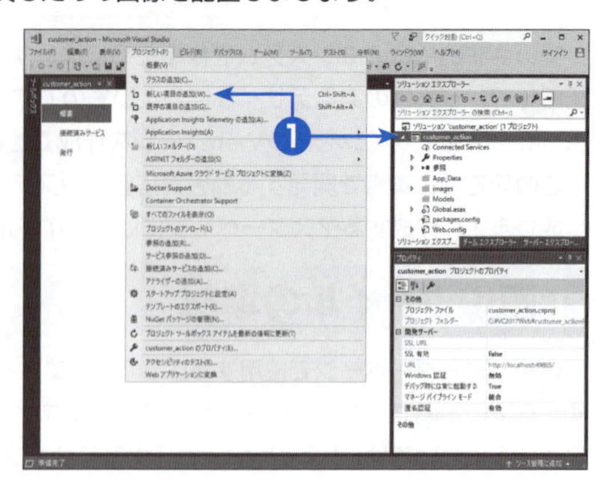

2

左側のペインで［インストール済み］－［Visual C#］－［Web］－［Webフォーム］を選択し、中央のペインで［Webフォームのマスターページ］を選択して、［名前］ボックスでファイル名が「Site1.Master」と表示されていることを確認する。

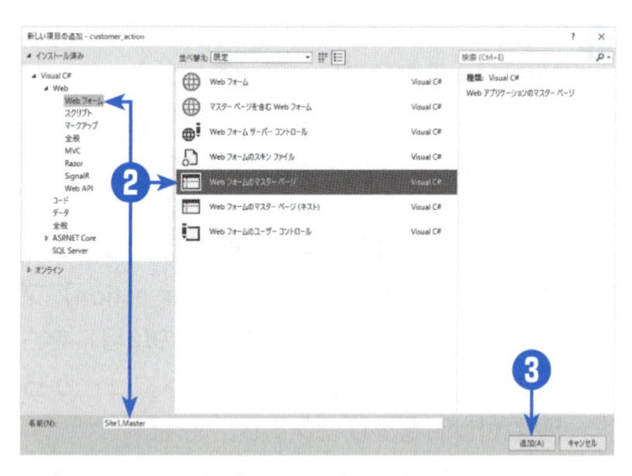

3

［追加］をクリックする。

➡ソリューションエクスプローラーに［Site1.Master］が追加され、Webフォームデザイナーで［Site1.Master］タブが開き、生成されたHTMLがソースビューに表示される。

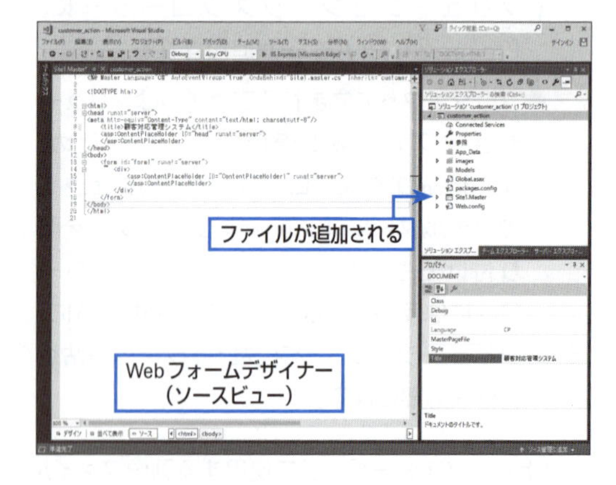

4

ソリューションエクスプローラーで［Site1.Master］の左側にある▷をクリックする。

➡［Site1.Master.cs］と［Site1.Master.designer.cs］が表示される。

●Site1.Master.csにはVisual C#によるプログラムコードを記述できる。また、Site1.Master.designer.csには、デザイナーの操作で自動生成されたコードが格納される。

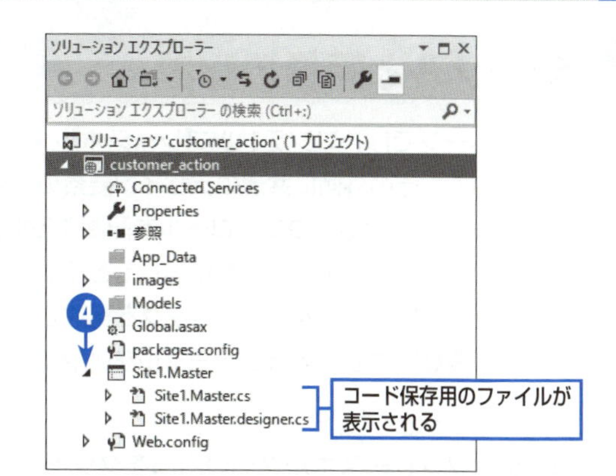

5

［Site1.Master］タブをクリックし、プロパティウィンドウの上部のドロップダウンリストで［DOCUMENT］を選択して、［Title］ボックスに**顧客対応管理システム**と入力する。

●WebフォームのTitleプロパティには、Webアプリケーションの実行時にWebブラウザーにタイトルとして表示される文字列を設定する。個々のWebフォームに設定しておくこともできるが、マスターページに設定しておくと、当該のマスターページを使用するWebフォームでTitleプロパティが空欄の場合に表示されるようになる。

●本書の画面ではプロパティを探しやすくするために、プロパティウィンドウの［アルファベット順］ボタンをクリックして、アルファベット順に並べた状態で表示している。

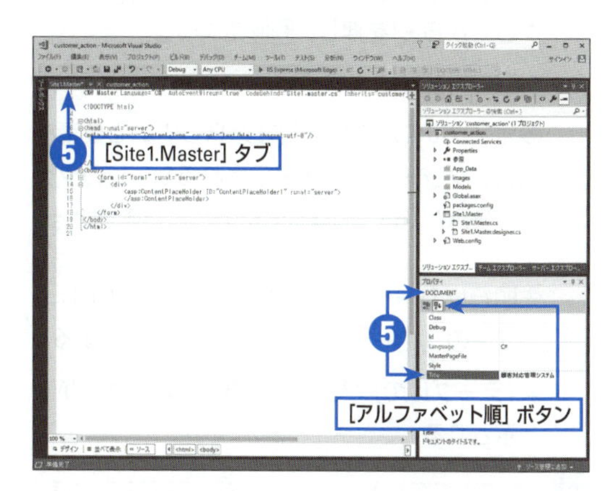

6

Webフォームデザイナーの［デザイン］タブをクリックして、デザインビューに切り替える。

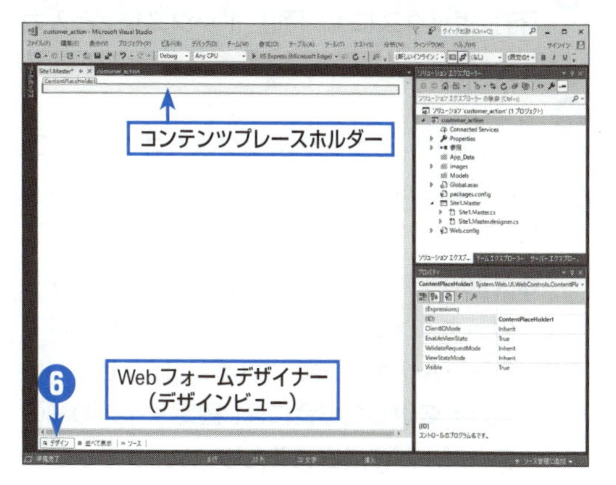

以上で、マスターページの準備ができました。デザインビューに切り替えるとわかるように、作成直後のマスターページにはコンテンツプレースホルダー（ContentPlaceHolder）の枠だけが配置されています。コンテンツプレースホルダーは、このマスターページを使用したWebフォームのコンテンツによって置き換えられる領域となります。そのため、マスターページでは変更しないようにしてください。

テーブルと画像の配置

マスターページでは、コンテンツプレースホルダーに個々のWebフォームのデザインが挿入されることを念頭に置いて、その外側に共通のデザイン要素のためのコントロールを配置します。

Webフォーム上に複数のコントロールを配置する場合には、あらかじめコントロールの配置を検討した上で必要な数のセルを持つテーブルを作成しておくと、コントロールの位置調整が容易になります。テーブルを作成するためには HTMLの<table>タグを記述しますが、Visual Studioの統合開発環境では、タグを記述しなくても必要な数のセルを持つテーブルを簡単に挿入できるようになっています。

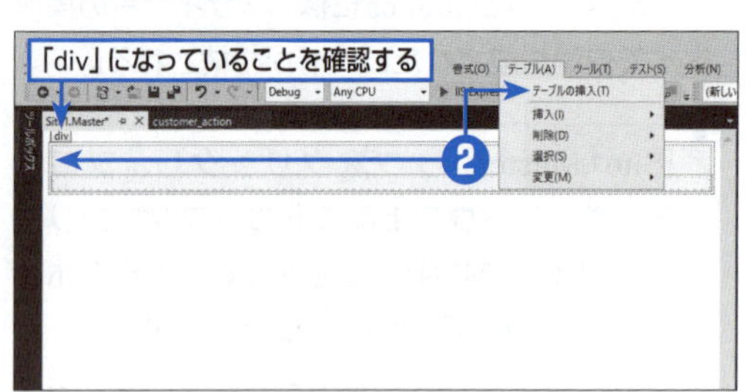

1

コンテンツプレースホルダーの内部をクリックしてから←を押し、Enterを押す。

➡空の行が作成される。

●カーソルの左上には現在選択している要素を表すグレーのタグが表示されるが、このタグの表示が「div」になっていることを確認する。

2

先頭行にカーソルを移動して、[テーブル] メニューの [テーブルの挿入] をクリックする。

➡[テーブルの挿入] ダイアログボックスが表示される。

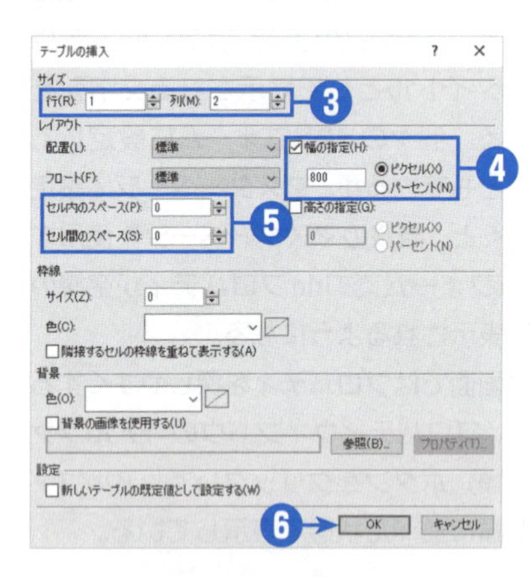

3

[行] ボックスに**1**、[列] ボックスに**2**と入力する。

4

[幅の指定] チェックボックスをオンにして、その下のボックスに**800**と入力し、単位として [ピクセル] を選択する。

●既定の「パーセント」では、Webブラウザーのドキュメントエリアの幅に対する比率でテーブルの幅が設定される。「ピクセル」に設定を変更した場合には、固定サイズの幅のテーブルが作成されるため、Webブラウザーのウィンドウサイズを変更しても、テーブルの形状が変化しないようになる。

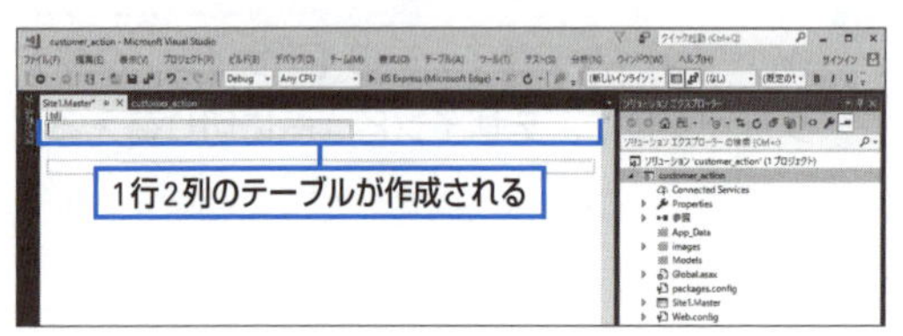

5

[セル内のスペース] ボックスと [セル間のスペース] ボックスに**0**と入力する。

●[セル内のスペース] ボックスではセル内のコンテンツからセル境界線までの間隔を、[セル間のスペース] ボックスではセル同士の間隔を指定できる。

6

[テーブルの挿入] ダイアログボックスで [OK] をクリックする。

➡枠線のない1行2列のテーブルが作成される。

7

テーブルの1列目（左の列）のセルをクリックしてから、ツールボックスの［標準］グループで［Image］をダブルクリックする。

➡イメージのコントロールが配置される。

●ツールボックスが表示されていない場合には、［表示］メニューの［ツールボックス］をクリックする。

●この時点では、画像ファイルの URLアドレスが指定されていないため、仮のアイコンが表示される。

●イメージのコントロールを配置するには、ツールボックスから［Image］をフォーム上にドラッグしてもよい。

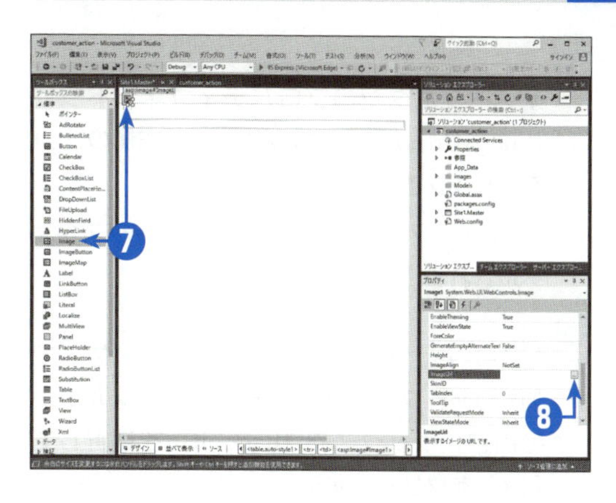

8

イメージのプロパティウィンドウで［Image Url］ボックスを選択して、右側の［...］をクリックする。

➡［イメージの選択］ダイアログボックスが表示される。

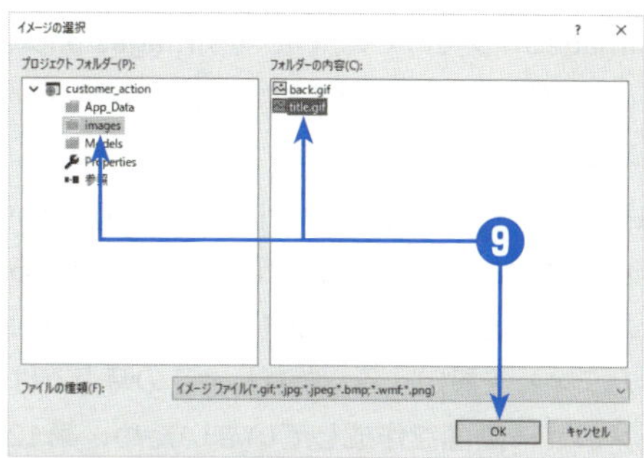

9

［プロジェクトフォルダー］ボックスで［images］フォルダーを選択し、［フォルダーの内容］ボックスで［title.gif］を選択して［OK］をクリックする。

➡ImageUrlプロパティに「~/images/title.gif」と設定され、「顧客対応管理システム」のタイトルバナーが表示される。

●先頭の「~/」は、このプロジェクトのホームディレクトリ（マスターページと同じフォルダー）を示している。ホームディレクトリからの相対的なパスで設定することで、Webサイトのフォルダーをどこに移動しても、下位フォルダーの［images］フォルダー内のファイルが指定されるようになる。

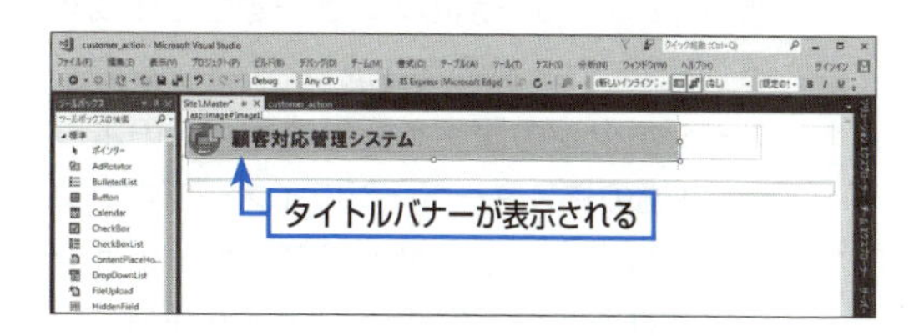

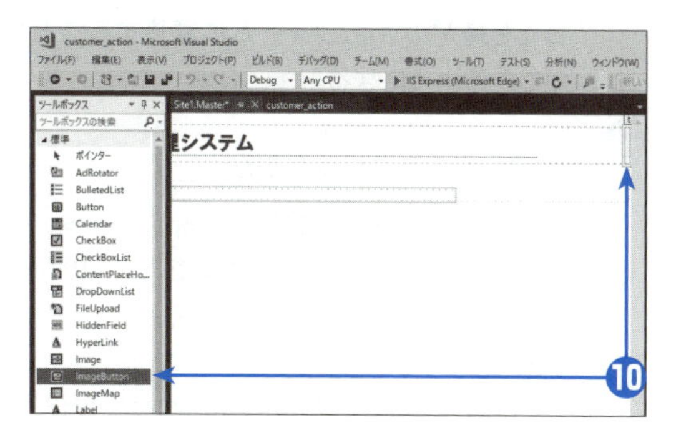

10

タイトルバナーの画像をクリックして選択してから、[→]を2回押して、テーブルの2列目（右側の幅の狭い列）のセルにカーソルを移動し、ツールボックスの［標準］グループで［ImageButton］をダブルクリックする。

➡イメージボタンが配置される。

●カーソル移動の結果、カーソルはタイトル画像の右ではなく、タイトル画像の右にある狭い列のセルに移動する。

⑪

イメージボタンのプロパティウィンドウで[ImageUrl]ボックスを選択して、右側の[...]をクリックする。

▶[イメージの選択]ダイアログボックスが表示される。

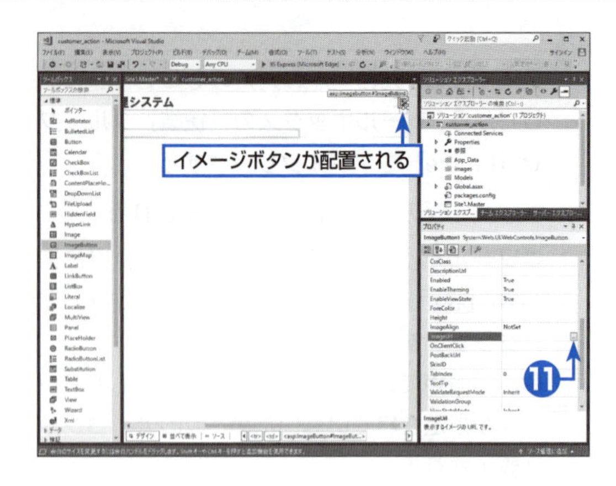

⑫

[プロジェクトフォルダー]ボックスで[images]フォルダーを選択し、[フォルダーの内容]ボックスで[back.gif]を選択して[OK]をクリックする。

▶ImageUrlプロパティに「~/images/back.gif」が設定され、[メニューへ戻る]ボタンが表示される。

●[メニューへ戻る]ボタンには、どの画面からもすぐにメニュー画面に戻ることができるようにするためのリンク(PostBackUrlプロパティ)を設定する。ただし、この時点ではメニュー画面を作成していないため、第12章の「2 ユーザー別のメニュー画面を作成する」でメニュー画面を作成してから、このイメージボタンの設定を変更する。このように、共通のマスターページにイメージボタンを配置しておくと、Webアプリケーションに含まれるすべてのWebフォームから、いつでも特定のWebフォームに遷移することができるようになる。

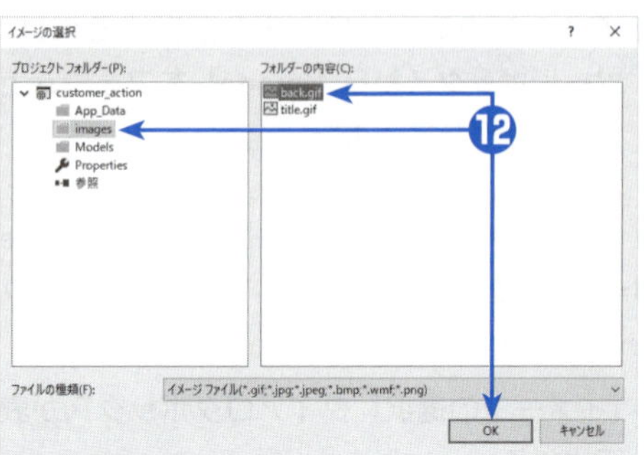

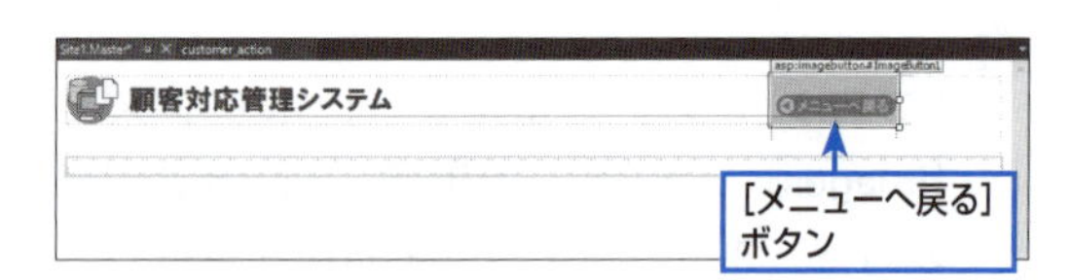

⑬

[ソース]タブをクリックする。

▶HTMLソースが表示され、<asp:Image>タグと<asp:ImageButton>タグで、2つの画像が設定されたことを確認できる。

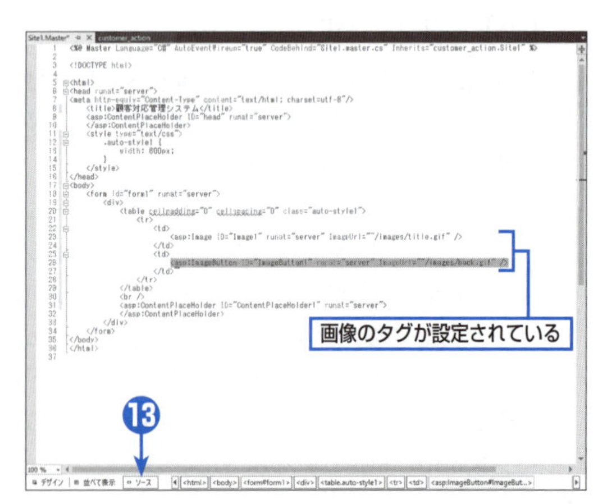

⑭

[ファイル]メニューの[Site1.Masterの保存]をクリックする。

▶マスターページが保存される。

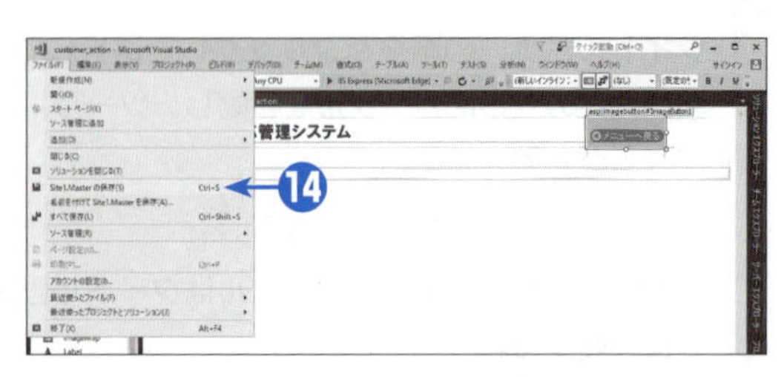

以上で、タイトルバナーと[メニューへ戻る]ボタンを持つマスターページができあがりました。

4　新しいWebフォームを追加する

Visual C#では、HTMLで記述されたWebフォームをデザインし、コントロールを配置することでプログラムを作成することができます。

新しいWebフォームの追加

ここでは、プロジェクトの新しい項目として、顧客一覧を表示するためのWebフォームを追加します。以下の手順で、新しい項目を追加して、タイトルを設定しましょう。

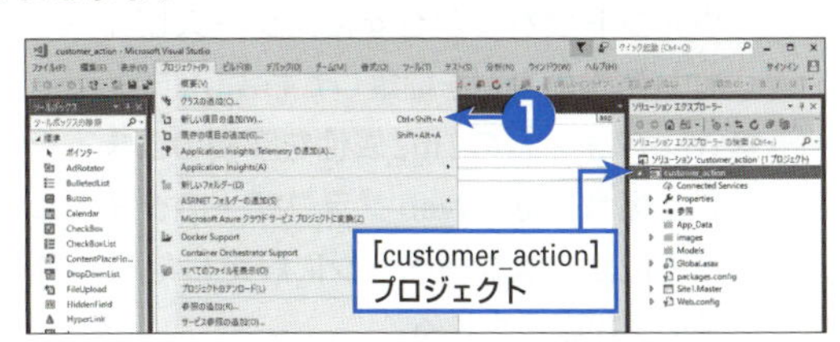

❶ ソリューションエクスプローラーで［customer_action］プロジェクトを選択して、［プロジェクト］メニューの［新しい項目の追加］をクリックする。

➡［新しい項目の追加］ダイアログボックスが表示される。

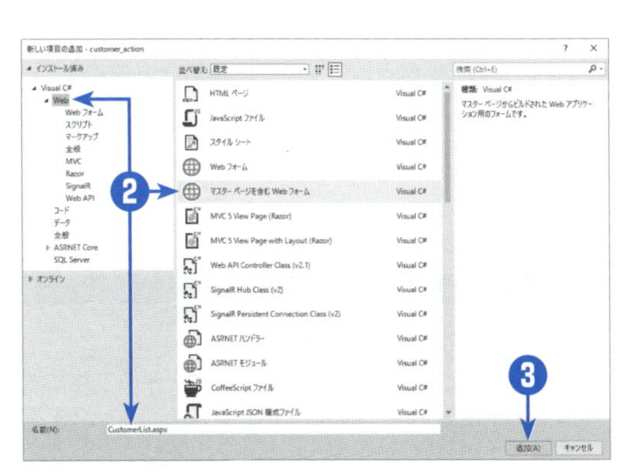

❷ 左側のペインで［インストール済み］－［Visual C#］－［Web］を選択し、中央のペインで［マスターページを含むWebフォーム］を選択して、［名前］ボックスに**CustomerList.aspx**と入力する。

●「aspx」は、ASP.NETにおけるWebフォームの拡張子である。Webブラウザーでは拡張子aspxのファイルを指定することで、ASP.NETのWebフォームを開くことができる。

❸［追加］をクリックする。

➡［マスターページの選択］ダイアログボックスが表示される。

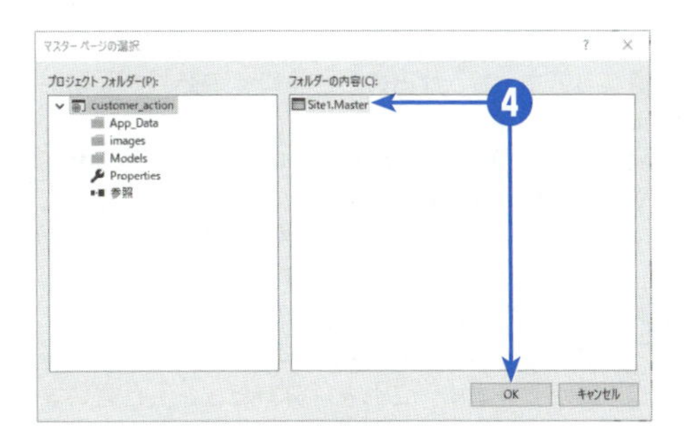

❹［フォルダーの内容］ボックスで［Site1.Master］を選択して、［OK］をクリックする。

➡ CustomerList.aspx、CustomerList.aspx.cs、CustomerList.aspx.designer.csが、プロジェクトのフォルダーに作成される。ソリューションエクスプローラーに3つのファイルが追加され、［CustomerList.aspx］タブのソースビューに、生成されたHTMLが表示される。

● CustomerList.aspx.csとCustomerList.aspx.designer.csは、CustomerList.aspxの左側の▷をクリックして展開すると表示される。

5

［CustomerList.aspx］タブをクリックし、プロパティウィンドウの上部のドロップダウンリストで［DOCUMENT］を選択して、［Title］ボックスの値を**顧客一覧**に変更する。

➡Webフォームのソースビューで、Title属性の内容が「顧客一覧」になる。

●Titleプロパティに設定した文字列は、Webブラウザーでこのwebフォームを開いた際にタイトルバーに表示される。プロパティウィンドウを使用せずに、ソースビューでTitle属性の内容を編集してもよい。

●WebフォームのTitle属性を空欄のまま実行した場合には、Webブラウザーのタイトルバーにはマスターページに設定したTitle属性の値が表示される。

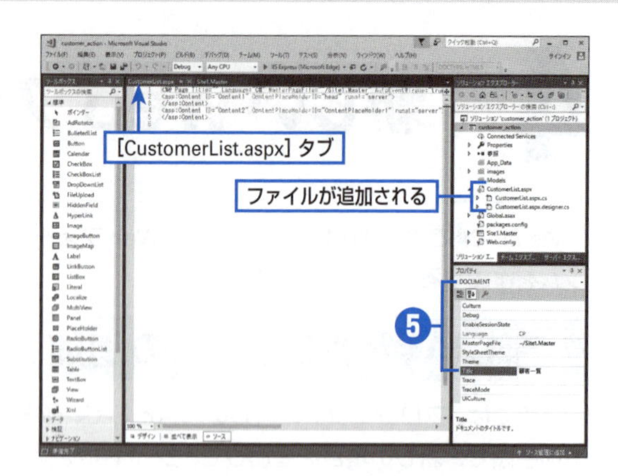

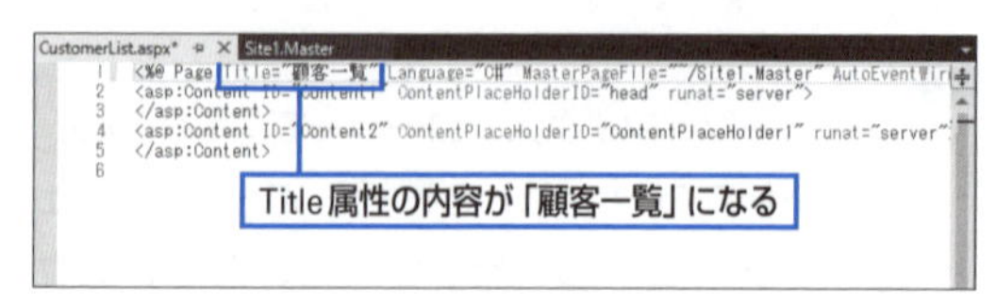

ヒント

デザインビューとソースビュー

Visual C#では、Webフォームデザイナーの下部にある［デザイン］タブと［ソース］タブをクリックすることで、「デザインビュー」と「ソースビュー」という2つのビューを切り替えることができるようになっています。これらの2つのビューは、どちらのビューで編集しても、もう片方のビューにその結果が反映されます。

Webフォームを作成する場合には、基本的なデザインやレイアウト変更はデザインビューで行い、細かなHTMLソースの修正やスクリプトの記述はソースビューで行うやり方が一般的です。

なお、［並べて表示］タブをクリックすると、ソースビューとデザインビューの2つのビューを上下に分割して表示できます。これを「分割ビュー」と言います。

分割ビューを利用しながらデザインビューでWebフォームのデザインを修正した場合、ソースビューには作業内容がリアルタイムに反映され、デザインビューで選択したコントロールや要素がHTMLのどのコードに対応するかがわかるようになっているため、HTMLの学習や該当するHTMLのチェックに役立ちます。

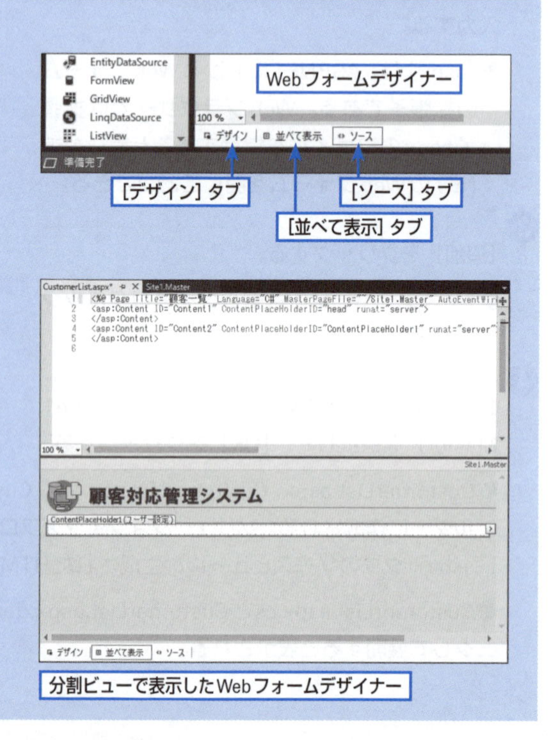

分割ビューで表示したWebフォームデザイナー

5　データソースを登録する

Visual C#でデータベースに格納されているデータをWebフォームに表示するには、データベースへの接続情報を保存するデータ接続と、使用するテーブルやビューを元にしたデータソースの登録が必要となります。

データ接続の登録

「データ接続」とは、データベースとの接続方法の定義情報です。データ接続の情報は、クライアントに保存されて統合開発環境内で共有できるため、別のプロジェクトで作成したデータ接続を利用することもできます。ここではサーバーエクスプローラーで、customer_actionデータベースとのデータ連動を行うためのデータ接続を登録します。

❶ ［表示］メニューの［サーバーエクスプローラー］をクリックする。

➡サーバーエクスプローラーが表示される。

❷ サーバーエクスプローラーのウィンドウ上部にある［データベースへの接続］ボタンをクリックする。

➡［データソースの選択］ダイアログボックスが表示される。

●［接続の追加］ダイアログボックスが表示された場合には、［データソース］ボックスの［変更］をクリックすると、同じ内容の［データソースの変更］ダイアログボックスが表示される。

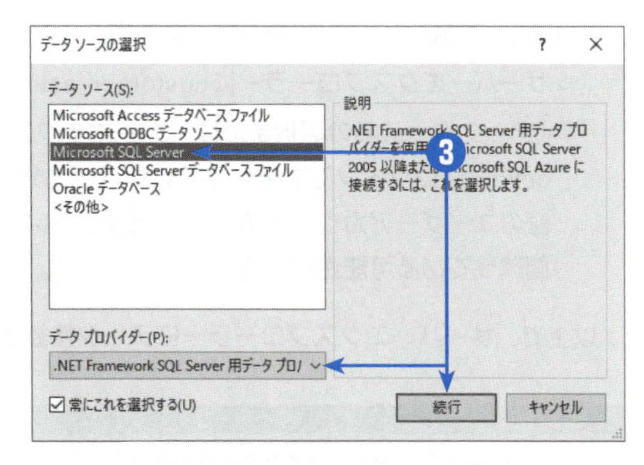

❸ ［データソース］ボックスで［Microsoft SQL Server］を選択して、［データプロバイダー］ボックスで［.NET Framework SQL Server用データプロバイダー］を選択し、［続行］をクリックする。

➡［接続の追加］ダイアログボックスが表示される。

●［データソースの選択］ダイアログボックスでは、SQL Serverデータベース以外にもAccessデータベースやOracleデータベースなどをデータソースとして選択できる。

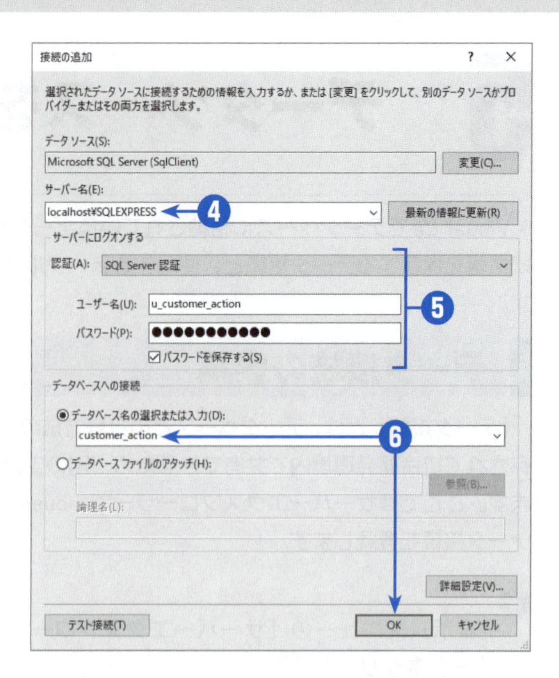

4 [サーバー名] ボックスに**localhost¥SQLEXPRESS**と入力する。

●「localhost」はここで操作しているコンピューターという意味になる。その後の「SQLEXPRESS」は、SQL Server 2017 Expressを既定の状態でインストールした場合のインスタンス名である。

●Express以外のエディションのSQL Serverを既定でインストールしている場合は、**localhost**と指定する。インスタンス名が不明な場合には、SQL Server構成マネージャーを使用して確認する（SQL Server構成マネージャーについては、第4章の「1 SQL Serverの動作状況を確認する」を参照する）。

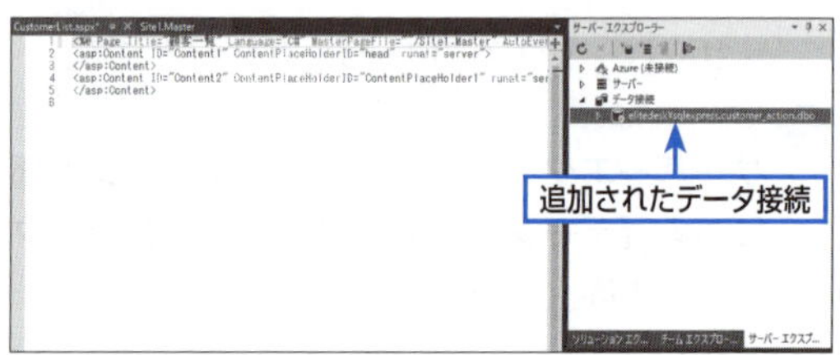

5 [認証] ボックスで [SQL Server認証] を選択して、[ユーザー名] ボックスに**u_customer_action**、[パスワード]ボックスに**cst%VC#2017**と入力し、[パスワードを保存する] チェックボックスをオンにする。

●ここで設定しているSQL Server認証のユーザーアカウントは、第4章の「7 SQL Serverの認証方法を設定する」で登録したものである。

6 [データベース名の選択または入力] ボックスの☑をクリックして、表示される一覧から [customer_action] を選択し、[OK] をクリックする。

➡サーバーエクスプローラーにcustomer_actionデータベースのデータ接続が追加される。

●[データベース名の選択または入力] ボックスの☑をクリックしたときに「ユーザー 'u_customer_action' はログインできませんでした。」というエラーメッセージが表示された場合は、SQL Server認証のユーザーアカウントの設定が間違っているか、ここで入力したユーザー名もしくはパスワードが間違っている可能性がある。

以上で、サーバーエクスプローラーにデータ接続が登録されました。

ヒント

データベースにログインできない場合

手順6でデータベースにログインできない場合には、第4章の「7 SQL Serverの認証方法を設定する」を参照して、u_customer_actionユーザーが正しく登録できていることを確認してください。u_customer_actionユーザーで接続できない場合には、Windows認証を使用して、Windowsアカウントによるデータベース接続を確認し、不具合の切り分け処理を行ってください。

ヒント

[サーバー名] ボックスでの「localhost」という指定

手順❹の［接続の追加］ダイアログボックスで、［サーバー名］ボックスに**localhost**と入力すると、アプリケーションが動作しているコンピューターのSQL Serverに接続できます。スタンドアロン型のアプリケーション（データベースサーバーを稼働するコンピューターでアプリケーションを実行する）の場合には、「localhost」と指定すると、本番環境に導入する場合にも接続先を変更せずに実行できます。ただし、SQLServer 2017 Expressの既定のインストールでは、インスタンス名（SQLEXPRESS）が必要なため、「localhost¥SQLEXPRESS」と指定しなければなりません。

ヒント

選択できるデータベース

［データベース名の選択または入力］ボックスには、指定したユーザーが利用できるデータベースのみが列挙されます。「第4章 SQL Serverデータベースの準備」では、実習でtestdbデータベースを作成しましたが、u_customer_actionユーザーにはtestdbデータベースの権限を与えていないため、［データベース名の選択または入力］ボックスでは選択することができません。

ヒント

接続時のエラー

「localhost¥SQLEXPRESS」や「localhost」と指定しても、右の図のような接続時のエラーメッセージが表示される場合には、SQL Serverがインストールされていないか、別のインスタンス名でインストールされている可能性があります。別のコンピューターやインスタンスを指定する場合には、［サーバー名］ボックスに**コンピューター名¥インスタンス名**と入力してください。インスタンス名は、SQL Server構成マネージャーを使用して確認することができます。

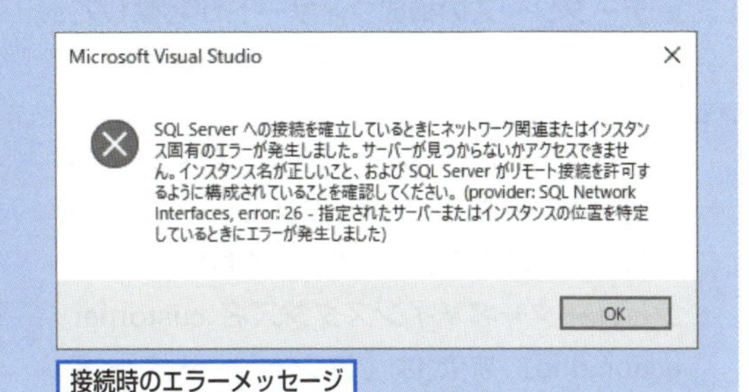

接続時のエラーメッセージ

データソースの登録

「データソース」とは、Webフォームで利用するデータベースのテーブルやビューなどに接続するための情報を管理しておく特殊なオブジェクトです。ここでは、［顧客一覧］フォームに、顧客情報ビュー（vw_customer_view）に接続するデータソースを登録します。

❶ CustomerList.aspxのWebフォームデザイナーで［デザイン］タブをクリックして、デザインビューに切り替えて、コンテンツプレースホルダーの内部をクリックする。

参照

ビューの作成方法について

第4章の「6 サンプルデータベースにビューを追加する」

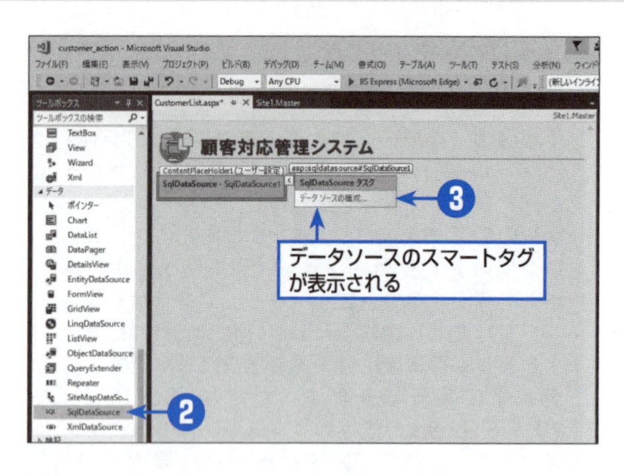

2

ツールボックスの［データ］グループで［SqlDataSource］をダブルクリックする。

➡フォーム上のカーソル位置にSqlDataSource1データソースが配置され、右上にスマートタグ（［SqlDataSourceタスク］ウィンドウ）が表示される。

●スマートタグが表示されていないときには、グリッドビューを選択して、右上に表示されるスマートタググリフ（右向き三角矢印）をクリックする。

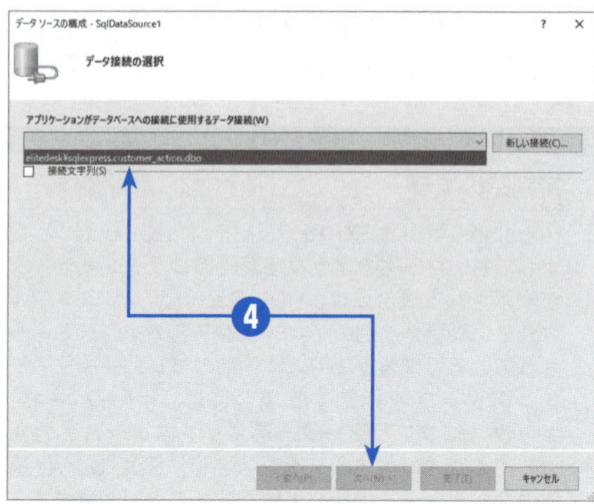

3

スマートタグで［データソースの構成］をクリックする。

➡データソースの構成ウィザードが起動して、［データ接続の選択］ページが表示される。

4

［アプリケーションがデータベースへの接続に使用するデータ接続］ボックスでデータ接続を選択する。ここでは、前の手順で作成した［コンピューター名¥インスタンス名.customer_action.dbo］または［コンピューター名.customer_action.dbo］のデータ接続を選択して、［次へ］をクリックする。

●利用するデータベースへのデータ接続を作成していない場合には、［データ接続の選択］ページで［新しい接続］をクリックして、使用するデータ接続を登録することができる。

➡［アプリケーション構成ファイルに接続文字列を保存］ページが表示される。

ヒント

スマートタグ

スマートタグは、オブジェクトに対する設定を簡単に行うことができる機能です。通常、オブジェクトに対する設定はプロパティウィンドウで該当するプロパティを設定しなければなりませんが、スマートタグでは、わかりやすいメッセージや名称でプロパティを設定したり、設定用のウィザードを起動したりすることができるようになっています。なお、スマートタグはオブジェクトの右上に表示されるスマートタググリフ（右向き三角矢印）をクリックして表示できますが、フォームへコントロールを配置した直後に自動的に表示されるようになっています。

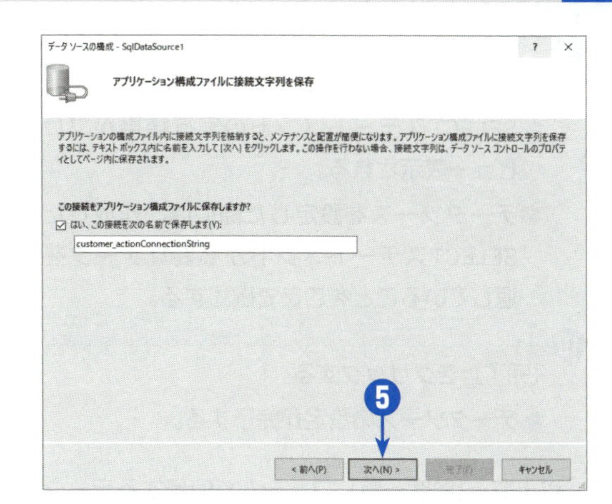

5

アプリケーション構成ファイルに接続文字列を保存するかどうかを指定する。ここでは、既定の設定のまま［次へ］をクリックする。

●ここで指定した文字列がアプリケーション構成ファイルに保存されることにより、このプロジェクトでは、この文字列でデータ接続を指定することができるようになる。アプリケーション構成ファイルについては、この後のヒントを参照。

➡［Selectステートメントの構成］ページが表示される。

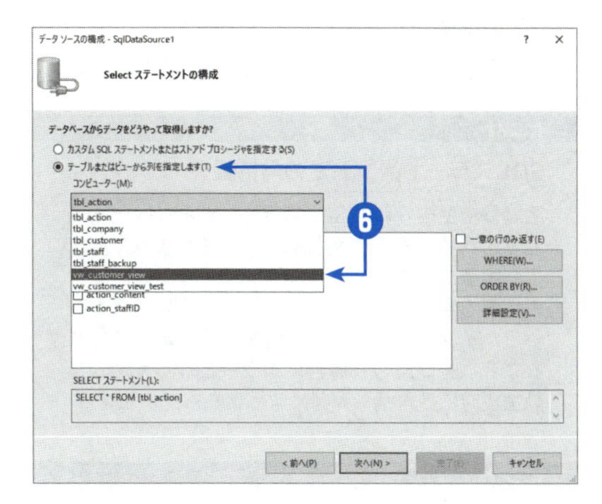

6

このプロジェクトで使用するオブジェクト（テーブルやビューなど）を選択するか、SQLステートメントを記述することができる。ここでは、顧客情報ビュー（vw_customer_view）を使用するため、［テーブルまたはビューから列を指定します］を選択して、［コンピューター］ボックスで［vw_customer_view］を選択する。

➡［列］ボックスに、vw_customer_viewビューに含まれる列が一覧表示される。

●ここで選択した顧客情報ビュー（vw_customer_view）は、第4章の「6 サンプルデータベースにビューを追加する」で作成したビューと同じ内容のものである。

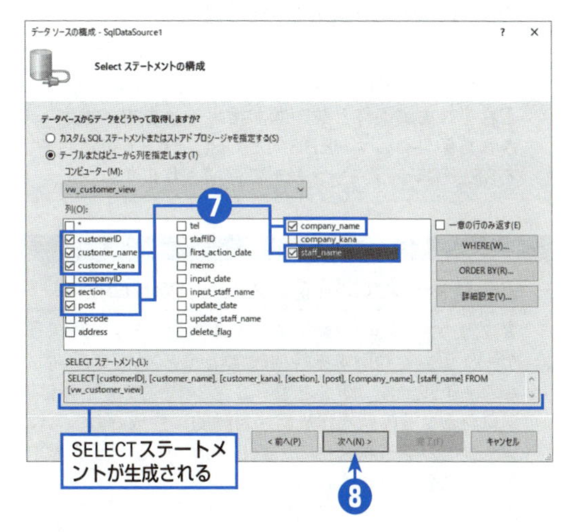

7

［列］ボックスで、次の順番どおりに列のチェックボックスをオンにする。

1. customerID
2. customer_name
3. customer_kana
4. section
5. post
6. company_name
7. staff_name

➡［SELECTステートメント］ボックスには、以下のようにステートメントが生成される。

```
SELECT [customerID], [customer_name], [customer_kana], [section], [post],
[company_name], [staff_name] FROM [vw_customer_view]
```

8

［次へ］をクリックする。

➡［クエリのテスト］ページが表示される。

❾

［クエリのテスト］をクリックする。

➡SELECTステートメントの実行結果がプレビュー表示される。

●データソースを設定した際には、作成したSELECTステートメントが必要なデータを返していることをここで確認する。

❿

［完了］をクリックする。

➡データソースの設定が完了する。

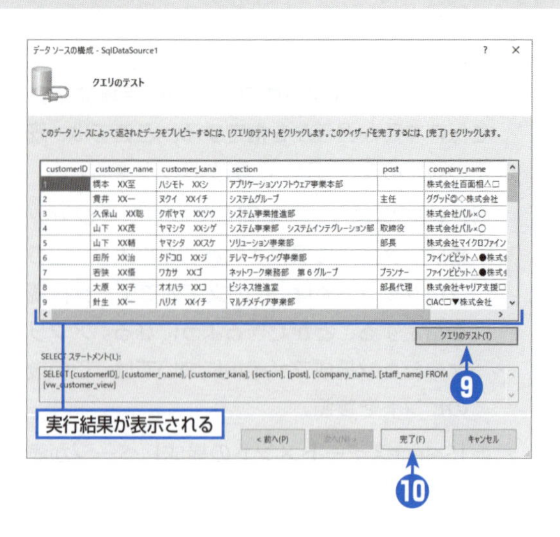

以上で、［顧客一覧］フォームで使用するデータソースの準備ができました。次の節では、このデータソースを使用してグリッドビューを配置します。

ヒント

SQLステートメントでの角括弧

手順❼で生成されたSQLステートメントは、ビュー名とすべての列名が角括弧（[]）で囲まれています。本書で記述しているSQLステートメントでは角括弧を省略していますが、列名などに特殊な名称（ハイフンなどの記号が含まれる、数字で始まるなど）を使用した場合にエラーとなるため、自動生成時には角括弧が付くようになっています。

ヒント

WHERE句とORDER BY句の指定

[Selectステートメントの構成] ページで [WHERE] ボタンと [ORDER BY] ボタンをクリックすると、それぞれ抽出条件と並び順を指定できます。指定された条件は、WHERE句とORDER BY句としてSELECTステートメントに追加されます。

注意

[列] ボックスの指定順

[列] ボックスでは、チェックボックスをオンにした順番に、SELECTステートメントの列名が列挙されます。データを取得するだけのプログラムであれば、この順番には意味がありませんが、この後の操作で使用するグリッドビューのようなコントロールでは、SELECTステートメントの列名の順番どおりに一覧の項目が列挙されます。ここでは、必ず手順❼の項目の順番にチェックボックスをオンにしてください。

ヒント

アプリケーション構成ファイル（Web.config）

アプリケーション構成ファイルとは、Webアプリケーションで利用する各種設定情報をXMLで記述したファイルです。アプリケーション構成ファイルは、プロジェクトの新規作成時に自動的に生成され、プロジェクトのフォルダーに「Web.config」というファイル名で格納されます。

この章の手順どおりに操作を行った場合には、データベースとの接続情報がアプリケーション構成ファイルの<connectionStrings>タグの中に記述されます。対象となるデータベースサーバーを変更したい場合には、connectionString属性の値を修正することでサーバーを切り替えることができます。つまり、Webアプリケーションで利用する情報を外部ファイルとして分離することにより、環境などの変更に伴うプログラムの修正作業を軽減しているわけです。なお、アプリケーション構成ファイルはテキストファイルであるため、メモ帳などのテキストエディターで修正することもできます。

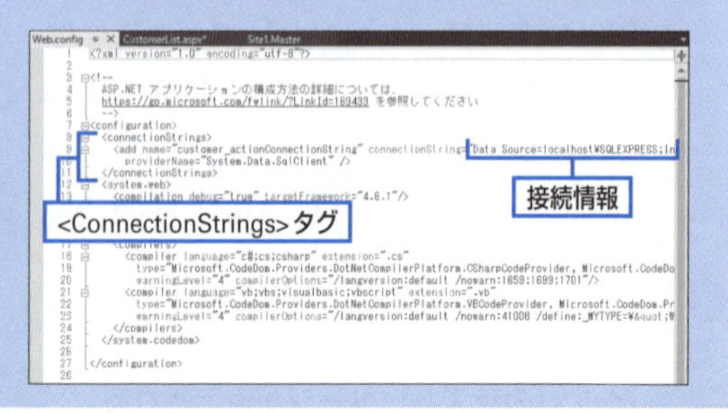

6 グリッドビューを配置する

Visual C#には、データベースに連動する数多くのコントロールが用意されています。ここでは、グリッドビューを使用して、顧客一覧を作成します。

グリッドビューの配置

「グリッドビュー（GridView）」とは、データベースに格納されているデータを表示することができる一覧表示用のコントロールです。グリッドビューを使用すると、データソースに定義されたテーブルやビューのデータを一覧表示することができます。

以下の手順で、グリッドビューを配置して、項目名、列幅、デザインを設定してください。

1 コンテンツプレースホルダーに配置したSqlDataSource1データソースを選択して→を押し、ツールボックスの［データ］グループで［GridView］をダブルクリックする。

➡ グリッドビューが配置され、スマートタグが表示される。

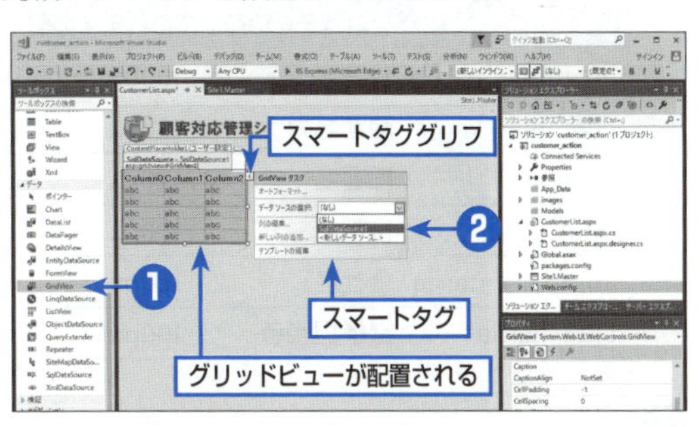

2 スマートタグの［データソースの選択］ボックスで［SqlDataSource1］を選択する。

➡ グリッドビューの項目名がcustomerIDなどのようにデータソースの列名になる。

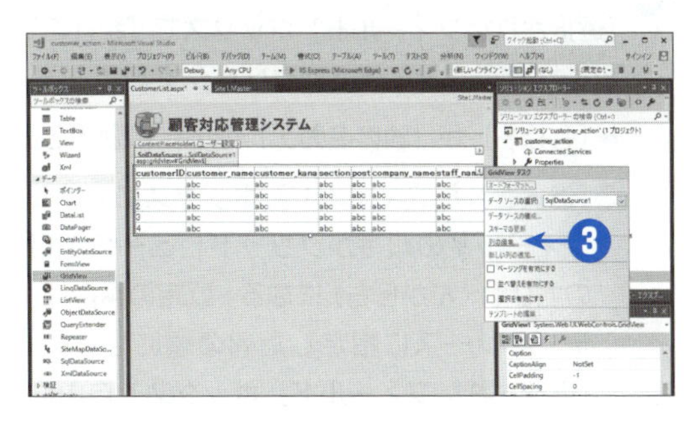

3 スマートタグで［列の編集］をクリックする。

➡［フィールド］ダイアログボックスが表示される。

4［選択されたフィールド］ボックスで［customerID］を選択して、右側の一覧で［HeaderText］ボックスに**顧客ID**と入力し、Enterを押す。

➡［選択されたフィールド］ボックスの項目名が「顧客ID」に変更される。

●HeaderTextプロパティはグリッドビューの項目名ラベルを設定するプロパティである。

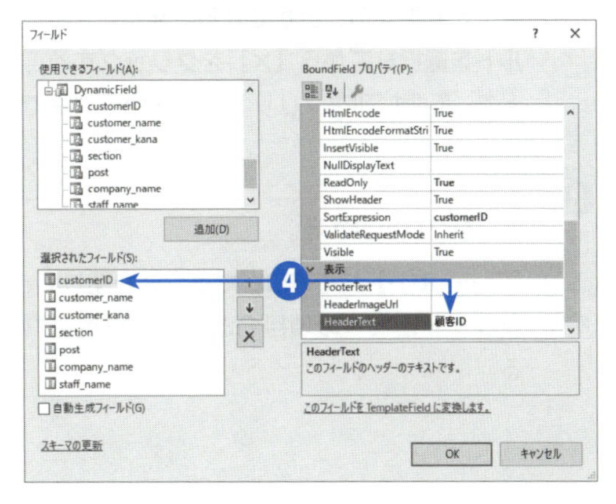

5
[スタイル] グループで [ItemStyle] を展開し、[Width] ボックスに**70px**と入力する。

●Widthプロパティは列幅を設定するプロパティである。pxは「ピクセル」を表す単位で、1pxがディスプレイの1つの点を表す。

●Widthプロパティでは、単位を入力せずに**70**と入力してもよい。

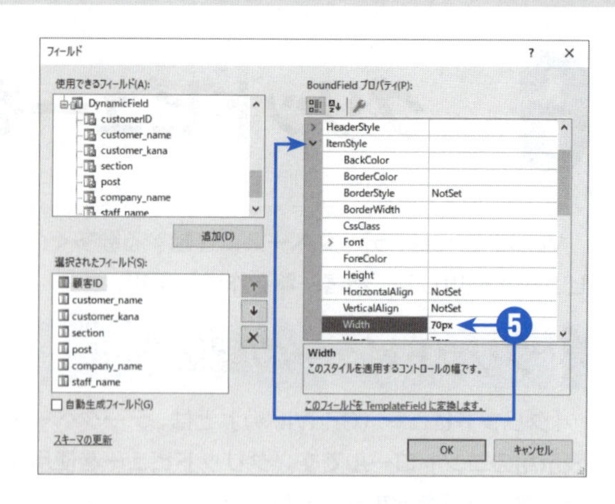

6
同様の手順で、以下の表のように項目名ラベルと列幅を設定する。

フィールド名	HeaderText プロパティの値	Width プロパティの値
customer_name	顧客名	100px
customer_kana	顧客名カナ	120px
section	部署名	120px
post	役職	100px
company_name	会社名	160px
staff_name	営業担当者	100px

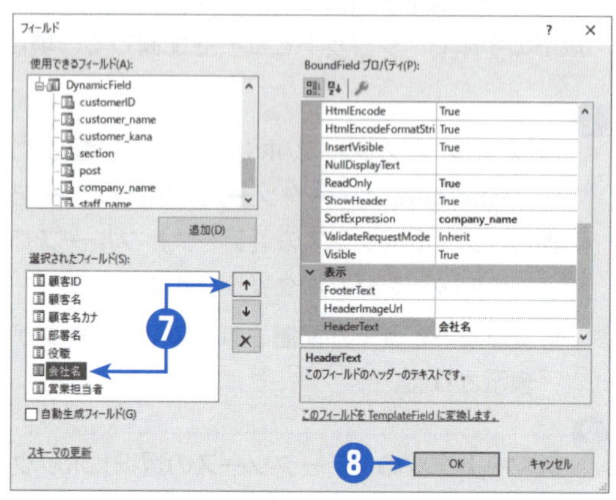

7
[選択されたフィールド] ボックスで [会社名] を選択して、[↑] を2回クリックする。

➡ [会社名] が [顧客名カナ] の下に移動する。

●[選択されたフィールド] ボックスにおけるフィールドの順番がグリッドビューの項目の並び順（左から右）になる。既定の順番は、データソースに指定した列の順になるが、[選択されたフィールド] ボックスで自由に順番を変更することができる。また、フィールドを選択してから [×] をクリックすることで、不要な列をグリッドビューから削除できる。

8
[OK] をクリックする。

➡ [フィールド] ダイアログボックスが閉じて、グリッドビューの項目名と列幅が設定される。

ヒント

Widthプロパティ

Widthプロパティは、[スタイル] グループの [ControlStyle]、[FooterStyle]、[HeaderStyle]、[ItemStyle] に含まれています。これらは、それぞれコントロール、フッター、ヘッダー、行を表しています。グリッドビューの幅を変更する場合には、[ItemStyle] のWidthプロパティを設定します。

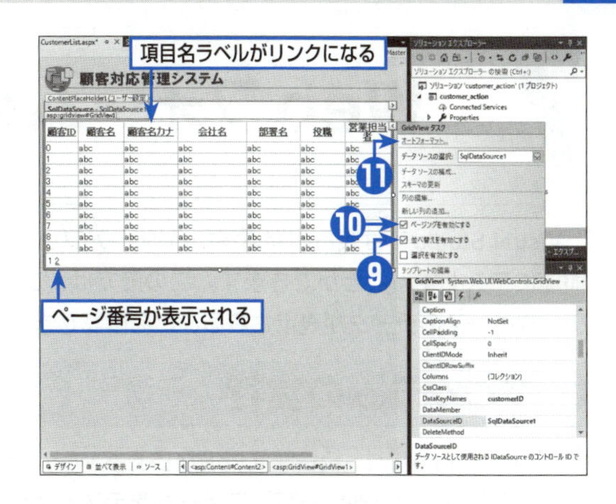

9 グリッドビューのスマートタグで［並べ替えを有効にする］チェックボックスをオンにする。

➡グリッドビューの項目名ラベルがリンクになる。

●並べ替えを有効にすると、項目名ラベルのリンクをクリックしたときに、指定した項目の値で並べ替えることができるようになる。

10 グリッドビューのスマートタグで［ページングを有効にする］チェックボックスをオンにする。

➡下部にページ番号が表示され、グリッドビューでページング機能（ページ切り替え機能）が利用できるようになる。

●1ページに表示する行数は、グリッドビューのPageSizeプロパティで設定できる（既定は10行）。

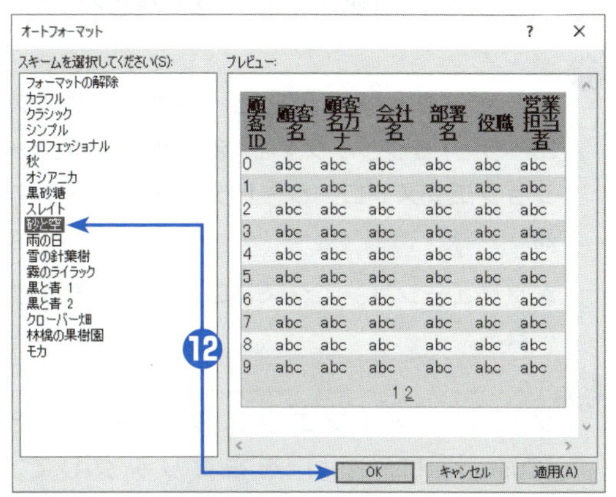

11 グリッドビューのスマートタグで［オートフォーマット］をクリックする。

➡［オートフォーマット］ダイアログボックスが表示される。

12 ［スキームを選択してください］ボックスで［砂と空］を選択して、［OK］をクリックする。

➡グリッドビューのデザインが、選択したスキームの組み合わせになる。

●［スキームを選択してください］ボックスではグリッドビューのデザインセットを選択することができる。スキームを選択すると、［プレビュー］ボックスにサンプル画像が表示される。

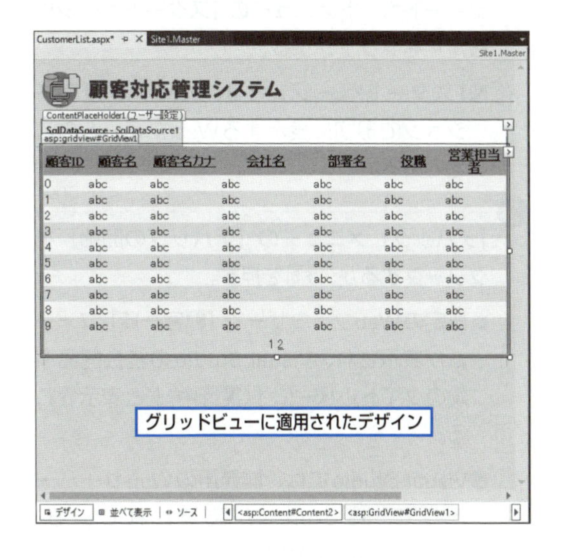

13 ［ファイル］メニューの［すべて保存］をクリックする。

➡修正したすべてのファイルが保存される。

以上で、顧客情報ビュー（vw_customer_view）に連結したグリッドビューができあがりました。

7 Webフォームをテスト実行する

Visual Studioでは統合開発環境からWebアプリケーションを実行できるため、開発中のWebフォームを即座にテストすることができます。この節では、プログラムをテスト実行して、グリッドビューに正しくデータベースのデータが表示されることを確認しましょう。

プログラムの実行

Visual Studioには、統合開発環境から直接Webフォームを表示する機能が用意されています。ここでは、この章で作成した［顧客一覧］フォームをテスト実行しましょう。

1

［表示］メニューの［ソリューションエクスプローラー］をクリックする。または、［ソリューションエクスプローラー］タブをクリックする。

➡ソリューションエクスプローラーが表示される。

2

ソリューションエクスプローラーで［CustomerList.aspx］を右クリックして、ショートカットメニューの［スタートページに設定］をクリックする。

●「スタートページ」とは、Webアプリケーションで最初に表示するWebフォームのことである。

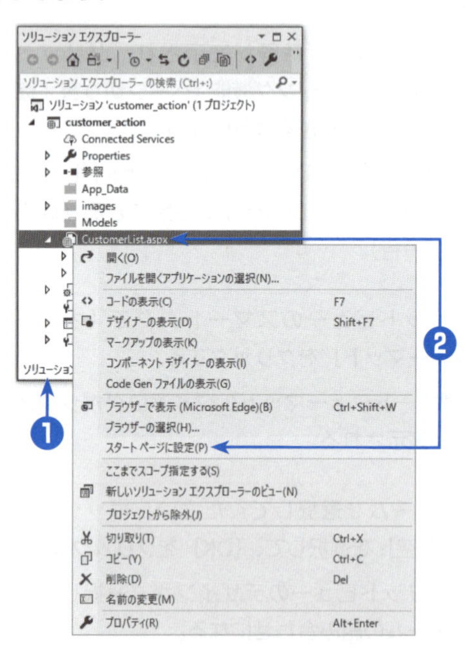

3

［デバッグ］メニューの［デバッグの開始］をクリックするか、F5を押す。

➡既定のWebブラウザーで［顧客一覧］フォームが表示され、Visual Studioの統合開発環境のタイトルバーに「(実行中)」と表示される。

●Visual Studioには、開発用のWebサーバーとして、IIS Expressが装備されている。Visual StudioでWebアプリケーションをテスト実行すると、自動的にIIS Expressが起動し、Webブラウザーで動作が検証できるようになっている。

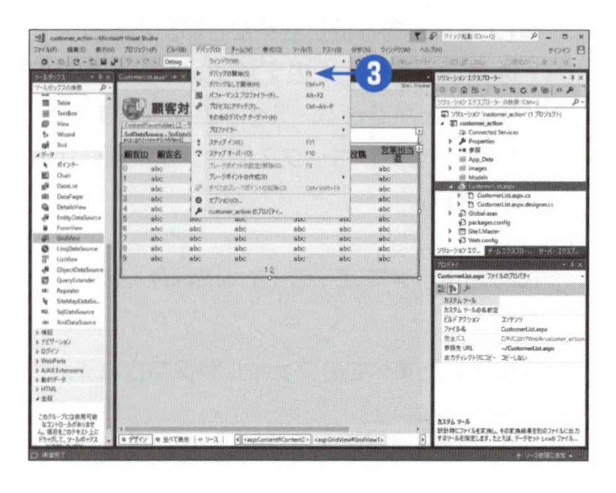

4

グリッドビューの［顧客名カナ］ラベルをクリックする。

➡ グリッドビューの一覧が顧客名カナの昇順に並べ替わる。

●並べ替えた列は、グリッドビュー上で別の色で表示される。

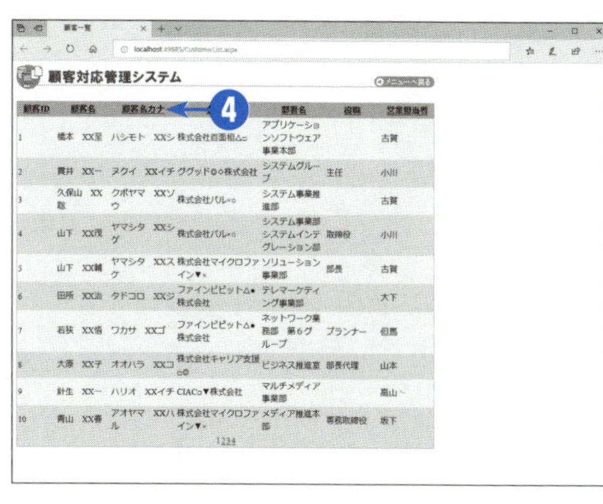

5

再度、［顧客名カナ］ラベルをクリックする。

➡ グリッドビューの一覧が顧客名カナの降順で並べ替わる。

6

グリッドビューの下部にあるページのリンクで［2］をクリックする。

➡ グリッドビューのページング機能によって、一覧が2ページ目に切り替わる。

7

Webブラウザーを閉じてテスト実行を終了する。

以上で、［顧客一覧］フォームが完成しました。

注意

デバッグが停止しないとき

Visual Studioのバージョン、Webブラウザーの種類やバージョンによっては、Webブラウザーを閉じてもVisual Studioの開発環境が実行中のままになることがあります（タイトルバーに「(実行中)」と表示され、診断ツールが開いたままの状態になります）。その場合には、［デバッグ］メニューの［デバッグの停止］をクリックするか、［デバッグ］ツールバーの［デバッグの停止］ボタンをクリックして、Webアプリケーションを終了してください。

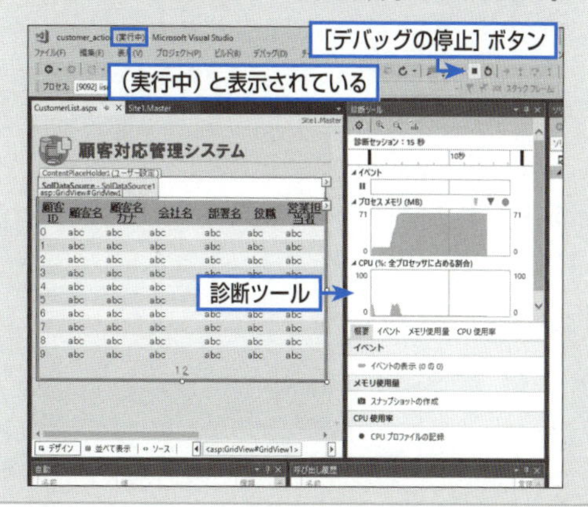

ヒント

既定のWebブラウザーの選択

［デバッグ］メニューの［デバッグの開始］コマンドを使用してWebアプリケーションをテスト実行したときには、既定のWebブラウザーが表示されます。既定のWebブラウザーは［標準］ツールバーの［IIS Express］ボタンの右にある▼をクリックして、表示される一覧で［Webブラウザー］をポイントして選択することができます。

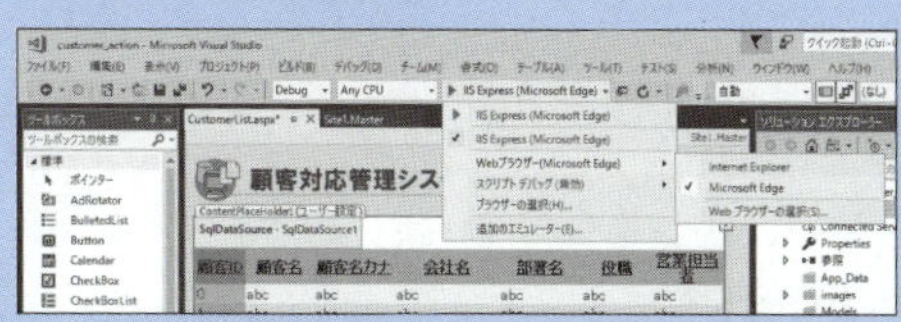

リスト型画面の作成2－フィルター機能の追加

第7章

この章では、前の章で作成した［顧客一覧］フォームにフィルター機能を追加します。また、ASP.NETによるWebアプリケーションにとって重要な機能であるポストバックの動作について学習します。

▼この章で学習する内容

STEP 1 IMEモードとフォントサイズを指定したスタイルシートを追加して、マスターページに適用します。

STEP 2 ［顧客一覧］フォームの上部に条件指定用のコントロールを配置して、指定した条件によるWHERE句を生成するように、データソースを変更します。

STEP 3 条件に一致するデータが存在しないときのエラーメッセージを作成します。

STEP 4 プログラムを実行して、ASP.NETに装備されているポストバックの動作を検証します。

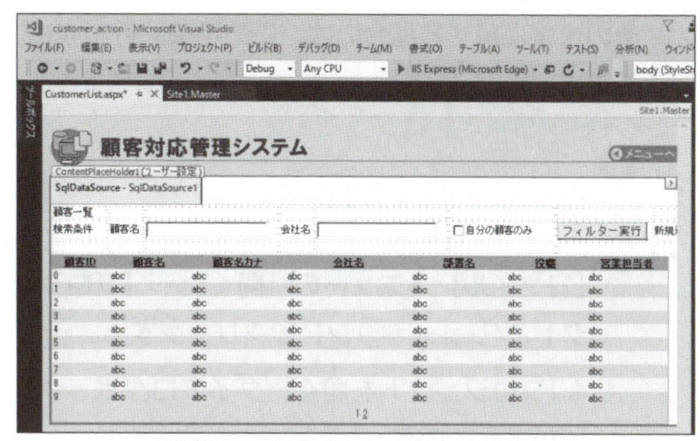

▲条件指定機能を装備した［顧客一覧］フォーム

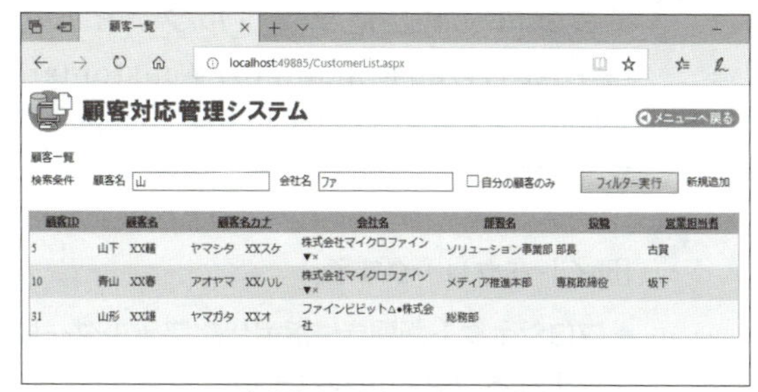

▲条件指定に応じたデータの抽出

▲対象データが存在しないときのメッセージ

1 フィルター実行用のコントロールを追加する

［顧客一覧］フォーム（CustomerListフォーム）では、フォームの上部に条件指定用のコントロールを配置してフィルターを実行します。

プロジェクトを開く

この章では、前の章で作成したプロジェクトを引き続き使用します。または、ダウンロードしたサンプルファイルの［¥VC2017Web¥Chapter07¥customer_action］フォルダーのプロジェクトを使用してください。

サンプルファイルのプロジェクトは、以下の手順で使用します。なお、前の章で作成したプロジェクトをそのまま使用する場合には、この手順は行わずに、次の「スタイルシートの追加」の手順から作業を始めてください。

1. Visual Studioを起動する。

2. ［ファイル］メニューの［開く］－［プロジェクト/ソリューション］をクリックする。

   ➡［プロジェクトを開く］ダイアログボックスが表示される。

3. ダウンロードしたサンプルファイルの［¥VC2017Web¥Chapter07¥customer_action］フォルダーの［customer_action.sln］を選択する。

4. ［開く］をクリックする。

   ➡プロジェクトが開き、指定したフォルダーに含まれるファイルやフォルダーがソリューションエクスプローラーに表示される。

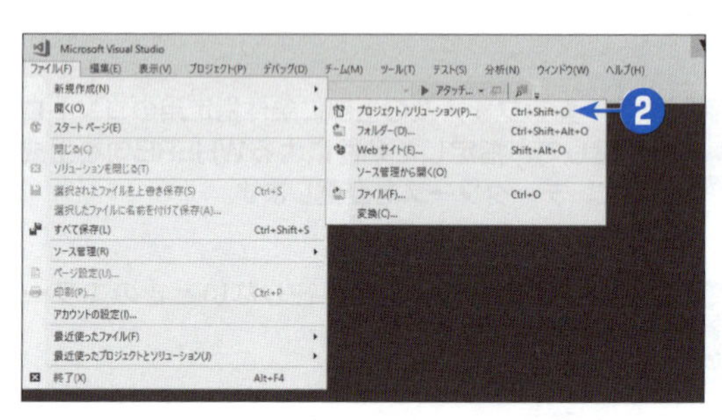

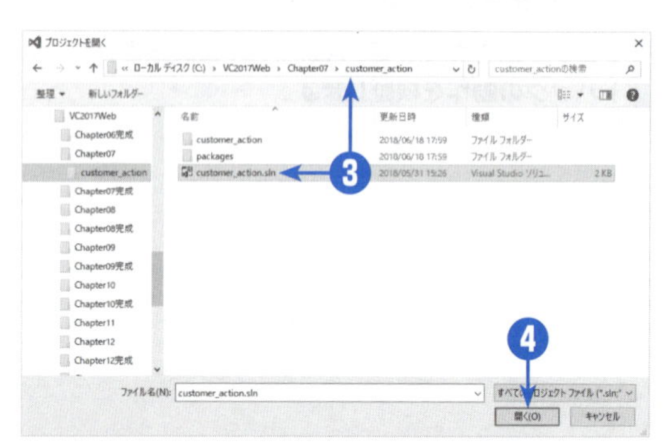

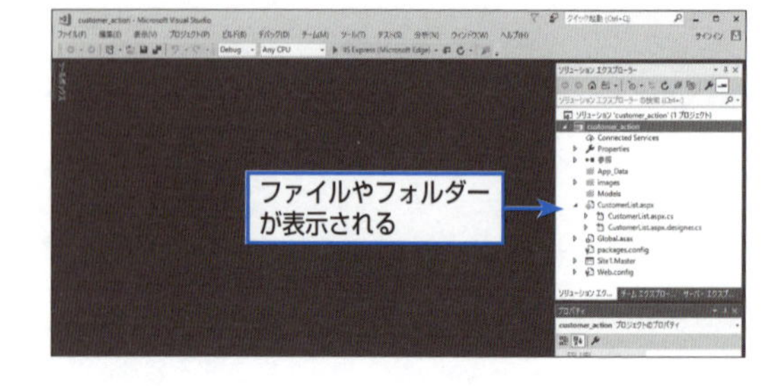

注意

サンプルのプロジェクトを使用する場合

Express以外のエディションのSQL Serverを使用している場合や、既定のインスタンスにcustomer_actionデータベースを作成していない場合には、データベースの接続情報の修正が必要になります。詳細については、サンプルファイルのダウンロードページの説明を参照してください。

スタイルシートの追加

入力用のテキストボックスに「IMEモード」を設定しておくと、使いやすいWebページになります。Internet Explorerでは、スタイルシートを利用してime-modeプロパティを指定することで、テキストボックスにカーソルが移動したときのIMEモードを設定できます。ここでは、まずWebフォームに割り当てるためのスタイルシートを追加しておきましょう。その後で、作成済みのマスターページにスタイルシートを登録します。このようにすることで、マスターページを使用するすべてのWebフォームにスタイルシートの設定を適用できます。

以下の手順で、スタイルシートを作成して、IMEモードを指定するための記述を行います。また、マスターページ（Site1.Master）に、作成したスタイルシートを登録します。

1

ソリューションエクスプローラーで［customer_action］プロジェクトを選択して、［プロジェクト］メニューの［新しい項目の追加］をクリックする。

➡［新しい項目の追加］ダイアログボックスが表示される。

2

左側のペインで［インストール済み］－［Visual C#］－［Web］を選択し、中央のペインで［スタイルシート］を選択して、［名前］ボックスに「StyleSheet1.css」と表示されていることを確認する。

3

［追加］をクリックする。

➡ソリューションエクスプローラーに［StyleSheet1.css］が追加されて、［StyleSheet1.css］タブが表示される。

●追加されたスタイルシートには、既定でbody要素の枠組みが準備される。

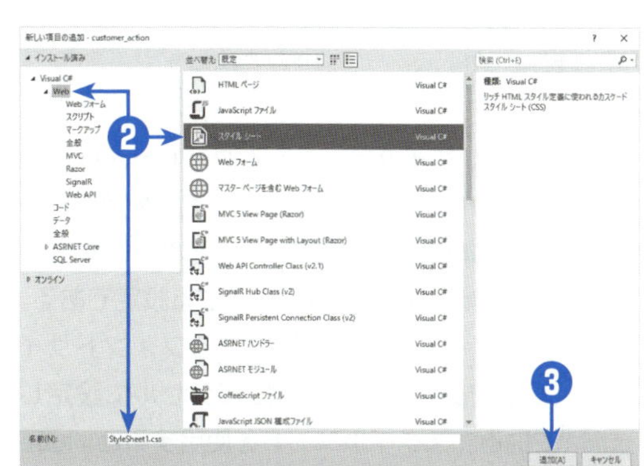

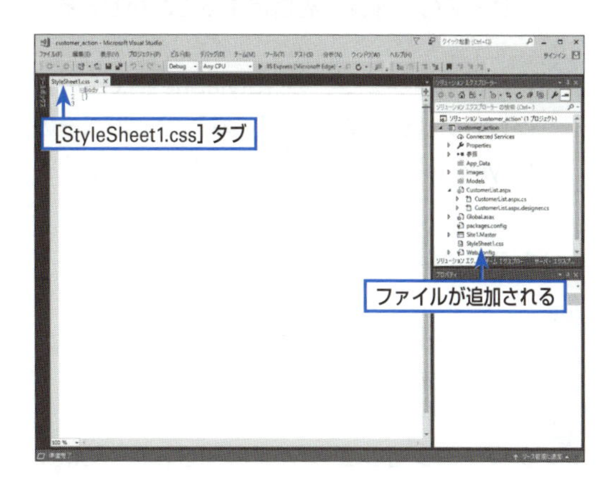

注意

Internet Explorer以外のWebブラウザーでのIMEモード設定

Internet Explorer以外のほとんどのWebブラウザーでは、IMEモード（ime-modeプロパティ）の設定を利用できません（プロパティを設定しても動作しません）。マイクロソフト社のEdgeにおいても、以前のバージョンでは動作していましたが、現在のバージョンでは動作しなくなっています。
元々、IMEモードの設定に使用するime-modeプロパティは、Internet Explorerの独自仕様として装備されたものですが、その後CSS3の仕様で非推奨となりました。
IMEモードの制御については、システム開発者の間でも意見の相違がありますが、業務システムにおいて、データ入力や検索条件を指定する際のユーザービリティ向上に効果的なケースも多いため、本書ではスタイルシートによるIMEモードの設定を装備しています。実際に開発するWeb-DBシステムにおいては、Webブラウザーの対応などを確認した上で設定を検討してください。

4

スタイルシートに入力されている既定の文字列を削除して、以下のように入力する（すべて半角）。特に、「：」(コロン）と「；」(セミコロン）に注意する。

```
.imeOn {
    ime-mode: active;
}

.imeOff {
    ime-mode: disabled;
}

body {
    font-size: 12px;
}
```

コロン　セミコロン

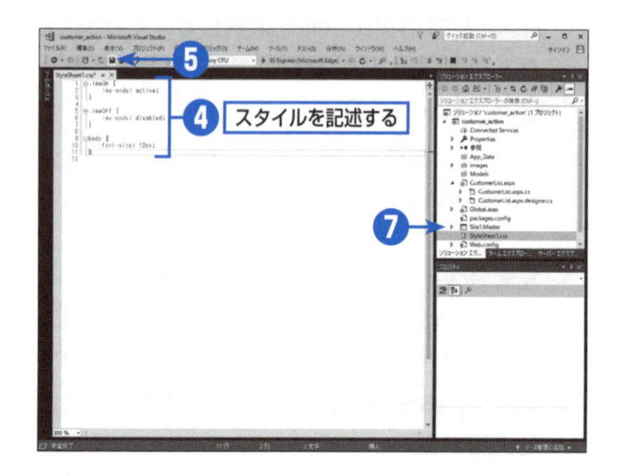

●このスタイルシートでは、「imeOn」と「imeOff」という新しいスタイルを定義している。imeOnはIMEモードをオンにする設定で、imeOffは使用不可にする設定である。また、body（本文）に対するフォントサイズを、font-size属性で12ピクセルに設定している。スタイルシートを使用すると、固定サイズのフォントを指定することができる。

5

［ファイル］メニューの［StyleSheet1.cssの保存］をクリックするか、［標準］ツールバーの［StyleSheet1.cssの保存］ボタンをクリックする。

➡スタイルシートが保存される。

6

［ファイル］メニューの［閉じる］をクリックして、スタイルシートを閉じる。

7

ソリューションエクスプローラーで［Site1.Master］をダブルクリックする。

➡マスターページがWebフォームデザイナーで開く。

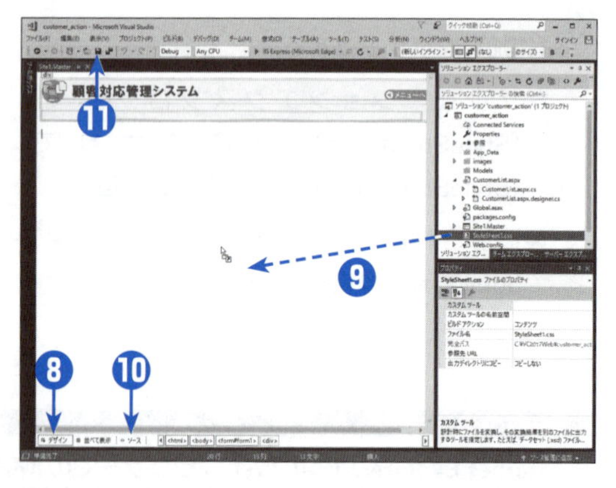

8

［デザイン］タブをクリックして、マスターページをデザインビューに切り替える。

9

ソリューションエクスプローラーの［Style Sheet1.css］を、マスターページのWebフォームデザイナーの下部の空白の領域にドラッグする。

➡マスターページにスタイルシートが設定される。これで、このマスターページを使用するすべてのWebフォームで、このスタイルシートの設定が利用できるようになる。

10

［ソース］タブをクリックして、マスターページをソースビューに切り替える。

➡<link>タグで、スタイルシートの読み込みが定義されていることを確認できる。

11

［ファイル］メニューの［Site1.Masterの保存］をクリックするか、［標準］ツールバーの［Site1.Masterの保存］ボタンをクリックする。

➡マスターページが保存される。

以上で、スタイルシートの設定が完了しました。

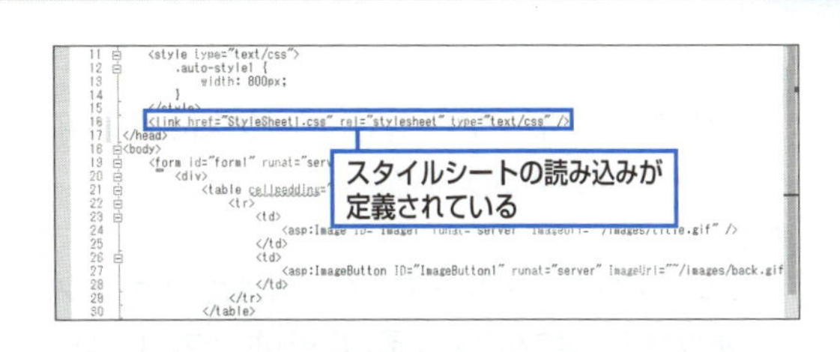

ヒント

入力時エラーの自動チェック機能

Webフォームデザイナーでは、HTMLやスタイルシートの記述にミスがある場合には、該当箇所に波線が表示されます。入力した文字列に波線が表示された場合には、入力ミスをしていないかどうかを確認してください。また、波線がある文字列にマウスポインターを合わせるとエラーの内容を確認できます。
なお、ここで修正したマスターページのソースでは、<table cellpadding="0" cellspacing="0" ・・・>の行で、cellpadding属性とcellspacing属性に波線が表示されます。これは既定の設定である「HTML5」に基づいた検証で警告が表示されているためです。EdgeやInternet Explorerを使用する場合には、この警告が表示されていても問題ありませんが、この警告が表示されないようにする場合には、HTML5仕様にHTMLを書き換えるか、ソースビューで［標準］ツールバーの［検証のターゲットスキーマ］を［HTML 4.01］に変更してください。

テーブルの配置

次に、CustomerListフォームの上部に、条件指定用のコントロールを配置するためのテーブルを作成します。以下の手順で、CustomerListフォームにテーブルを作成し、列の幅を指定してください。

1

ソリューションエクスプローラーで［CustomerList.aspx］をダブルクリックする。

➡CustomerListフォームがWebフォームデザイナーで開く。

2

ソースビューで表示されたときには、［デザイン］タブをクリックして、デザインビューに切り替える。

3

GridView1グリッドビューを選択してから⇐を押して、カーソルをグリッドビューの左側に移動し、［テーブル］メニューの［テーブルの挿入］をクリックする。

➡［テーブルの挿入］ダイアログボックスが表示される。

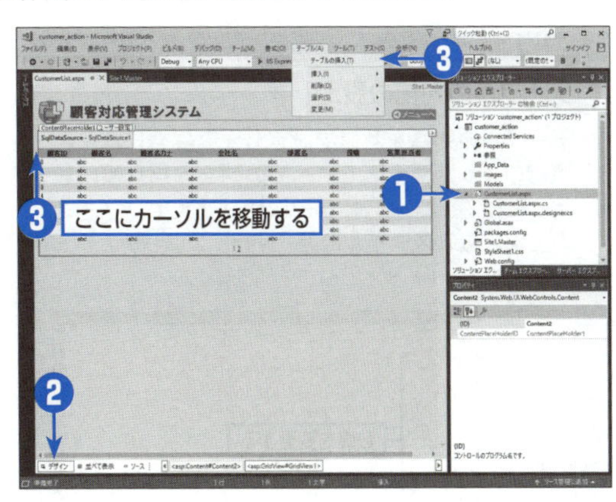

4

［サイズ］グループで［行］ボックスに**3**、［列］ボックスに**8**と入力する。

5

［レイアウト］グループで［幅の指定］チェックボックスをオンにして、その下のボックスに**800**と入力し、単位として［ピクセル］を選択する。

6

［OK］をクリックする。

➡3行8列のテーブルが作成される。

7

テーブルの1列目（左端の列）と2列目の間の境界線を左にドラッグして、1列目が「65px」という表示になったところでマウスボタンを離す。

➡1列目の幅が65ピクセルに設定される。

8

同様の手順で、以下の表のようにすべての列の幅を設定する。

列	幅	列	幅
1列目	65px	5列目	160px
2列目	40px	6列目	130px
3列目	160px	7列目	115px
4列目	40px	8列目	56px

以上の操作で、コントロール配置用のテーブルができあがりました。

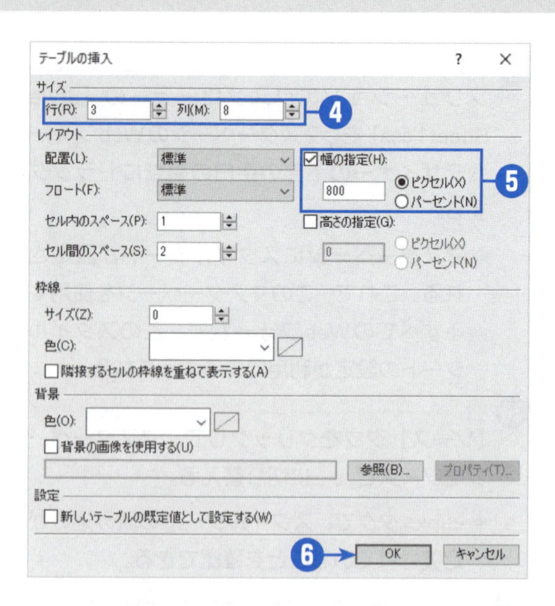

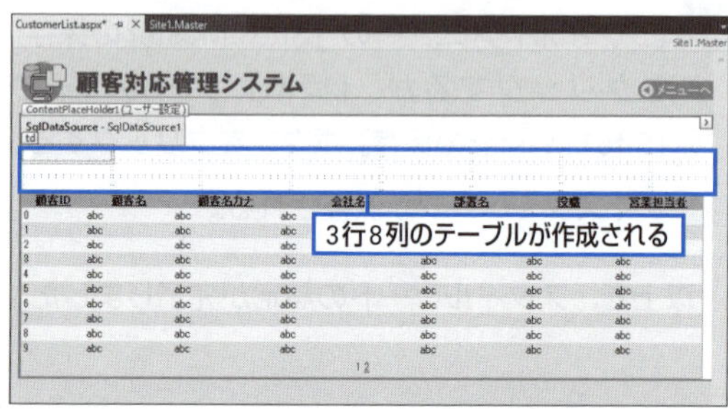

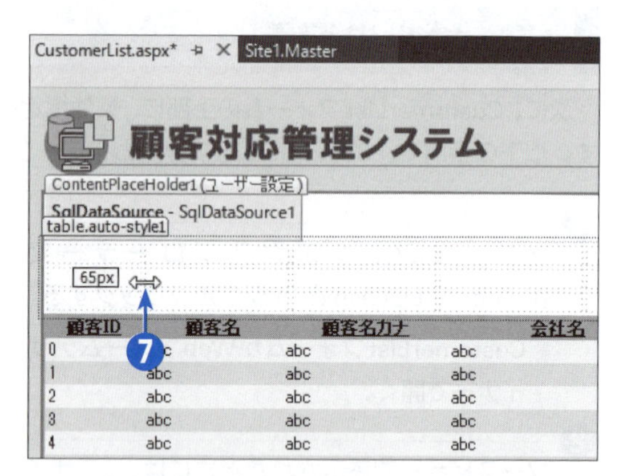

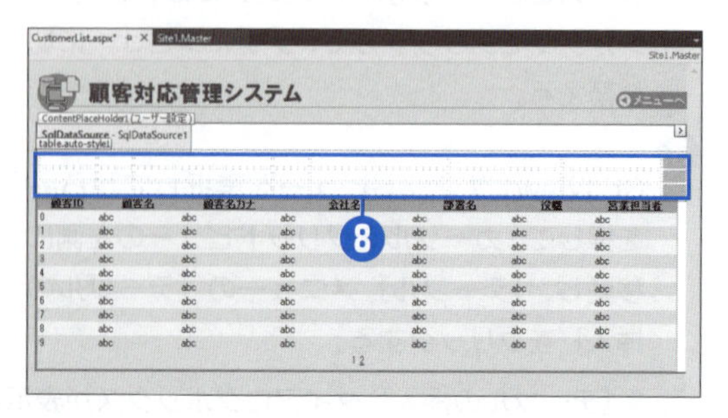

ヒント

テーブルの列幅の設定

テーブルの列幅を数値で設定したい場合には、手順**7**のようにマウスですべての列を適当な幅に設定した後で、ソースビューに切り替えて、ソースの上部にあるスタイルの幅（widthプロパティ）を変更します。

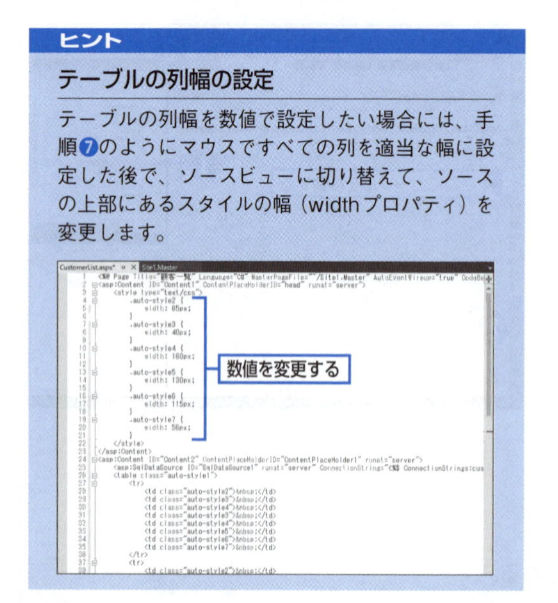

ヒント

テーブルの幅の単位

［テーブルの挿入］ダイアログボックスではテーブルの幅の単位として、ピクセルとパーセントを選択できます。ピクセルを使用する場合には、画面の解像度に合わせてサイズを指定できるため、現在の一般的なコンピューターのディスプレイ解像度が1366×768ドットや1280×1024ドットであることを考えると、Webブラウザーの表示領域を800～900ドット程度で想定して、サイズを調整しておくと、多くの環境に適したWebページを作成できます。

条件指定用のコントロールの配置

前述の手順でテーブルを作成したことにより、コントロールの位置調整や整列が簡単になります。次に、テーブルの中のセルに、以下の図のように条件を指定するためのコントロールを配置します。

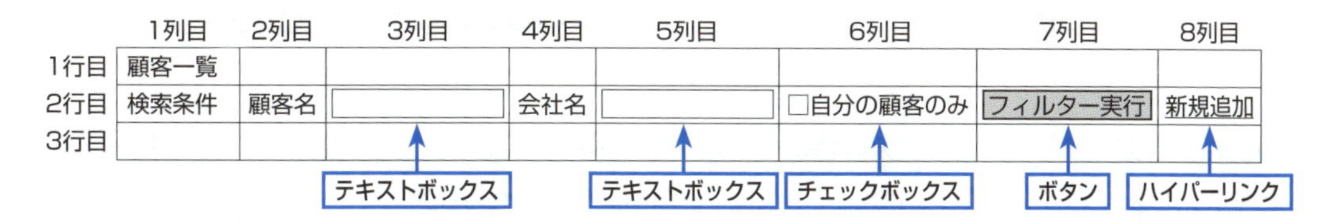

	1列目	2列目	3列目	4列目	5列目	6列目	7列目	8列目
1行目	顧客一覧							
2行目	検索条件	顧客名	（テキストボックス）	会社名	（テキストボックス）	□自分の顧客のみ	フィルター実行	新規追加
3行目								

以下の手順で、テーブルの中に必要なコントロールを配置してください。

❶ ツールボックスの［標準］グループの［Text Box］を2行3列のセルと2行5列のセルにドラッグする。

➡2つのテキストボックスが配置される。

●ツールボックスが表示されていない場合には、［表示］メニューの［ツールボックス］をクリックする。

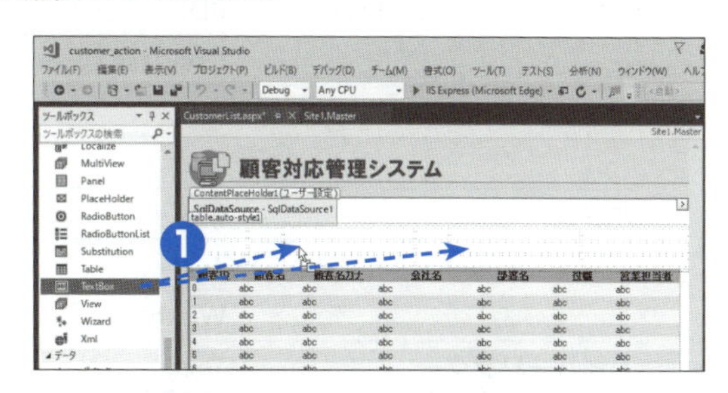

❷ ツールボックスの［標準］グループの［Check Box］を2行6列のセルにドラッグする。

➡チェックボックスが配置される。

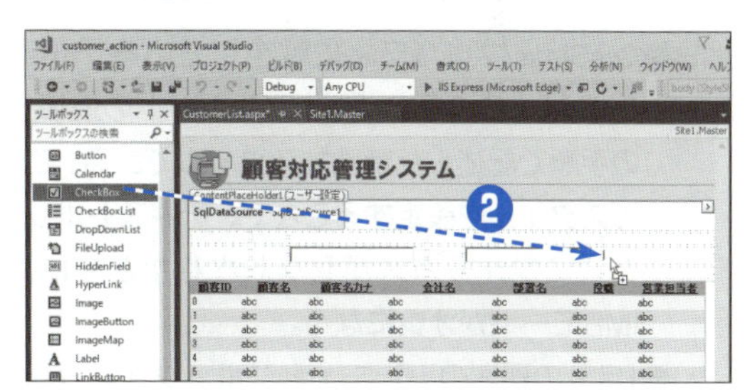

❸ ツールボックスの［標準］グループの［Button］を2行7列のセルにドラッグする。

➡ボタンが配置される。

❹ ツールボックスの［標準］グループの［Hyper Link］を2行8列のセルにドラッグする。

➡ハイパーリンクが配置される。

5

以下の表のように、4箇所のセルに文字列を入力する。

セル	入力する文字列
1行1列	顧客一覧
2行1列	検索条件
2行2列	顧客名
2行4列	会社名

6

以下の表のように、テキストボックス、チェックボックス、ボタン、ハイパーリンクのプロパティを指定する。それぞれのプロパティは、テーブル内のコントロールを選択してからプロパティウィンドウで設定する。

コントロール	プロパティ	設定する値
テキストボックス1（左）	(ID)	CustomerNameTextBox
	CssClass	imeOn
テキストボックス2（右）	(ID)	CompanyNameTextBox
	CssClass	imeOn
チェックボックス	(ID)	MyCustomerCheckBox
	Text	自分の顧客のみ
ボタン	(ID)	FilterButton
	Text	フィルター実行
	Width	110px
ハイパーリンク	Text	新規追加

●CssClassプロパティに設定している「Ime On」は、この節の「スタイルシートの追加」の手順で記述した特殊なスタイルである。このスタイルを設定することで、テキストボックスにフォーカスがセットされたときに、IMEモードがオンになる。

●［自分の顧客のみ］チェックボックスと［新規追加］リンクは、この章では使用しない。［自分の顧客のみ］チェックボックスは、第13章の「1 ログオンユーザーの顧客データだけを表示する」でデータの抽出条件の追加に使用する。［新規追加］リンクは、第9章の「1 フォームビューの登録画面を作成する」で作成する新規登録用のWebフォームに遷移するために使用する。

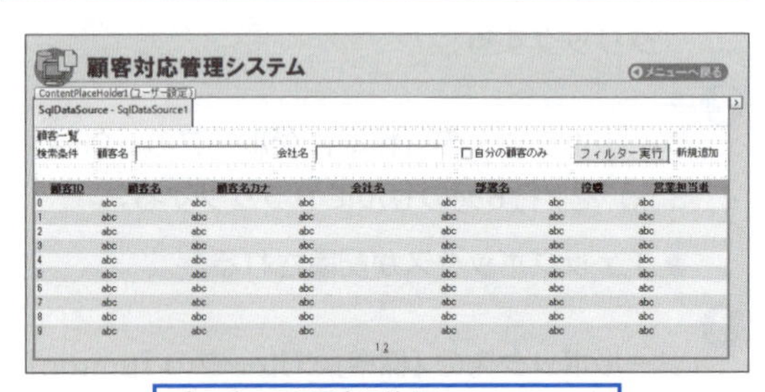

プロパティを設定し終えたWebフォーム

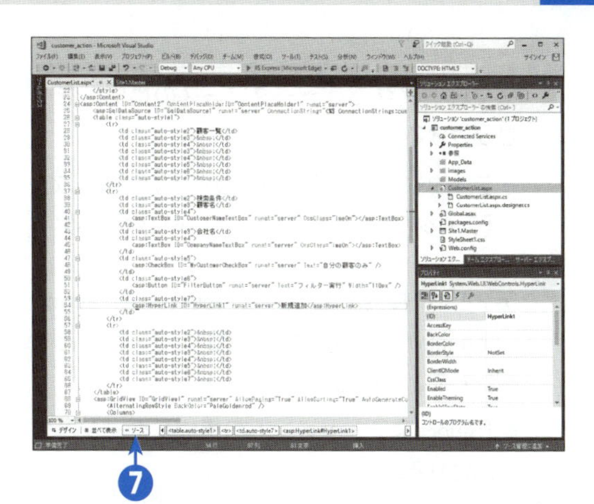

❼ ［ソース］タブをクリックして、ソースビューに切り替える。

●ソースビューでは、デザインビューでのコントロールの配置やプロパティ設定によって生成されたHTMLソースを確認し、必要に応じて修正することができる。テーブルの配置によって、<table>タグが挿入されていることがわかる。また、テキストボックスは<asp:TextBox>タグ、チェックボックスは<asp:CheckBox>タグ、ボタンは<asp:Button>タグ、ハイパーリンクは<asp:HyperLink>タグとして埋め込まれていることが確認できる。

以上の操作で、条件指定用のコントロールができあがりました。

ヒント

(ID) プロパティ

(ID) プロパティは、プログラムや別のサーバーコントロールから、個々のコントロールを識別するために使用するものです。そのため、ここで設定しているように、できるだけ適切な名前を付けておくようにしてください。この名前はWebフォーム内で一意（他に同じ名前がない状態）である必要があります。なお、(ID) プロパティで設定したコントロール名とコード内で記述した名前が異なる場合には、Webフォームを実行する際にエラーが発生するため、注意が必要です。

データソースの変更

現在のCustomerListフォームに配置しているSqlDataSource1データソースには、抽出条件（SQLステートメントのWHERE句）が設定されていません。ここでは、前の手順で配置した2つのテキストボックスを使用して、顧客名と会社名による顧客データの絞り込みを可能にするため、データソースに対してパラメーター付きのWHERE句を追加します。

以下の手順で、データソースを修正してください。

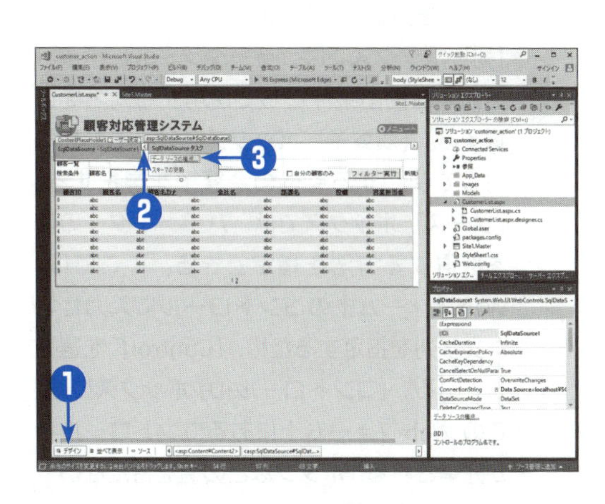

❶ CustomerListフォームで［デザイン］タブをクリックして、デザインビューに切り替える。

❷ SqlDataSource1データソースを選択して、スマートタググリフ（右向き三角矢印）をクリックする。

➡スマートタグが表示される。

3 スマートタグで［データソースの構成］をクリックする。

➡ データソースの構成ウィザードが起動して、［データ接続の選択］ページが表示される。

4 データ接続として［customer_actionConnectionString］が選択されていることを確認して、［次へ］をクリックする。

➡［Selectステートメントの構成］ページが表示される。

5［WHERE］をクリックする。

➡［WHERE句の追加］ダイアログボックスが表示される。

6 顧客名（customer_name）による抽出条件を指定するために、［列］ボックスで［customer_name］、［演算子］ボックスで［LIKE］、［ソース］ボックスで［Control］を選択する。［パラメーターのプロパティ］グループの［コントロールID］ボックスで［CustomerNameTextBox］を選択して、［既定値］ボックスに%（半角）と入力し、［追加］をクリックする。

➡［WHERE句］ボックスに「[customer_name] LIKE '%' + @customer_name + '%'」というSQL式が追加される。

● ［コントロールID］ボックスでは、同じコントロール名が2つ表示される場合があるが、どちらを選択してもよい。

● ［列］ボックスでは、データソースに含まれる列から抽出条件として使用する列名を選択する。［演算子］ボックスでは、その列に対して使用する条件の演算子を選択する。［ソース］ボックスでは、パラメーターの値を取得する方法を指定できる。ここでは、Webフォーム上のコントロールに入力された文字列を指定するため、［Control］を選択している。［コントロールID］ボックスには、このWebフォーム上にあるコントロール名が列挙される（ボタンなどの値を持たないコントロールを除く）。

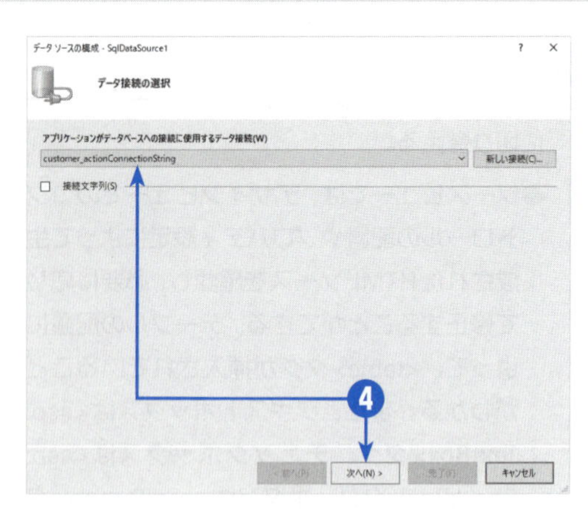

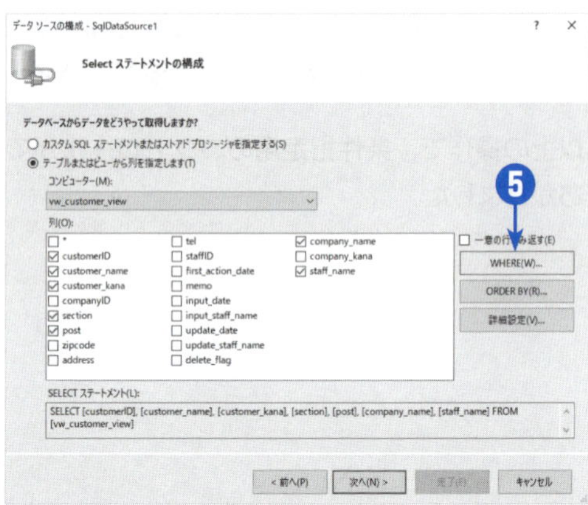

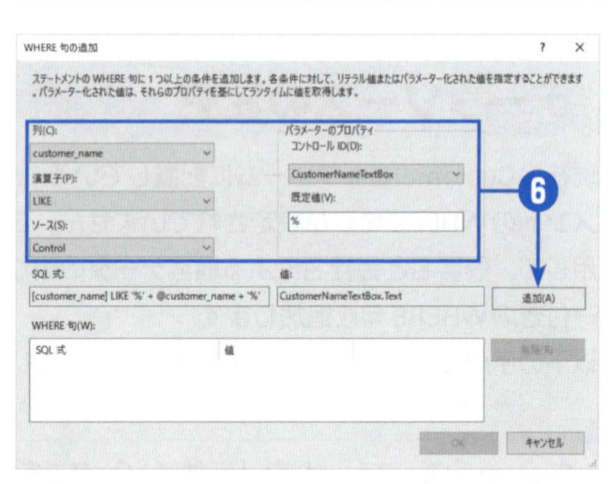

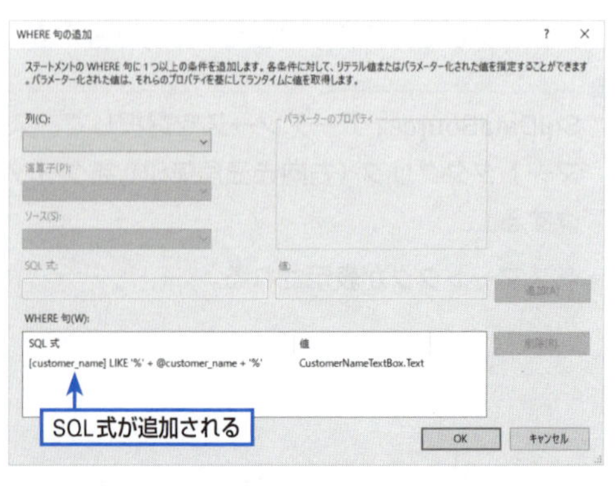

7

手順6と同様に、[列] ボックスで [company_name]、[演算子] ボックスで [LIKE]、[ソース] ボックスで [Control] を選択する。[パラメーターのプロパティ] グループの [コントロールID] ボックスで [CompanyNameTextBox] を選択して、[既定値] ボックスに % (半角) と入力し、[追加] をクリックする。

➡ [WHERE句] ボックスに「[company_name] LIKE '%' + @company_name + '%'」というSQL式が追加される。

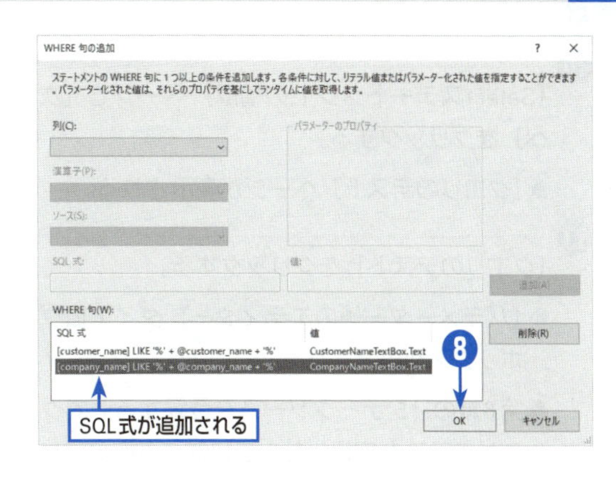

8

[WHERE句の追加] ダイアログボックスで [OK] をクリックする。

➡ [Selectステートメントの構成] ページに戻る。

9

[SELECTステートメント] ボックスでは、指定したWHERE句を含む以下のSQLステートメントを確認できる。ここでの作業により、下線部分が追加されたことがわかる。

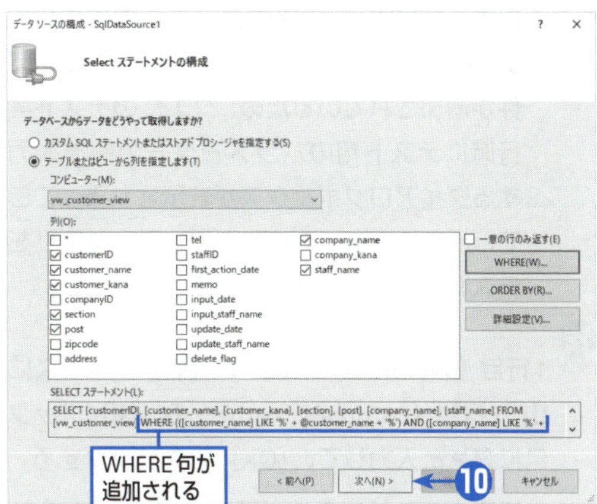


```
SELECT [customerID] , [customer_name] , [customer_kana] , [section] , [post] , [company_
name] , [staff_name] FROM [vw_customer_view] WHERE (( [customer_name] LIKE '%' +
@customer_name + '%') AND ( [company_name] LIKE '%' + @company_name + '%'))
```

●WHERE句は、指定された条件で行を絞り込むことを指定する命令である。LIKE演算子は、ワイルドカード文字を使用した文字列による条件を表しており、この場合にはワイルドカード文字の「%」(パーセント) を条件文字列の前後に追加することで、指定された文字列を含む (部分一致) という抽出条件を指定している。なお、文字列の結合には、+演算子を使用する。
@customer_nameと@company_nameは、クエリの実行時にプログラムから受け取るパラメーターを示す。パラメーターを使用することで、Webフォーム上のコントロールで指定された値を使用してSQLステートメントを動的に生成できる。また、このWHERE句では、指定された2つの列に対する条件がAND条件で結合されている。

ヒント

ワイルドカード文字の指定

SQLステートメントで、部分一致や前方一致を指定するためには、ワイルドカード文字を使用します。SQL Serverで使用できるワイルドカード文字には、「%」や「_」などがあります。「%」は0個以上の文字列が指定された位置に入ることを表し、「_」は1個の文字だけが指定された位置に入ることを表します。なお、ワイルドカード文字はデータベース管理システムによって異なります。たとえば、Accessデータベースでは「%」を「*」、「_」を「?」に置き換える必要があります。

10 [Selectステートメントの構成] ページで [次へ] をクリックする。

➡ [クエリのテスト] ページが表示される。

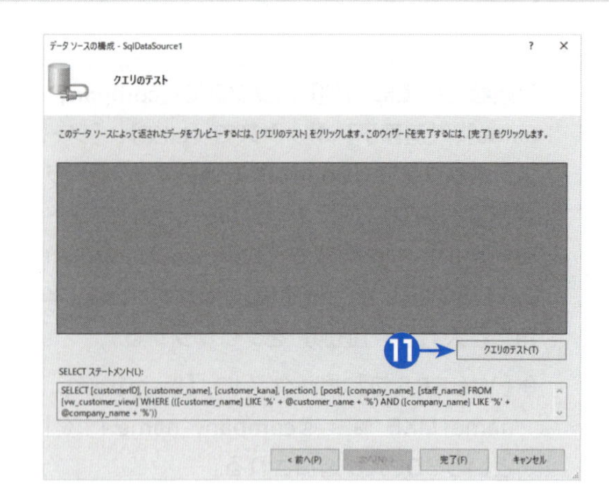

11 [クエリのテスト] をクリックする。

➡ [パラメーター値のエディター] ダイアログボックスが表示される。

●第6章の「5 データソースを登録する」でクエリをテスト実行したときには、直接クエリの実行結果が表示されたが、ここで作成しているクエリにはパラメーターを持つ抽出条件が追加されているため、クエリのテスト実行時にテスト用のパラメーターの値を入力するダイアログボックスが表示される。ここで、パラメーターの値を指定して、クエリをテスト実行することができる。

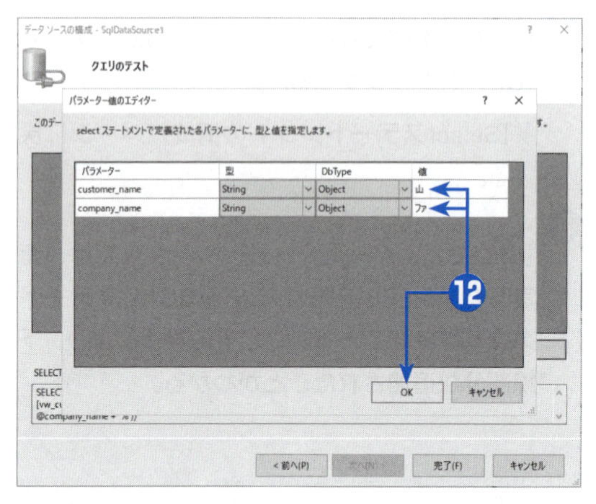

12 1行目(customer_name)の [値] ボックスに**山**、2行目(company_name)の [値] ボックスに**ファ**と入力して、[OK] をクリックする。

➡ 指定された抽出条件(顧客名に「山」、会社名に「ファ」という文字列を含む)に一致するデータが、グリッドに表示される。

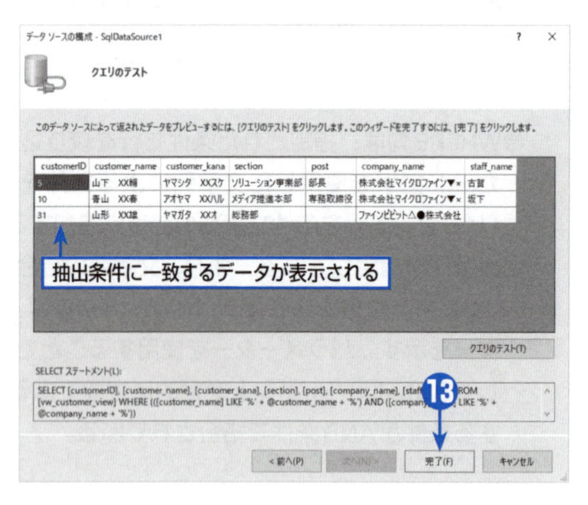

13 [完了] をクリックする。

➡ データソースの修正が完了する。

●「'GridView1'のフィールドとキーを最新の情報に更新します。」というメッセージが表示された場合には、[いいえ] をクリックする。誤って [はい] をクリックした場合には、グリッドビューの列の設定が初期化されてしまうため、[編集] メニューの [元に戻す] をクリックして、データソースの変更をやり直す。

以上で、CustomerListフォームで使用する抽出条件付きデータソースの準備ができました。データソースの抽出条件として、Webフォーム上のコントロールをパラメーターに指定することで、コードを記述しなくても、指定した条件に合わせてグリッドビューに表示するデータを変更できるようになりました。

2 空データ時のメッセージを準備する

グリッドビュー（GridView）には、連結しているデータソースの行が0件のとき、つまりグリッドビューに表示するデータが存在しないときに、グリッドの代わりにメッセージを表示する機能が装備されています。

空データ時のメッセージ作成

グリッドビューでは、データソースの対象データが存在しないときに、グリッドの代わりにメッセージを表示することができるようになっています。この機能を使用すれば、検索条件の変更をユーザーに促すことができます。

以下の手順で、空データ時のメッセージを作成してください。

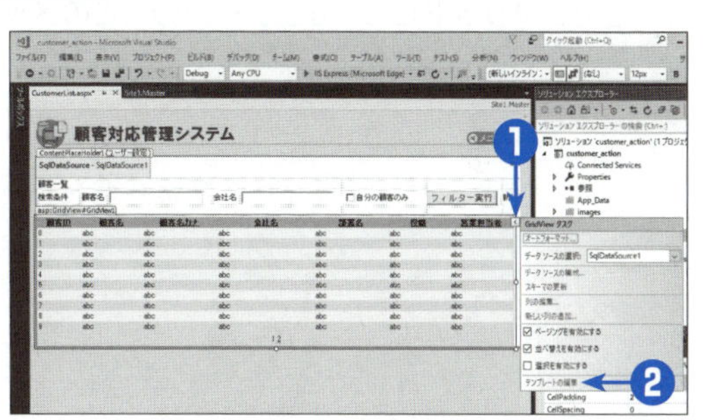

❶ グリッドビューを選択して、スマートタググリフをクリックする。

➡スマートタグが表示される。

❷ スマートタグで［テンプレートの編集］をクリックする。

➡テンプレート編集モードに切り替わり、グリッドの表示が消える。

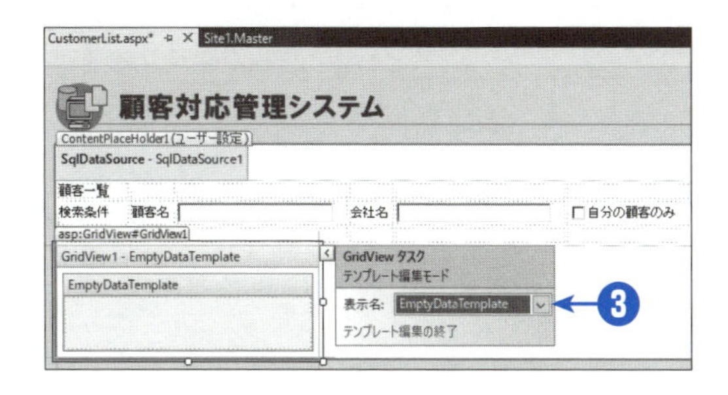

❸ スマートタグの［表示名］ボックスで［EmptyDataTemplate］が選択されていることを確認する。

●グリッドビューのテンプレート編集モードでは、［EmptyDataTemplate］と［PagerTemplate］を選択できる。［EmptyDataTemplate］は空データのときのメッセージを指定し、［PagerTemplate］はページング機能を利用せずに、独自のインターフェイスを定義する場合に使用する。

4

グリッドビューの「EmptyDataTemplate」というラベルの下のテキストボックスに、以下のメッセージを入力する。なお、➔は改行せずに次の行の文字を続けて入力する。

該当するデータがありません。
抽出条件を変更してから［フィルター実行］➔
ボタンをクリックしてください。

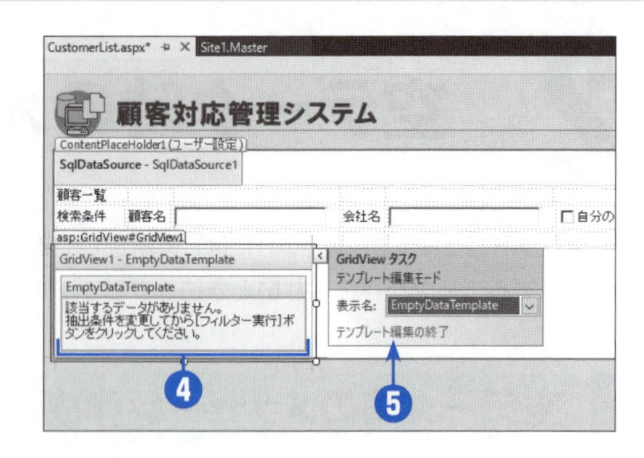

5

グリッドビューのスマートタグで［テンプレート編集の終了］をクリックする。

➡ テンプレート編集モードが終了して、元のグリッドビューのデザイン表示に切り替わる。

以上で、グリッドビューが空データのときのメッセージが準備できました。

ヒント

フォントサイズ

グリッドビューで表示する情報量が多いときには、フォントサイズを調整することをお勧めします。グリッドビューのフォントサイズは、プロパティウィンドウで［Font］ボックスの左にある［+］をクリックして展開して、そこに含まれる［Size］ボックスで選択できます。
グリッドビューでSizeプロパティを数値で設定すると、表全体のフォントが変更されます。このようにフォントサイズを設定すると、Webアプリケーションの実行時にユーザーがWebブラウザーで文字のサイズを変更しても、文字のサイズは変わらなくなります。業務システムの場合には、どの環境を利用しても（どのクライアントから表示しても）デザインを統一しておきたいものですが、その場合にはこのような方法で文字サイズを固定します。このSizeプロパティの設定は、テキストボックスなど、他のコントロールでも設定できます。
なお、CustomerListフォームでは、マスターページに設定したスタイルシートで、<body>タグのフォントサイズを12ピクセルに指定しているため、通常よりも小さなフォントで表示されるようになっています。

3 ポストバックの動作を検証する

ASP.NETには、「ポストバック」という仕組みが装備されています。ここでは、［顧客一覧］フォーム（CustomerListフォーム）に装備したフィルター機能を実行して、ポストバックの動作を検証しましょう。

プログラムの実行

それでは、ここまでに作成した［顧客一覧］フォームの動作を確認します。

❶

［デバッグ］メニューの［デバッグの開始］をクリックするか、F5を押す。

➡ Webアプリケーションがテスト実行され、［顧客一覧］フォームが表示される。この時点では、全件のデータが表示される。

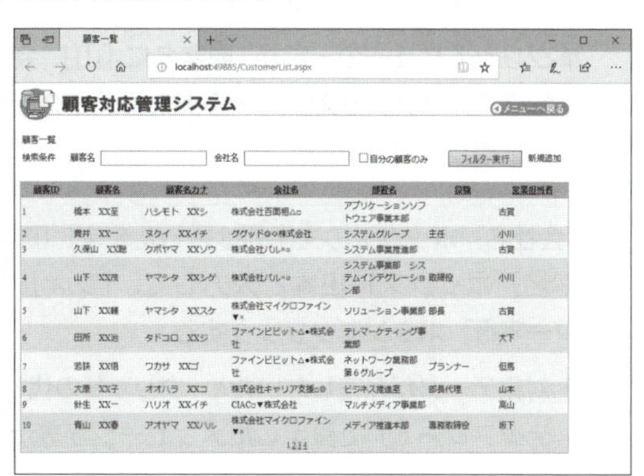

❷

［顧客名］ボックスに山と入力して、［フィルター実行］ボタンをクリックする。

➡ グリッドビューの一覧が、顧客名に「山」の文字が含まれるデータだけに絞り込まれる。

●［顧客名］ボックスにフォーカスをセットする（カーソルを合わせる）と、IMEモードが自動的にオンになる。IMEモードの動作の検証を行う場合には、［顧客名］ボックスにフォーカスを合わせてから半角/全角を押してIMEモードをオフにして、再度［顧客名］ボックスをクリックするとよい。

●ここまでの作業で［フィルター実行］ボタンには、特別な設定やコード入力を行っていない。しかし、［フィルター実行］ボタンをクリックすると表示される一覧が変化する。この動作についての説明は、この後の「ポストバックの仕組み」を参照する。

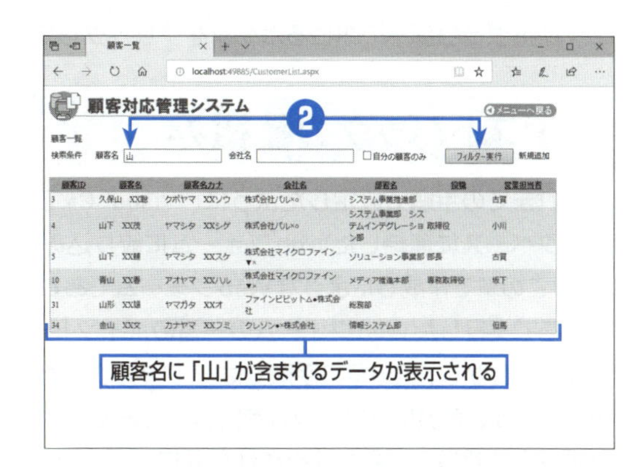

❸

［顧客名］ボックスの文字列をクリアする。

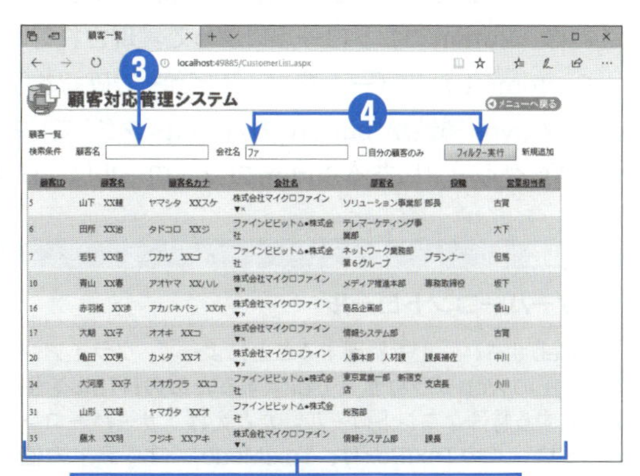

> **注意**
>
> **IMEモード切り替えの動作**
>
> IMEモードの自動切替は、Webブラウザーによって動作が異なります。Internet Explorerでは動作しますが、Edgeではバージョンによって動作しないことがあります。

4

［会社名］ボックスに**ファ**と入力して、［フィルター実行］ボタンをクリックする。

➡ グリッドビューの一覧が、会社名に「ファ」の文字列が含まれるデータだけに絞り込まれる。

顧客名に「山」、会社名に「ファ」が含まれるデータが表示される

5

［会社名］ボックスの文字列は残したまま、［顧客名］ボックスに**山**と入力して、［フィルター実行］ボタンをクリックする。

➡ グリッドビューの一覧が、顧客名に「山」、会社名に「ファ」の文字列が含まれるデータだけに絞り込まれる。

6

［会社名］ボックスの文字列は残したまま、［顧客名］ボックスに**山本**と入力して、［フィルター実行］ボタンをクリックする。

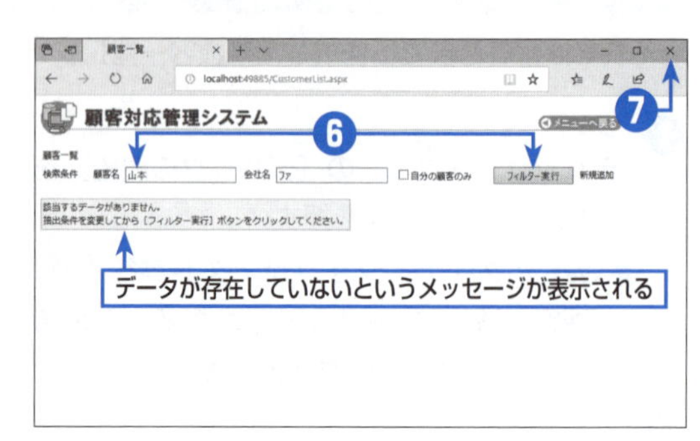

➡ 対象データが存在しないため、グリッドの代わりに、空データのテンプレート（［EmptyDataTemplate］テンプレート）で設定したメッセージが表示される。

7

Webブラウザーの閉じるボタンをクリックして、Webアプリケーションの実行を終了する。

ポストバックの仕組み

これまでの手順で設定したように、Visual C#では抽出条件を指定したデータソースを作成するだけで、データベースに連結したWebフォームに絞り込みの機能を簡単に装備できます（Visual Basicでも同様です）。この章で作成したようなWebフォームであれば、コードを記述する必要はありません。

ここで実行したWebフォームの一番のポイントは、フォーム上に配置した［フィルター実行］ボタンにあります。しかし、この章の手順では、［フィルター実行］ボタンには何もコードを記述していません。それにも関わらず、実際にプログラムを実行してみると、［フィルター実行］ボタンをクリックしたときに、テキストボックスで指定された抽出条件を元に、グリッドビューのデータが絞り込まれていることがわかります。これは、Buttonコントロールによって実現されています。

CustomerListフォームをソースビューで確認するとわかりますが、Buttonコントロールは通常のHTMLのボタン（type属性が"button"の<input>タグ）ではなく、<asp:Button>タグで配置されています。つまり、［標準］グループにあるButtonコントロールは、HTMLのボタンではなく、サーバーコントロール※です。

用語

サーバーコントロール

Webサーバー上で処理することによって、クライアント上のWebブラウザーで表示するためのHTMLを生成する特殊なコントロール。たとえば、サーバーコントロールのTextBoxは、TextModeプロパティの値（SingleLine、MultiLine、Password）によって、Webブラウザーではテキストボックス、テキストエリア（複数行のテキストボックス）、パスワード用のテキストボックスのいずれかで表示されます。また、サーバーコントロールのプロパティとして指定された設定内容は、HTMLの該当する属性の値として変換されます。

CustomerList.aspx　Site1.Master

```
31  <table class="auto-style1">
32      <tr>
33          <td class="auto-style2">顧客一覧</td>
34          <td class="auto-style3"> </td>
35          <td class="auto-style4"> </td>
36          <td class="auto-style3"> </td>
37          <td class="auto-style4"> </td>
38          <td class="auto-style5"> </td>
39          <td class="auto-style6"> </td>
40          <td class="auto-style7"> </td>
41      </tr>
42      <tr>
43          <td class="auto-style2">検索条件</td>
44          <td class="auto-style3">顧客名</td>
45          <td class="auto-style4">
46              <asp:TextBox ID="CustomerNameTextBox" runat="server" CssClass="ImeOn"></asp:TextBox>
47          </td>
48          <td class="auto-style3">会社名</td>
49          <td class="auto-style4">
50              <asp:TextBox ID="CompanyNameTextBox" runat="server" CssClass="ImeOn"></asp:TextBox>
51          </td>
52          <td class="auto-style5">
53              <asp:CheckBox ID="MyCustomerCheckBox" runat="server" Text="自分の顧客のみ" />
54          </td>
55          <td class="auto-style6">
56              <asp:Button ID="FilterButton" runat="server" Text="フィルター実行" Width="110px" />
57          </td>
58          <td class="auto-style7">
59              <asp:HyperLink ID="HyperLink1" runat="server">新規追加</asp:HyperLink>
60          </td>
```

Buttonコントロールの定義

このサーバーコントロールのボタンは、プログラムの実行時にはサブミット※用のボタン（type属性が"submit"の<input>タグ）に変換されます。そして、Webブラウザーでこのボタンをクリックすると、Webフォームに入力されたデータがサーバーに送信され、同じWebフォームが呼び出されます（この場合はグリッドビューが表示されたり、エラーメッセージが表示されたりします）。ASP.NET独自のこのような動作をポストバック※と言います。

通常、Webサーバーではクライアントから要求があるたびに、要求されたWebページを生成し直します。つまり、Webページは、クライアントからの要求のたびに毎回初期化されてしまうために、ユーザーがテキストボックスやドロップダウンリスト、チェックボックスなどで入力した情報など、Webページの状態を維持することができません。たとえば、入力フォームでエラーが発生したというケースでは、エラーメッセージを表示する際に、ユーザーが入力した値がすべてクリアされてしまうことになります。

しかし、ASP.NETでは、ポストバック処理の中で「ビューステート」と呼ばれる機能を使用することで、自動的にWebページの内容を復元することができるようになっています。ビューステートは、実際にはtype属性が"hidden"の<input>タグとしてHTMLに埋め込まれ、このタグの文字列として各コントロールの状態などが保存されています。

以下の図は、Internet Explorerで表示した［顧客一覧］フォームによる検索結果画面で、［表示］メニューの［ソース］をクリックして、WebページのHTMLソースをメモ帳で表示したところです。

CustomerList[1] - メモ帳

```
    </style>
    <link href="StyleSheet1.css" rel="stylesheet" type="text/css" /></head>
<body>
    <form method="post" action="./CustomerList.aspx" id="form1">
<div class="aspNetHidden">
<input type="hidden" name="__EVENTTARGET" id="__EVENTTARGET" value="" />
<input type="hidden" name="__EVENTARGUMENT" id="__EVENTARGUMENT" value="" />
<input type="hidden" name="__VIEWSTATE" id="__VIEWSTATE" value="STgr2DtsJ919PVCRAWsJc/o7nFYySgMKVxf0ARYEODMK128Y8VGKg
+mX4K7bsctU5jannGtAOnkm0A41mNPjV/ymLnVuqQw8c6TLmuWj5WoVm2r0bzuscVg/1jpornz3HfxL1/fg0xyK3U
+3raSJi9ejwPgU/9syNwnEZx066E0t0Pyhs2Bx+p0CcLtaysyQTVsME5xr0PjGFH7a/Nx1IxWYX3mkIZEdZmeQJ7Vh8y
+/XQdZpibWQ7SoFP/iQupwVY89ml9zcGppkL1fGXj4hRjXUMF1rN0OptpsPmKCEfDzGHANXLiXIIEMq0Tmx1ZW8qDp5vCv44ZpQRkTSIDU3pT11R1IkyF68+DzMm
a0pSsqV+KeQPtdI17Zv903CHA0107WYj7mmsTz+fT/kgGINSovrx+yQQ//XJ+COSCsIBxE9yrDQaMwsFWIC5NPJN01e2vpl
+T4ehi64lsNJkTtTGcXBf61wFw84SWbZJEKHf6FugN3VBW/EULSIbnhjfM7z0+8oBf53WxDNiaiSUjmahJ18HfKIPpq/KIdMvjgcodFoIURnUP
+PHRBZvqBTPWtgIjuxRL92IPxxDMHEo/ZGeJfv6zyF0CIVkrFroqZx4BPUN0AX9KEixwT4j20P4GuiEPWZPHJWJZByCAKjuh6qdhzfaMqfzNseL704sxS/81cLRR
DZxMVgGv0XtdSZ5rkxylvTkWMOxVepvaVI+NGA+f19VcFmyiRCpt7keOXWVW3ckHtf1uNzADgC
+zepTF9c7jfTWJiKnnl8IWYkvwAMj6CZecF0KZ7Dpj872pxpawF6gwBm202PEZRqEsAruA35GVI0moBQ2/oXA+e6gds4J627ntFSScKD5T
+3av/Heyu3UIJvRSEP0VqokVQVG2cfj8n156EdKedsYDTXf+FHuwdnfP3N8FIdafjLTI2FHEygbo+G1gbzNalygYzqAPX4698+R63ABVXQD6f4rld6N
+r9I5LXhpEEi569rfjsDqP9iQcQsmCX2f5dmX7kUiJHpun8B0ONcirtwkqNSWIfptq2BTKWo4z4DcPa
+A7PA527v03rpCkHXXIr3t9KGAi0bVjpChIqUXRSpN9QJ/yrkcMy4JjI4IS2rIyz21zbfyOgeqoKf8fXt+41hZ
+ZocsS48kLeAGFKB83C7JopPQOVpagIuOUB8nUF7cXTCXVcOMB/eKoe8XXThrkCvD5fwQu1TENFHXGqSSV5PTqMn1FSJf0t3qQKmxdIcoGzURXc2x7a4FDUCfIoB
XcJi3mHOpfHhT670Zbp/AI2sTNQErVfIu31v/zEUdSsLBqOQTTR1JF5n9/YUCZ3wUuD/2UJTnWpJgmsaS2B0q/AUyX9PTgQkdOWtsE3m8g+vj0Q9VZiiac
+WgZC/Am4GcJ+yfB5rS" />
</div>

<script type="text/javascript">
//<![CDATA[
var theForm = document.forms['form1'];
if (!theForm) {
    theForm = document.form1;
}
function __doPostBack(eventTarget, eventArgument) {
    if (!theForm.onsubmit || (theForm.onsubmit() != false)) {
        theForm.__EVENTTARGET.value = eventTarget;
        theForm.__EVENTARGUMENT.value = eventArgument;
        theForm.submit();
    }
}
//]]>
</script>


<div class="aspNetHidden">

        <input type="hidden" name="__VIEWSTATEGENERATOR" id="__VIEWSTATEGENERATOR" value="C72990C3" />
```

ビューステートで使用される<input>タグの情報

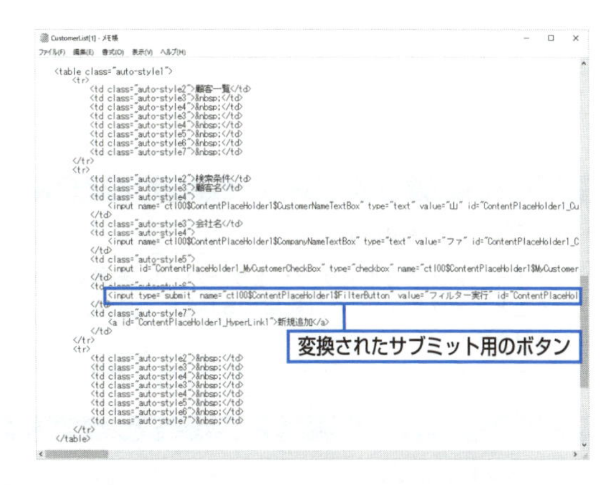

ヒント

メモ帳でのHTMLソースの確認方法

Internet ExplorerでWebページのHTMLソースをメモ帳で確認する場合には、Altキーを押してメニューを表示し、［ツール］メニューの［インターネットオプション］をクリックします。［インターネットオプション］ダイアログボックスが表示されるので、［プログラム］タブを選択し、［HTMLエディター］ボックスを［メモ帳］に変更して、［OK］をクリックします。

ASP.NETでは、ポストバックの機能によって、Windowsアプリケーションのイベントドリブン※型のプログラムと同様に、あたかもそのWebページ内で処理が実行されているように振る舞うことができるようになっています。

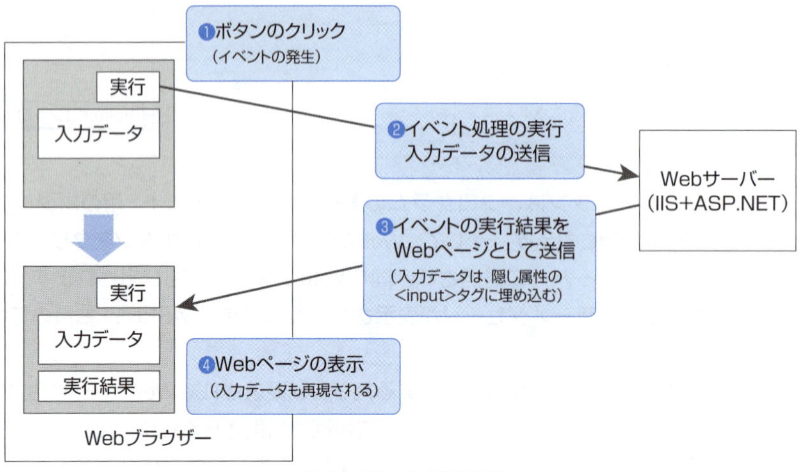

ポストバックの仕組み

用語

ポストバック（postback）

Webアプリケーションでは、WebブラウザーがWebサーバーにデータを送信することをポスト（post）すると言います（HTTPプロトコルのPOSTメソッドを利用するため、このように呼ばれています）。この場合、通常はデータを送信した後で、その処理データを利用した別のWebページに遷移します（たとえば、データの入力後に確認画面に遷移する）。ASP.NETでは、データの送信と処理を行い、自分自身のWebページに戻ることができるようになっており、これをポストバックと呼びます。

用語

サブミット（submit）

フォームに入力されたデータをサーバーに送信すること。サブミットには「投稿する」という意味があります。

用語

イベントドリブン

オブジェクト指向型の開発言語で実現しているプログラムの実行方式のことで、Visual C#やVisual BasicによるWindowsアプリケーションも、イベントドリブンによってプログラムを処理しています。
イベントドリブン型のプログラムでは、ユーザーの操作や別のコントロールの動作などによって、それぞれのオブジェクトで「イベント」が発動します。たとえば、「ボタンをクリックする」、「テキストボックスの値が更新される」といったユーザーによる操作はイベントです。また、「フォームが開く前」や「フォームが閉じる前」、「フォームが閉じた後」もイベントの1つです。
イベントドリブン型の開発言語では、これらのイベントに対して実行するコードを記述して、プログラムを開発することができるようになっています。

カード型画面の作成1－閲覧画面の作成

第8章

この章から、カード型でデータを表示するフォームを作成します。この章では閲覧機能を持つ［顧客情報］フォームを作成し、次の章で編集機能を追加します。

▼この章で学習する内容

STEP 1 新しいWebフォームを作成して、使用するデータソースを設定し、フォームビューのコントロールを配置します。

STEP 2 フォームビューのレイアウトを修正し、スタイルを設定して、項目部分とデータ部分の区分けが明確になるようにします。

STEP 3 前の章までに作成した［顧客一覧］フォームに顧客名のリンクを設定し、リンクをクリックしたときに、この章で作成する［顧客情報］フォームに遷移するように修正します。

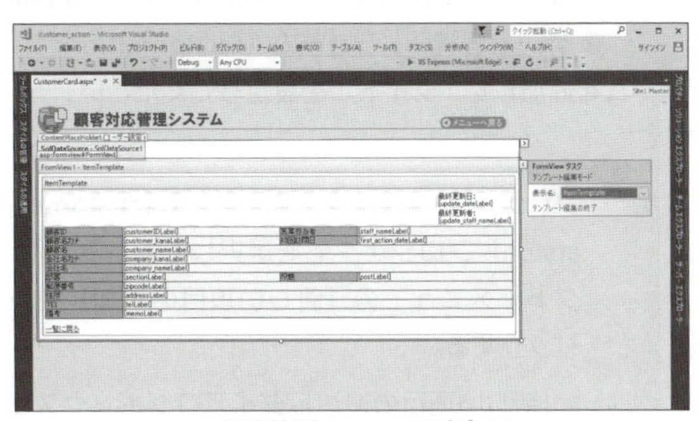

▲［顧客情報］フォームのデザイン

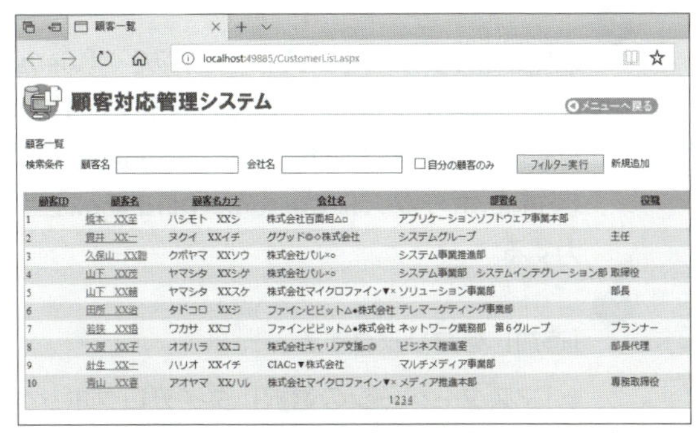

▲［顧客一覧］フォーム（顧客名のリンクをクリックする）

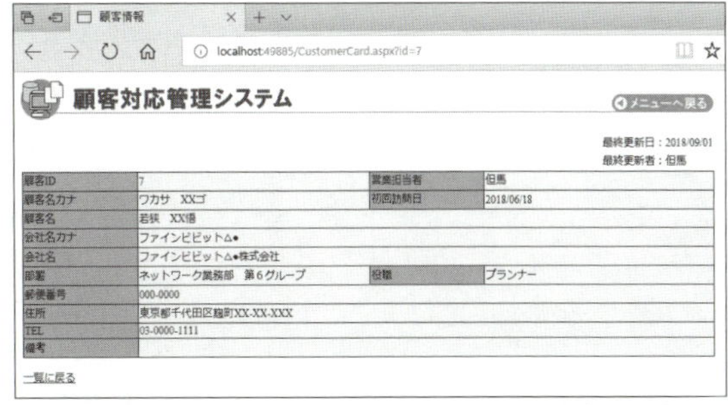

▲［顧客情報］フォーム（一覧でクリックした顧客を表示する）

1 フォームビューを配置する

［顧客情報］フォーム（CustomerCardフォーム）は、顧客情報ビュー（vw_customer_view）から1件のデータを表示するためのカード型のフォームです。このフォームはデータソースとフォームビュー（FormView）を配置したもので、フォームビューの内部には顧客情報ビュー（vw_customer_view）の各列に連結したコントロールを配置します。

新しいWebフォームの追加

この章では、前の章で作成したプロジェクトを引き続き使用します。または、ダウンロードしたサンプルファイルの［¥VC2017Web¥Chapter08¥customer_action］フォルダーのプロジェクトを使用してください。

まず、［顧客情報］フォーム（CustomerCardフォーム）を作成します。以下の手順で、新しいWebフォームを追加して、タイトルを設定してください。

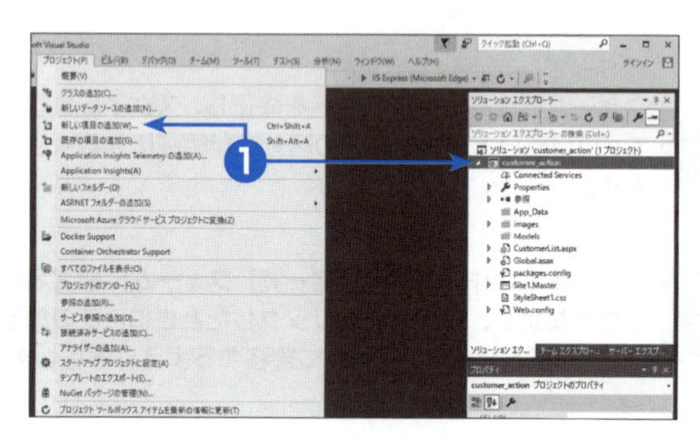

1. ソリューションエクスプローラーで［customer_action］プロジェクトを選択して、［プロジェクト］メニューの［新しい項目の追加］をクリックする。
   - ［新しい項目の追加］ダイアログボックスが表示される。

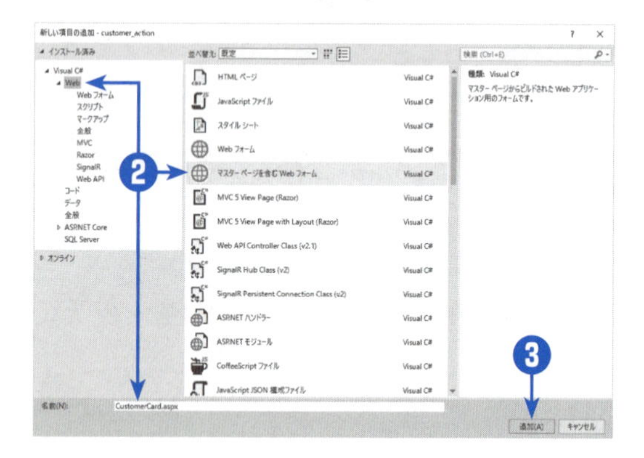

2. 左側のペインで［インストール済み］－［Visual C#］－［Web］を選択し、中央のペインで［マスターページを含むWebフォーム］を選択して、［名前］ボックスに**CustomerCard.aspx**と入力する。
3. ［追加］をクリックする。
   - ［マスターページの選択］ダイアログボックスが表示される。

❹

［フォルダーの内容］ボックスで［Site1.Master］を選択して、［OK］をクリックする。

➡ CustomerCard.aspx、CustomerCard.aspx.cs、CustomerCard.aspx.designer.csが、プロジェクトのフォルダーに作成される。ソリューションエクスプローラーに3つのファイルが追加され、［CustomerCard.aspx］タブのソースビューに、生成されたHTMLが表示される。

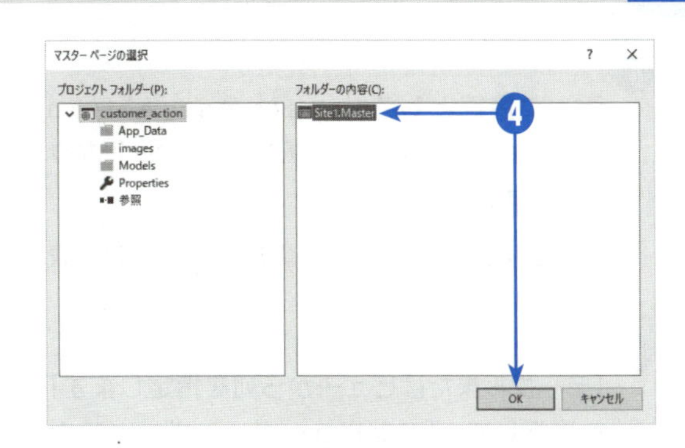

❺

プロパティウィンドウの上部のドロップダウンリストで［DOCUMENT］を選択して、［Title］ボックスの値を**顧客情報**に変更する。

データソースの配置と構成

次に、顧客情報ビュー（vw_customer_view）を元にしたデータソースを準備します。以下の手順で、データソースの配置とデータソースの構成ウィザードによる設定を行います。データソースの構成ウィザードによる設定方法の詳細については、第6章の「5 データソースを登録する」を参照してください。

❶

CustomerCardフォームで［デザイン］タブをクリックして、デザインビューに切り替える。

❷

コンテンツプレースホルダーの内部をクリックして、ツールボックスの［データ］グループで［SqlDataSource］をダブルクリックする。

➡ コンテンツプレースホルダーにSqlDataSource1データソースが配置され、右上にスマートタグが表示される。

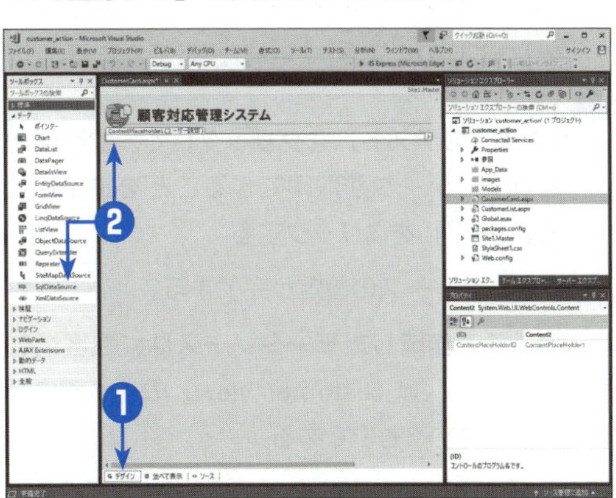

❸

スマートタグで［データソースの構成］をクリックする。

➡ データソースの構成ウィザードが起動して、［データ接続の選択］ページが表示される。

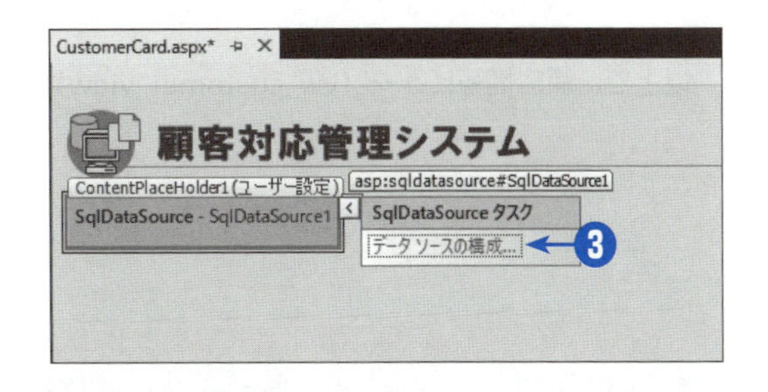

4

データ接続として［customer_action ConnectionString］を選択して、［次へ］をクリックする。

➡［Selectステートメントの構成］ページが表示される。

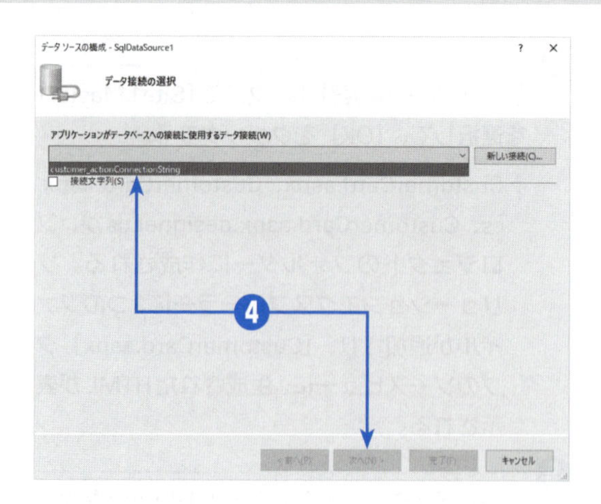

5

［テーブルまたはビューから列を指定します］を選択して、［コンピューター］ボックスで［vw_customer_view］を選択する。

➡［列］ボックスに、指定したビューに含まれる列が一覧表示される。

6

［列］ボックスで［*］チェックボックスがオンになっていることを確認する。

➡ SELECTステートメントは、以下のように生成される。

```
SELECT * FROM [vw_customer_view]
```

●「*」(アスタリスク) は、指定したテーブルやビューのすべての列の情報を取得することを表している。

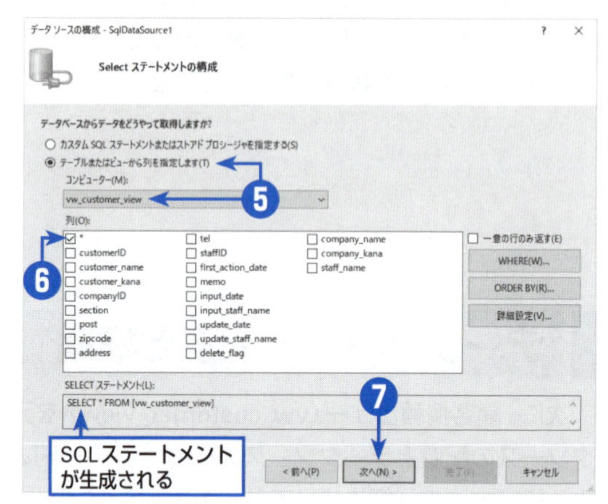

7

［次へ］をクリックする。

➡［クエリのテスト］ページが表示される。

8

［クエリのテスト］をクリックして、顧客情報ビューでデータが取得できることを確認したら、［完了］をクリックする。

➡ データソースの設定が完了する。

●ここで作成したデータソースは、顧客情報ビュー (vw_customer_view) のすべての行を取得するものである。

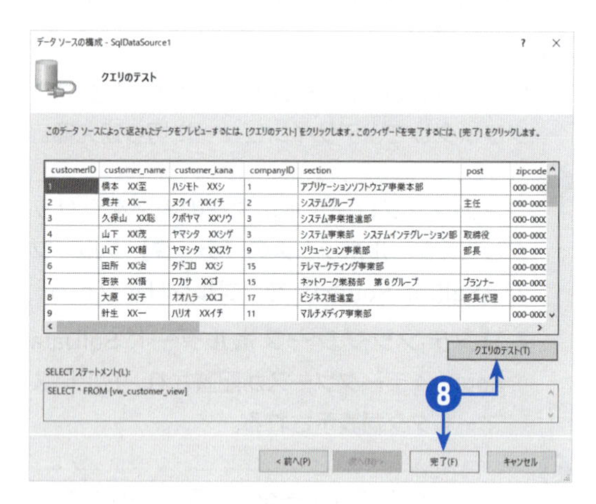

以上で、顧客情報ビュー (vw_customer_view) を元にしたデータソースが準備できました。

フォームビューの配置

Visual C#には、カード型のデータ表示のためにフォームビュー（FormView）というコントロールが用意されています。次に、データソースに連携したフォームビューをCustomerCardフォームに配置して、Webフォームの動作を確認しましょう。

1
SqlDataSource1データソースを選択して⇥を押し、ツールボックスの［データ］グループで［FormView］をダブルクリックする。

➡フォームビューが配置され、スマートタグが表示される。

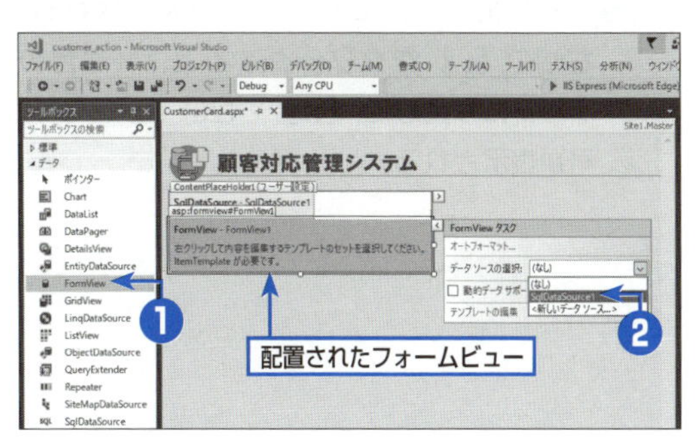

2
スマートタグの［データソースの選択］ボックスで［SqlDataSource1］を選択する。

➡顧客情報ビュー（vw_customer_view）のすべての列がフォームビューの内部に表示される。

3
スマートタグで［ページングを有効にする］チェックボックスをオンにする。

➡フォームビューの下部に、［1］、［2］のページ番号が追加される。

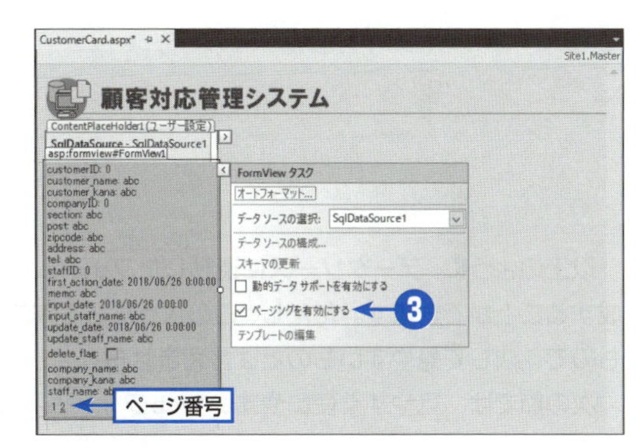

4
ソリューションエクスプローラーで［CustomerCard.aspx］を右クリックして、ショートカットメニューの［スタートページに設定］をクリックする。

5
［デバッグ］メニューの［デバッグの開始］をクリックするか、F5を押す。

➡Webアプリケーションがテスト実行され、［顧客情報］フォーム（CustomerCardフォーム）で1件目のデータが表示される。

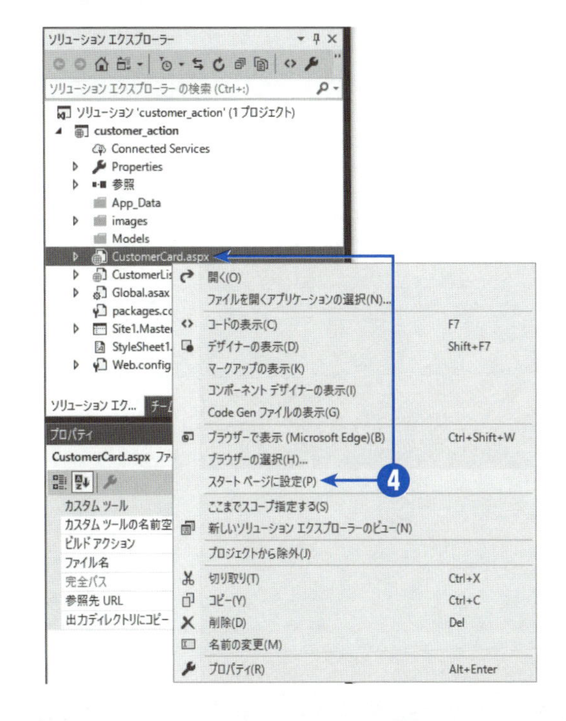

6

［顧客情報］フォームの下部にある［2］のリンクをクリックする。

➡2件目のデータが表示される。

●ページ番号は常に10件だけが表示される。右端の［...］をクリックすると、11件目のデータに移動して、［11］～［20］のページ番号が表示される。

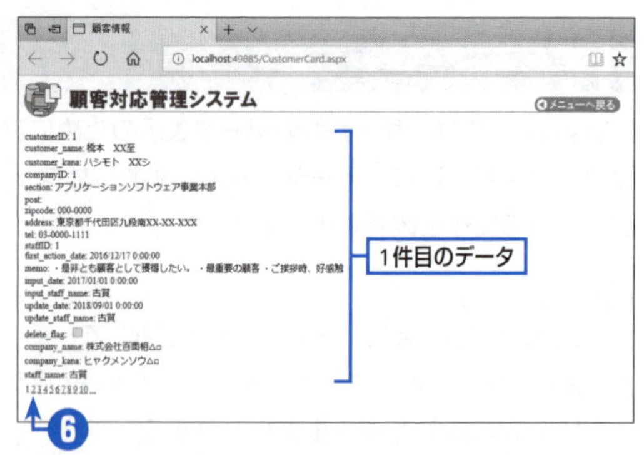

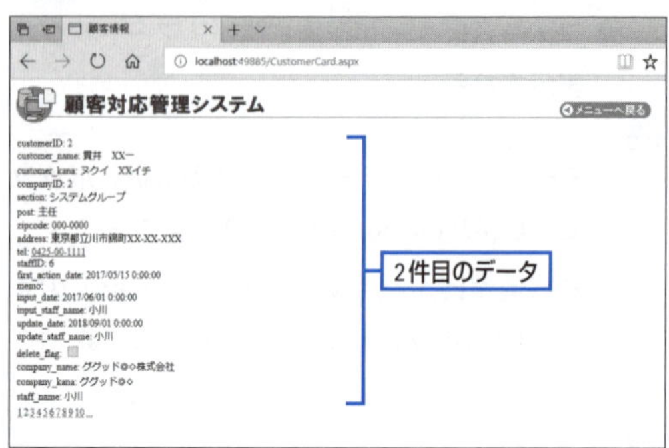

以上のように、データソースに連動したフォームビューを利用すると、簡単にカード型Webフォームを作成することができます。ただし、このようにして作成したWebフォームは、項目を並べただけのシンプルなもので、決して見やすいものとは言えません。

次の節では、見やすく使いやすいWebフォームにするため、フォームビューのレイアウトを変更します。

2 フォームビューのレイアウトを調整する

ここまでの作業で［顧客情報］フォーム（CustomerCardフォーム）は、顧客情報ビュー（vw_customer_view）の1行のデータをカード型の1ページとして表示できるようになりました。しかし、既定のフォームビューは単にラベルが並べられただけの状態であり、項目名と値の区別が付かないことや項目間の区切りがないことなど、使いやすいデザインにはなっていません。フォームビューにもオートフォーマット機能がありますが、この機能を使用しても背景色と文字色が設定されるだけで、デザイン的な改善はそれほど期待できません。

この節では、テーブルを使用して、［顧客情報］フォームのフォームビューを見やすくレイアウトするための方法を紹介します。

フォームビューへのテーブルの挿入

フォームビューのレイアウトを見やすくするために、フォームビューにテーブルを配置して、テーブルの中にコントロールを移動しましょう。なお、Webアプリケーションが実行されている場合には、Webブラウザーの閉じるボタンをクリックして終了してください。

❶ ［顧客情報］フォーム（CustomerCardフォーム）のフォームビューを選択して、右上に表示されるスマートタググリフ（右向き三角矢印）をクリックする。

➡スマートタグが表示される。

❷ スマートタグで［テンプレートの編集］をクリックする。

➡フォームビューがテンプレート編集モードに切り替わる。

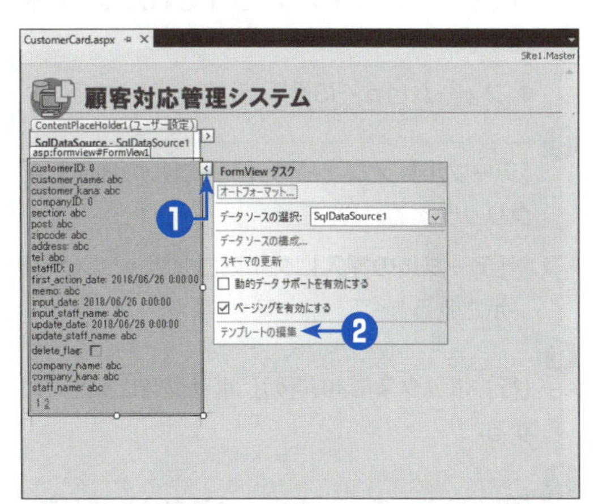

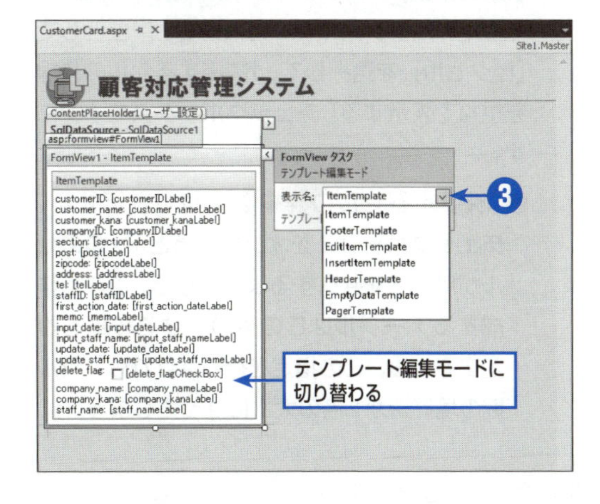

3 スマートタグの［表示名］ボックスで［ItemTemplate］が選択されていることを確認する。

●ここで選択できるテンプレートには、以下のものがある。

表示名	説明
ItemTemplate	データ表示（表示モード）で利用するテンプレート。
FooterTemplate	フッター（フォームビューの下部）に表示する内容を記述できる。
EditItemTemplate	編集時（編集モード）に利用するテンプレート。
InsertItemTemplate	新規登録時（挿入モード）に利用するテンプレート。
HeaderTemplate	ヘッダー（フォームビューの上部）に表示する内容を記述できる。
EmptyDataTemplate	表示対象データが存在しないときに表示する内容を記述できる。
PagerTemplate	フォームビュー下部のページ表示欄（通常は、ページ数のリンクが表示されている領域）に表示する内容を記述できる。標準のページング機能を利用せずに、独自のインターフェイスを定義する場合に使用する。

4 フォームビューの最下行の右端の空いている領域（［staff_nameLabel］ラベルの右側）をクリックして、カーソルが表示されたらEnterを押す。

➡フォームビューの最下部に空行ができる。

5 ［テーブル］メニューの［テーブルの挿入］をクリックする。

➡［テーブルの挿入］ダイアログボックスが表示される。

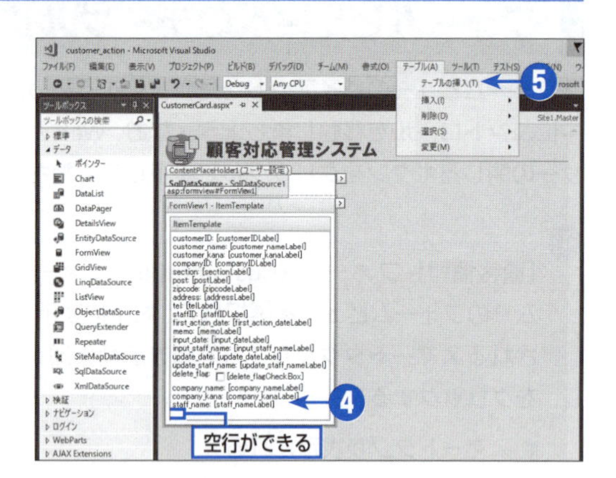

6 ［行］ボックスに**10**、［列］ボックスに**4**と入力する。

7 ［幅の指定］チェックボックスをオンにして、その下のボックスに**800**と入力し、単位として［ピクセル］を選択して、［隣接するセルの枠線を重ねて表示する］チェックボックスをオンにする。

●［隣接するセルの枠線を重ねて表示する］チェックボックスをオンにすると、2つのセルが境界線を共有するようになる。ここで作成するテーブルはこの後の手順で枠線を設定するため、この指定を行わなければ、セル間の境界線が2倍の太さになってしまう。

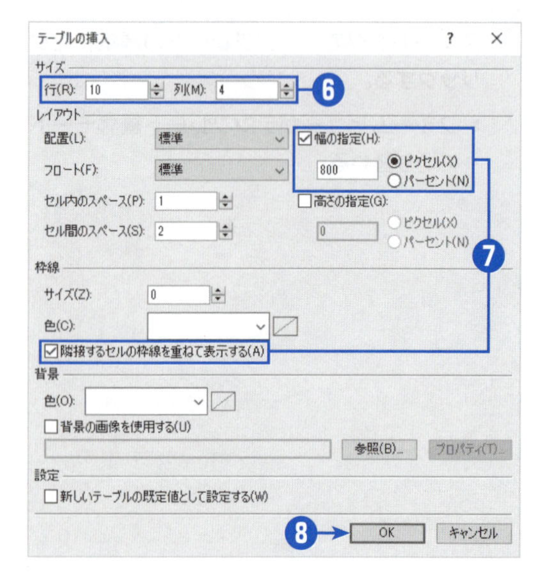

8 ［OK］をクリックする。

➡フォームビューの中に10行4列のテーブルが作成される。

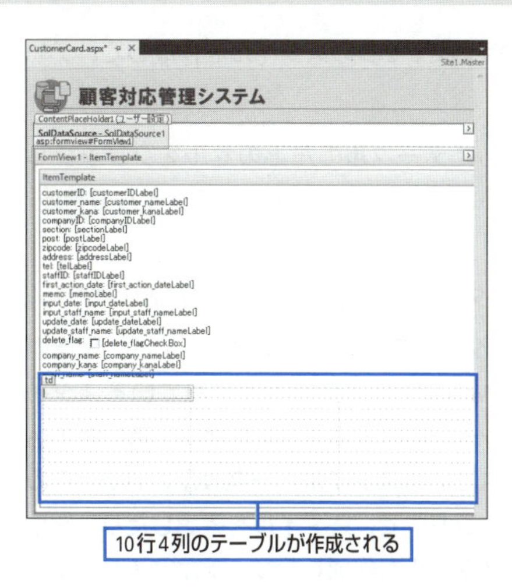

スタイルの作成

Visual C#のWebフォームでは、デザインの変更がスタイルとして設定されますが、スタイルの管理機能を利用することで、Webフォームのスタイルの確認や登録作業を簡単に行うことができます。

ここでは、テーブルのセルに適用するためのスタイルを作成します。前の手順では4列のテーブルを作成しましたが、そのうち1列目と3列目には項目名を、2列目と4列目にはデータを表示します。それぞれ次の図のように異なる背景色と列幅を設定するため、ここでは2つのスタイルが必要となります。

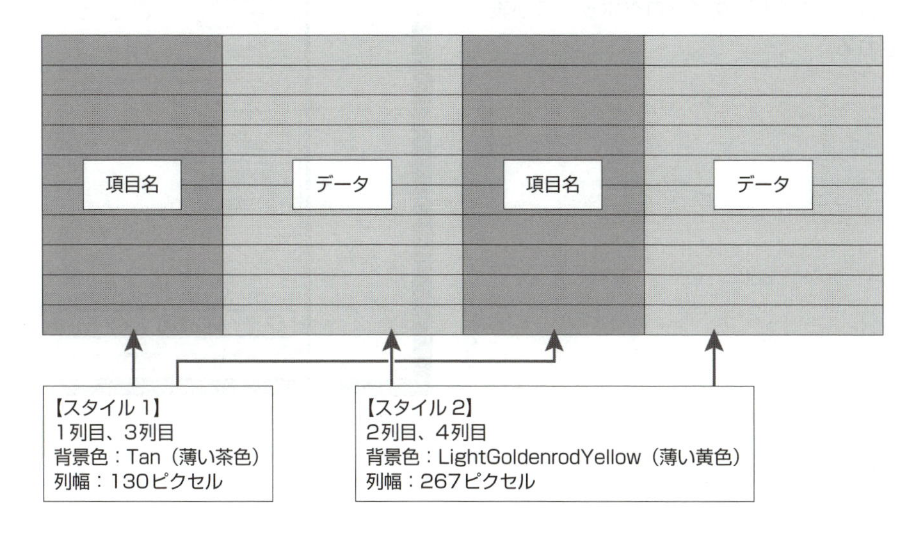

以下の手順で、2つのスタイルを作成して、テーブルに設定します。

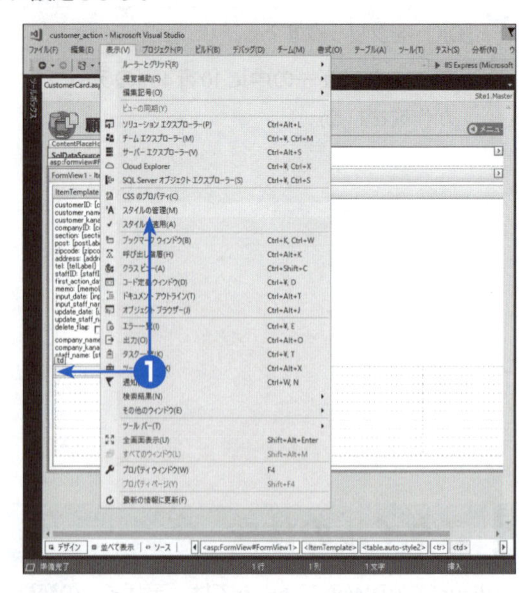

❶ 作成したテーブルの左上のセルをクリックしてから、[表示] メニューの [スタイルの管理] をクリックする。

➡[スタイルの管理] ウィンドウが表示される。

●[スタイルの管理] ウィンドウには、作業中のWebフォームにリンクされているスタイルシートのスタイル、またはソースに埋め込まれているスタイルが一覧表示される。このウィンドウで、スタイルを確認したり、新しいスタイルを作成したり、既存のスタイルをコピーしたりすることができる。この時点では、スタイルシートとして登録済みの「.imeOn」、「.imeOff」、「body」と、テーブルの作成時に自動生成された [.auto-style1] と [.auto-style2] が一覧に表示される。

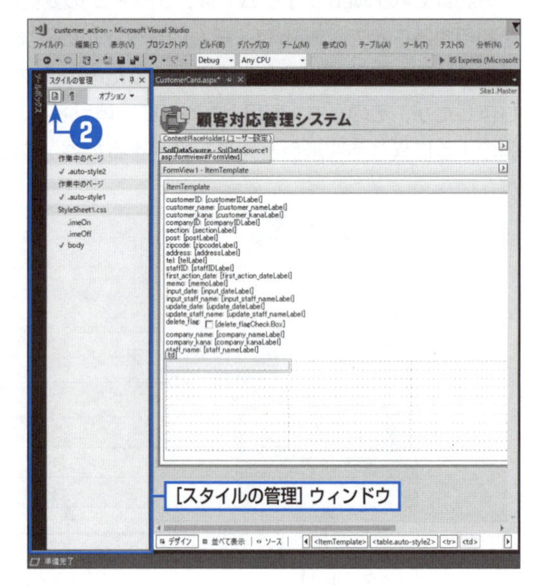

❷ [スタイルの管理] ウィンドウの [新しいスタイル] ボタンをクリックする。

➡[新しいスタイル] ダイアログボックスが表示される。

ヒント

スタイル名

スタイル名の先頭にある「.」(ピリオド) は、クラスを表します。.imeOnや.imeOff、.auto-style1、.auto-style2のように「.」で始まるスタイルは、タグに依存しない (どこのタグにも指定できる) クラスになります。

3

［セレクター］ボックスに **.tableStyle1** と入力し、［定義先］ボックスが［現在のページ］になっていることを確認する。

●［定義先］ボックスを［新しいスタイルシート］または［既存のスタイルシート］に変更して、スタイルシートのファイル名を［URL］ボックスで設定することで、作成済みのスタイルシートに新しいスタイルの設定を格納することもできる。ここでは、このWebフォーム専用のスタイルを作成するため、［現在のページ］のままでよい。

4

［カテゴリ］ボックスで［背景］をクリックする。

➡［新しいスタイル］ダイアログボックスの設定内容が背景関連のプロパティに切り替わる。

5

［background-color］ボックスに **Tan** と入力する。

➡［background-color］ボックスの右にサンプルとして、指定された色（薄い茶色）が表示される。

●ここでは1つ目のスタイルとして、項目名ラベルのセル用の色を指定する。項目名ラベルのセルでは、背景色に薄い茶色（Tan）を使用する。［background-color］ボックスの右にある☑をクリックして、表示される一覧から色を選択することもできる。

6

［カテゴリ］ボックスで［枠線］をクリックする。

➡設定内容が枠線関連のプロパティに切り替わる。

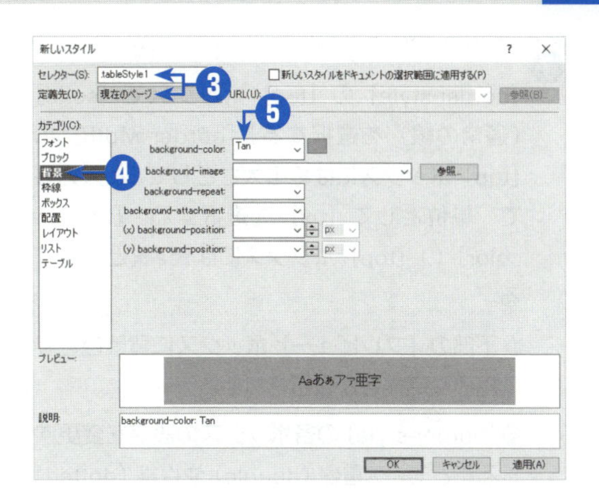

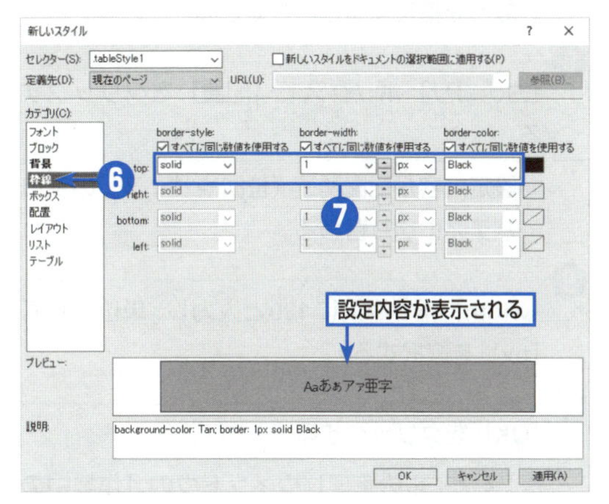

ヒント

HTMLでの色の指定方法

HTMLでは、いくつかの方法で色を指定することができます。1つ目は手順5のように、「カラーネーム」を指定する方法です。HTMLでは、「Black」や「Blue」、「Red」といった色の名前を使用することで、Webブラウザーがこれらの色の名前を処理してくれるようになっています。［新しいスタイル］ダイアログボックスでカラーネームを指定するには、カラーネーム名を直接入力する必要があります。もう1つは、RGB（RGBとはRed、Green、Blueのこと）の値を16進数で指定する方法です。この場合には、先頭に「#」（シャープ）を付けて、Red（赤）、Green（緑）、Blue（青）を2桁の16進数（00～FF）で順番に指定します。2桁の16進数は0～255の値を表し、この数値がそれぞれの色の濃さを示します。

なお、［background-color］ボックスの右にある☑をクリックしてから［その他の色］をクリックすると、［その他の色］ダイアログボックスで色を選択できます。

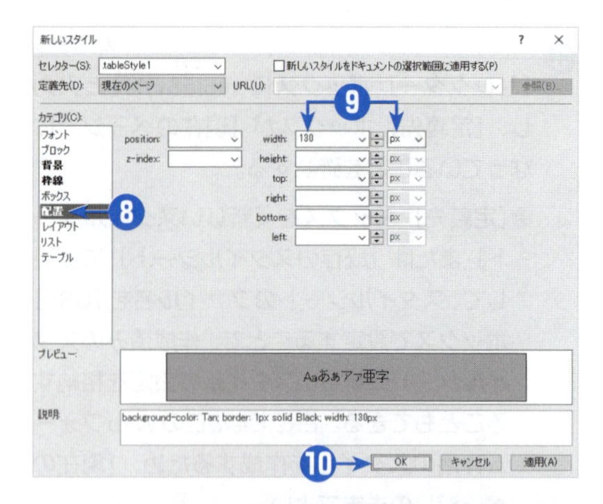

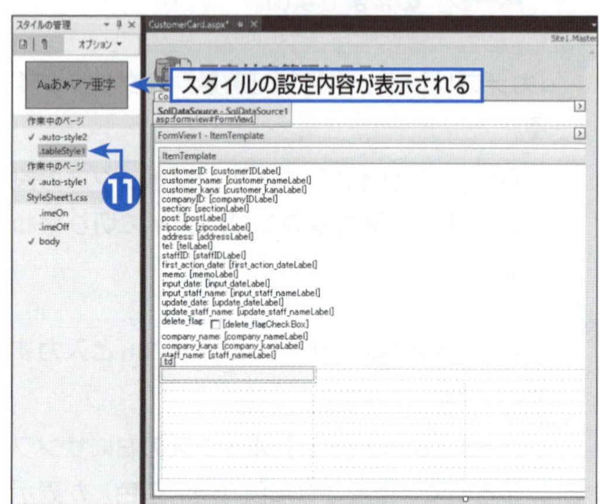

7 [border-style] の [top] ボックスで [solid] (通常の線) を選択する。[border-width] の [top] ボックスには線の太さとして**1**と入力して、単位として [px] を選択する。[border-color] の [top] ボックスには**Black**と入力する。

➡下部の [プレビュー] ボックスに背景色と枠線の設定内容が表示される。

● [border-style] の各ボックスの設定を変更することで、二重線 (double) や点線 (dotted) などを指定することができる。

8 [カテゴリ] ボックスで [配置] をクリックする。

➡設定内容が配置関連 (位置やサイズ) のプロパティに切り替わる。

9 [width] ボックスに**130**と入力し、単位として [px] を選択する。

10 [OK] をクリックする。

➡ [スタイルの管理] ウィンドウの [作業中のページ] グループに「.tableStyle1」が追加される。

11 [スタイルの管理] ウィンドウで [.tableStyle1] をクリックする。

➡ [スタイルの管理] ウィンドウの上部に、選択したスタイルの設定内容が表示される。

ヒント

スタイルの変更

[スタイルの管理] ウィンドウに登録されているスタイルを変更するには、対象のスタイルを右クリックして、ショートカットメニューの [スタイルの変更] をクリックします。これで、[新しいスタイル] ダイアログボックスと同じ内容の [スタイルの変更] ダイアログボックスが表示され、スタイルの設定内容を変更することができます。ただし、スタイルの定義先については変更できません。

⓬ [スタイルの管理] ウィンドウで [.tableStyle1] を右クリックして、ショートカットメニューの [新しいスタイルのコピー] をクリックする。

➡「.tableStyle1」のスタイルが設定された状態で、[新しいスタイル] ダイアログボックスが表示される。

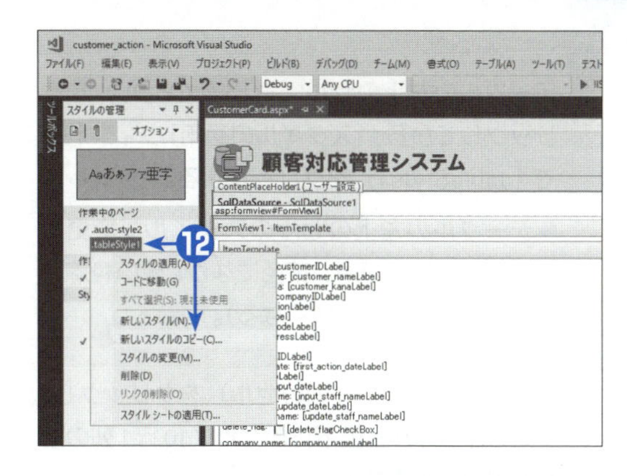

⓭ 手順❸～❺、❽～❾と同様にして、以下の表のように設定を変更する。

項目	設定値
[セレクター] ボックス	.tableStyle2
「背景」関連プロパティの [background-color] ボックス	LightGoldenrodYellow
「配置」関連プロパティの [width] ボックス	267px

⓮ [新しいスタイル] ダイアログボックスで [OK] をクリックする。

➡ [スタイルの管理] ウィンドウの [作業中のページ] グループに「.tableStyle2」が追加される。

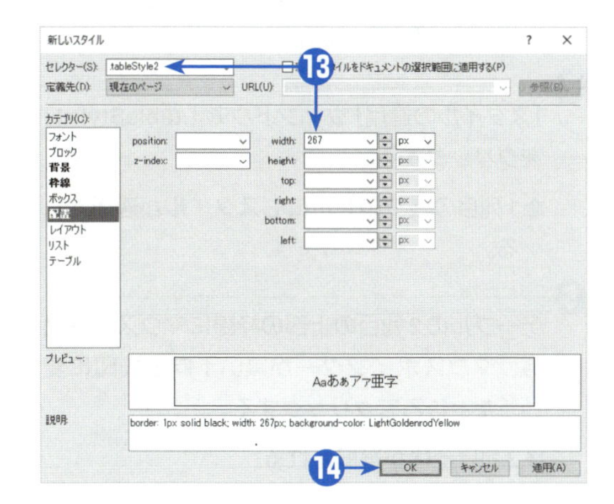

テーブルへのスタイルの適用

次に、作成した2つのスタイルをテーブルに適用します。

❶ [表示] メニューの [スタイルの適用] をクリックする。

➡ [スタイルの適用] ウィンドウが表示される。

● [スタイルの適用] ウィンドウには、[スタイルの管理] ウィンドウと同様に、作業中のWebフォームで使用できるスタイルが一覧表示される。

2

テーブルの左上のセル（1行1列のセル）をクリックしてから、[スタイルの適用] ウィンドウで [.tableStyle1] をクリックする。

➡ テーブルの左上のセルのスタイルが変更される（背景色が薄い茶色になり、黒い枠線が表示され、列幅が狭くなる）。

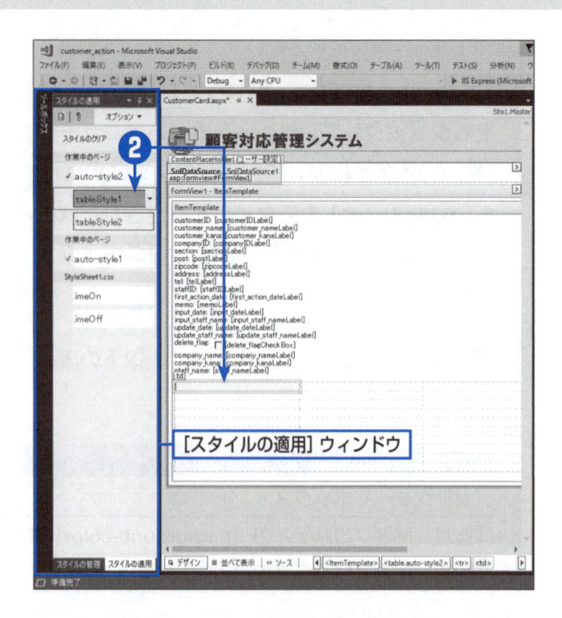

3

1つ下のセル（2行1列のセル）をクリックし、Shift を押しながら最下行のセル（10行1列のセル）をクリックする。

➡ 9個のセルが範囲選択される。

● マウスでドラッグして選択することもできる。ただし、枠線をドラッグすると、セルの高さが変更されてしまうことがあるので注意しなければならない。

4

[スタイルの適用] ウィンドウで [.tableStyle1] をクリックする。

➡ 1列目の残りのセルにもスタイルが適用される。

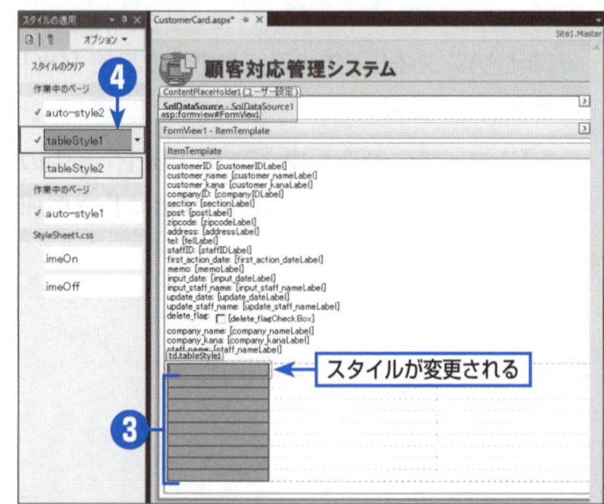

5

テーブルの2列目の上部の枠線にマウスを移動し、マウスポインターが黒い下向き矢印に変わったところでクリックする。

➡ 2列目全体が選択される。

● このようにすると、1列分のセルをまとめて選択できる。

6

[スタイルの適用] ウィンドウで [.tableStyle2] をクリックする。

➡ 2列目のスタイルが変更される（背景色が薄い黄色になり、黒い枠線が表示され、列幅が広くなる）。

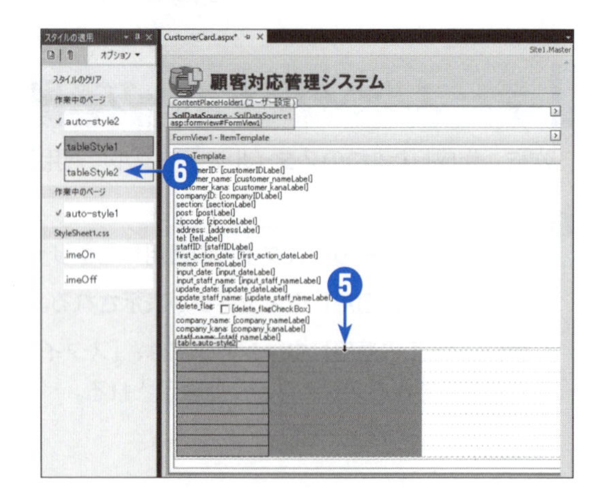

7

手順5、6と同様にして、3列目に「.tableStyle1」を、4列目に「.tableStyle2」のスタイルを設定する。

セルの結合とコントロールの移動

ここでは、テーブル内の一部のセルを結合し、表示用のコントロールを移動します。

❶ テーブルの3行2列から3行4列までをドラッグして3つのセルを範囲選択し、[テーブル] メニューの [変更]－[セルの結合] をクリックする。

➡選択した3つのセルが結合され、作業中のページのスタイルに「.auto-style3」が追加される。

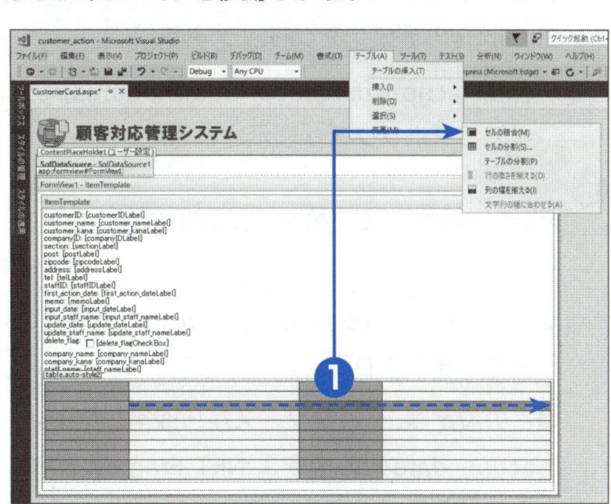

❷ 手順❶と同様にして、図のようにいくつかのセルを結合する。

❸ 図のように、テーブルの1列目と3列目に項目名ラベルの文字列を入力する。

●図が見にくい場合には、第3章の「4 機能詳細とユーザーインターフェイスを設計する」を参考にする。

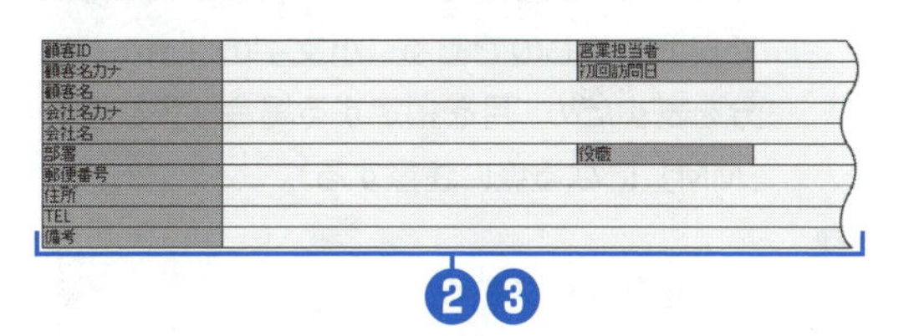

❹ フォームビューの上部にあるラベルコントロール（[ ] で表記されているコントロール）を、以下の表のようにテーブル内の該当するセルにドラッグして移動する。

●コントロールをドラッグする際には、一度クリックしてコントロールを選択してからドラッグする。

項目名ラベル	ラベルコントロール
顧客ID	[customerIDLabel]
営業担当者	[staff_nameLabel]
顧客名カナ	[customer_kanaLabel]
初回訪問日	[first_action_dateLabel]
顧客名	[customer_nameLabel]
会社名カナ	[company_kanaLabel]
会社名	[company_nameLabel]
部署	[sectionLabel]
役職	[postLabel]
郵便番号	[zipcodeLabel]
住所	[addressLabel]
TEL	[telLabel]
備考	[memoLabel]

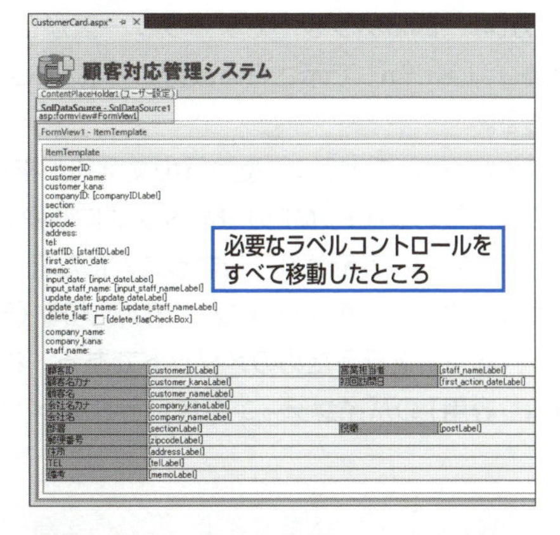

5

［first_action_dateLabel］のスマートタググリフをクリックして、スマートタグで［Data Bindingsの編集］をクリックする。

➡［first_action_dateLabel DataBindings］ダイアログボックスが表示される。

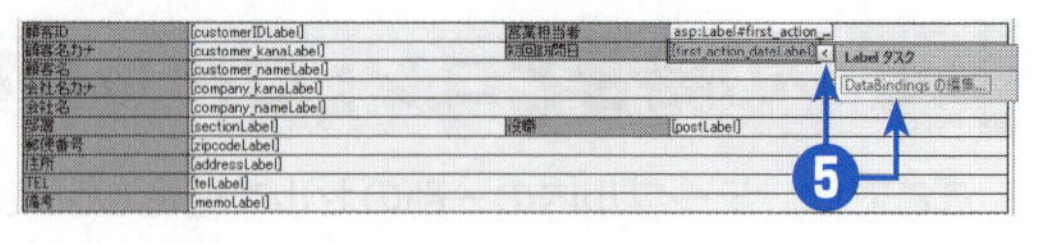

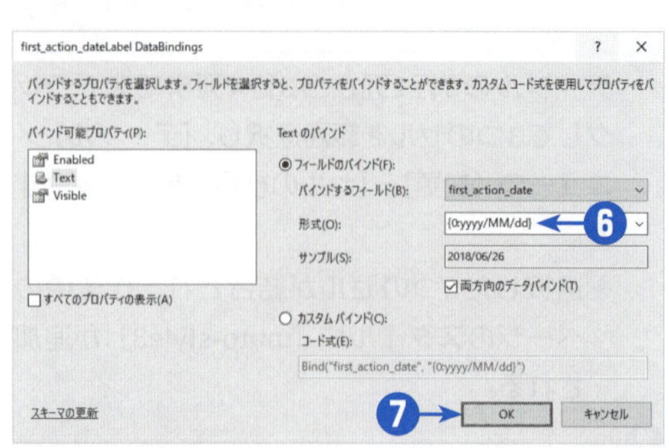

6

［形式］ボックスを**{0:yyyy/MM/dd}**に変更する。

➡［サンプル］ボックスにyyyy/mm/dd形式の日付が表示される。

●この設定は、データソースから取得したfirst_action_date列の値を、.NET Frameworkのカスタム書式指定として、yyyy/MM/dd形式で表示するものである（小文字の「mm」は分を表すため、月を指定する場合は大文字の「MM」になる点に注意する）。

7

［OK］をクリックする。

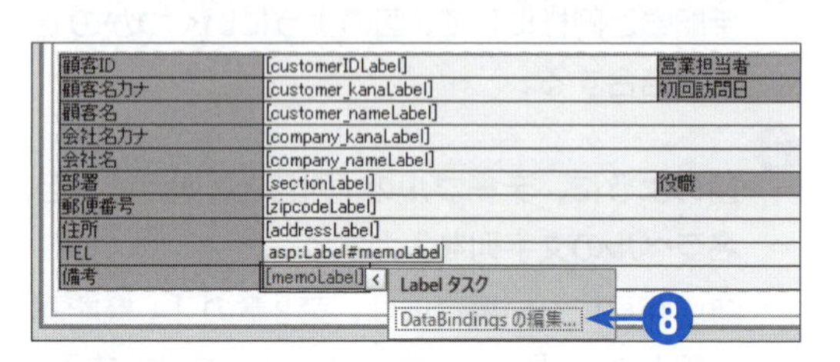

8

［memoLabel］のスマートタググリフをクリックして、スマートタグで［DataBindingsの編集］をクリックする。

➡［memoLabel DataBindings］ダイアログボックスが表示される。

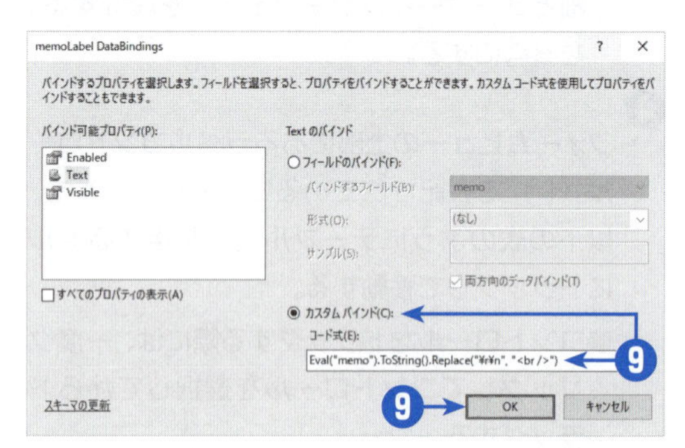

9

［カスタムバインド］を選択して、［コード式］ボックスを**Eval("memo").ToString().Replace("¥r¥n", "<br□/>")**（□は半角スペース）に変更し、［OK］をクリックする（すべて半角で入力）。

●この式は、Evalメソッドでデータソースから取得したmemo列の値をToStringメソッドで文字列に変換し、「¥r¥n」で示される改行コードをReplaceメソッドでHTMLの
タグに置き換えるものである。

●備考（memo）のように、複数行の文字列が格納されるデータについては、ラベルへの表示の際にデータの改行コードをHTMLの
タグに変換しなければならない。
タグに変換しないと、改行なしで文字列が表示されてしまうことになる。

●元々設定されていたBindメソッドは双方向（データベースからの読み取りと書き込み）のバインディング（結合）を行うためのメソッドである。ここでは、受け取ったデータを加工するため、一方向（読み取り専用）のバインディングを行うEvalメソッドに変更している。

2つ目のテーブルの作成とコントロールの配置

ここまでに作成したテーブルの上に、もう1つテーブルを追加して、最終更新日（update_date）と最終更新者（update_staff_name）を表示します。

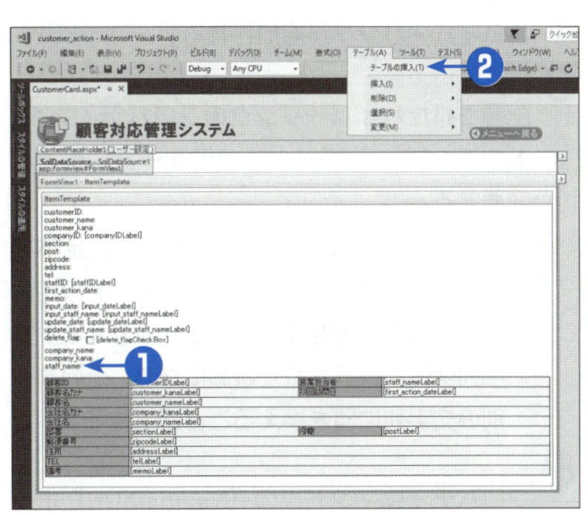

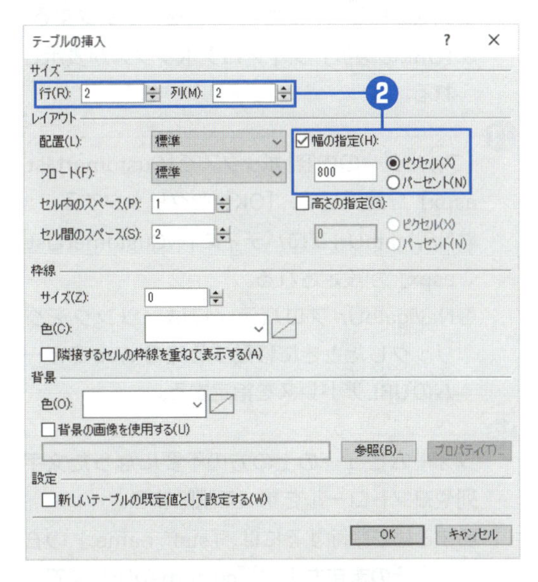

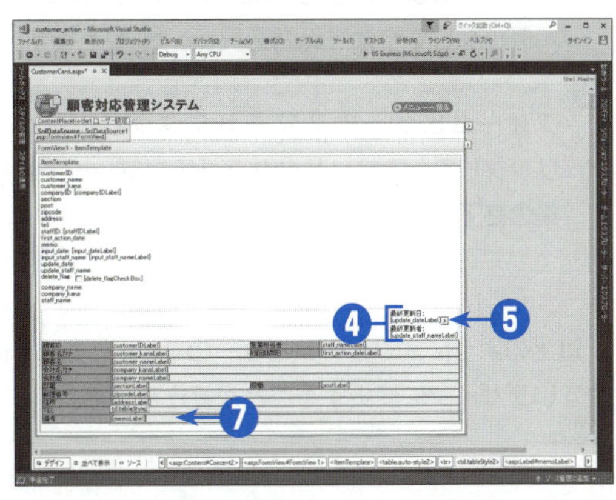

❶ テーブルの上の行（"staff_name："の右側）にカーソルを移動して、→を押す。

➡ 下のテーブルの左にカーソルが移動する。

❷ ［テーブル］メニューの［テーブルの挿入］をクリックして、［テーブルの挿入］ダイアログボックスで2行2列で幅800ピクセルのテーブルを作成する。

➡ 現在のテーブルの上に、新しいテーブルが追加される。

❸ 追加したテーブルの1列目（左端の列）と2列目の間の境界線を右にドラッグして、1列目が「665px」という表示になったところでマウスボタンを離す。

➡ 1列目の幅が665ピクセルに設定される。

❹ 右上のセル（1行2列のセル）に項目名ラベルとして**最終更新日：**と入力し、［update_dateLabel］のコントロールをドラッグして移動する。また、右下のセル（2行2列のセル）に**最終更新者：**と入力し、［update_staff_nameLabel］のコントロールをドラッグして移動する。

❺ ［update_dateLabel］のスマートタググリフをクリックして、スマートタグで［DataBindingsの編集］をクリックする。

➡ ［update_dateLabel DataBindings］ダイアログボックスが表示される。

❻ ［形式］ボックスを**{0:yyyy/MM/dd}**に変更して、［OK］をクリックする。

❼ 最初のテーブル（下のテーブル）の最下行の右列の空いている領域（［memoLabel］ラベルの右）にカーソルを合わせて、→を押してカーソルを移動し、Enterを押す。

➡ テーブルの下に空白行が追加される。

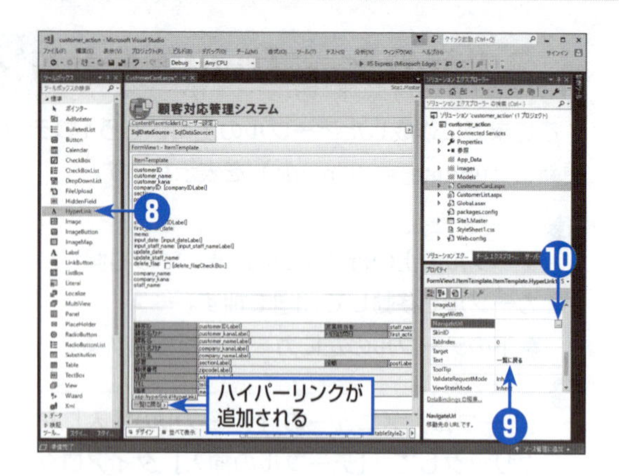

8

[表示] メニューの [ツールボックス] をクリックし、ツールボックスの [標準] グループで [HyperLink] をダブルクリックする。

➡ハイパーリンクが追加される。

9

配置されたハイパーリンクのプロパティウィンドウで、[Text] ボックスの値を**一覧に戻る**に変更する。

●プロパティに設定されている文字列全体を修正したい場合には、プロパティ名や設定されている文字列をダブルクリックすると、文字列全体が選択された状態になり、そのまま別の文字列に置き換えることができる。

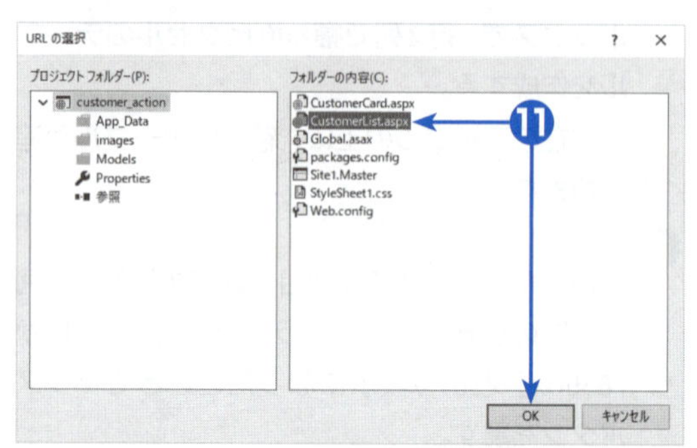

10

プロパティウィンドウの [NavigateUrl] ボックスを選択して、右側の [...] をクリックする。

➡[URLの選択] ダイアログボックスが表示される。

11

[フォルダーの内容] ボックスで [CustomerList.aspx] を選択して、[OK] をクリックする。

➡NavigateUrlプロパティに「~/CustomerList.aspx」が設定される。

●NavigateUrlプロパティには、リンクをクリックしたときに移動する先のWebフォームのURLアドレスを指定する。

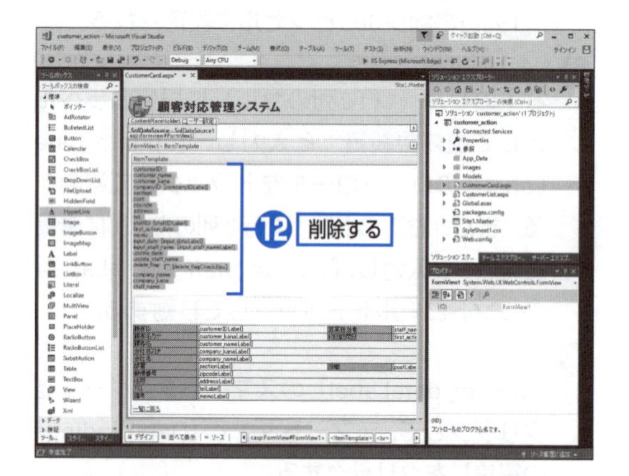

12

フォームビューの上の方の不要になった文字列やコントロールをすべて削除する。

●まとめて削除するには、「staff_name:」の右からそのまま左上の「customerID:」までドラッグして全体を範囲選択し、Deleteを押す。

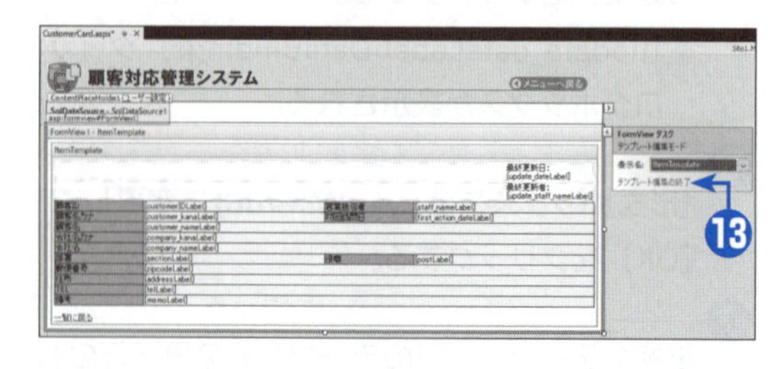

13

フォームビューのスマートタググリフをクリックして、スマートタグで [テンプレート編集の終了] をクリックする。

以上のように、フォームビューの「ItemTemplate」のレイアウトを変更することで、Webフォームを見やすいデザインに変更することができました。

プログラムの実行

レイアウトを変更したWebフォームを実行して、前の節のWebフォームとのレイアウトの違いを実際に確認しましょう。

❶

［デバッグ］メニューの［デバッグの開始］をクリックするか、F5を押す。

➡ Webアプリケーションがテスト実行され、1件目のデータが新しいレイアウトで表示される。

●前の節のWebフォームでは［備考］欄の文字が1行で表示されていたが、修正したWebフォームでは正しく改行されていることがわかる。

❷

［顧客情報］フォームの下部にある［2］のリンクをクリックする。

➡ 2件目のデータが表示される。

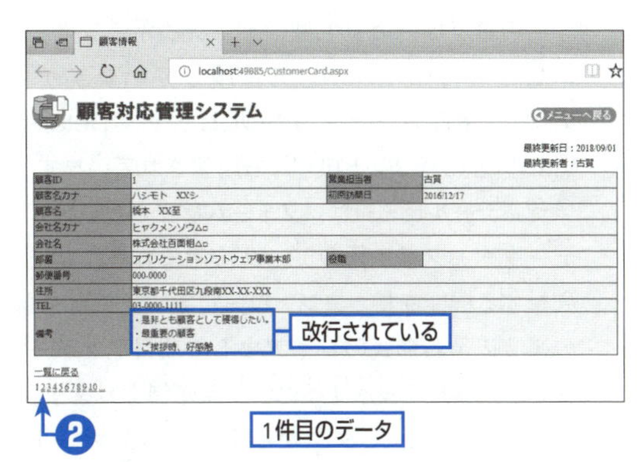

1件目のデータ

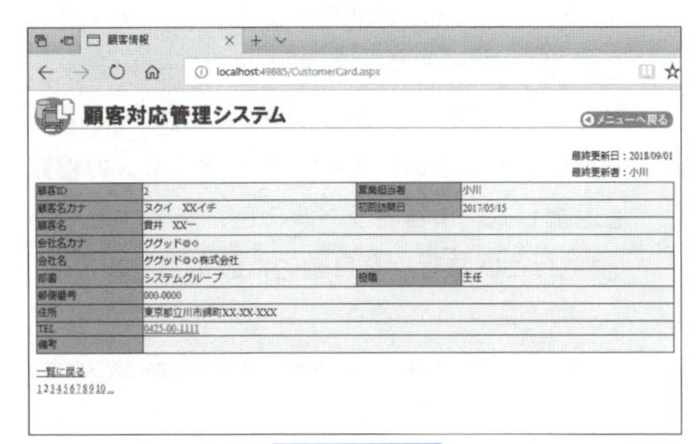

2件目のデータ

この後の手順では、［顧客一覧］フォームで指定した顧客データを表示するように、［顧客一覧］フォームと［顧客情報］フォームを修正します。Webブラウザーの閉じるボタンをクリックして、Webアプリケーションを終了しておいてください。

ヒント

カード型フォームへのフィルター機能の追加

データ件数が少ないテーブルを表示対象とするWebフォームの場合には、抽出条件指定用のコントロールとボタンをフォーム内に配置して、カード型データフォームだけでデータベースを操作することも可能です。

フィルター機能の追加方法の詳細については、「第7章 リスト型画面の作成2－フィルター機能の追加」を参照してください。

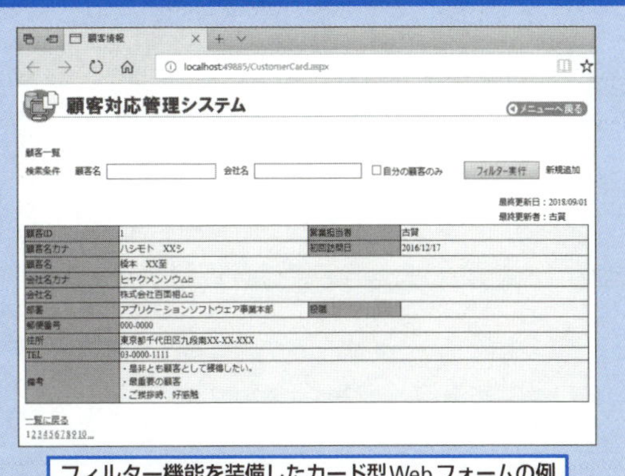

フィルター機能を装備したカード型Webフォームの例

ディテールビュー（DetailsView）の利用

この章では、カード型のデータ表示にフォームビュー（FormView）を使用していますが、Visual C#には「ディテールビュー（Details View）」というコントロールも用意されています。

ディテールビューは、フォームビューと同様にデータベースの1行のデータに含まれる情報を列挙する機能を持つコントロールですが、下の図のように、表形式のレイアウトに項目名とデータを整列させて表示するという点が異なります。

また、スマートタグから実行できるオートフォーマット機能を使用することで、テーブルを簡単にデザインできます。[オートフォーマット] ダイアログボックスでは、[スキームを選択してください] ボックスでデザインの種類を選択して、項目名ラベルの色、データ部の色（奇数行と偶数行）を自動的に設定できます。

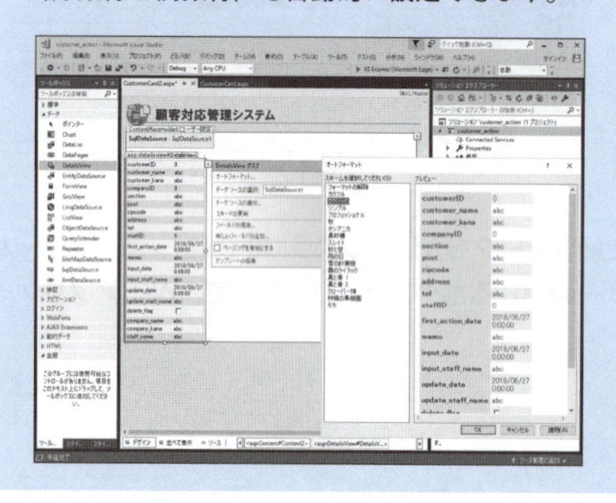

以下の図は、ディテールビューを使用したWebフォームの例です。

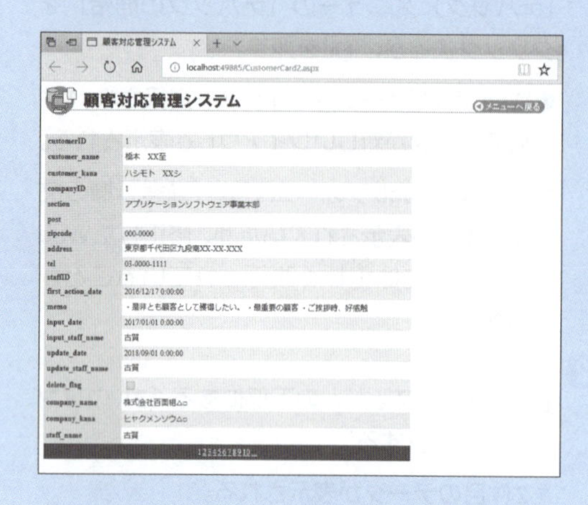

このように、ディテールビューを使用すると、簡単にきれいなレイアウトのカード型Webフォームを作成できますが、フォームビューのようにテンプレートの編集機能を使用して、自由にレイアウトを調整することはできません。

そのため、項目数の少ないテーブルのデータを簡単に表示したい場合にはディテールビューを使用して、項目数の多いテーブルのデータを表示したい場合にはフォームビューを使用するという具合に使い分けるのがよいと言えます。

3 リスト型画面からカード型画面に遷移する

　前の節までに作成した［顧客情報］フォーム（CustomerCardフォーム）は、ページング機能によってWebページ内でデータを切り替えることができるようになっています。数十件の程度のデータを取り扱うシステムであれば、ページング機能を利用して対象データを探すことも可能ですが、実際の業務システムでは数百件、数千件といった大量のデータを取り扱うことも多く、ページング機能による検索では現実的な利用は困難です。

　この節では、指定した顧客データを［顧客情報］フォームに表示するように、［顧客一覧］フォーム（CustomerListフォーム）を修正します。

［顧客一覧］フォームへのリンクの追加

　［顧客一覧］フォーム（CustomerListフォーム）には、顧客ID、顧客名、顧客名カナ、会社名、部署名といった情報が表示されていますが、ここでは顧客名を［顧客情報］フォーム（CustomerCardフォーム）に遷移するためのリンクに変更します。

　以下の手順で、［顧客名］列を削除して、新たにハイパーリンクの［顧客名］列を設定してください。

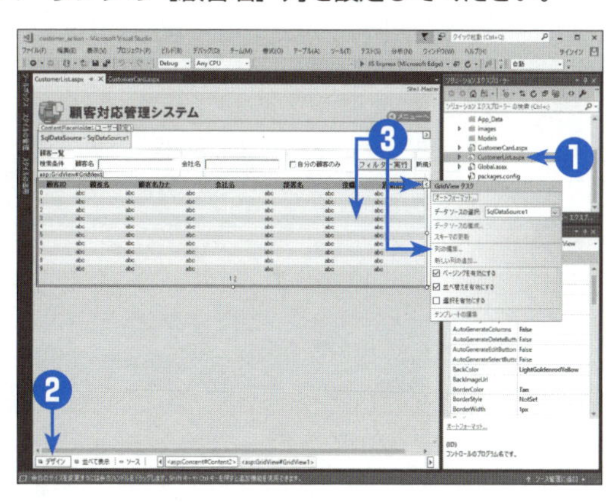

1 ソリューションエクスプローラーで［CustomerList.aspx］をダブルクリックする。

➡ CustomerListフォームがWebフォームデザイナーで開く。

2 Webフォームデザイナーがソースビューで表示された場合には、［デザイン］タブをクリックする。

➡ デザインビューに切り替わる。

3 グリッドビューを選択して、スマートタググリフをクリックし、スマートタグで［列の編集］をクリックする。

➡ ［フィールド］ダイアログボックスが表示される。

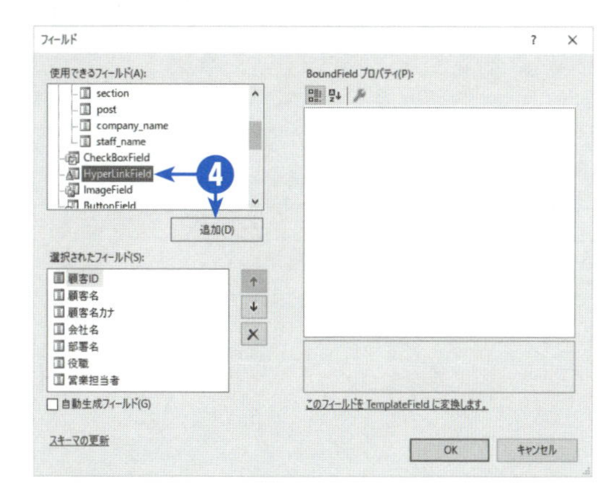

4 ［使用できるフィールド］ボックスで［HyperLinkField］を選択して、［追加］をクリックする。

➡ ［選択されたフィールド］ボックスの最下部に［HyperLinkField］が追加される。

5

［選択されたフィールド］ボックスで［HyperLinkField］を選択して、［↑］を5回クリックする。

➡［HyperLinkField］が［顧客名］の下に移動する。

●［選択されたフィールド］ボックスの項目の並び順は、グリッドビューの列の順番（左から右）であるため、追加したフィールドを［顧客名］の位置まで移動しておかなければならない。

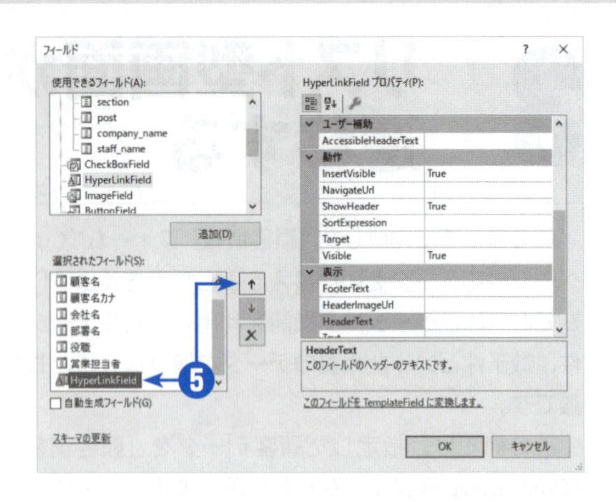

6

［選択されたフィールド］ボックスで［顧客名］を選択して、［×］をクリックする。

➡［顧客名］が［選択されたフィールド］ボックスの一覧から削除される。

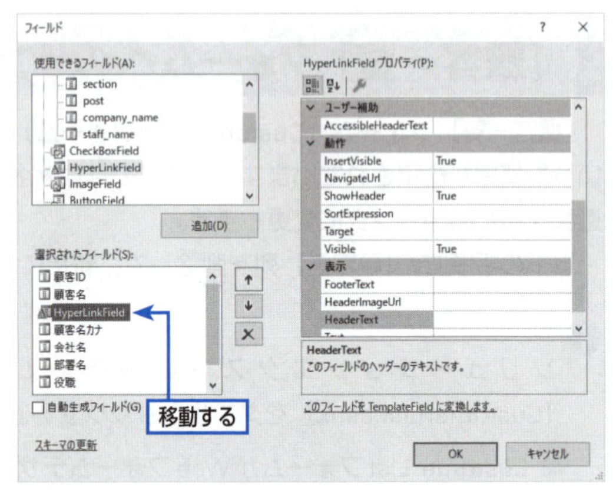

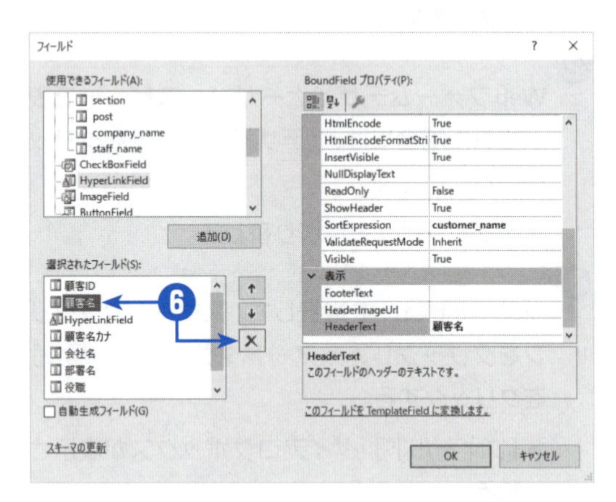

ヒント

グリッドビューに表示できるフィールド

グリッドビューには、通常の文字表示（BoundField）の他に、ハイパーリンク（HyperLinkField）、チェックボックス（CheckBoxField）、画像（ImageField）、ボタン（ButtonField）などが配置できるようになっています。

7

［選択されたフィールド］ボックスで［HyperLinkField］を選択して、［HyperLinkFieldプロパティ］ボックスで以下の表のようにプロパティを設定する。

プロパティ	設定する値	説明
DataNavigateUrlFields	customerID	遷移先のWebフォームにおいて、データを表示するための値を示す列名を指定する。
DataNavigateUrlFormatString	CustomerCard.aspx?id={0}	遷移先のWebフォームのURLアドレスを指定する（同じフォルダーにある場合にはプログラム名のみでよい）。「?」以降にはクエリ文字列※を指定できる。ここでは、［顧客情報］フォームのCustomerCard.aspxに、クエリ文字列として「id=*customerID*」を指定する。なお、「{0}」はDataNavigateUrlFieldsプロパティで指定された値を表している。
DataTextField	customer_name	グリッドビューの一覧に表示する列名
SortExpression	customer_name	並べ替えに使用する列名
HeaderText	顧客名	グリッドビューの一覧における項目名
ItemStyleのWidth	100px	列の幅

8

［フィールド］ダイアログボックスで［OK］をクリックする。

➡ グリッドビューの顧客名がリンクに変わる（元の［顧客名］列が削除されて、新たにハイパーリンクによる［顧客名］列が追加された）。

以上で、［顧客一覧］フォームに［顧客情報］フォームに遷移するためのハイパーリンク（［顧客名］列）を用意することができました。

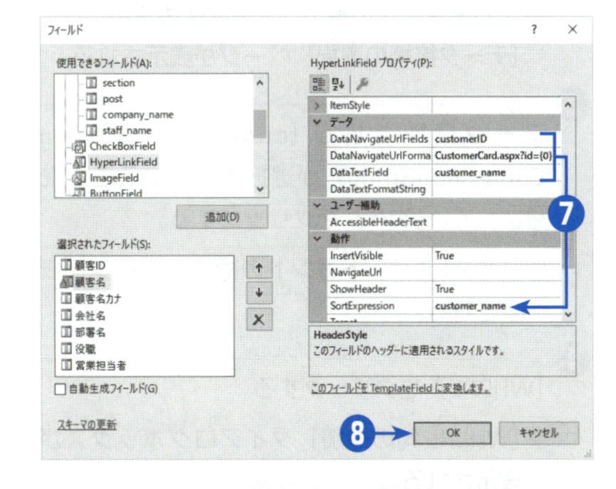

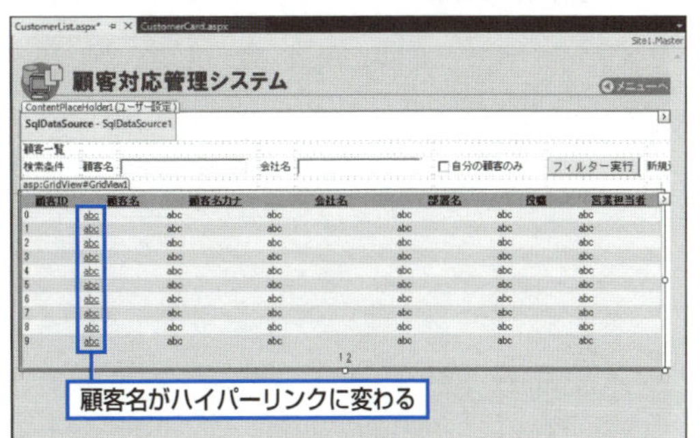

用語

クエリ文字列

Webサーバーに接続するためのURLアドレスにおいて、「?」の後ろに記述されたパラメーター名と値の組み合わせのこと。
通常、ASP.NETにおけるURLアドレスはhttp://servername/directoryname/programname.aspx?id=100のように記述されますが、プログラムに対して「?」の後ろの「id=100」がクエリ文字列になります。このクエリ文字列の場合、「id」というパラメーター名で「100」という値がプログラムに渡されます。

［顧客情報］フォームのデータソースの変更

これまでの手順で作成したCustomerCardフォームは、ビューで取得したすべてのデータをページングの機能で切り替えて表示するようになっています。CustomerListフォームで選択した顧客をCustomerCardフォームで表示するためには、URLアドレスのクエリ文字列で指定された顧客IDのデータのみを表示するようにCustomerCardフォームのデータソースを修正しなければなりません。以下の手順で、［顧客情報］フォームのデータソースを修正します。

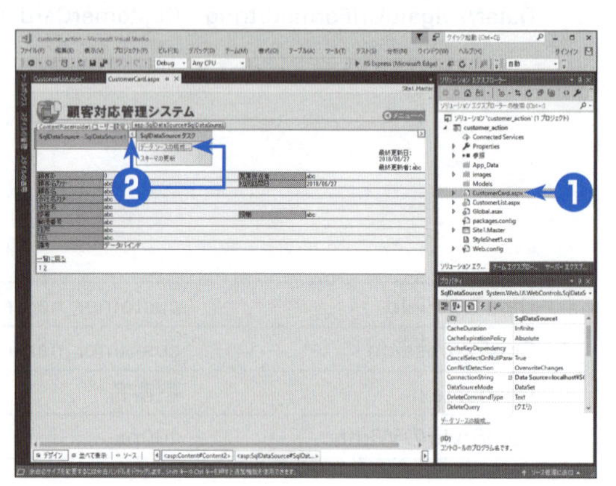

1 ソリューションエクスプローラーで［CustomerCard.aspx］をダブルクリックする。

▶ CustomerCardフォームがWebフォームデザイナーで開く。

2 SqlDataSource1データソースを選択して、スマートタググリフをクリックし、スマートタグで［データソースの構成］をクリックする。

▶ データソースの構成ウィザードが起動して、［データ接続の選択］ページが表示される。

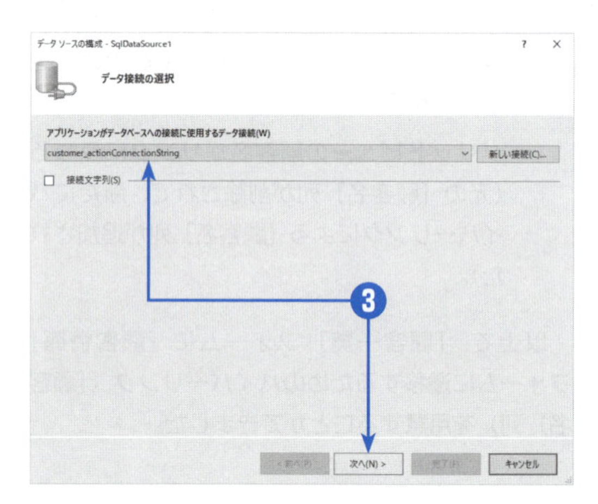

3 データ接続として［customer_action ConnectionString］が選択されていることを確認して、［次へ］をクリックする。

▶［Selectステートメントの構成］ページが表示される。

4［WHERE］をクリックする。

▶［WHERE句の追加］ダイアログボックスが表示される。

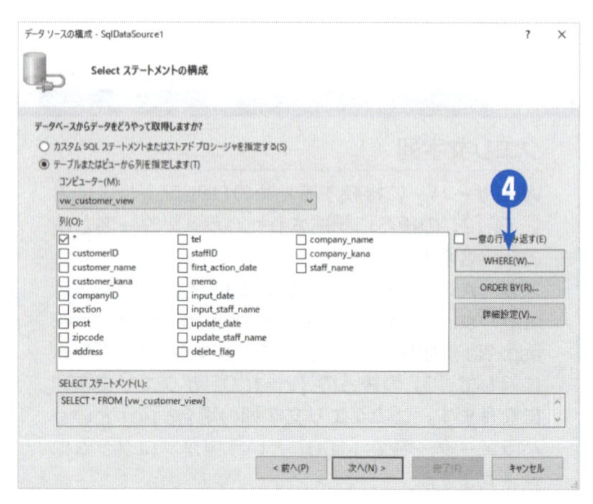

5

顧客ID（customerID）による抽出条件を指定するために、［列］ボックスで［customerID］、［演算子］ボックスで［=］、［ソース］ボックスで［QueryString］を選択し、［パラメーターのプロパティ］グループの［QueryStringフィールド］ボックスに**id**と入力して、［追加］をクリックする。

➡［WHERE句］ボックスにSQL式と値が追加される。

●第7章の「1 フィルター実行用のコントロールを追加する」の手順では、部分一致による抽出条件を指定するために［演算子］ボックスで［LIKE］を選択したが、ここでは顧客ID（customerID）に一致した顧客データを取得するための条件式なので［=］を選択する。［ソース］ボックスで選択した［QueryString］は、URLアドレスのクエリ文字列で指定された値を条件として使用することを表している。また、ここで指定している「id」は、この節の「［顧客一覧］フォームへのリンクの追加」の手順7で設定したDataNavigateUrlFormatStringプロパティのクエリ文字列のパラメーター名を示している。

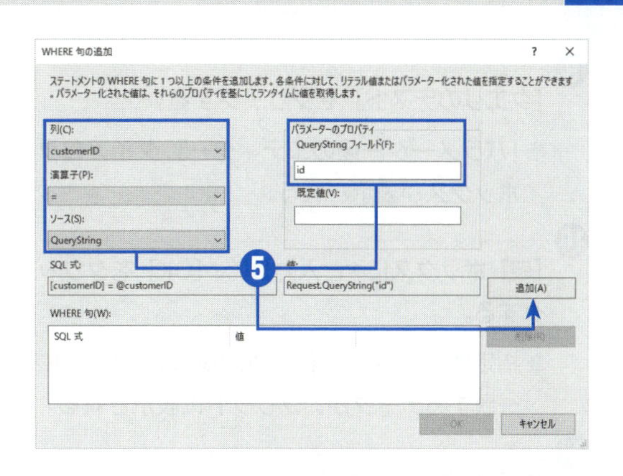

6

［WHERE句の追加］ダイアログボックスで［OK］をクリックする。

➡［Selectステートメントの構成］ページに戻る。

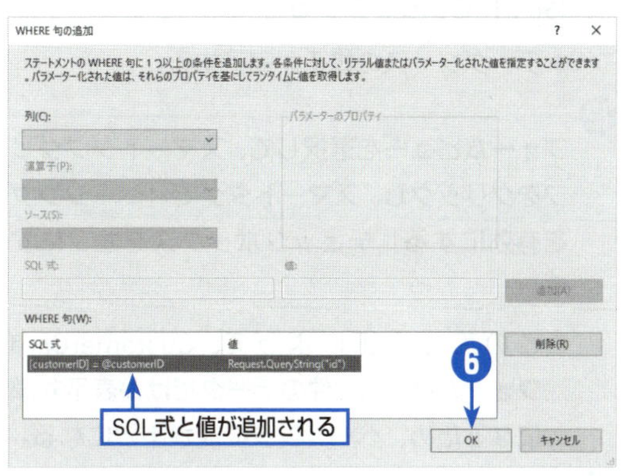

7

［SELECTステートメント］ボックスでは、指定したWHERE句を含む以下のSQLステートメントを確認できる。

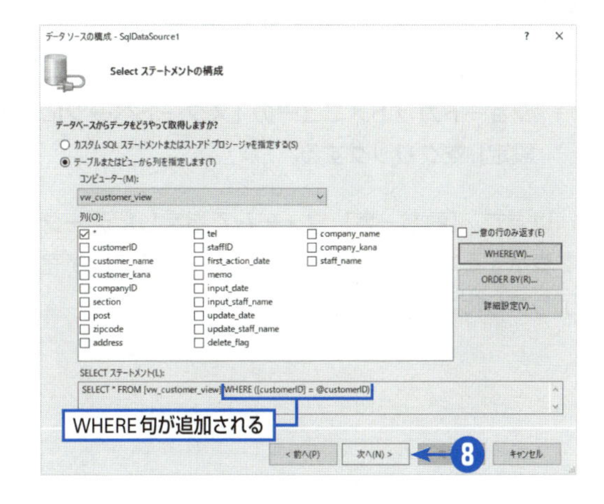


```
SELECT * FROM [vw_customer_view] WHERE ([customerID] = @customerID)
```

8

［次へ］をクリックする。

➡［クエリのテスト］ページが表示される。

9

[クエリのテスト] をクリックする。

➡ [パラメーター値のエディター] ダイアログボックスが表示される。

10

[値] ボックスに**1**と入力して、[OK] をクリックする。

➡ 指定された抽出条件（CustomerID＝1）に一致するデータが、グリッドに表示される。

11

[完了] をクリックする。

➡ データソースの修正が完了する。

12

フォームビューを選択して、スマートタググリフをクリックし、スマートタグで [ページングを有効にする] チェックボックスをオフにする。

●この節の修正によって、CustomerCardフォームは常に1件のデータだけが表示対象になるため、ページング機能が不要になる。

13

ソリューションエクスプローラーで [CustomerList.aspx] を右クリックして、ショートカットメニューの [スタートページに設定] をクリックする。

以上で、[顧客一覧] フォームで指定したデータを表示するための [顧客情報] フォームの修正が完了しました。

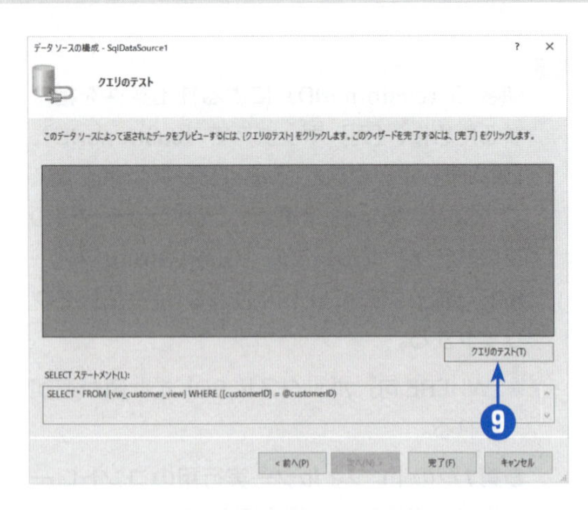

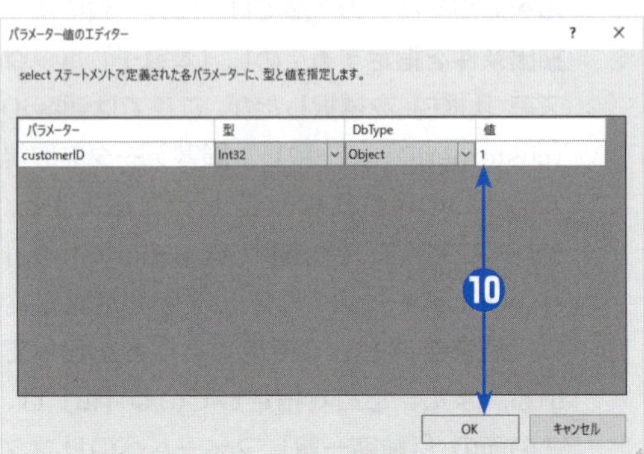

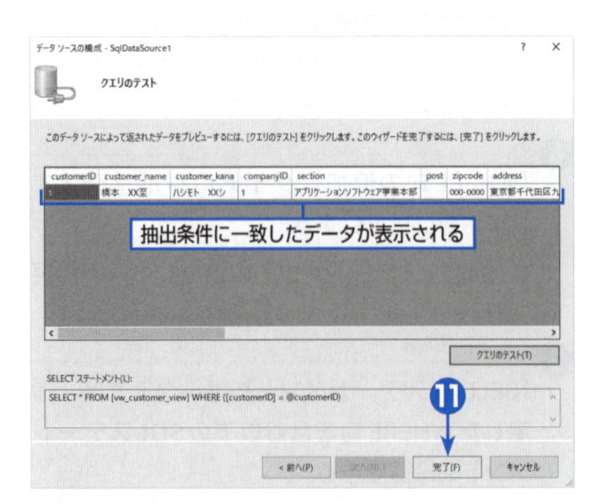

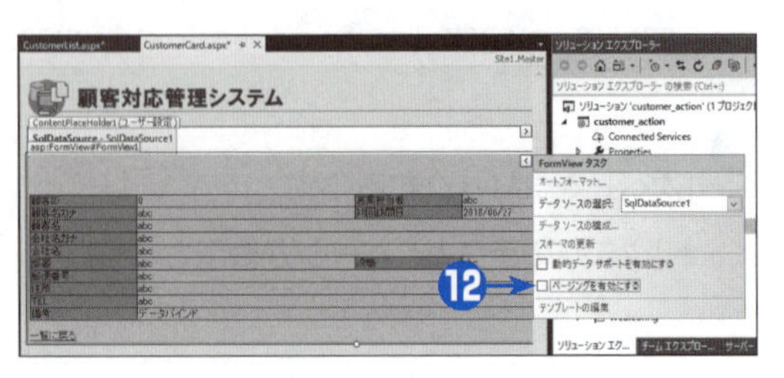

プログラムの実行

完成した［顧客一覧］フォームと［顧客情報］フォームの動作を確認しましょう。

1

［デバッグ］メニューの［デバッグの開始］をクリックするか、F5を押す。

➡ Webアプリケーションがテスト実行され、［顧客一覧］フォームで全件のデータが表示される。

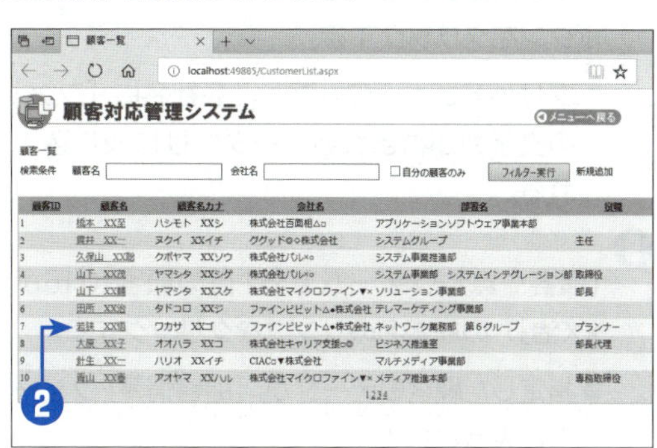

2

［顧客一覧］フォームで7件目の顧客（「若狭 XX悟」）の顧客名のリンクをクリックする。

➡ 指定した顧客のデータが、［顧客情報］フォームに表示される。

●Webブラウザーのアドレスバーに表示されているURLアドレスは、「…/CustomerCard.aspx?id=7」となっており、クエリ文字列として［顧客一覧］フォームで選択した顧客IDが指定されていることがわかる。

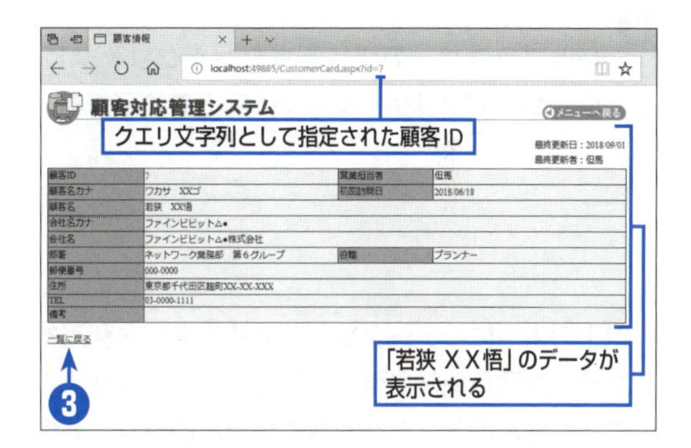

3

［一覧に戻る］リンクをクリックする。

➡ ［顧客一覧］フォームに戻る。

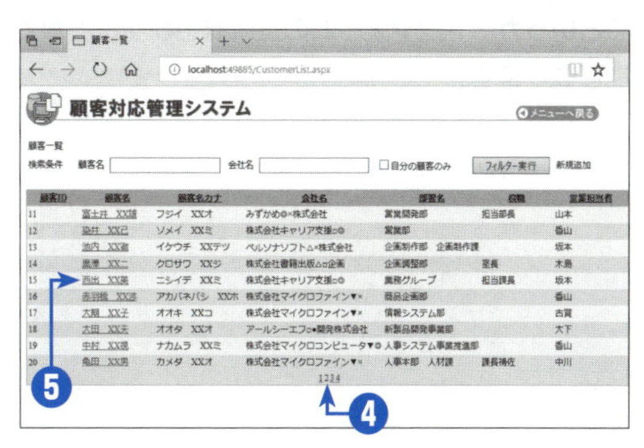

4

［顧客一覧］フォームでページ番号の「2」をクリックする。

➡ ［顧客一覧］フォームのデータが2ページ目に切り替わる。

5

2ページ目の［顧客一覧］フォームで、5件目の顧客（「西出 XX美」）の顧客名のリンクをクリックする。

➡ 指定した顧客のデータが、［顧客情報］フォームに表示される。

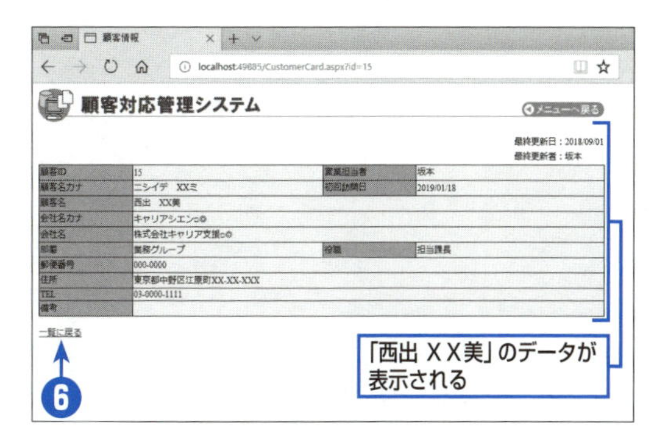

6

［一覧に戻る］リンクをクリックする。

➡ ［顧客一覧］フォームに戻る。

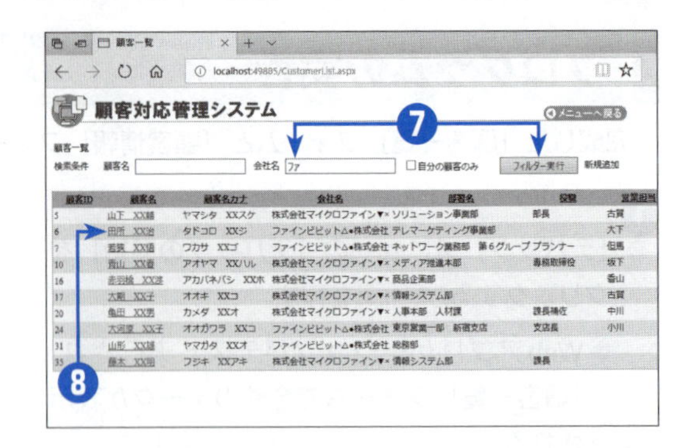

7

［顧客一覧］フォームの抽出条件の［会社名］ボックスに**ファ**と入力して、［フィルター実行］ボタンをクリックする。

➡ グリッドビューの一覧が、会社名に「ファ」の文字列が含まれるデータだけに絞り込まれる。

8

［顧客一覧］フォームで2件目の顧客（「田所 XX治」）の顧客名のリンクをクリックする。

➡ 指定した顧客のデータが、［顧客情報］フォームに表示される。

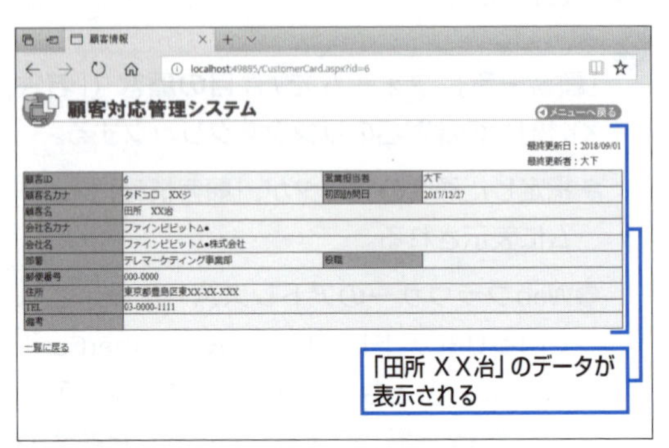

9

Webブラウザーの閉じるボタンをクリックして、Webアプリケーションの実行を終了する。

以上のように、データソースの抽出条件を利用することで、リスト型フォームとカード型フォームを連携したデータ閲覧機能を作成することができます。このように2つのフォームを連携させることによって、一度にたくさんのデータを閲覧できるというリスト型フォームの長所と、必要な情報をわかりやすく列挙できるというカード型フォームの長所を生かすことができ、使いやすいWeb-DBシステムを作り上げることが可能になります。

カード型フォームでの空データ表示

この章で作成した［顧客情報］フォームは、リスト型の［顧客一覧］フォームで選択した顧客データを表示する仕組みを採用しています。そのため、通常の場合には、カード型フォームにデータが表示されないということは発生しません。

しかし、カード型フォームであっても、この章の「2 フォームビューのレイアウトを調整する」で作成した［顧客情報］フォームのように、標準のページング機能を有効にしたWebフォームであれば、直接メニューから表示するといった使い方をすることもあります。そのような場合に、システムの運用開始直後でまだ1件のデータも登録されていなかったり、「第7章 リスト型画面の作成2－フィルター機能の追加」で装備したフィルター機能のように、抽出条件を指定した場合に該当するデータが存在しなかったりすることも考えられます。

対象となるデータが存在しない場合には、フォームビューは何も表示しない状態になり、Web-DBシステムを利用するユーザーは、「プログラムがうまく動作していないのか」、「まだWebサーバーからデータが返されていないのか」といった判断を行うことができません。

そのような対策として、カード型フォームでも、フォームビューの「EmptyDataTemplate」を利用して、Webフォームに表示するデータが存在していないことをユーザーに伝えるメッセージを作成するようにしてください。

フォームビューの「EmptyDataTemplate」の設定は、グリッドビューの場合と同様の手順で行うことができます。詳細については、第7章の「2 空データ時のメッセージを準備する」を参照してください。

以下の図は、抽出条件を指定できるようにしたカード型フォームで、対象データが存在しない条件を指定した場合の動作例です。

なお、この章で開発したプログラムにおいても、［顧客情報］フォームのURLアドレスのクエリ文字列を修正して、「?id=99999」のように存在しない顧客IDを指定した場合には、「EmptyDataTemplate」での設定内容が表示されます（現在の［顧客情報］フォームでは何も設定していないため、空白のページになります）。

抽出条件を指定する

対象データが存在しない場合には
メッセージが表示される

カード型画面の作成2－編集画面の作成

第 9 章

この章では、前の章で作成した［顧客情報］フォームに、編集用および新規追加用のテンプレートを追加します。このフォームでは、データベースに正しくデータを登録するためにエラーチェック機能を装備して、不正なデータについてはフォーム上にエラーメッセージを表示するようにします。

▼この章で学習する内容

STEP 1 ［顧客情報］フォームのデータソースを修正して、更新や新規追加で利用するSQLステートメントを準備します。

STEP 2 表示用テンプレートに、編集画面に遷移するための［編集］ボタンを配置します。

STEP 3 編集用テンプレートを作成して、各コントロールの設定を行います。また、編集用テンプレートをコピーして、新規追加用テンプレートを作成します。

STEP 4 ［顧客一覧］フォームの［新規追加］ハイパーリンクに、［顧客情報］フォームに遷移する機能を設定します。

STEP 5 ［顧客情報］フォームにフォーム遷移の制御と登録時処理のプログラムを記述します。

STEP 6 編集用テンプレートと新規追加用テンプレートの両方に、検証コントロールによるエラーチェック機能を装備します。

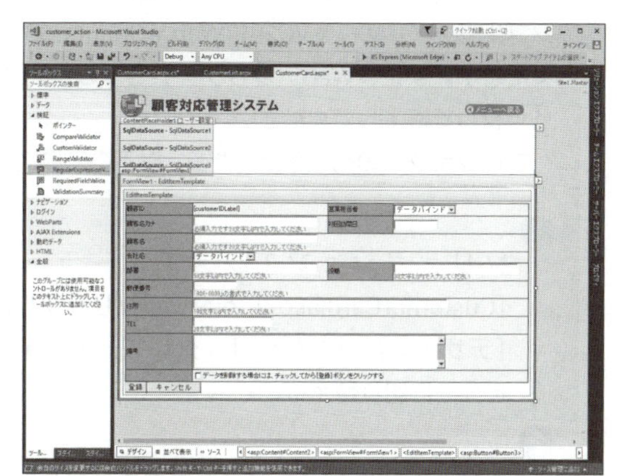

▲［顧客情報］フォームの編集用テンプレート

▲［顧客情報］フォーム（編集画面）

1 フォームビューの登録画面を作成する

この節では、前の章で作成した［顧客情報］フォーム（CustomerCardフォーム）のデータソースを修正して、フォームビューに編集用と新規追加用のテンプレートを追加します。

データソースの修正

現時点では、［顧客情報］フォーム（CustomerCardフォーム）で利用しているデータソースには、更新や新規追加で利用するSQLステートメントが準備されていません。更新にはUPDATE命令を使用したSQLステートメントが、新規追加にはINSERT命令を使用したSQLステートメントが必要になります。ここでは、これらのSQLステートメントを使用できるように、フォームに配置されているデータソースを修正します。

なお、この章では、前の章で作成したプロジェクトを引き続き使用します。または、ダウンロードしたサンプルファイルの［¥VC2017Web¥Chapter09¥customer_action］フォルダーのプロジェクトを使用してください。また、Webアプリケーションが実行されている場合には、Webブラウザーの閉じるボタンをクリックして終了してください。

プロジェクトの用意ができたら、以下の手順で［顧客情報］フォームのデータソースを修正してください。

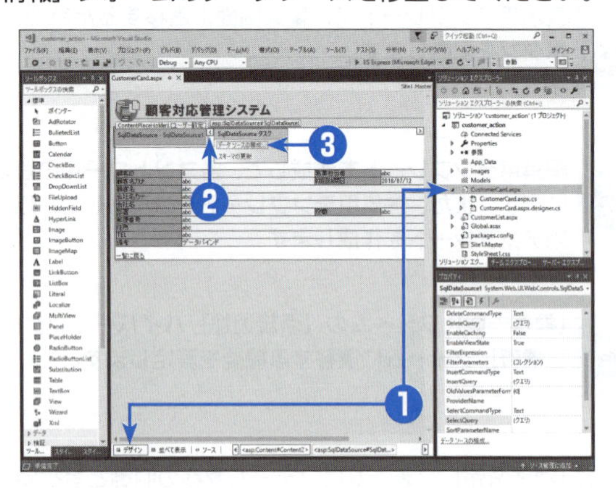

1. ソリューションエクスプローラーで［CustomerCard.aspx］をダブルクリックし、［デザイン］タブをクリックして、デザインビューに切り替える。

2. SqlDataSource1データソースを選択して、スマートタググリフ（右向き三角矢印）をクリックする。
   - スマートタグが表示される。

3. スマートタグで［データソースの構成］をクリックする。
   - データソースの構成ウィザードが起動して、［データ接続の選択］ページが表示される。

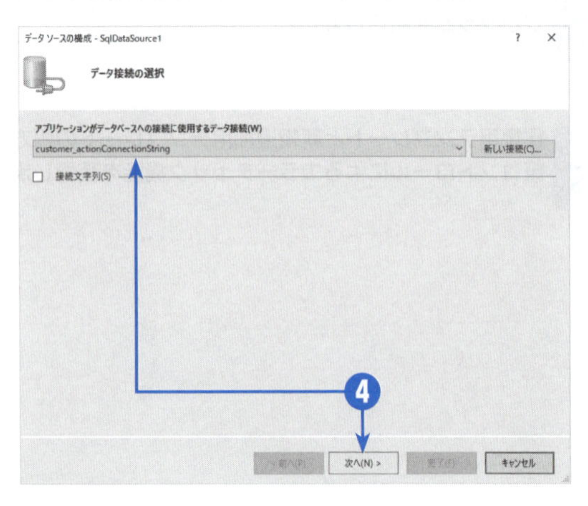

4. データ接続として［customer_action ConnectionString］が選択されていることを確認して、［次へ］をクリックする。
   - ［Selectステートメントの構成］ページが表示される。

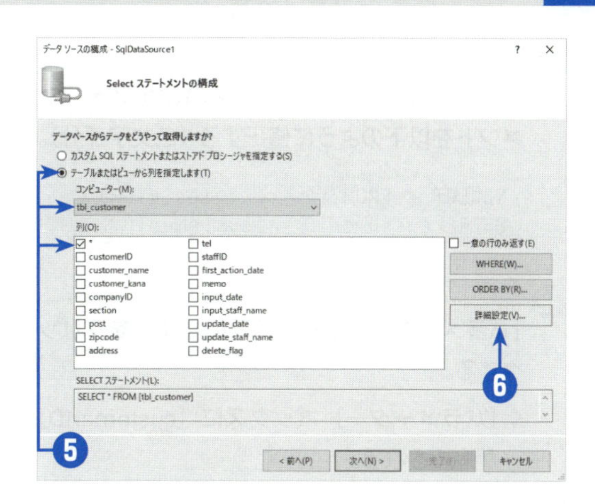

5

[テーブルまたはビューから列を指定します]を選択し、[コンピューター] ボックスで [tbl_customer] を選択して、[*] チェックボックスをオンにする。

●更新用や新規追加用のSQLステートメントを生成するには、単一のテーブルを対象にしたデータソースにしなければならない。

6

[詳細設定] をクリックする。

➧[SQL生成の詳細オプション] ダイアログボックスが表示される。

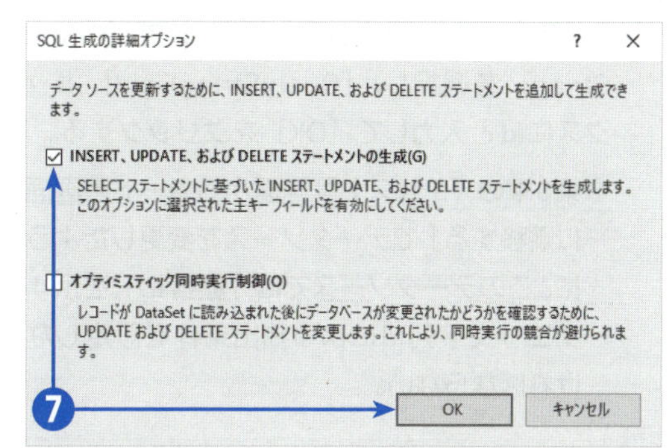

7

[INSERT、UPDATE、およびDELETEステートメントの生成] チェックボックスをオンにして、[OK] をクリックする。

●チェックボックスをオンにしたことによって、選択したテーブルに対するINSERTステートメント、UPDATEステートメント、DELETEステートメントが生成される。

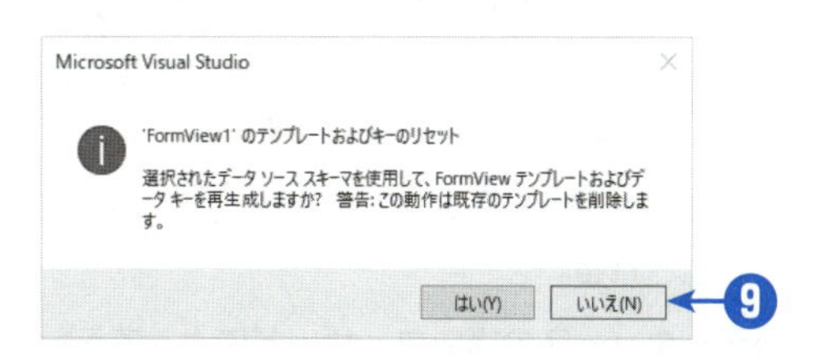

8

[Selectステートメントの構成ページ] で [次へ] をクリックして、[クエリのテスト] ページで [完了] をクリックする。

➧データソースが変更されたことにより、フォームビューのテンプレートの内容をリセットするかどうかを確認するメッセージが表示される。

9

ここでは、作成済みのテンプレートを変更する必要はないため、[いいえ] をクリックする。

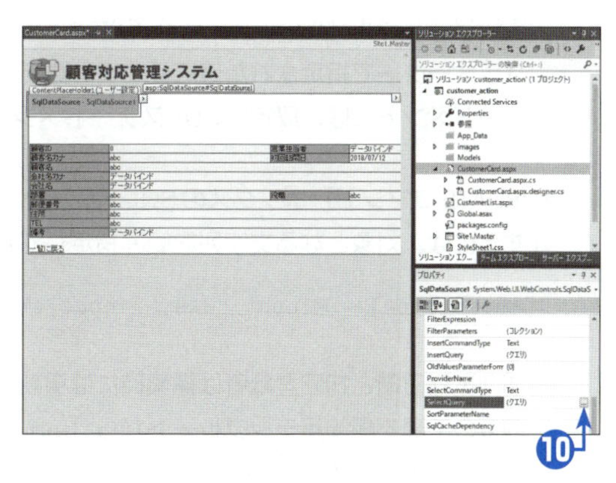

10

SqlDataSource1データソースのプロパティウィンドウで [SelectQuery] ボックスを選択して、右側の [...] をクリックする。

➧[コマンドおよびパラメーターのエディター] ダイアログボックスが表示される。

⓫ [SELECTコマンド] ボックスのSQLステートメントを以下のように修正する（色文字部分）。

```
SELECT * FROM [vw_customer_view]
WHERE customerID = @customerID
```

⓬ [パラメーターを最新の情報に更新] をクリックする。

➡ [パラメーター] ボックスに [customerID] が追加される。

⓭ [パラメーターソース] ボックスで [Query String] を選択し、[QueryStringField] ボックスに**id**と入力して [OK] をクリックする。

●第8章の「3 リスト型画面からカード型画面に遷移する」でデータソースを変更したように、このデータソースでは「顧客ID」を示すクエリ文字列idによる抽出条件を設定しなければならない。

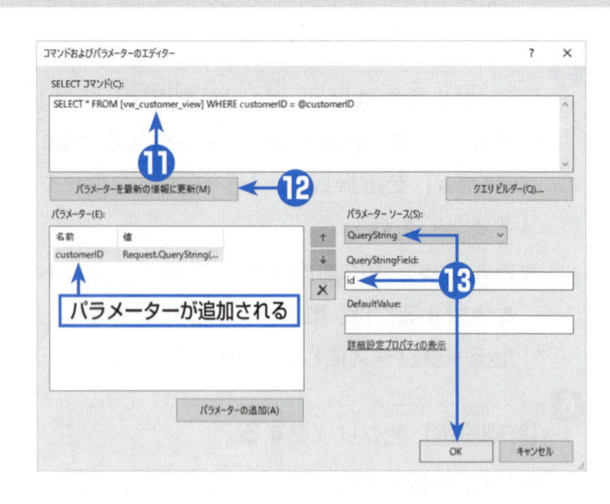

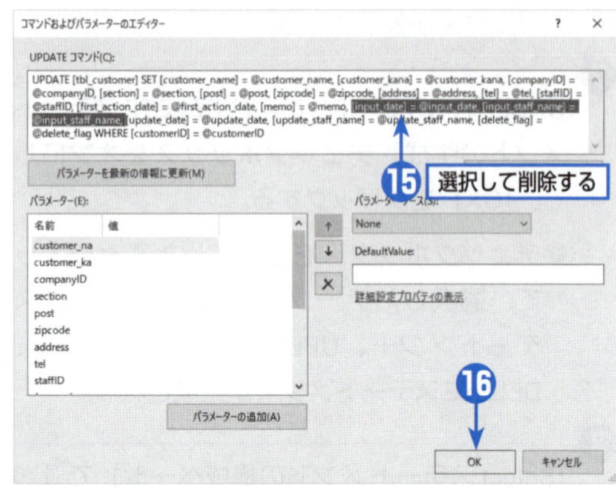

⓮ SqlDataSource1データソースのプロパティウィンドウで [UpdateQuery] ボックスを選択して、右側の [...] をクリックする。

➡ UPDATEステートメントによる [コマンドおよびパラメーターのエディター] ダイアログボックスが表示される。

●データソースの構成ウィザードによってデータソースに設定されたUPDATEステートメントでは、顧客情報テーブル（tbl_customer）の主キーである顧客ID（customerID）以外のすべての列に対して、パラメーターで指定された値でデータを更新するように記述されている。なお、UPDATE、DELETEステートメントには、既定のSQLステートメントでパラメーターによるWHERE句が設定されている。

⓯ [UPDATEコマンド] ボックスのSQLステートメントで、以下の文字列を削除する。なお、文字列を削除するには、対象となる文字列を範囲指定してから Delete を押す。

```
[input_date] = @input_date, [input_staff_name] = @input_staff_name,
```

●初回登録日時と初回登録者は編集時には更新しないため、UPDATEステートメントから削除する。この後の手順で編集用テンプレートから [input_date] と [input_staff_name] に連結したコントロールを削除するため、UPDATEステートメントを変更しておかなければ、更新時にこれらの列の内容がクリアされてしまう。

⓰ [OK] をクリックする。

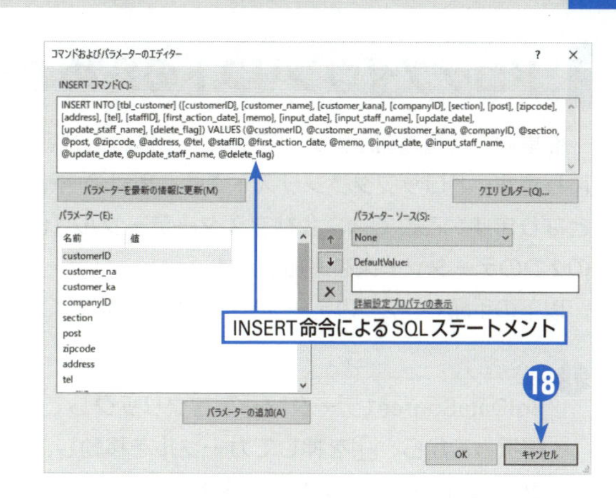

⑰ ここまでの操作で、SELECTステートメントとUPDATEステートメントの修正が終了したが、データソースには、その他にINSERTステートメントとDELETEステートメントも用意されている。今回は修正の必要はないが、ここで生成されているSQLステートメントの確認だけを行っておく。SqlDataSource1データソースのプロパティウィンドウで［InsertQuery］ボックスを選択して、右側の［...］をクリックする。

➡INSERTステートメントによる［コマンドおよびパラメーターのエディター］ダイアログボックスが表示される。

●INSERTステートメントは、顧客情報テーブル（tbl_customer）のすべての列に対して、パラメーターで指定された値を用いて、新しい行を挿入するように記述されている。

⑱ ［キャンセル］をクリックする。

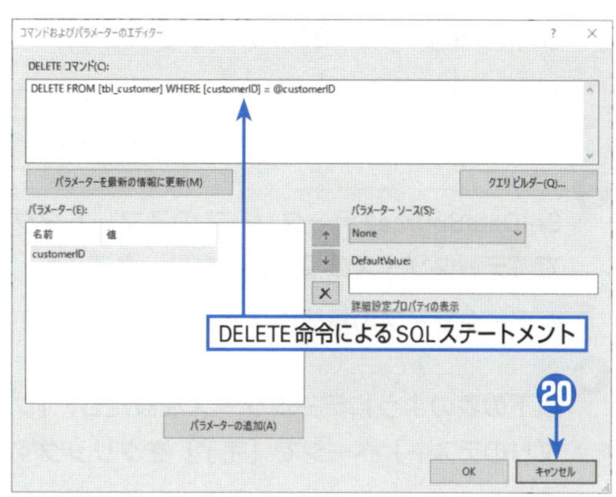

⑲ SqlDataSource1データソースのプロパティウィンドウで［DeleteQuery］ボックスを選択して、右側の［...］をクリックする。

➡DELETEステートメントによる［コマンドおよびパラメーターのエディター］ダイアログボックスが表示される。

●DELETEステートメントは、顧客情報テーブル（tbl_customer）のうち、顧客ID（customerID）で指定された行を削除するように記述されている。

⑳ ［キャンセル］をクリックする。

以上で、［顧客情報］フォームのデータソースに、更新と新規追加で使用するSQLステートメントが準備できました。

ヒント

なぜ、単一のテーブルを対象にするのか？

更新や新規追加を行うためのデータソースでは、更新用にUPDATE命令、新規追加用にINSERT命令を使用したSQLステートメントが必要になります。UPDATE命令やINSERT命令は、複数のテーブルを結合したビューに対して実行した場合には、対象となるテーブルが特定できずに処理が失敗することもあるため、基本的には単一のテーブルを元にしてSQLステートメントを作成しなければなりません。

ドロップダウンリストのためのデータソースの追加

編集用と新規追加用のテンプレートでは、会社名と営業担当者をドロップダウンリストで選択できるようにします。ドロップダウンリストでは、項目の一覧のソース（値の取得元のテーブルまたはビュー）が必要となります。ここでは、会社マスターテーブル（tbl_company）とスタッフマスターテーブル（tbl_staff）の2つのデータソースを追加します。

以下の手順で、2つのデータソースを追加してください。

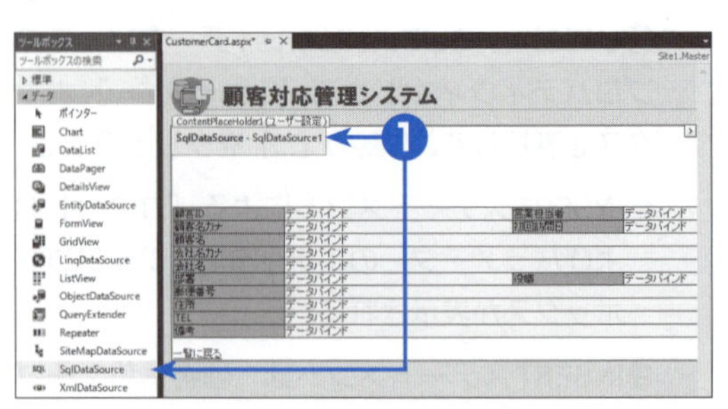

❶ SqlDataSource1データソースをクリックして選択してから、⇥を押してカーソルを移動し、ツールボックスの［データ］グループで［SqlDataSource］をダブルクリックする。

➡ フォーム上にSqlDataSource2データソースが配置され、スマートタグが表示される。

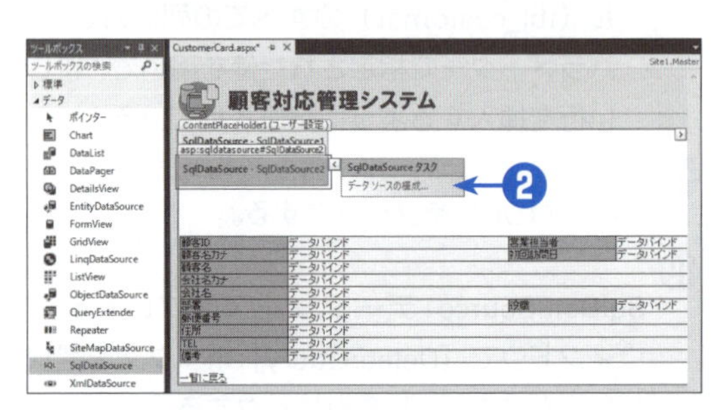

❷ SqlDataSource2データソースのスマートタグで［データソースの構成］をクリックする。

➡ データソースの構成ウィザードが起動する。

❸ 以下の表のようにデータソースを設定し、［クエリのテスト］ページで［完了］をクリックする。

ページ	設定内容
データ接続の選択	［customer_actionConnectionString］を選択する。
Selectステートメントの構成	［テーブルまたはビューから列を指定します］を選択し、［コンピューター］ボックスで［tbl_company］を選択して、［列］ボックスで［*］チェックボックスをオンにする。

❹ 手順❶、❷と同様にして、SqlDataSource3データソースを配置し、データソースの構成ウィザードを起動する。

❺ 以下の表のようにデータソースを設定し、［クエリのテスト］ページで［完了］をクリックする。

ページ	設定内容
データ接続の選択	［customer_actionConnectionString］を選択する。
Selectステートメントの構成	［テーブルまたはビューから列を指定します］を選択し、［コンピューター］ボックスで［tbl_staff］を選択して、［列］ボックスで［*］チェックボックスをオンにする。

以上で、［顧客情報］フォームの更新時および新規追加時にドロップダウンリストで利用するための、データソースの準備ができました。

表示用テンプレートの修正（[編集] ボタンの追加）

「第8章 カード型画面の作成1－閲覧画面の作成」で作成したCustomerCardフォームでは、閲覧画面から編集画面に遷移する機能を装備していません。閲覧画面から編集画面への遷移は、リンクボタンやボタンへの簡単なプロパティ設定だけで実現できます。ここでは、CustomerCardフォームの表示用テンプレートに、編集画面に遷移するための［編集］ボタンを装備します。

1

フォームビューをクリックして選択し、スマートタググリフをクリックして、スマートタグで［テンプレートの編集］をクリックする。

➡ フォームビューがテンプレート編集モードで表示される。

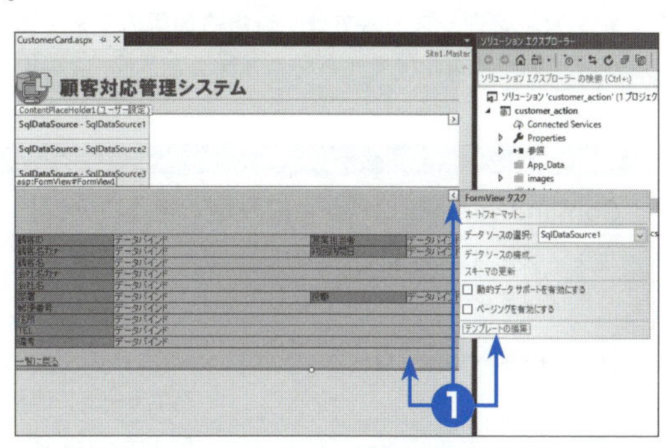

2

フォームビューのタイトル（上部のグレーのバー）が、「FormView1-ItemTemplate」となっていることを確認し、フォームビューの最下行にある［一覧に戻る］ハイパーリンクをクリックしてから⊟を押す。

➡［一覧に戻る］ハイパーリンクの左側にカーソルが移動する。

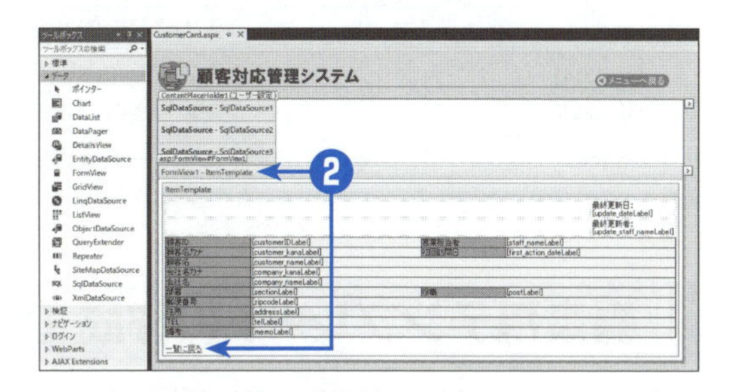

3

ツールボックスの［標準］グループで［Button］をダブルクリックする。

➡［一覧に戻る］ハイパーリンクの左にボタンが追加される。

4

配置したボタンを選択し、プロパティウィンドウで［CommandName］ボックスに**Edit**と入力し、［Text］ボックスの値を**編集**に変更する。

●CommandNameプロパティは、ボタン（Button）やリンクボタン（LinkButton）などのサーバーコントロール用の特殊なプロパティで、ボタンやリンクボタンをクリックしたときに実行するコマンド（処理）を指定できる。「Edit」と指定した場合には、編集用テンプレートを表示する。

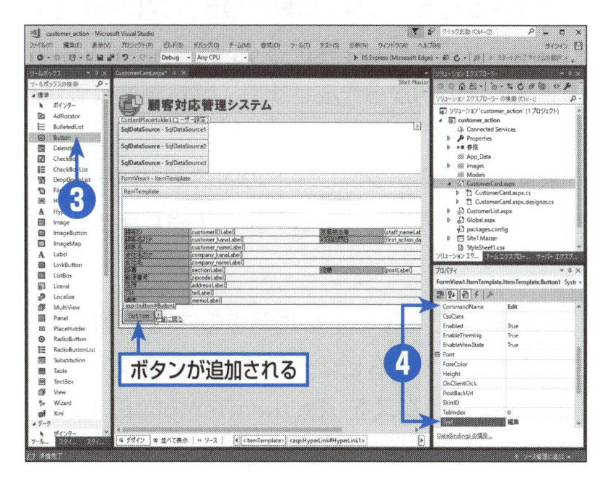

以上で、表示用テンプレートから編集用テンプレートに遷移するための［編集］ボタンができあがりました。

ヒント

新規追加用テンプレートに移動する場合

手順❹のように、ボタンやリンクボタンのCommand Nameプロパティに「Edit」と指定すると編集用テンプレートを表示しますが、「New」と指定すると新規追加用テンプレート（InsertItemTemplate）を表示できます。
顧客対応管理システムでは、新規追加用のフォームへは［顧客一覧］フォームから遷移するため、ここでは「New」を指定したボタンやリンクボタンは使用しませんが、第8章の「2 フォームビューのレイアウトを調整する」までに作成したWebフォームのように、ページング機能を装備したカード型フォームを使用する場合には、新規追加用テンプレートを表示するためのボタンやリンクボタンが必要となります。

ヒント

ComandNameプロパティに設定できるコマンド

フォームビューのボタンやリンクボタンに設定できる主なコマンドには、以下のものがあります。

CommandNameプロパティの値	動作
Edit	編集モードに遷移する（編集用テンプレートの表示）。
New	挿入モードに遷移する（新規追加用テンプレートの表示）。
Insert	入力された内容でデータを挿入する。
Update	入力された内容でデータを更新する。
Delete	データを削除する。
Cancel	ユーザーの操作を取り消して、表示モードに戻る。

編集用テンプレートの作成（必要なコントロールの配置）

フォームビューには、編集用のテンプレートとして「EditItemTemplate」が用意されています。ここでは、編集用テンプレートを修正して、顧客データの編集画面を作成しましょう。なお、手順を簡単にするために、編集画面は最初から作成せずに、閲覧画面（表示用テンプレート）のテーブルをコピーして利用することにします。

まず、表示用テンプレートの内容をコピーして、顧客データの編集画面に必要なコントロールの配置や調整を行い、不要なコントロールを削除します。

❶ 編集用テンプレートの現時点の内容を確認するため、フォームビューのスマートタグで、［表示名］ボックスを［EditItemTemplate］に変更する。

➡ テンプレートの編集対象が編集用テンプレート（EditItemTemplate）に切り替わる。

●編集用テンプレートでは、登録済みのデータの主キーの値を変更できないようにするため、主キーの列（ここではcustomerID）だけがラベルとして配置されていることが確認できる。それ以外の列は、テキストボックスまたはチェックボックスに連結している。

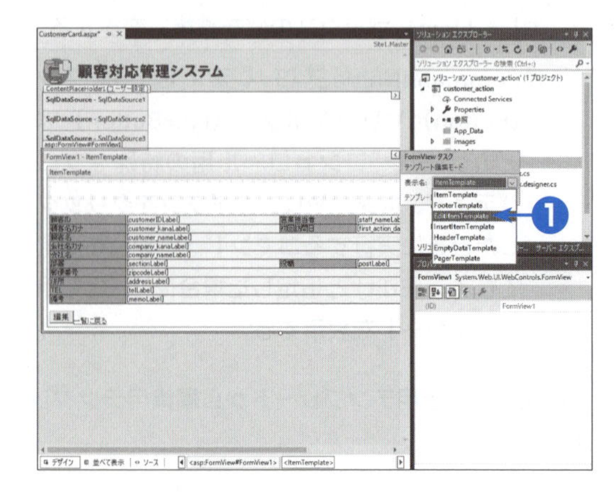

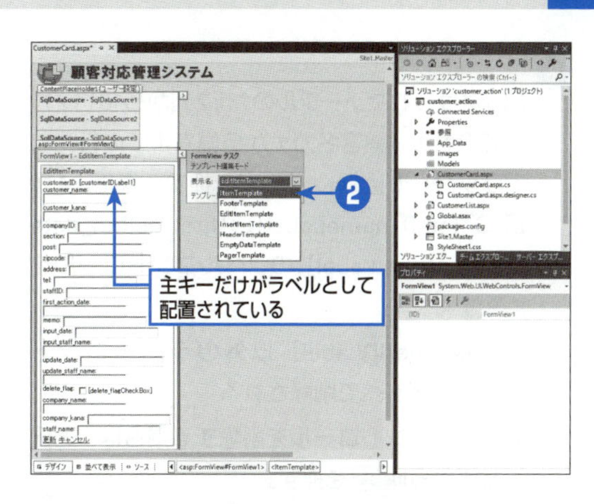

❷ フォームビューのスマートタグで、［表示名］ボックスを［ItemTemplate］に変更する。

➡ テンプレートの編集対象が表示用テンプレート（ItemTemplate）に切り替わる。

❸ フォームビューの中に配置されているテーブルで［顧客ID］欄をクリックしてから、Webフォームデザイナーの下部にあるタグの階層表示領域で［<table.auto-style2>］をクリックする。

➡ テーブル全体が選択され、プロパティウィンドウのドロップダウンリストに「<TABLE>」と表示される。

● タグの階層表示領域には、現在フォーカスのあるタグが含まれるHTMLの階層構造が表示され、いずれかのタグをクリックすることでその構造全体を選択できる。

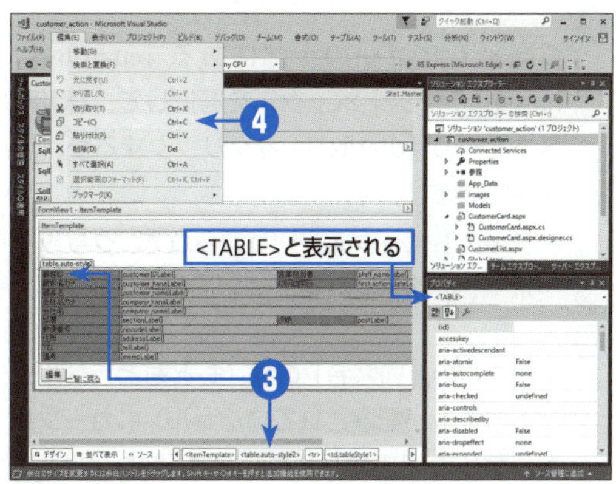

❹ ［編集］メニューの［コピー］をクリックするか、Ctrl＋Cを押す。

➡ クリップボードにテーブル全体がコピーされる。

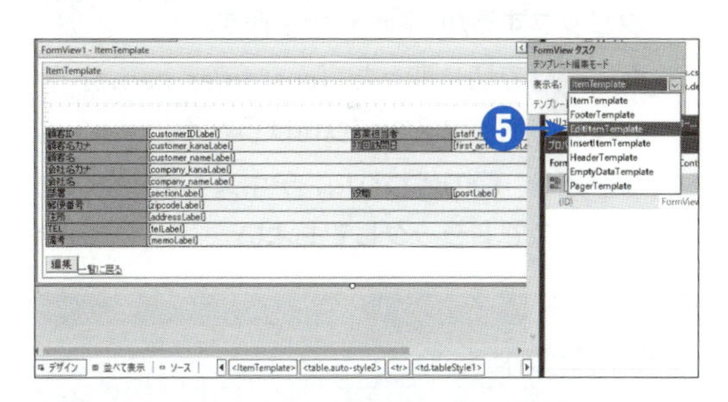

❺ フォームビューのスマートタグで、［表示名］ボックスを［EditItemTemplate］に変更する。

➡ テンプレートの編集対象が編集用テンプレート（EditItemTemplate）に切り替わる。

❻ フォームビューの最下部にある［更新］リンクボタンを選択してから←を押す。

➡ ［更新］リンクボタンの左にカーソルが移動する。

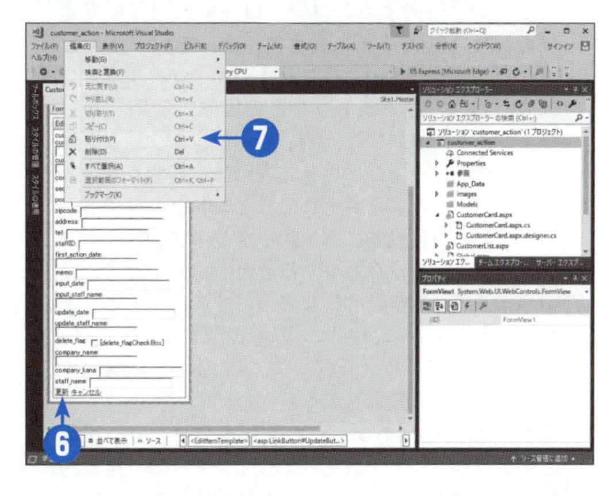

❼ ［編集］メニューの［貼り付け］をクリックするか、Ctrl＋Vを押す。

➡ 手順❹でコピーしたテーブルが貼り付けられる。

8

貼り付けられたテーブルの2行2列から10行2列までのセル（顧客名カナから備考までの行）をドラッグして選択し、Deleteを押す。また、4列目の［staff_nameLabel］、［first_action_date Label］、［postLabel］のラベルコントロールを削除する。

➡［customerIDLabel］以外のラベルコントロールがすべて削除される。

●個々にコントロールを削除する場合は、選択してからDeleteを押す。

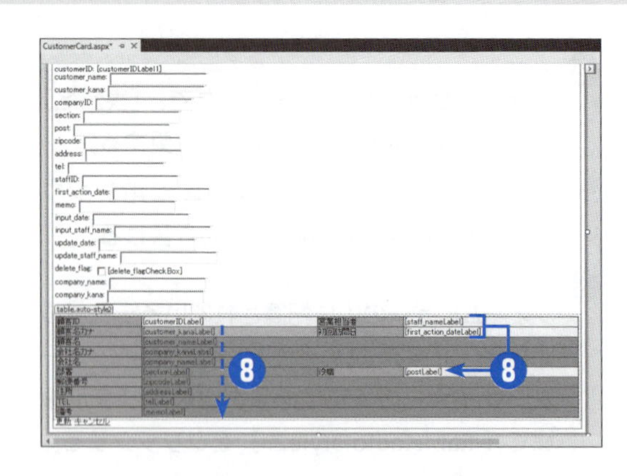

9

フォームビューの上部にある［customer_name］テキストボックスを選択して、［編集］メニューの［切り取り］をクリックするか、Ctrl＋Xを押す。

➡テキストボックスが切り取られて、クリップボードに格納される。

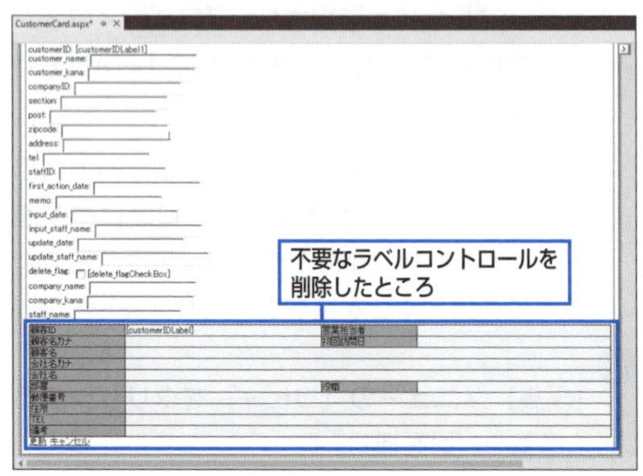

10

テーブルの「顧客名」の欄（もともとラベルコントロールが配置されていたセル）にカーソルを移動して、［編集］メニューの［貼り付け］をクリックするか、Ctrl＋Vを押す。

➡手順9で切り取った［customer_name］テキストボックスが貼り付けられる。

●手順9、10の代わりに、テキストボックスをマウスでドラッグしてもよい。

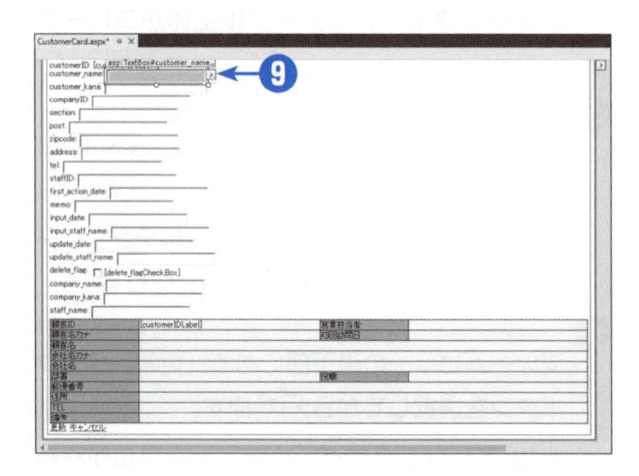

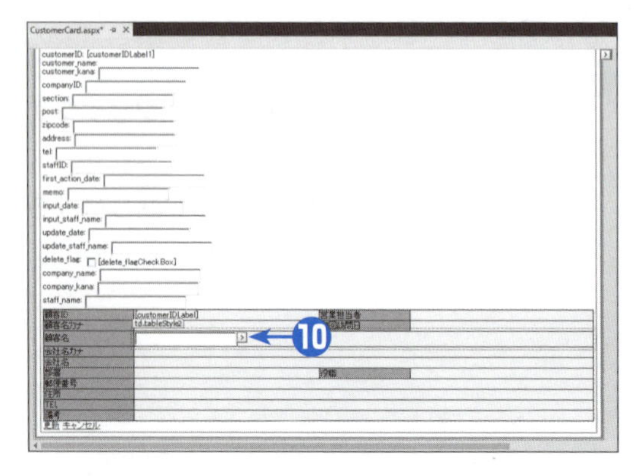

ヒント

作業領域の拡大

ここでの手順のようにコントロールを配置し直す場合には、Webフォームデザイナーを広く使用したいものです。そのようなときには、ツールボックスや［出力］ウィンドウなどの操作に使用しないウィンドウについては、閉じるボタンをクリックして、一時的にウィンドウを非表示にしておくとよいでしょう。また、それぞれのウィンドウのタイトルバーにある［自動的に隠す］ボタン（プッシュピンのアイコン）をクリックすることで、使用していないウィンドウを自動的に非表示にすることもできます。これらのウィンドウを再度表示する場合には、［表示］メニューや［デバッグ］メニューから該当するウィンドウを表示してください。
なお、本書でWebフォームデザイナーを広く表示している画面は、それぞれのウィンドウの［自動的に隠す］ボタンをクリックした状態にしています。

⓫ 同様の手順で、以下のコントロールを移動する。

●ここでは同じ処理を何度も繰り返すため、[編集] メニューではなく、ショートカットキー（Ctrl＋Xと Ctrl＋V）を利用するとよい。

テキストボックス	移動先の欄
customer_kana	顧客名カナ
first_action_date	初回訪問日
section	部署
post	役職

テキストボックス	移動先の欄
zipcode	郵便番号
address	住所
tel	TEL
memo	備考

●会社名や営業担当者などについては、顧客情報テーブル（tbl_customer）の列ではないため、編集用テンプレートでは入力を行わない。そのため、これらのテキストボックスは移動しない。なお、会社名と営業担当者は、この後の手順でドロップダウンリストを配置して、各マスターの主キーの値（コード）を選択できるようにするため、companyIDとstaffIDのテキストボックスも移動しない。

⓬ テーブルの［備考］欄にカーソルを移動して、[テーブル] メニューの［挿入］－[下に行を挿入］をクリックする。

➡テーブルの最下行に空の行が追加される。

⓭ 追加した行の2列目に、手順❾、❿と同様にして、[delete_flagCheckBox] チェックボックスを移動する。

⓮ [delete_flagCheckBox] チェックボックスを選択して、プロパティウィンドウの［Text］ボックスに**データを削除する場合には、チェックしてから［登録］ボタンをクリックする**と入力し、[Width] ボックスに**500px**と入力する。

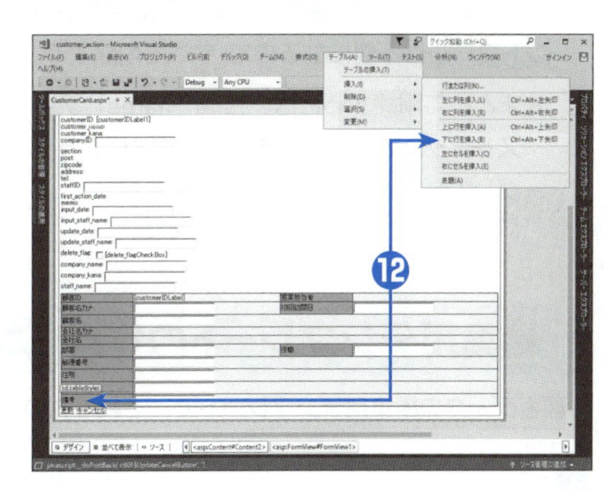

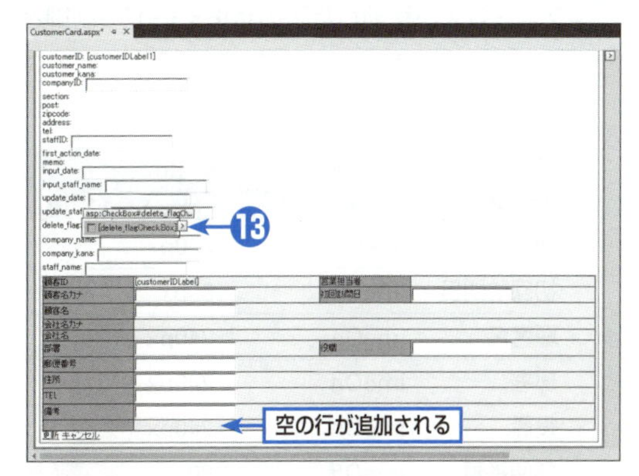

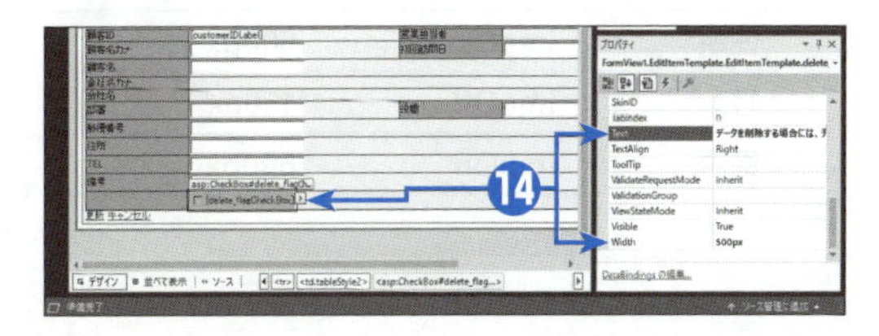

⑮

［会社名カナ］欄にカーソルを移動して、［テーブル］メニューの［削除］－［行の削除］をクリックする。

➡［会社名カナ］の行が削除される。

●ここでは顧客情報テーブル（tbl_customer）を対象とした編集画面を作成しているため、データソースでもtbl_customerテーブルを元にしたUPDATEステートメントやINSERTステートメントを作成した。「会社名カナ」は会社マスターテーブル（tbl_company）の列であり、ここで更新することはできないためテンプレートから削除する。

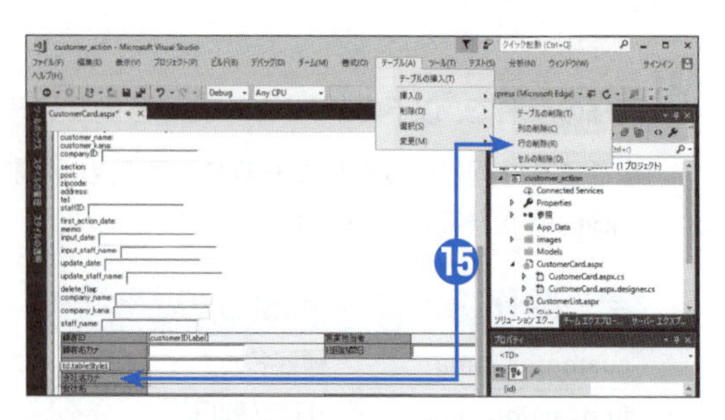

⑯

フォームビューの上部に残っている文字列やコントロールは不要になるので、すべて削除する。

●まとめて削除するには、［staff_name］テキストボックスの右からそのまま左上にドラッグして全体を範囲選択し、Deleteを押す。

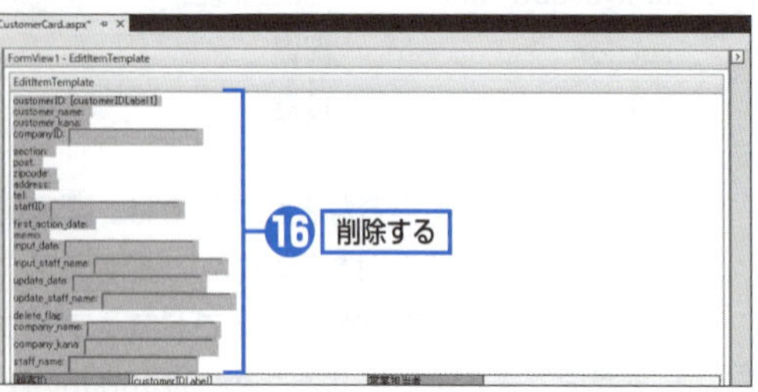

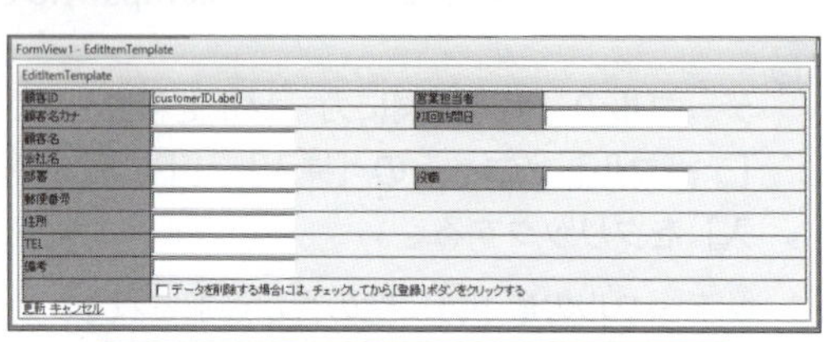

コントロールを配置し終えた編集用テンプレート

編集用テンプレートの作成（コントロールのプロパティ設定）

顧客データの編集用テンプレートで、それぞれのコントロールにプロパティを設定します。

❶

フォーカスが移動した際のIMEモードの制御と、コントロールの幅を設定するために、それぞれのテキストボックスをクリックして、プロパティウィンドウで以下の表のように［CssClass］ボックスと［Width］ボックスの値を設定する。

テキストボックス	CssClassプロパティの値	Widthプロパティの値
顧客名カナ	imeOn	240px
初回訪問日	imeOff	80px
顧客名	imeOn	240px
部署	imeOn	240px
役職	imeOn	240px
郵便番号	imeOff	80px
住所	imeOn	500px
TEL	imeOff	150px
備考	imeOn	500px

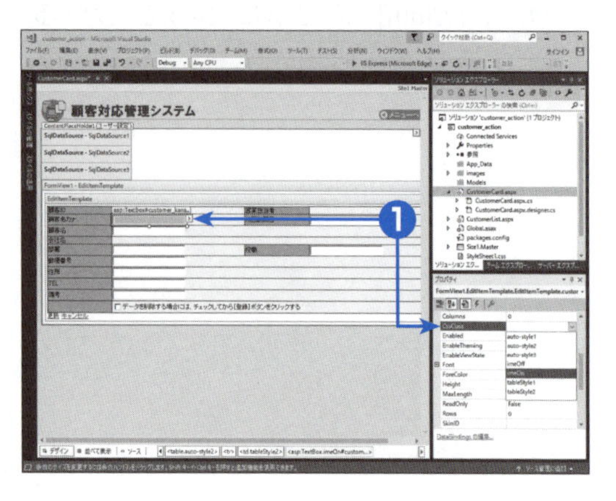

2

[初回訪問日] テキストボックスのスマートタググリフをクリックして、スマートタグで [DataBindingsの編集] をクリックする。

➡ [first_action_dateTextBox DataBindings] ダイアログボックスが表示される。

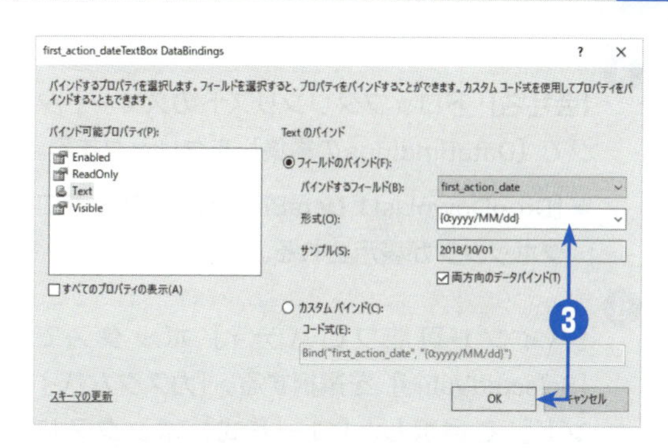

3

[形式] ボックスを{0:yyyy/MM/dd}に変更して、[OK] をクリックする。

●[フィールドのバインド] が選択できない場合には、[カスタムバインド] の [コード式] ボックスをBind("first_action_date", "{0:yyyy/MM/dd}")と修正する。

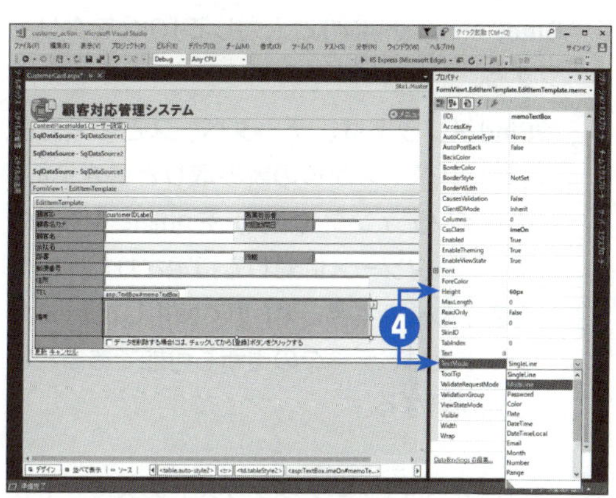

4

[備考] テキストボックスでは複数行の入力を許可するために、プロパティウィンドウの [TextMode] ボックスを [MultiLine] に設定して、[Height] ボックスに60pxと入力する。

5

「会社名」の欄（2列目のセル）にカーソルを移動して、ツールボックスの [標準] グループで [DropDownList] をダブルクリックする。

➡ ドロップダウンリストが配置される。

●ツールボックスが表示されていない場合には、[表示] メニューの [ツールボックス] をクリックする。

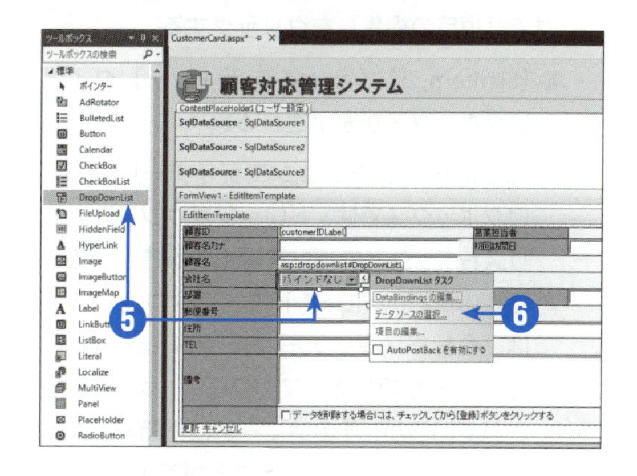

6

ドロップダウンリストのスマートタグで [データソースの選択] をクリックする。

➡ データソース構成ウィザードが起動する。

7

以下の表のようにデータソースを設定して、[OK] をクリックする。

項目	設定する値	説明
[データソースの選択] ボックス	SqlDataSource2	会社マスターテーブル（tbl_company）を元にしたデータソースを使用する。
[DropDownListで表示するデータフィールドの選択] ボックス	company_name	ドロップダウンリストの選択肢として画面上に表示される列を指定する。
[DropDownListの値のデータフィールドの選択] ボックス	companyID	ドロップダウンリストの値として設定される列を指定する。バインドの設定を行った場合には、ここで選択した列の値がデータベースに格納される。

8

［会社名］ドロップダウンリストのスマートタグで［DataBindingsの編集］をクリックする。

➡［DropDownList1 DataBindings］ダイアログボックスが表示される。

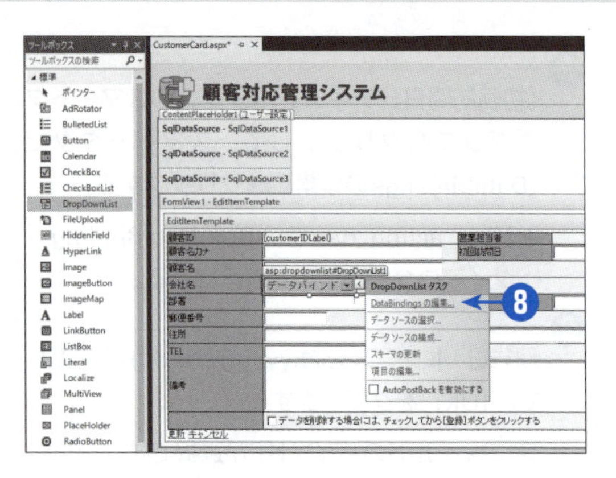

9

［バインド可能プロパティ］ボックスで［SelectedValue］を選択する。［カスタムバインド］を選択し、［コード式］ボックスに**Bind("companyID")**と入力して［OK］をクリックする。

●Bindメソッドは、データベースとの双方向（データベースからの読み取りと書き込み）のバインディング（結合）を可能にするもので、データソースに対して指定された列の値を表示し更新する。第8章で使用したEvalメソッドとは、データの更新も可能であるという点が異なる。

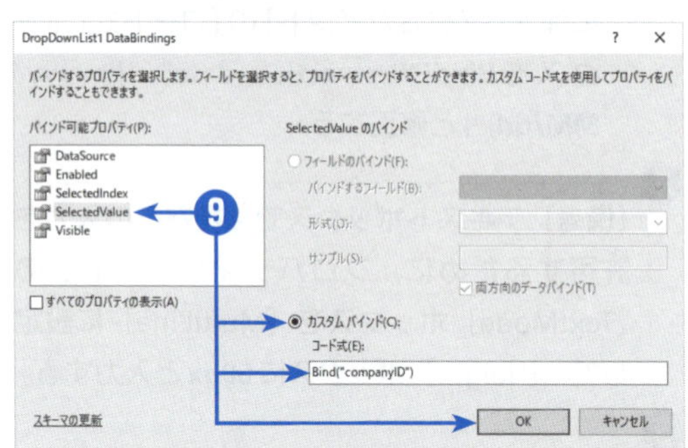

10

［会社名］ドロップダウンリストのスマートタグで［項目の編集］をクリックする。

➡［ListItemコレクションエディター］ダイアログボックスが表示される。

●［ListItemコレクションエディター］ダイアログボックスでは、ドロップダウンリストやリストボックスの項目を編集することができる。DropDownList1ドロップダウンリストは、会社マスターテーブル（tbl_company）のデータを項目として読み込むように設定されているが、その他に一覧に常時表示しておきたい項目を追加することができる。

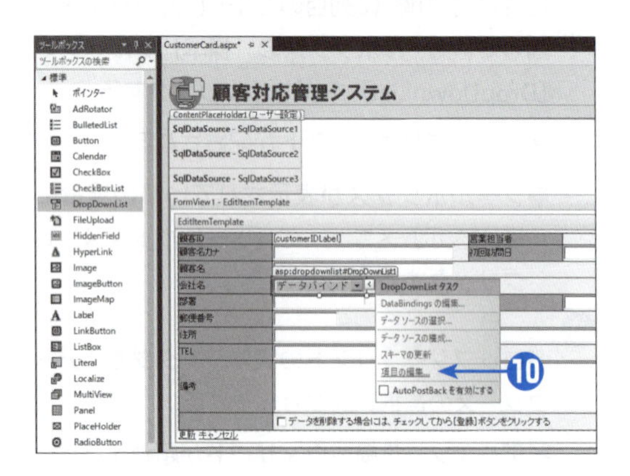

11

［追加］をクリックする。

➡［メンバー］ボックスに［ListItem］が追加される。

12

右側のプロパティの一覧で［Text］ボックスに**(選択してください)**と入力し、［Value］ボックスに**0**と入力して［OK］をクリックする。

●このプロパティ設定で、［会社名］ドロップダウンリストに0という値を持つ「(選択してください)」という項目が追加される。つまり、ユーザーが「(選択してください)」を選択しているかどうかは、［会社名］ドロップダウンリストの値が0かどうかで判定できることになる。

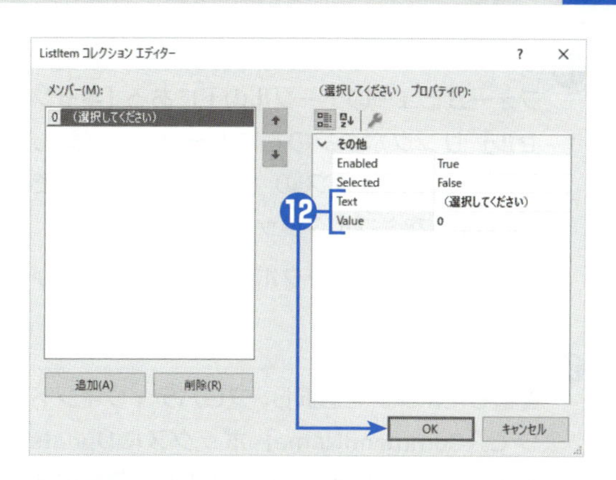

13

［会社名］ドロップダウンリストのプロパティウィンドウで［AppendDataBoundItems］ボックスを［True］に変更する。

●AppendDataBoundItemsプロパティをTrueに設定することで、手順10～12で追加した項目をデータソースから連動した値と共に表示することができる。

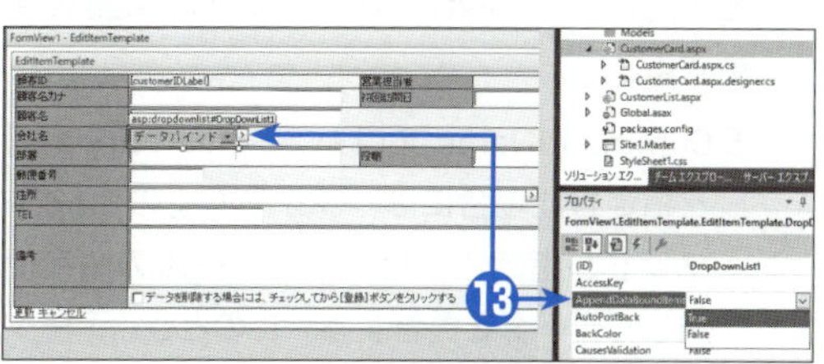

14

「営業担当者」についても、手順5～13と同様にドロップダウンリストを追加してプロパティを設定する。なお、手順7のデータソース構成ウィザードでは、以下の表のように設定する。また、手順9では［コード式］ボックスに**Bind("staffID")**と入力する。

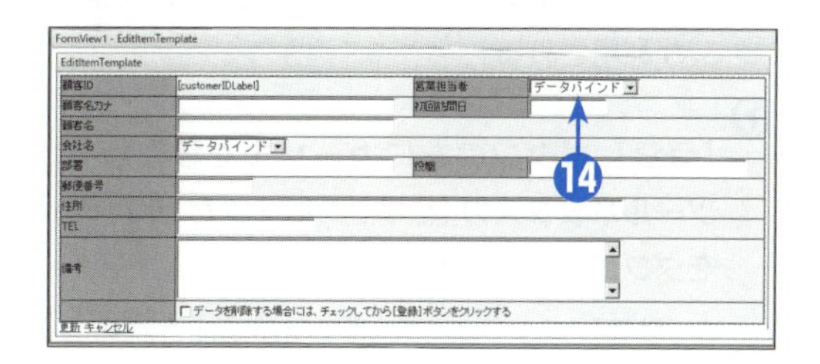

項目	設定する値	説明
［データソースの選択］ボックス	SqlDataSource3	スタッフマスターテーブル(tbl_staff)を元にしたデータソースを使用する。
［DropDownListで表示するデータフィールドの選択］ボックス	staff_name	ドロップダウンリストの選択肢として画面上に表示される列を指定する。
［DropDownListの値のデータフィールドの選択］ボックス	staffID	ドロップダウンリストの値として設定される列を指定する。バインドの設定を行った場合には、ここで選択した列の値がデータベースに格納される。

15

フォームビューのテーブルの下にある［キャンセル］リンクボタンの右にカーソルを移動して、ツールボックスの［標準］グループで［Button］をダブルクリックする。

➡［キャンセル］リンクボタンの右にボタンが追加される。

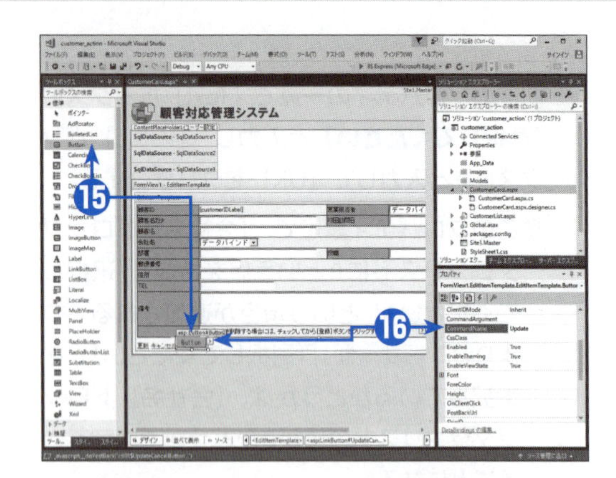

16

配置したボタンを選択し、プロパティウィンドウで［CommandName］ボックスに**Update**と入力して、［Text］ボックスの値を**登録**に変更する。

●CommandNameプロパティに「Update」と指定した場合には、フォーム上のBindメソッドが指定されたコントロールの値を使用してデータを更新する。このとき、データソースに指定したUPDATEステートメントが利用される。

17

［登録］ボタンの右にカーソルを移動して、ツールボックスの［標準］グループで［Button］をダブルクリックする。

➡［登録］ボタンの右にボタンが追加される。

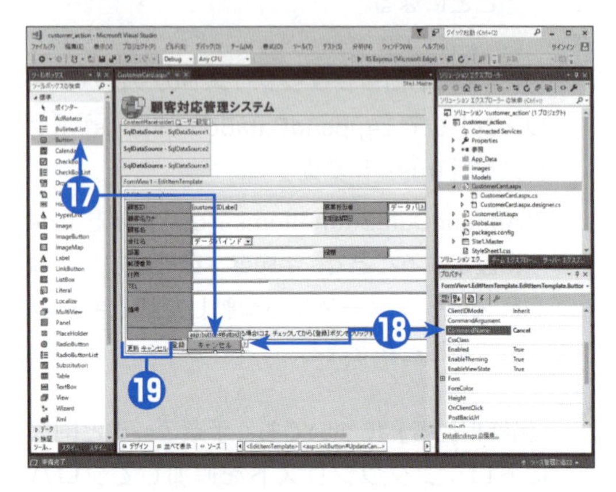

18

配置したボタンを選択し、プロパティウィンドウで［CommandName］ボックスに**Cancel**と入力して、［Text］ボックスの値を**キャンセル**に変更する。

●CommandNameプロパティに「Cancel」と指定した場合には、編集作業を中断して表示モードに戻る。

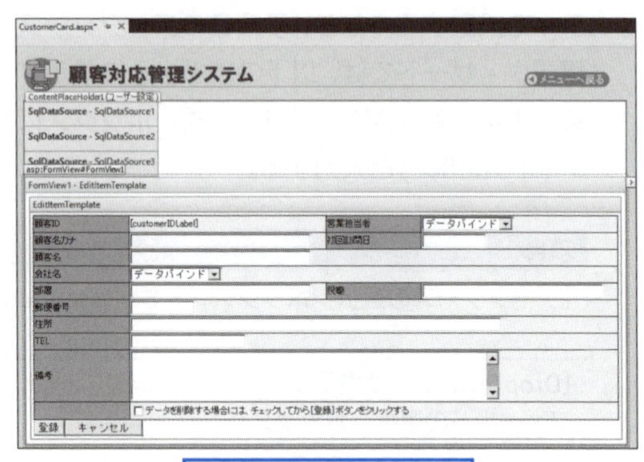

完成した編集用テンプレート

19

［更新］リンクボタンと［キャンセル］リンクボタンを削除して、ボタンの左側の空白を削除する。

●「更新」と「キャンセル」は元のリンクボタンでも動作するが、このWeb-DBシステムでは処理については基本的にボタンに統一するため、リンクボタンを削除してボタンを追加している。

以上で、編集用のテンプレートができあがりました。

新規追加用テンプレートの作成

新規追加用テンプレート（InsertItemTemplate）の内容は、大部分が編集用テンプレート（EditItem Template）と同じです。新規追加の際には主キーである顧客ID（customerID）の付番が必要となりますが、主キーはこの後の手順で記述するプログラムによって付番するため、フォーム上では顧客ID（customerID）用のラベルを削除して「(自動付番)」という文字を表示します。

以下の手順で、新規追加用テンプレートに編集用テンプレートのテーブルをコピーして、顧客IDの欄を修正します。最後に、データ登録用のボタンとキャンセル用のボタンを作成してください。

1

フォームビューが「EditItemTemplate」になっていることを確認する。フォームビューに配置されているテーブルの左上のセル（[顧客ID]欄）をクリックしてから、[テーブル] メニューの [選択]－[テーブル] をクリックする。

➡ テーブル全体が選択され、プロパティウィンドウのドロップダウンリストに「<TABLE>」と表示される。

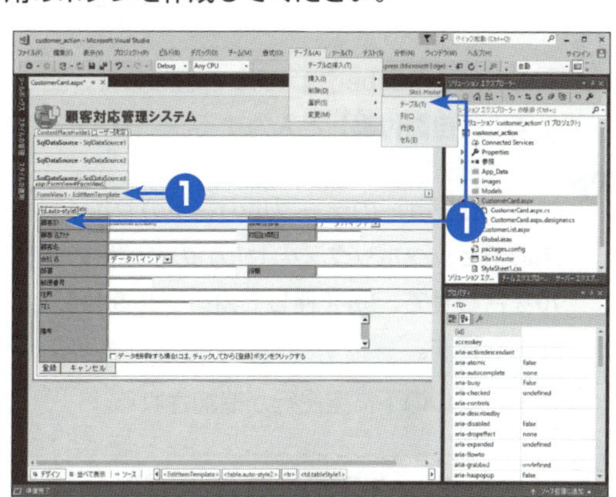

2

[編集] メニューの [コピー] をクリックするか、Ctrl＋Cを押す。

➡ クリップボードにテーブル全体がコピーされる。

3

フォームビューのスマートタググリフをクリックして、スマートタグの [表示名] ボックスを [InsertItemTemplate] に変更する。

➡ テンプレートの編集対象が新規追加用テンプレート（InsertItemTemplate）に切り替わる。

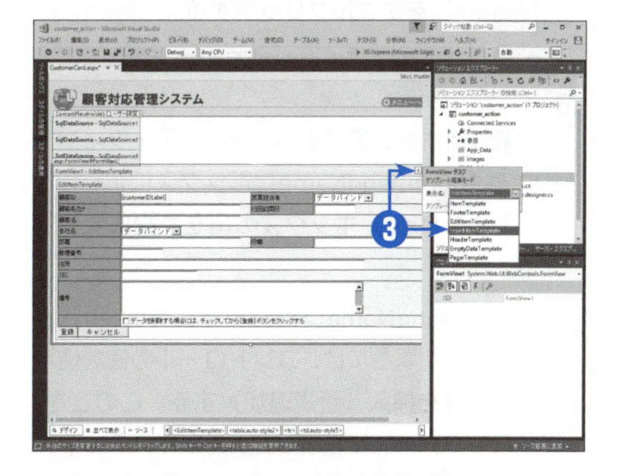

●新規追加用テンプレートの既定の状態では、主キーの値を入力できるようにするため、主キー（ここではcustomerID）の入力欄がテキストボックスとして配置されている（編集用のEditItemTemplateでは、主キーの列は編集できないようにするため、ラベルとして配置されていた）。

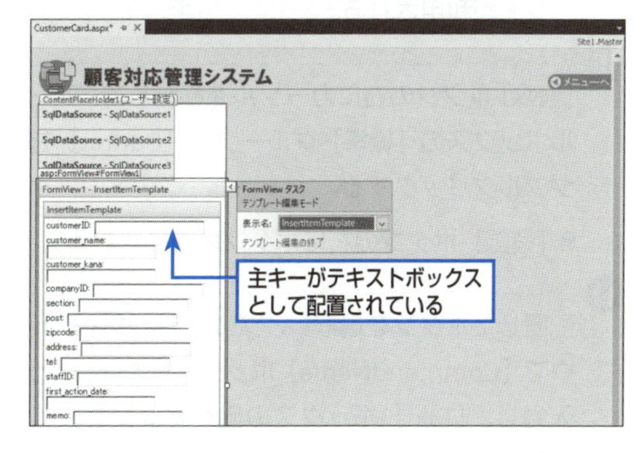

4 新規追加用テンプレートに配置されている文字列やラベル、リンクボタンは不要になるのですべて削除する。

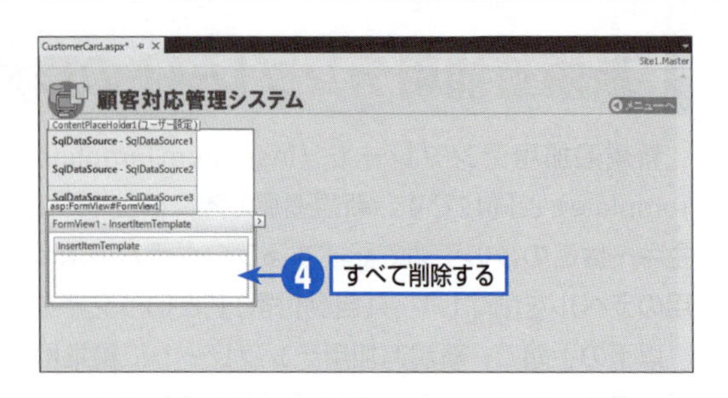

5 [編集] メニューの [貼り付け] をクリックするか、Ctrl + V を押す。

➡ コピーしたテーブルが貼り付けられる。

6 [customerIDLabel] ラベルを削除して、空いた欄に **(自動付番)** と入力する。

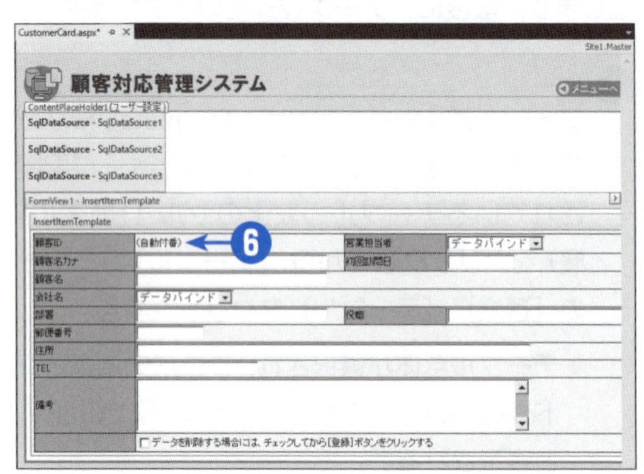

7 フォームビューのテーブルの右下のセル (削除用のチェックボックスのセル) の右端にカーソルを合わせて、→を押してカーソルを移動し、Enter を押す。

➡ テーブルの下に空白行が追加される。

8 ツールボックスの [標準] グループで [Button] をダブルクリックする。

➡ テーブルの下にボタンが追加される。

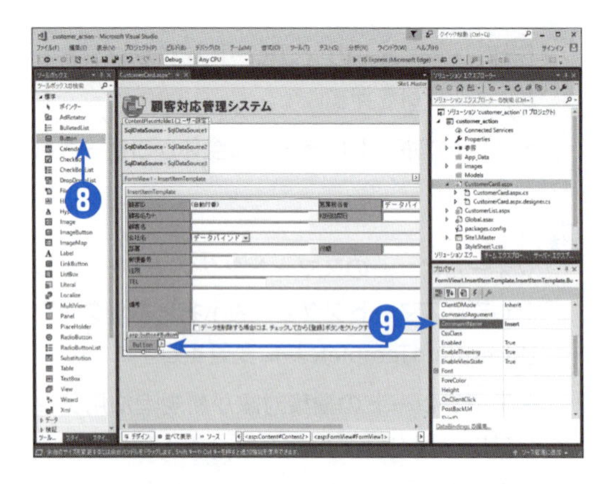

9 配置したボタンを選択し、プロパティウィンドウで [CommandName] ボックスに **Insert** と入力し、[Text] ボックスの値を **登録** に変更する。

● CommandNameプロパティに「Insert」と指定した場合には、コントロールの値を使用して行を挿入 (新規追加) する。このとき、データソースに指定したINSERTステートメントが利用される。

10 [登録] ボタンの右にカーソルを移動して、ツールボックスの [標準] グループで [Button] をダブルクリックする。

➡ [登録] ボタンの右にボタンが追加される。

11 配置したボタンを選択し、プロパティウィンドウで [CommandName] ボックスに **Cancel** と入力し、[Text] ボックスの値を **キャンセル** に変更する。

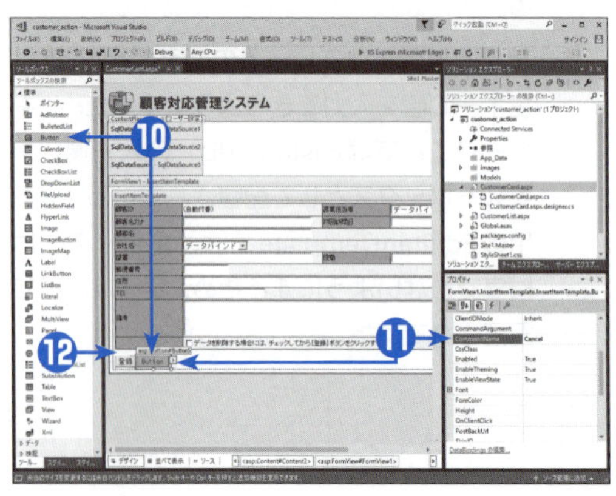

⑫ ボタンの上の空行を選択し、Deleteを押して削除する。

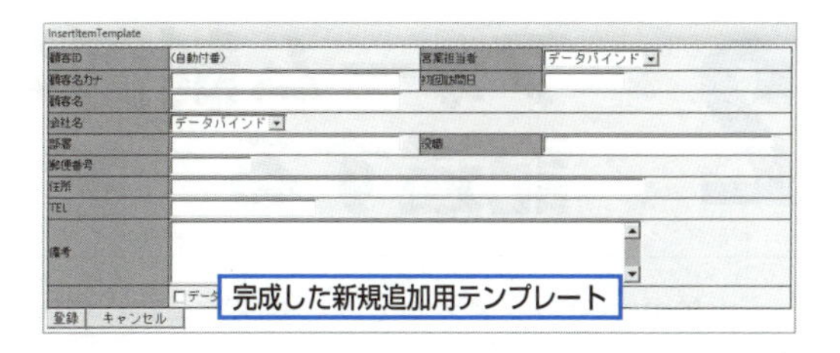

以上で、新規追加用テンプレートが完成しました。

［顧客一覧］フォームの［新規追加］ハイパーリンクの設定

ここでは、CustomerListフォームに配置されている［新規追加］ハイパーリンクの機能を設定して、クリック時にCustomerCardフォームの新規追加用テンプレートに遷移するようにします。

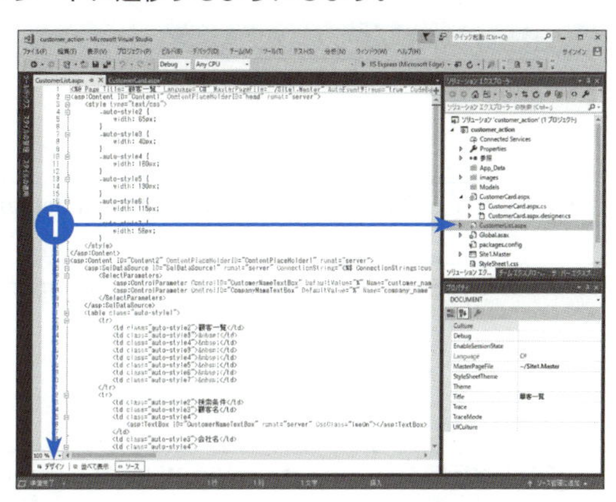

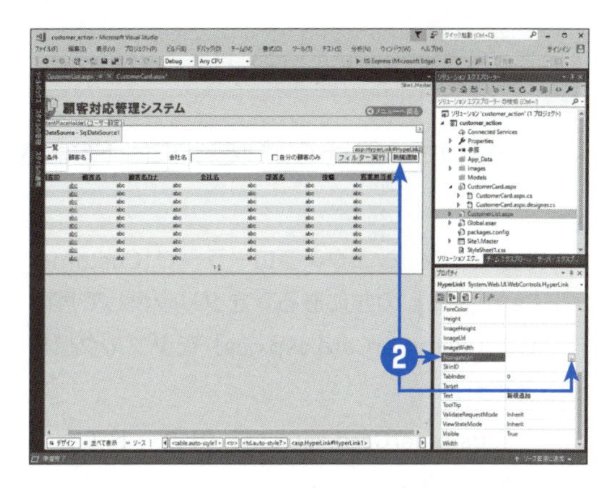

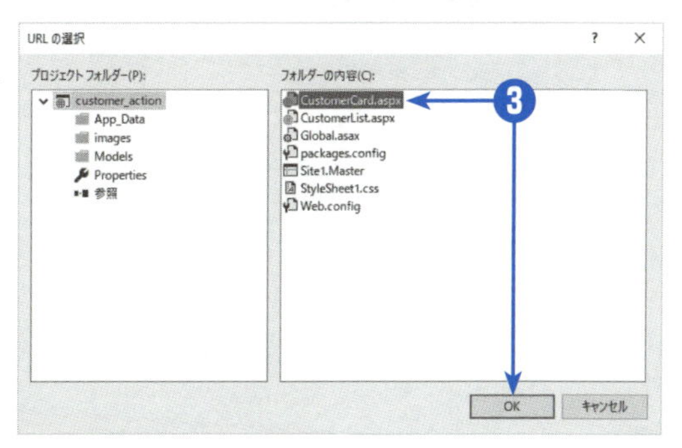

① ソリューションエクスプローラーで［CustomerList.aspx］をダブルクリックし、［デザイン］タブをクリックして、デザインビューに切り替える。

② 右上にある［新規追加］ハイパーリンクを選択し、プロパティウィンドウで［NavigateUrl］ボックスを選択して、右側の［...］をクリックする。

➡［URLの選択］ダイアログボックスが表示される。

③［フォルダーの内容］ボックスで［CustomerCard.aspx］を選択して、［OK］をクリックする。

➡ NavigateUrlプロパティに「~/CustomerCard.aspx」が設定される。

●ここでは、第8章の「3 リスト型画面からカード型画面に遷移する」で顧客名のリンクに指定したurlアドレス（「CustomerCard.aspx?id={0}」）と異なり、クエリ文字列idを付けていない。この後で、クエリ文字列idが指定されていない場合に新規追加用テンプレートを表示するようにプログラムを記述する。

以上で、すべてのフォームとテンプレートの準備ができました。次の節では、フォームを制御するためにいくつかのコードを記述します。

2 フォーム制御のプログラムを記述する

CustomerCardフォームでは、編集時と新規追加時におけるいくつかの制御を行うためのコードが必要となります。

コードの記述

CustomerCardフォームでは、以下のイベントで行う処理をコードで記述します。

イベントのタイミング	メソッド名	処理内容
ページの表示	Page_Load	クエリ文字列idが指定されているかどうかを判定して、指定されていない場合には、新規追加用テンプレートを表示するように切り替える。
フォームビューの更新前	FormView1_ItemUpdating	更新する行に、最終更新日時（update_date）と最終更新者（update_staff_name）をセットする。
フォームビューの挿入前	FormView1_ItemInserting	挿入（新規追加）する行に、主キーとなる新しい顧客ID（customerID）を自動付番（登録データの最大値＋1）し、初回登録日時（input_date）、初回登録者（input_staff_name）、最終更新日時（update_date）、最終更新者（update_staff_name）をセットする。
コマンド実行時	FormView1_ItemCommand	［キャンセル］ボタンをクリックしたときの遷移先を切り替える（編集時にはCustomerCardフォームの表示用テンプレートに戻り、新規追加時にはCustomerListフォームに戻る）。

以下の手順で、これらの処理を行うコードを記述します。

1 ソリューションエクスプローラーで［CustomerCard.aspx］の左にある▷をクリックして展開し、［CustomerCard.aspx.cs］をダブルクリックする。

➡［CustomerCard.aspx.cs］のコードエディターが開く。

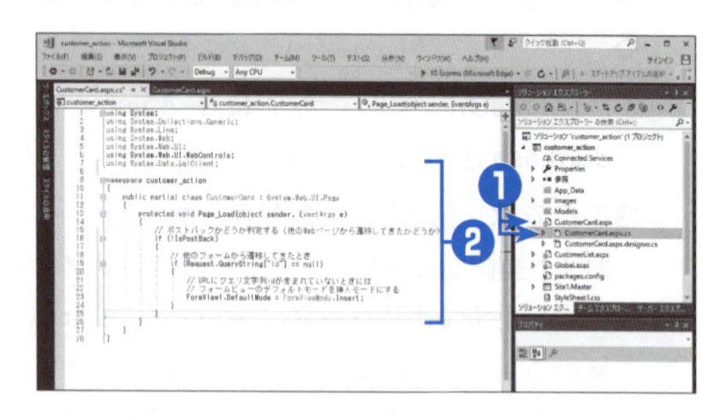

2

コードエディターの先頭のブロックにusingステートメントを挿入し、Page_Loadメソッドにコードを記述する（色文字部分）。

●コメント行（//で始まる行）は入力しなくてもよい。また、コード中にある数字（1など）は、この後の「コードの解説」で説明している数字に対応している。

```
using System;
using System.Collections.Generic;
using System.Linq;
using System.Web;
using System.Web.UI;
using System.Web.UI.WebControls;
using System.Data.SqlClient;  ←1

namespace customer_action
{
  public partial class CustomerCard : System.Web.UI.Page
  {
    protected void Page_Load(object sender, EventArgs e)
    {
      // ポストバックかどうか判定する(他のWebページから遷移してきたかどうか)
      if (!IsPostBack)  ←2
      {
        // 他のフォームから遷移してきたとき
        if (Request.QueryString["id"] == null)
        {
          // URLにクエリ文字列idが含まれていないときには
          // フォームビューのデフォルトモードを挿入モードにする
          FormView1.DefaultMode = FormViewMode.Insert;
        }
      }  (3)
    }
  }
}
```

3

ソリューションエクスプローラーで［CustomerCard.aspx］をダブルクリックし、［デザイン］タブをクリックして、デザインビューに切り替える。

4

フォームビューのスマートタグで、［テンプレート編集の終了］をクリックする。

5

FormView1フォームビューを選択し、プロパティウィンドウで［イベント］ボタンをクリックする。

➡プロパティウィンドウにフォームビューのイベントプロパティが列挙される。

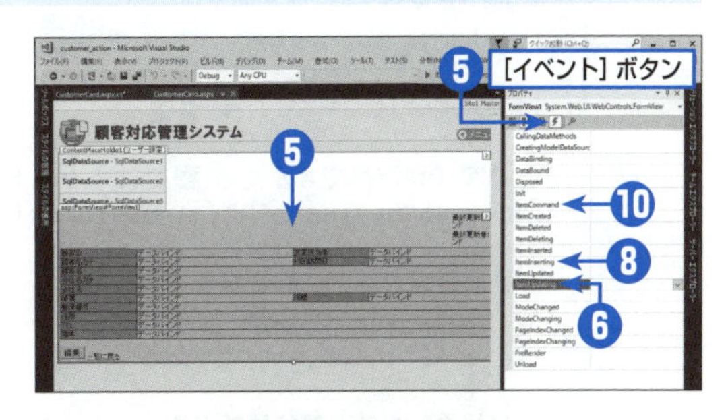

6 メソッドの外枠が用意される

6

プロパティウィンドウで［ItemUpdating］プロパティの行をダブルクリックする。

➡CustomerCard.aspx.csのコードエディターに切り替わり、FormView1_ItemUpdatingメソッドの外枠が用意される。

7

FormView1_ItemUpdatingメソッドのコードを記述する（色文字部分）。

```
protected void FormView1_ItemUpdating(object sender, FormViewUpdateEventArgs e)
{
    // 最終更新日時と最終更新者をセットする
    e.NewValues["update_date"] = DateTime.Now;              ← 4
    e.NewValues["update_staff_name"] = "(———)";
}
```

●CommandNameプロパティに「Update」と指定されたボタンやリンクボタンがクリックされたときには、「ItemUpdatingイベント」→「データベースの更新」→「ItemUpdatedイベント」の順で処理が実行される。更新するデータの値をセットしたい場合には、ItemUpdatingイベントを使用する。

8

ソリューションエクスプローラーで［CustomerCard.aspx］をダブルクリックし、プロパティウィンドウで［ItemInserting］プロパティの行をダブルクリックする。

➡CustomerCard.aspx.csのコードエディターに切り替わり、FormView1_ItemInsertingメソッドの外枠が用意される。

9

FormView1_ItemInsertingメソッドのコードを記述する(色文字部分)。また、FormView1_ItemInsertingメソッドの下に、GetNewIDメソッドを記述する。

```
protected void FormView1_ItemInserting(object sender, FormViewInsertEventArgs e)
{
  // 顧客IDを取得する(最大値+1)
  int customerID = GetNewID();  ← 5

  if (customerID != -1)  ← 6
  {
    // 顧客IDが取得できたため、顧客IDをセットする
    e.Values["customerID"] = customerID;  ← 7

    // 初回登録日時と初回登録者をセットする
    e.Values["input_date"] = DateTime.Now;              ← 8
    e.Values["input_staff_name"] = "(———)";

    // 最終更新日時と最終更新者をセットする
    e.Values["update_date"] = DateTime.Now;             ← 9
    e.Values["update_staff_name"] = "(———)";
  }
  else
  {
    // 顧客IDの取得に失敗したため、処理をキャンセルする
    e.Cancel = true;  ← 10
  }
}
```

```
private int GetNewID() ←11
{
  // 戻り値用の変数を定義する(-1は失敗したときの数値として設定)
  int ret = -1; ←12

  try
  {
    // 接続文字列を取得する
    string connectionString = System.Configuration.ConfigurationManager.
      ConnectionStrings["customer_actionConnectionString"].ConnectionString; ←14

    // コネクションを定義する
    using (SqlConnection connection = new SqlConnection(connectionString)) ←15
    {
      // SQLステートメントを定義する(現在の顧客IDの最大値＋1を取得)
      string queryString = "SELECT ISNULL(MAX(customerID),0)+1 FROM tbl_customer"; ←16

      // コマンドを定義する
      SqlCommand command = new SqlCommand(queryString, connection); ←17

      // コネクションを開く
      connection.Open(); ←18

      // SQLステートメントの実行結果を取得する
      Object result = command.ExecuteScalar(); ←19

      // 結果を正しく取得できたときには、戻り値を設定する
      if (result != null)
      {
        ret = (int)result;
      } ←20
    }
  }
  catch (Exception)
  {
    // 何らかのエラーが発生した
  } ←13

  // 新規データ用の顧客IDを返す
  return ret; ←21
}
```

●フォームビューのItemInsertingイベントは、CommandNameプロパティに「Insert」と指定されたボタンやリンクボタンがクリックされたときに発生する。ItemUpdatingイベントに対するItemUpdatedイベントと同様に、ItemInsertingイベントにも対となるItemInsertedイベントがあり、ItemInsertingイベントはデータベースのデータの挿入前に、ItemInsertedイベントは挿入後に発生する。

10

ソリューションエクスプローラーで［CustomerCard.aspx］をダブルクリックし、プロパティウィンドウで［ItemCommand］プロパティの行をダブルクリックする。

➡CustomerCard.aspx.csのコードエディターに切り替わり、FormView1_ItemCommandメソッドの外枠が用意される。

⓫ FormView1_ItemCommandメソッドのコードを記述する（色文字部分）。

```
protected void FormView1_ItemCommand(object sender, FormViewCommandEventArgs e)
{
  // 実行するコマンド名と現在のモードを判定する
  if (e.CommandName == "Cancel" && FormView1.CurrentMode == FormViewMode.Insert) ← 22
  {
    // コマンド名が「Cancel」で挿入モードのときにはCustomerListフォームに戻る
    Response.Redirect("CustomerList.aspx"); ← 23
  }
}
```

⓬ ソリューションエクスプローラーで［CustomerCard.aspx］をダブルクリックし、FormView1フォームビューのプロパティウィンドウのイベントプロパティを確認する。

●手順❻、❽、❿の操作により、イベントプロパティにそれぞれのメソッド名が定義されていることが確認できる。

コードの解説

ここで記述したコードは、CustomerCardフォームで何らかのイベントが発生したときに実行されます。

1 usingステートメントでSystem.Date.SqlClientの名前空間※を指定します。

データベースとのやり取りで使用するADO.NETは、.NET Frameworkクラスライブラリの一部として提供されています。ADO.NETにおいて、データベースとの接続情報を保持するコネクションは「SqlConnection」というクラス※として、SQLステートメントを実行するコマンドは「SqlCommand」というクラスとして提供されています。これらのクラスは、いずれもSystem.Data.SqlClient名前空間に含まれています。

そのため、本来は**15**のコネクションと**17**のコマンドの定義のコードは、以下のように記述する必要があります。

```
// コネクションを定義する
using (System.Data.SqlClient.SqlConnection connection = ➔
  new System.Data.SqlClient.SqlConnection(connectionString))
{
  // SQLステートメントを定義する(現在の顧客IDの最大値＋1を取得)
  string queryString = "SELECT ISNULL(MAX(customerID),0)+1 FROM tbl_customer";

  // コマンドを定義する
  System.Data.SqlClient.SqlCommand command = ➔
    new System.Data.SqlClient.SqlCommand(queryString, connection);
```

SqlConnectionやSqlCommandのように深い階層に位置するクラスを利用する場合には、本来は名前空間を先頭から記述する必要があります。これを「完全限定名」と言います。しかし、クラスを指定するたびに完全限定名による記述を行うのはとても大変であり、かつ読みにくいコードになってしまいます。

このような場合には、usingステートメントでプログラム中で頻繁に使用するクラスの所属する名前空間を指定しておくことができます。この場合には「System.Data.SqlClient」と定義しているため、コード内で記述されたクラス名はSystem.Data.SqlClientの下位に属するものとして検索されます。

2 IsPostBackプロパティは、Webページ（Pageオブジェクト）のプロパティです。IsPostBackプロパティを使用すると、ポストバック処理によって同じWebページを再表示しているのか、それとも別のWebページから遷移してきたのかを判定できます。ポストバック処理のときには、IsPostBackプロパティはtrueになるため、!演算子を付けることで、ポストバックではなく他のWebページから遷移したときという条件になり、その後のコードを実行します。

3 RequestクラスのQueryStringプロパティでは、引数で指定したクエリ文字列（ここでは"id"）の値を取得することができます。クエリ文字列が存在していないときはnullを返します。クエリ文字列idが存在しない場合（nullのとき）には、フォームビューの既定のモード（DefaultModeプロパティ）をInsert（挿入モード）に設定して、新規追加用テンプレートを表示します。Insertは、FormViewMode列挙体※のメンバーの1つで、挿入モードであることを示しています。

4 フォームビューによるデータベースへのレコードの更新前に、最終更新日時（update_date）と最終更新者（update_staff_name）をセットします。最終更新日時（update_date）には、DateTime.Nowプロパティで処理時点のWebサーバーのシステム日時を設定します。最終更新者（update_staff_name）には、ここでは仮に「(－－－)」という文字列を設定します（「第13章 ユーザー認証情報の活用とマスター管理画面の作成」で、ログオンユーザーのスタッフ名（staff_name）をセットするように修正します）。
このメソッドの引数eには、実行時にフォームビューの持つさまざまな情報（FormViewUpdateEventArgsクラス）が格納されています。FormViewUpdateEventArgsクラスのNewValuesプロパティには、更新する行の列名と値の組み合わせが格納されています。ItemUpdatingメソッドはデータベースの更新前に実行されるため、このタイミングでNewValuesプロパティに値をセットすることで、更新する行の内容を書き換えることができます。

5 変数customerIDを宣言し、GetNewIDメソッドを呼び出して新しい顧客ID（customerID）をセットします。

6 変数customerIDの値が-1のときには、顧客IDの取得に失敗したことになります。そのため、-1以外のときに、その後の処理を続行します。

7 前述の5で取得した変数customerIDの値を、顧客ID（customerID）としてセットします。なお、更新時にはNewValuesプロパティを使用して値をセットしましたが、挿入時にはValuesプロパティを使用します。

8 初回登録日時（input_date）と初回登録者（input_staff_name）をセットします。

9 最終更新日時（update_date）と最終更新者（update_staff_name）をセットします。

10 何らかの理由で顧客IDの値が取得できなかったため、引数eのCancelプロパティにTrueをセットして、ItemInsertingメソッドの処理自体を中止します。この場合には、Webページに入力されている値はそのまま残されるため、処理を再実行することができます。

11 GetNewIDメソッドは、新しい顧客ID（customerID）の整数型（int）の戻り値を持つメソッドとして定義します。新しい顧客ID（customerID）には、顧客情報テーブル（tbl_customer）に現在登録されている顧客ID（customerID）の最大値を取得して、その値に1を加算した数値を格納します。

12 整数型（int）の変数retを宣言して、-1を割り当てます。この後の処理が成功すると、変数retに新しい顧客IDがセットされるため、変数retの値が-1のままであるということは新しい顧客IDの取得に失敗したことを意味します。

13 try-catchステートメントは、エラーを監視しながら処理を実行する場合に利用します。tryブロック内の処理でエラーが発生すると、catchブロックに処理が移動します。catchの後のカッコ内「Exception」は、エラーが発生したときに、Exceptionクラスの変数に発生したエラーの内容を格納することを表しています。ただし、ここではExceptionの変数の値は使用しないため変数宣言を省略しています（下記の書式では変数exとして定義しています）。

書式　構造化例外処理（try-catchステートメント）

```
try
{
  tryブロック(処理の実行)
}
catch (Exception ex)
{
  catchブロック(エラー処理)
}
```

14 アプリケーション構成ファイル（Web.config）に格納されているデータベースの接続文字列を、変数connectionStringに設定します。ConnectionStringsプロパティにデータ接続名を指定することで、アプリケーション構成ファイルに記述されている接続文字列を取得することができます（アプリケーション構成ファイルについては、第6章のヒント「アプリケーション構成ファイル（Web.config）」を参照してください）。

15 usingステートメントを使用して、新しいコネクション（データベースとの接続用オブジェクト）を宣言します。コネクションを作成するために、14で取得した接続文字列を使用しています。usingステートメントを使用すると、このusingステートメント外に制御が移ったときに、usingステートメント内で使用していたリソースを確実に廃棄することができるため、この例のようなSQL接続処理やファイル処理などで使用すると、無駄なリソース消費がなくなります。このコードの場合は、コネクションの正常終了時も異常終了時も確実にクローズされます。

16 現在の顧客ID（customerID）の最大値＋1の値を取得するためのSQLステートメントを定義します。このSQLステートメントでは、SQL Serverの2つの関数を使用しています。MAX関数は指定した列の最大値を取得する関数です。ISNULL関数は、第1引数の値がNull値の場合に、第2引数の値を返す関数です。ここでは、MAX関数で取得した値がNull値のとき（つまり、顧客情報テーブル（tbl_customer）に1行のデータも存在しないとき）に0を返します。そして、取得した値に1を加算した結果を返します。

17 SqlCommandクラスの変数commandを定義して、15で定義したコネクションと16で定義したSQLステートメントから新しいコマンドを作成します。コマンドは、SQLステートメントを実行することができるオブジェクトで、データベースとのやり取りに使用します。

18 コネクションを開いて、データベースとの接続を開始します。

19 結果を格納するために、オブジェクト型（object）の変数resultを宣言します。コマンドのExecuteScalarメソッドは単一の値を返すSQLステートメントを実行するためのメソッドで、指定した変数に結果がセットされます。

20 変数resultがnullかどうかを判定します。null以外のときには、19で新しい顧客IDの値を受け取ったことになります。その場合には、戻り値用の変数retに、新しい顧客IDをセットします。なお、「(int)」は、int型の値に変換する型変換子です。

21 変数retをメソッドの戻り値として返して、メソッドの実行を終了します。なお、returnステートメントは、戻り値を設定して、任意の場所でメソッドを終了する命令です。

22 ItemCommandメソッドでは、引数eにフォームビューに対するコマンドの情報がセットされます。引数eのCommandNameプロパティには、コマンドを実行したときのコマンド名が設定されています。また、フォームビューのCurrentModeプロパティには、現在のフォームビューのモードがセットされています。この条件式では、コマンド名が「Cancel」で、フォームビューのモードがInsert（挿入モード）であることを判定しています。

23 Webページ（Pageオブジェクト）のResponseプロパティのRedirectメソッドを使用して、指定したURLアドレスのWebページに移動します。ここではCustomerListフォームを指定しています。

用語

名前空間

オブジェクト指向言語では、さまざまな機能を持つ多数のクラスを利用してプログラムを構築します。この多数のクラスは、種別ごとに階層化された名前によって参照できるようになっています。このような階層化された名前の集合を名前空間(Namespace)と言います。たとえば、System.Data.SqlClient.SqlCommandというオブジェクトは、最上位のSystem名前空間の中にData名前空間があり、Data名前空間の中にSqlClient名前空間があり、SqlClient名前空間の中に格納されています。

用語

クラス

クラスとは、オブジェクト指向プログラミングにおけるオブジェクトの構造(枠組み)のことを言います。クラスを実体化(インスタンス化)したものがオブジェクトになります。Visual C#では、.NET Frameworkに含まれるクラスを利用することで、さまざまな処理を実行することができるようになっています。また、新たに保有するデータとそれらのデータの処理方法をプログラムで記述することによって、独自のクラスを作成することもできます。

用語

列挙体

列挙体とは値(メンバー)のまとまりのことで、「列挙体名.メンバー名」と記述することで指定したメンバーを示すことができます。たとえば、FormViewMode列挙体には、Edit(編集モード)、Insert(挿入モード)、ReadOnly(表示モード)の3つのメンバーが含まれています。

ヒント

データの削除

本書で作成している顧客対応管理システムでは、顧客データの削除は物理削除(実際にデータベースから削除すること)ではなく、論理削除(削除フラグなどを利用して、論理的に見えなくすること)を使用しています。
これは、[顧客一覧]フォーム(CustomerListフォーム)のデータソースである顧客情報ビュー(vw_customer_view)に、削除フラグ(delete_flag)=False(0)という条件を設定することで実現しています(第4章の「6 サンプルデータベースにビューを追加する」を参照)。
論理削除にしておくと、データベースには削除後もデータが残されるため、ユーザーが誤ってデータを削除してしまっても、管理者がManagement Studioなどを利用して元に戻すことが可能になります。
物理的にデータを削除する機能を装備したい場合には、フォームビューでCommandNameプロパティに「Delete」と設定したボタンやリンクボタンを装備してください。

3 登録データのエラーチェックを行う

編集用フォームや新規追加用フォームなど、データベースにデータを格納するための入力フォームでは、必ずエラーチェックを行わなければなりません。Visual C#には、登録用フォームで使用するための検証コントロールが装備されています。ここでは、CustomerCardフォームの編集用テンプレートと新規追加用テンプレートに検証コントロールを配置します。

検証コントロールの配置

CustomerCardフォームでは、フォームビューの編集用テンプレートと新規追加用テンプレートの両方に検証コントロールによるエラーチェックが必要です。

ここでは、CustomerCardフォームの2つのテンプレートに検証コントロールを配置して、プロパティの設定を行います。

❶

［CustomerCard.aspx］タブをクリックする。

❷

フォームビューを選択して、スマートタググリフ（右向き三角矢印）をクリックし、スマートタグで［テンプレートの編集］をクリックする。

➡ フォームビューがテンプレート編集モードで表示される。

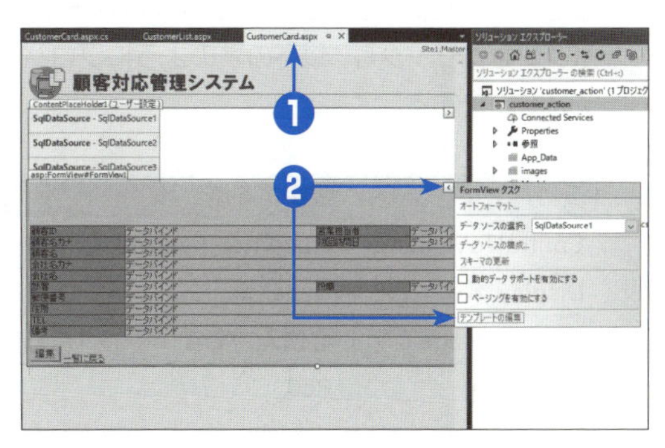

❸

フォームビューのスマートタグで、［表示名］ボックスを［EditItemTemplate］に変更する。

➡ テンプレートの編集対象が編集用テンプレート（EditItemTemplate）に切り替わる。

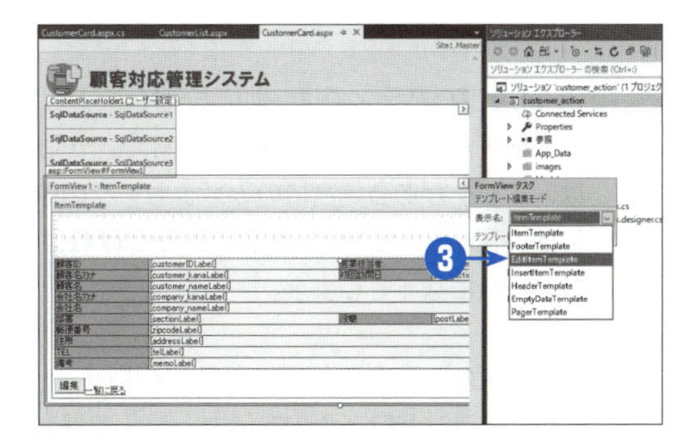

4

[顧客名カナ] テキストボックスに必須チェックを設定するため、フォームビューの [顧客名カナ] テキストボックスの右にカーソルを移動して、Enterを押し、ツールボックスの [検証] グループで [RequiredFieldValidator] をダブルクリックする。

➡ [顧客名カナ] テキストボックスの下にRequiredFieldValidator1コントロールが配置される。

●RequiredFieldValidatorは、必須チェックを行うための検証コントロールである。

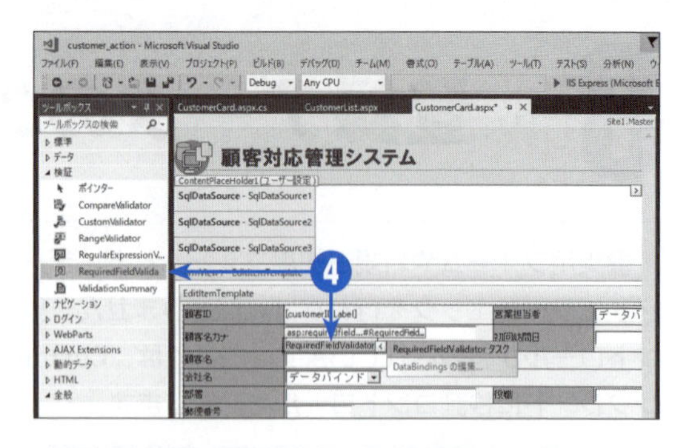

5

RequiredFieldValidator1コントロールを選択して、プロパティウィンドウで [プロパティ] ボタンをクリックし、以下の表のようにプロパティを設定する。

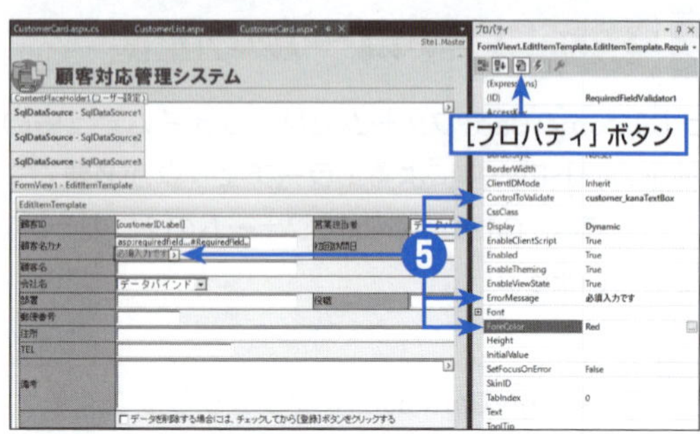

プロパティ	設定する値	説明
ControlToValidate	customer_kanaTextBox	エラーチェックの対象となるコントロールを指定する。
Display	Dynamic	検証コントロールの表示方法を指定する。
ErrorMessage	必須入力です	エラー時に表示するメッセージを設定する。
ForeColor	Red	文字色を赤に設定する。**Red**と入力するか、右側の [...] をクリックして、[その他の色] ダイアログボックスで赤を選択する。

●Displayプロパティでは、他にも [None] と [Static] を指定できる。[None] はメッセージを表示せずに検証だけを行い、[Static] は常にメッセージの領域を確保する。ここで設定している [Dynamic] は、エラーがある場合にのみメッセージの領域を確保する。複数の検証コントロールを配置する場合には、[Dynamic] に設定しておかなければ、フォーム上に多くの空欄が空いてしまい、余白の多いフォームになってしまう。

6

[顧客名カナ] テキストボックスに桁数チェックを設定するため、手順5で配置したRequiredFieldValidator1コントロールの右にカーソルを移動して、ツールボックスの [検証] グループで [RegularExpressionValidator] をダブルクリックする。

➡ RegularExpressionValidator1コントロールが配置される。

●RegularExpressionValidatorは、正規表現を使用した複雑なエラーチェックを行うことができる検証コントロールである。

❼

RegularExpressionValidator1コントロールを選択して、プロパティウィンドウで以下の表のようにプロパティを設定する。

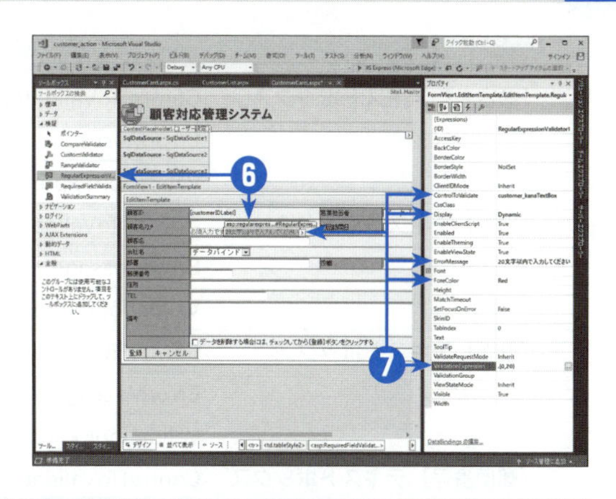

プロパティ	設定する値	説明
ControlToValidate	customer_kanaTextBox	エラーチェックの対象となるコントロールを指定する。
Display	Dynamic	検証コントロールの表示方法を指定する。
ErrorMessage	20文字以内で入力してください	エラー時に表示するメッセージを設定する。
ForeColor	Red	文字色を赤に設定する。
ValidationExpression	.{0,20}	正規表現の文字列パターンを設定する。「.{0,20}」という正規表現は、「文字列の長さが0文字以上20文字以下であること」を表す。

❽

手順❹、❺と同様に、［顧客名］テキストボックスの下にRequiredFieldValidatorコントロールを配置して、以下の表のようにプロパティを設定する。

プロパティ	設定する値
ControlToValidate	customer_nameTextBox
Display	Dynamic
ErrorMessage	必須入力です
ForeColor	Red

❾

手順❻、❼と同様に、フォームビュー上の各コントロールの下にRegularExpressionValidatorコントロールを配置し、次のページの表のようにプロパティを設定する。なお、配置したすべての検証コントロールのDisplayプロパティで［Dynamic］を指定し、ForeColorプロパティで**Red**を設定する。

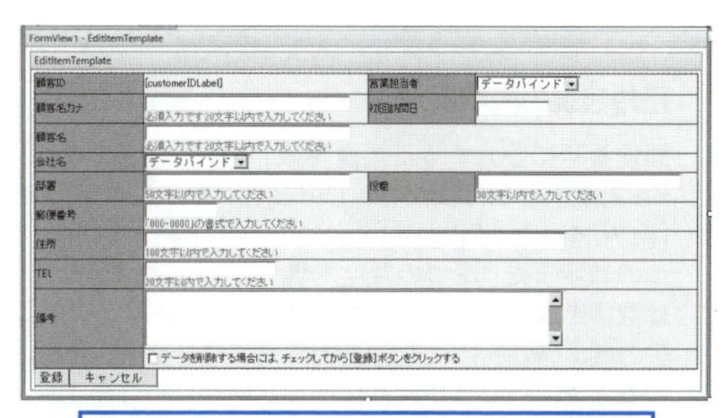

各コントロールに対して検証コントロールを配置する

対象コントロール	プロパティ	設定する値
［顧客名］テキストボックス	ControlToValidate	customer_nameTextBox
	ErrorMessage	20文字以内で入力してください
	ValidationExpression	.{0,20}
［部署］テキストボックス	ControlToValidate	sectionTextBox
	ErrorMessage	50文字以内で入力してください
	ValidationExpression	.{0,50}
［役職］テキストボックス	ControlToValidate	postTextBox
	ErrorMessage	30文字以内で入力してください
	ValidationExpression	.{0,30}
［郵便番号］テキストボックス	ControlToValidate	zipcodeTextBox
	ErrorMessage	「000-0000」の書式で入力してください
	ValidationExpression	¥d{3}(-(¥d{4}|¥d{2}))? ※この文字列は、登録済みの正規表現から選択することができる（右下のヒント参照）。すべて半角。
［住所］テキストボックス	ControlToValidate	addressTextBox
	ErrorMessage	100文字以内で入力してください
	ValidationExpression	.{0,100}
［TEL］テキストボックス	ControlToValidate	telTextBox
	ErrorMessage	20文字以内で入力してください
	ValidationExpression	.{0,20}

10 ［キャンセル］ボタンのプロパティウィンドウで、［CausesValidation］ボックスを［False］に変更する。

➡ CausesValidationプロパティをFalseに設定すると、［キャンセル］ボタンをクリックしたときに、エラーが発生した場合であっても閲覧画面に戻ることができるようになる。

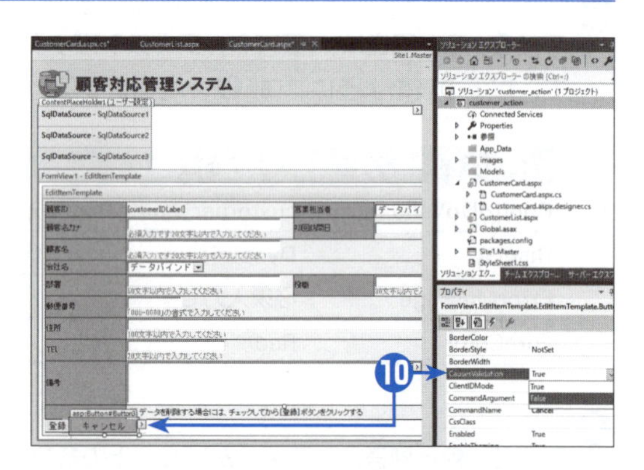

ヒント

正規表現の表記例

郵便番号に設定する正規表現の「¥d{3}(-(¥d{4}｜¥d{2}))?」という表記は、「¥d{3}」が3つの数字、「(-(¥d{4}｜¥d{2}))」が「-」(ハイフン)で始まり、4つの数字または2つの数字を表しています。「¥d」は数字を表し、「{3}」が文字数を表しています。このとき、「¥d{3,}」と記述した場合には3文字以上の数字を、「¥d{3,5}」と記述した場合には3文字から5文字までの数字を表すことができます。また、「｜」はOR演算子を表しています。
なお、.NET Frameworkによる正規表現の表記方法の詳細については、オンラインヘルプの「Visual Studioでの正規表現の使用」の項を参照してください。

ヒント

郵便番号の正規表現

［郵便番号］テキストボックスに対するValidation Expressionプロパティでは、あらかじめ用意されている正規表現を選択することができます。プロパティウィンドウで［ValidationExpression］ボックスをクリックして、右側の［...］をクリックすると、［正規表現エディター］ダイアログボックスが表示されます。［表現の例］ボックスで［日本の郵便番号］を選択して、［OK］をクリックしてください。

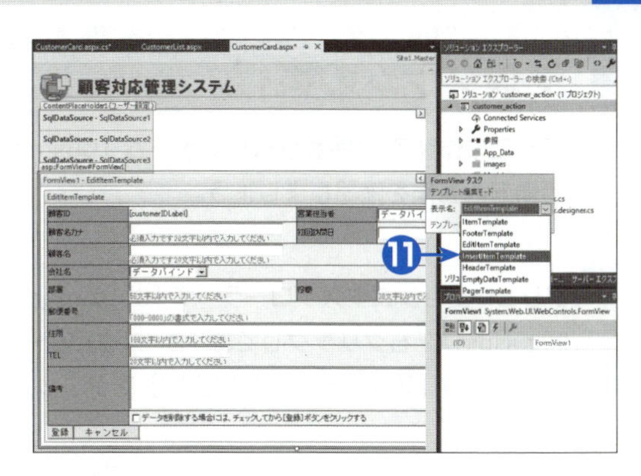

⓫

フォームビューのスマートタグで、［表示名］ボックスを［InsertItemTemplate］に変更する。

➡テンプレートの編集対象が新規追加用テンプレート（InsertItemTemplate）に切り替わる。

⓬

新規追加用テンプレート（InsertItem Template）に対しても、手順❹～❾と同様にして、検証コントロールを配置する。

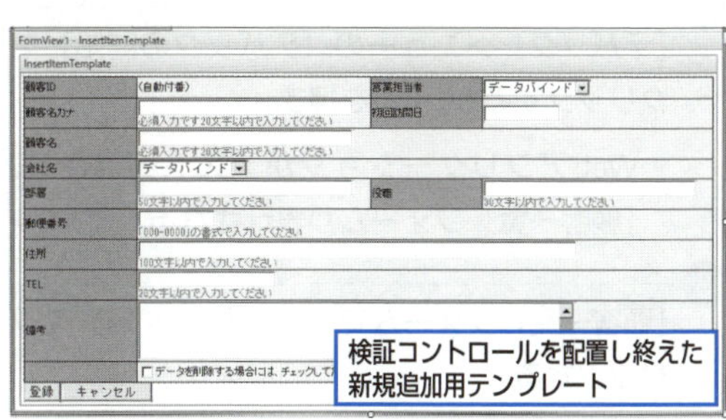

検証コントロールを配置し終えた新規追加用テンプレート

⓭

［キャンセル］ボタンのプロパティウィンドウで、［CausesValidation］ボックスを［False］に変更する。

⓮

ソリューションエクスプローラーで［Web.config］をダブルクリックする。Web.configの設定に、以下のエントリを追加する（色文字部分）。

```
      </compilers>
    </system.codedom>
    <appSettings>
      <add key="ValidationSettings:UnobtrusiveValidationMode" value="None" />
    </appSettings>
  </configuration>
```

●このエントリは、検証用コントロールが動作できるようにするために必要となる。

⓯

［ファイル］メニューの［閉じる］をクリックして、保存確認のダイアログボックスで［はい］をクリックする。

以上で、［顧客情報］フォームの2つのテンプレートで、検証コントロールの設定が完了しました。

ヒント

新規追加用テンプレートを簡単に作成するには

この章の「1 フォームビューの登録画面を作成する」の「新規追加用テンプレートの作成」の手順で、検証コントロールを配置し終えた後の編集用テンプレートのテーブルを新規追加用テンプレートにコピーしても構いません。

ヒント

その他の検証コントロール

Visual C#には、入力データのチェックに使用するためのさまざまな検証コントロールが装備されています。本書の手順で使用している検証コントロール以外にも、RangeValidator（値の範囲を検証する）、CompareValidator（比較演算子を使用して、2つのコントロールの値を比較する）、CustomValidator（独自の検証方法を定義する）、ValidationSummary（エラーの一覧を表示する）が用意されています。

プログラムの実行

ここまでの作業で、［顧客情報］フォーム（CustomerCardフォーム）による登録処理が完成しました。以下の手順で、動作を確認しましょう。

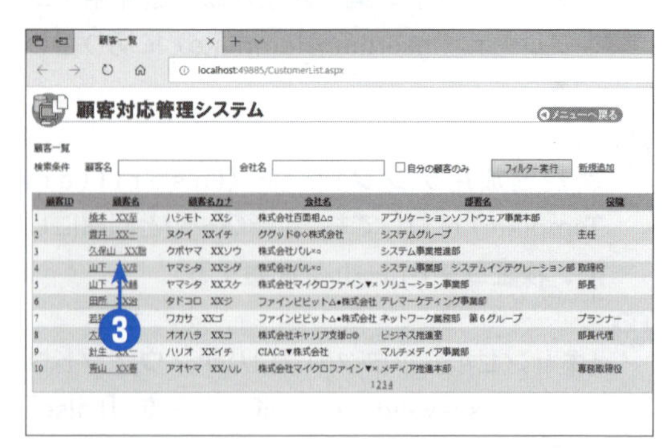

1

ソリューションエクスプローラーで［CustomerList.aspx］を右クリックして、ショートカットメニューの［スタートページに設定］をクリックする。

2

［デバッグ］メニューの［デバッグの開始］をクリックするか、F5を押す。

➡ Webアプリケーションがテスト実行され、［顧客一覧］フォームが表示される。

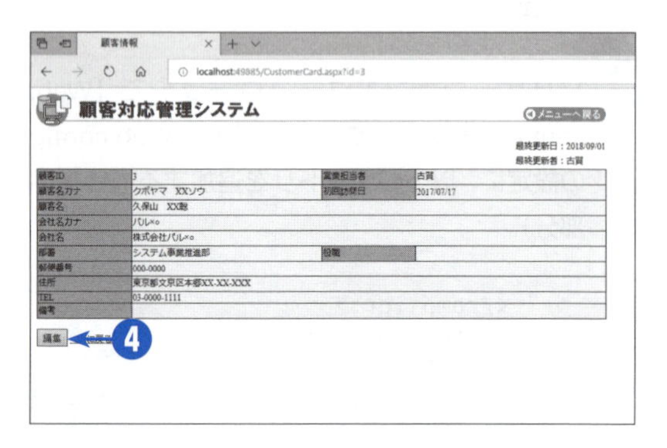

3

［顧客一覧］フォームで［久保山 ××聡］をクリックする。

➡ ［顧客情報］フォームで「久保山 ××聡」のデータが表示される。

4

［編集］ボタンをクリックする。

➡ ［顧客情報］フォームの編集モードに遷移する。

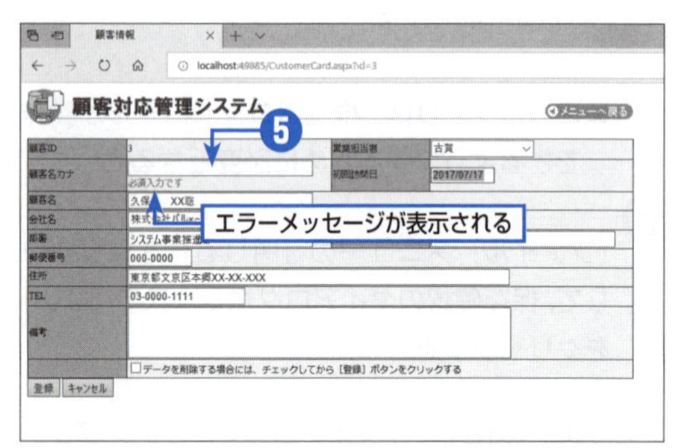

5

［顧客名カナ］ボックスを空欄にして、Tabを押す。

➡ 必須チェックの検証コントロールによるエラーメッセージが表示される。

● 検証コントロールによるエラーチェックは、コントロールがフォーカスを失うタイミング（別のコントロールにカーソルが移動するとき）で実行される。この検証コントロールによる処理はJavaScriptによって実装されており、クライアント上で処理が行われる。

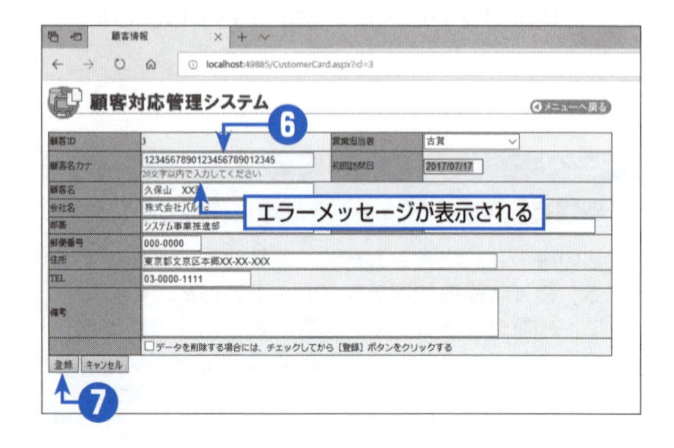

6

［顧客名カナ］ボックスに**1234567890123456789012345**（25文字の文字列）を入力して、Tabを押す。

➡ 正規表現チェックの検証コントロールによるエラーメッセージが表示される。

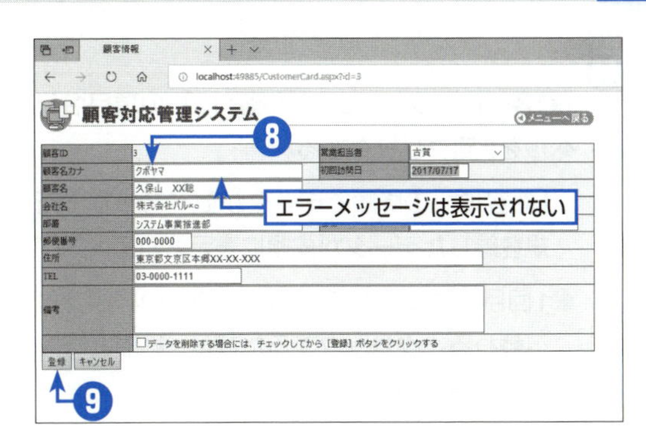

7

［登録］ボタンをクリックする。

➡更新処理は実行されない。

●検証コントロールによるエラーが発生している場合には、更新処理を実行することはできない。

8

［顧客名カナ］ボックスに**クボヤマ**と入力して、Tabを押す。

➡2つの検証コントロールによるエラーチェックを通過したため、エラーメッセージは表示されない。

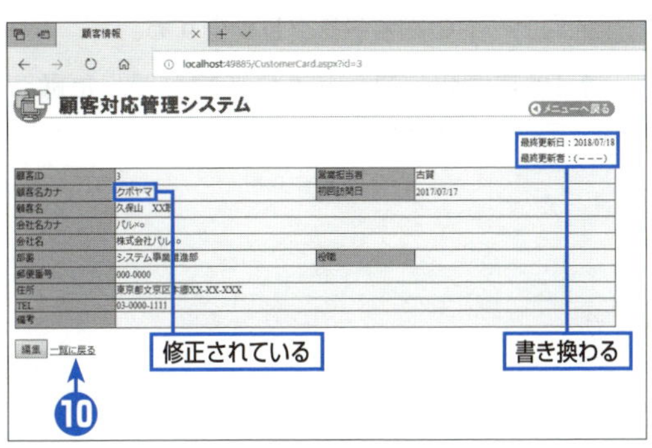

9

［登録］ボタンをクリックする。

➡更新処理が実行されて、［顧客情報］フォームの表示モードに遷移する。［顧客情報］フォームでは、顧客名カナが修正されて、最終更新日と最終更新者が書き換わっていることがわかる。

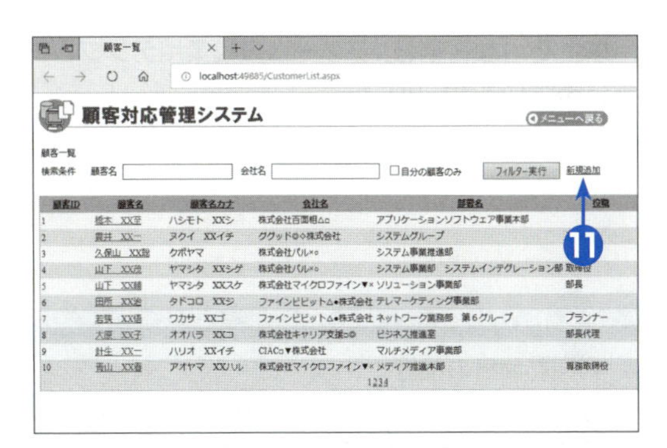

10

［一覧に戻る］リンクをクリックする。

➡［顧客一覧］フォームに移動する。

11

［新規追加］リンクをクリックする。

➡［顧客情報］フォームの挿入モードに遷移する。挿入モードでは、［顧客ID］ボックスに「(自動付番)」と表示されている。

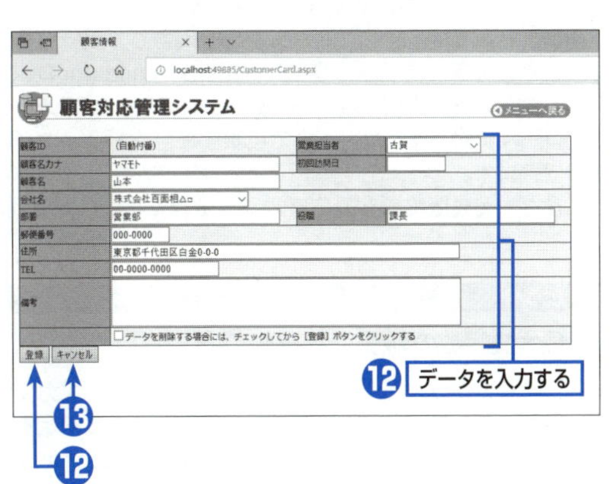

12

右の図のようにデータを入力して、［登録］ボタンをクリックする。

➡データベースに新しいデータが登録され、入力項目がクリアされる。

13

［キャンセル］ボタンをクリックする。

➡［顧客一覧］フォームに戻る。

⑭

［顧客一覧］フォームで［顧客ID］の項目名ラベルを2回クリックする。

➡「顧客ID」の降順でデータが並べ替わり、新規登録したデータが先頭に表示される。

●1回目のクリックでは「顧客ID」の昇順で並べ替わる。クリックするたびに、昇順と降順が切り替わる。

⑮

先頭データの顧客名をクリックする。

➡［顧客情報］フォームに新規登録した顧客データが表示される。

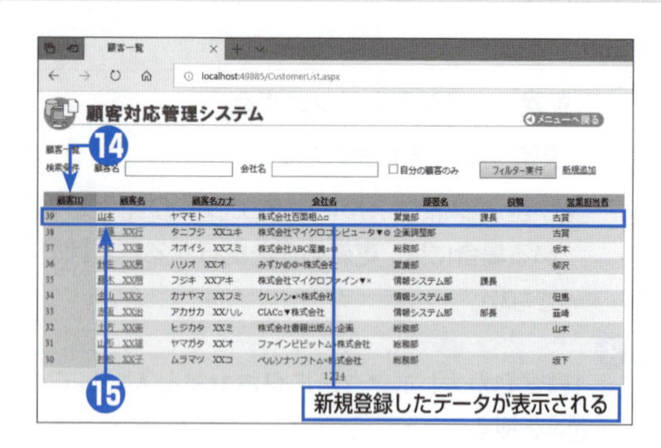

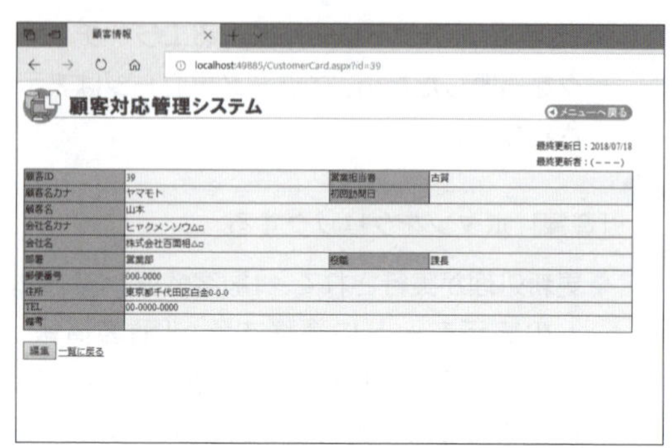

以上で、［顧客情報］フォームの編集用テンプレートと新規追加用のテンプレートを使用した顧客データの登録機能が完成しました。

ヒント

初回訪問日の検証

［顧客情報］フォームでは、初回訪問日の入力値が日付であることも確認しなければなりません（現在のフォームでは、日付以外の文字列を入力して登録したときにエラーが発生します）。CustomValidatorコントロールを使用すると、対象として指定したコントロールに対して、コード内で複雑な検証を行うことができます。
なお、完成版の顧客対応管理システムには、CustomValidatorコントロールを使用した初回訪問日のエラーチェックを追加してあります（CustomValidator1_ServerValidateメソッドを参照）。
完成版の顧客対応管理システムは、ダウンロードしたサンプルファイルの［¥VC2017Web¥完成版¥customer_action］フォルダーのWebサイトで実行することができます。詳細については、ダウンロードページの説明を参照してください。

ヒント

最大文字数の制限

この章で作成した［顧客情報］フォームでは、入力文字数の制限のために、検証コントロールによる指定を行っていますが、テキストボックスのMaxLengthプロパティを使用して、制限を越えた文字列を入力できないようにすることも可能です。
ただし、検証コントロールの正規表現による指定と同様に、全角と半角の区別はないという点に注意してください（全角も半角も1文字と数えます）。そのため、検証コントロールやMaxLengthプロパティによる字数制限を行う場合には、データベースでUnicodeのデータ型（nvarchar型など）を使用するか、全角文字の登録に備えて、あらかじめ倍のサイズの格納を可能にしておく（10文字で制限する場合にはvarchar(20)にする）必要があります。

プログラムによるSQLステートメントの実行

第10章

この章では、WebアプリケーションでSQLステートメントを使用してデータを一括更新する方法と、データを取得するSQLステートメントを利用して、登録データをcsvファイルにエクスポートする方法を学習します。
また、生成されたSQLステートメントを確認するために、プログラムをデバッグする方法を紹介します。

▼この章で学習する内容

STEP 1 営業担当者の置換に使用するUPDATE命令のSQLステートメントを準備します。

STEP 2 ［営業担当者の置換］フォームを作成して、営業担当者の置換を行うプログラムを記述します。

STEP 3 ［顧客データのエクスポート］フォームを作成して、顧客データをcsvファイルで出力するプログラムを記述します。

STEP 4 顧客データのエクスポートプログラムを一時停止して、生成されたSQLステートメントを確認しながら行うデバッグ方法を学習します。

▲［営業担当者の置換］フォーム

▲［顧客データのエクスポート］フォーム

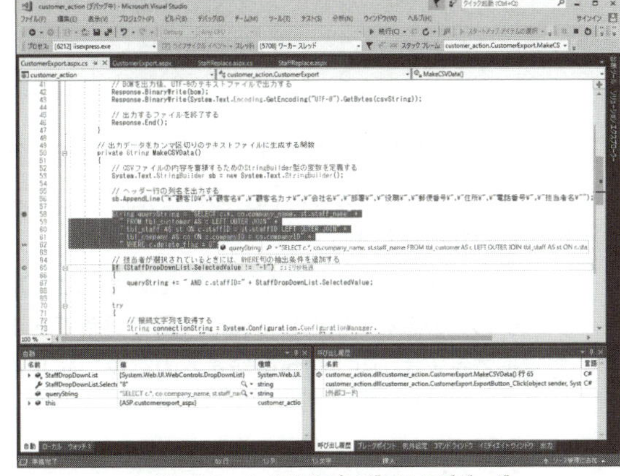

▲Visual Studioによるプログラムのデバッグ

1 一括更新用のSQLステートメントを準備する

リレーショナルデータベースを利用するメリットの1つとして、さまざまな一括処理がSQLステートメントで簡単に実現できることが挙げられます。ここでは、顧客情報テーブル（tbl_customer）に登録されている営業担当者を別のスタッフに一括更新するプログラムを作成します。

営業担当者の一括更新の処理内容

本書で作成している顧客対応管理システムでは、顧客情報テーブル（tbl_customer）に営業担当者としてスタッフID（staffID）が登録されています。ここでは、スタッフの退社や異動により、営業担当者を別のスタッフに変更しなければならないという事例を考えてみましょう。

たとえば、スタッフID:6の小川氏が退社することになり、小川氏の担当していた顧客をスタッフID:14の青島氏が引き継ぐことになったとしましょう。この場合には、以下の図のようにスタッフIDの置換作業が必要となります。

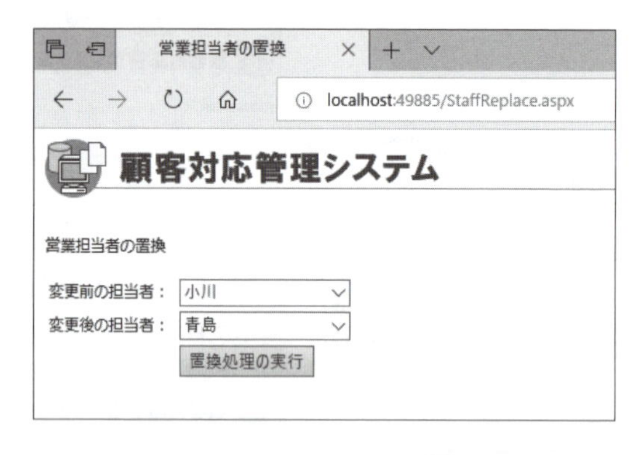

DB

■実行前
●顧客情報テーブル(tbl_customer)

customerID	customer_name	staffID
1	橋本　XX至	1
2	貫井　XX一	6
3	久保山　XX聡	1
4	山下　XX茂	6
5	山下　XX輔	1

■実行後
●顧客情報テーブル(tbl_customer)

customerID	customer_name	staffID
1	橋本　XX至	1
2	貫井　XX	14
3	久保山　XX聡	1
4	山下　XX茂	14
5	山下　XX輔	1

つまり、小川氏の業務を青島氏に引き継ぐ際に行うべき処理は、『顧客情報テーブル（tbl_customer）で、スタッフID（staffID）が「6」の行を抽出して、スタッフID（staffID）を「14」に更新する』ものであるということがわかります。

SQL Serverでは、UPDATE命令を使用したSQLステートメントによって、指定された条件を満たす対象データの列の値を、指定した値に一括で更新できます。ここで行う処理であれば、次のSQLステートメントで実現できます（SET句が更新する内容を、WHERE句が抽出条件を表しています）。

```
UPDATE tbl_customer SET staffID=14 WHERE staffID=6
```

対象テーブル　更新内容　抽出条件

　このSQLステートメントのうち、変更前と変更後のスタッフIDを指定している「6」と「14」の部分は、この処理を実行する際に毎回変化することになります。そのため、前ページの図のように、これらの値を画面上で指定可能なWebフォームを用意して、2つのスタッフIDをSQLステートメントに埋め込みます。

SQLステートメントのテスト実行

　SQLステートメントを実行するプログラムの記述に取りかかる前に、Web-DBシステムに組み込むSQLステートメントの記述内容と動作が正しいものであることを確認しておかなければなりません。それは、Web-DBシステムでSQLステートメントの実行処理（この場合には営業担当者の置換処理）がうまく動作しなかった場合に、プログラムとSQLステートメントのどちらに間違いがあるのかという判断が難しくなるためです。

　Visual Studioの統合開発環境には、開発時におけるSQLステートメントのテストのためにSQLエディターが用意されています。SQLエディターはSQLステートメントを直接記述して検証できます。このとき、SQLステートメントの実行結果は、SELECT命令のようにデータを返すものはグリッドに表示し、UPDATE命令のように処理を行うものは実行結果を表示します。さらに、SQLステートメントの構文に誤りがある場合には、エラーメッセージが表示されます。

　SQLエディターを利用するには、サーバーエクスプローラーで、対象とするデータ接続を右クリックしてショートカットメニューから［新しいクエリ］をクリックします。

　以下の図は、SQLエディターを使用して、SELECTステートメントを実行した結果と、構文エラーを含むUPDATEステートメントを実行した結果です（構文エラーのないUPDATEステートメントを実行すると、データベースのデータが更新されるため注意してください）。

　なお、SQLステートメントのテストにはManagement Studioを利用することもできます。Management Studioの使い方の詳細については、「第5章 SQLステートメントの記述と実行」を参照してください。

指定したSELECTステートメント

グリッドに実行結果が表示される

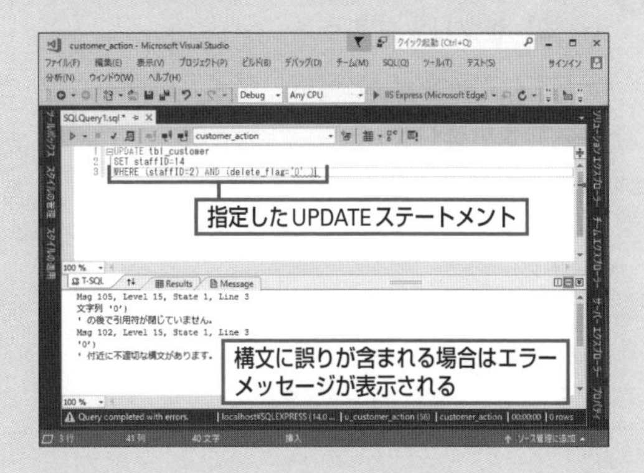

2 営業担当者を置換する

顧客情報テーブル（tbl_customer）でスタッフID（staffID）の一括更新を行うSQLステートメントは、条件指示用のWebフォームから実行します。このWebフォームには、変更前と変更後のスタッフIDを指定するドロップダウンリストを用意しなければなりません。

ここでは、スタッフ名を指定するための新しいWebフォームを作成して、SQLステートメントを実行するコードを記述します。

条件指示フォームの作成（テーブルの作成）

この章では、前の章で作成したプロジェクトを引き続き使用します。または、ダウンロードしたサンプルファイルの［¥VC2017Web¥Chapter10¥customer_action］フォルダーのプロジェクトを使用してください。

なお、Webアプリケーションが実行されている場合には、Webブラウザーの閉じるボタンをクリックして終了してください。

プロジェクトの用意ができたら、以下の手順でWebフォームを作成して、テーブルを配置します。

❶ ソリューションエクスプローラーで［customer_action］プロジェクトを選択して、［プロジェクト］メニューの［新しい項目の追加］をクリックする。

➡［新しい項目の追加］ダイアログボックスが表示される。

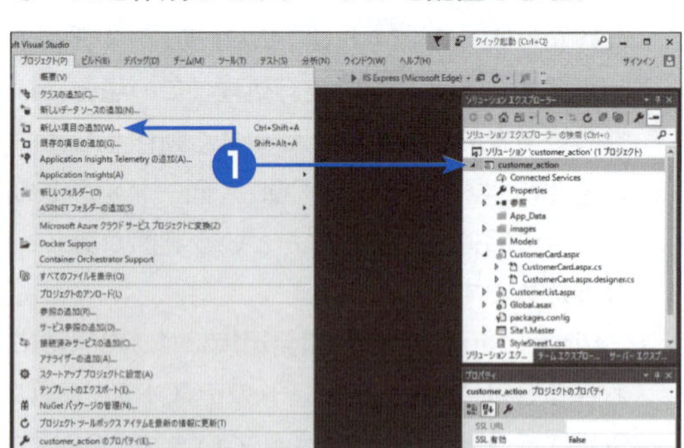

❷ 左側のペインで［インストール済み］－［Visual C#］－［Web］を選択し、中央のペインで［マスターページを含むWebフォーム］を選択して、［名前］ボックスに**StaffReplace.aspx**と入力する。

❸［追加］をクリックする。

➡［マスターページの選択］ダイアログボックスが表示される。

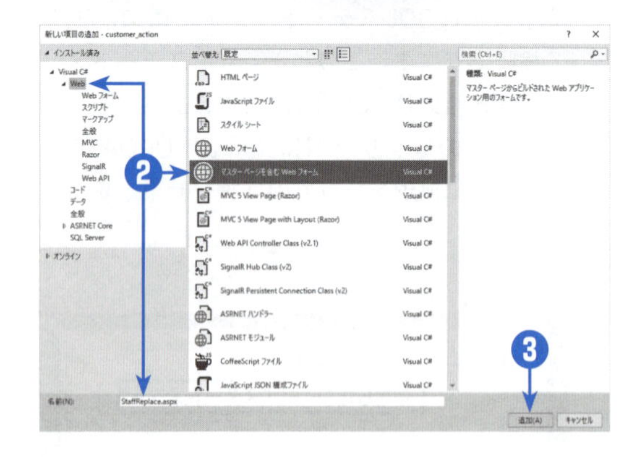

4

[フォルダーの内容] ボックスで [Site1.Master] を選択して、[OK] をクリックする。

➡ StaffReplace.aspx、StaffReplace.aspx.cs、StaffReplace.aspx.designer.csが、プロジェクトのフォルダーに作成される。ソリューションエクスプローラーに3つのファイルが追加され、[StaffReplace.aspx] タブのソースビューに、生成されたHTMLが表示される。

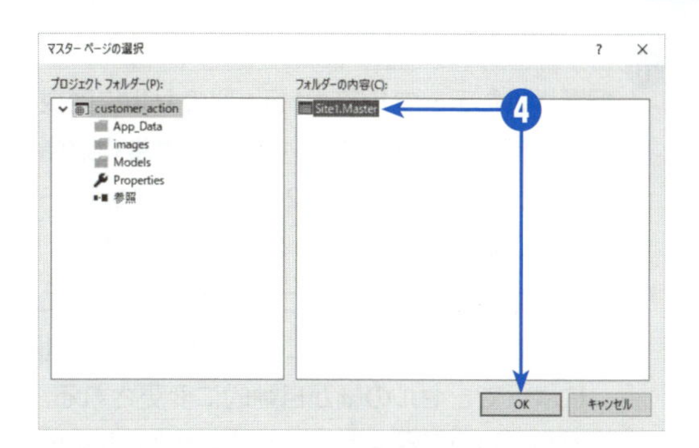

5

プロパティウィンドウの上部のドロップダウンリストで [DOCUMENT] を選択して、[Title] ボックスに**営業担当者の置換**と入力する。

6

[デザイン] タブをクリックして、デザインビューに切り替えて、Webフォームデザイナーのコンテンツプレースホルダーの内部をクリックし、**営業担当者の置換**と入力してEnterを押す。

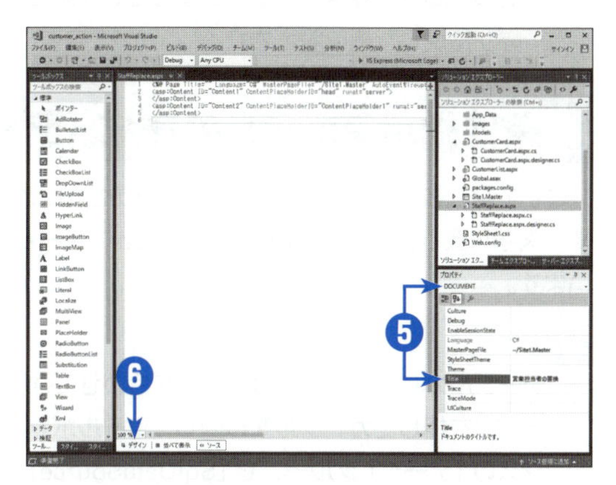

7

[テーブル] メニューの [テーブルの挿入] をクリックする。

➡ [テーブルの挿入] ダイアログボックスが表示される。

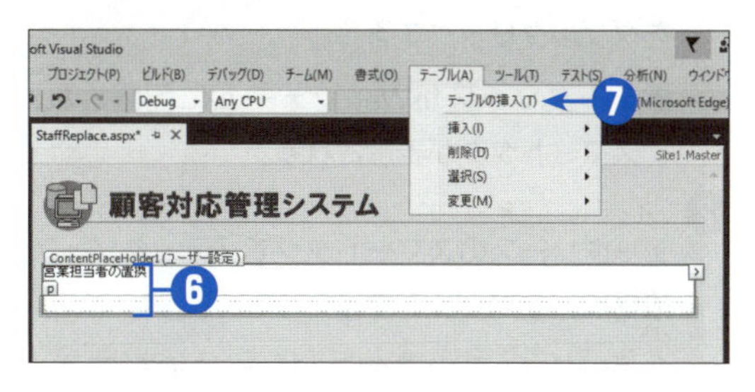

8

[行] ボックスに**3**、[列] ボックスに**2**と入力し、[幅の指定] チェックボックスをオンにし、その下のボックスに**300**と入力して、単位として [ピクセル] を選択する。

9

[テーブルの挿入] ダイアログボックスで [OK] をクリックする。

➡ コンテンツプレースホルダーの中に3行2列のテーブルが作成される。

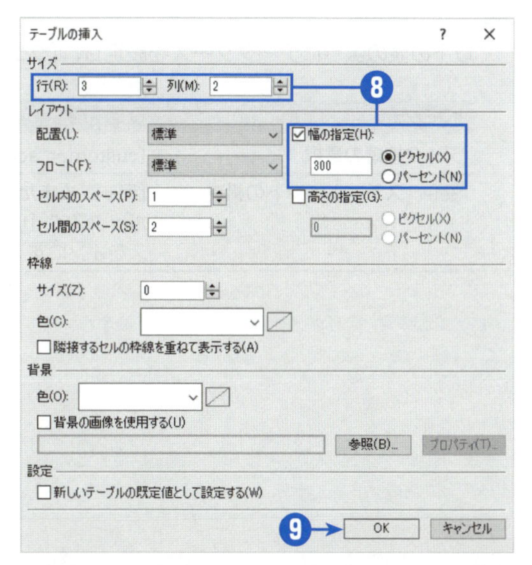

⑩
配置されたテーブルで、1行1列のセルに**変更前の担当者：**、2行1列のセルに**変更後の担当者：**と入力し、1列目と2列目の境界線をドラッグして、1列目の幅を100pxに設定する。

●既定の状態では、テーブルの列幅は自動になっている。この場合には、入力した文字列によって、セルの幅が自動的に変更される。セルの間の境界線をドラッグすると、セルの幅が指定した幅に設定される。

条件指示フォームの作成（データソースとコントロールの配置）

ここでは、まずドロップダウンリストのためにスタッフマスターテーブル（tbl_staff）を元にしたデータソースを用意します。その後で、このWebフォームに必要なコントロールを配置して、それぞれの設定を行います。

❶
テーブルの右下のセルにカーソルを合わせてから、⇥を押してカーソルを移動し、ツールボックスの［データ］グループで［SqlDataSource］をダブルクリックする。

➡データソースがWebフォームに配置され、スマートタグが表示される。

❷
データソースのスマートタグで［データソースの構成］をクリックする。

➡データソースの構成ウィザードが起動する。

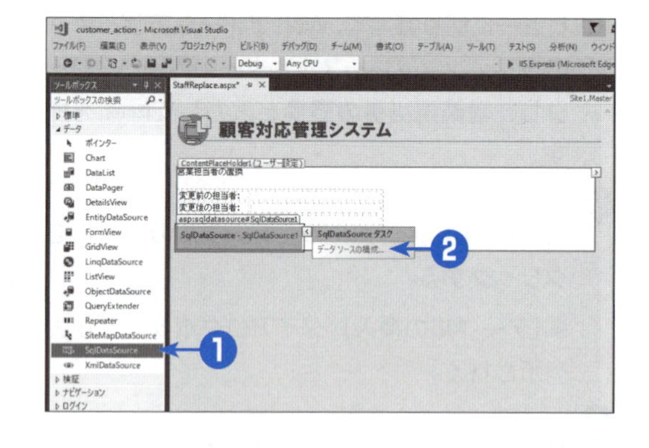

❸
以下の表のようにデータソースを設定し、［クエリのテスト］ページで［完了］をクリックする。

ページ	設定内容
データ接続の選択	［customer_actionConnectionString］を選択する。
Selectステートメントの構成	［テーブルまたはビューから列を指定します］を選択し、［コンピューター］ボックスで［tbl_staff］を選択して、［列］ボックスで［*］チェックボックスをオンにする。

参照

データソースの構成ウィザードによる設定方法の詳細について

第6章の「5 データソースを登録する」

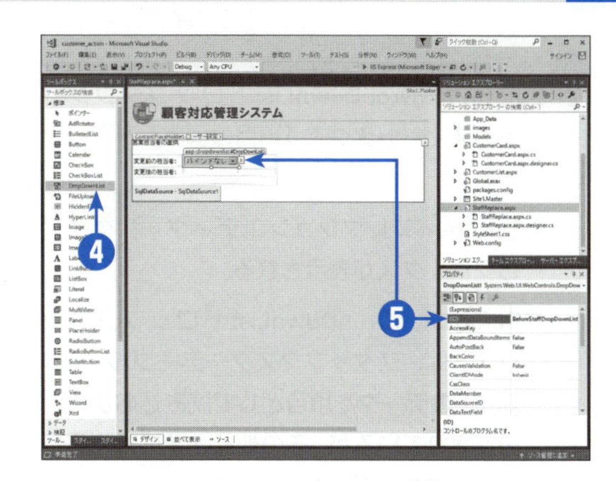

4

テーブルの右上のセルにカーソルを移動して、ツールボックスの［標準］グループで［DropDownList］をダブルクリックする。

➡DropDownList1ドロップダウンリストが作成される。

5

DropDownList1ドロップダウンリストを選択して、プロパティウィンドウで［(ID)］ボックスの値を**BeforeStaffDropDownList**に変更する。同様の手順でその下のセル（2行2列のセル）にも、ドロップダウンリストを配置して、［(ID)］ボックスの値を**AfterStaffDropDownList**に変更する。

●［(ID)］ボックスでは、コントロールの名前を指定できる。この名前は、この後の手順で記述するプログラムでコントロールから値を取得する際に使用するため、間違えずに設定しなければならない。

6

BeforeStaffDropDownListドロップダウンリストのスマートタググリフ（右向き三角矢印）をクリックして、スマートタグで［データソースの選択］をクリックする。

➡データソース構成ウィザードが起動する。

7

以下の表のようにデータソースを設定する。

項目	設定する値	説明
［データソースの選択］ボックス	SqlDataSource1	スタッフマスターテーブル（tbl_staff）を元にしたデータソースを使用する。
［DropDownListで表示するデータフィールドの選択］ボックス	staff_name	ドロップダウンリストの選択肢として画面上に表示される列を指定する。
［DropDownListの値のデータフィールドの選択］ボックス	staffID	ドロップダウンリストの値として設定される列を指定する。プログラムでこのコントロールを指定した場合には、ここで選択した列の値が取得できる。

8

データソース構成ウィザードで［OK］をクリックする。

➡BeforeStaffDropDownListドロップダウンリストに、データソースと接続していることを示す「データバインド」という文字が表示される。

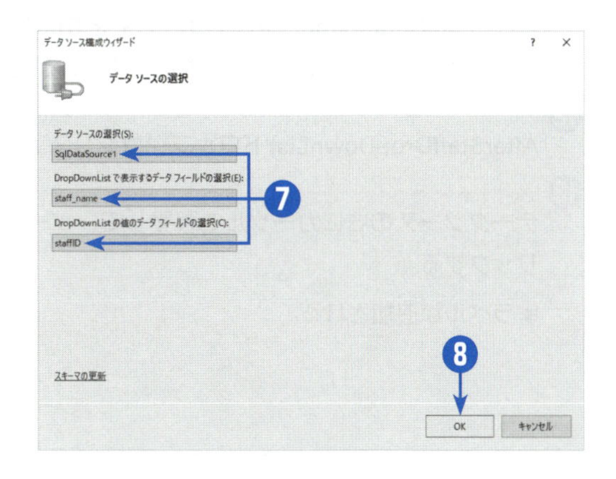

❾

BeforeStaffDropDownListドロップダウンリストのスマートタグで［項目の編集］をクリックする。

➡［ListItemコレクションエディター］ダイアログボックスが表示される。

●BeforeStaffDropDownListドロップダウンリストは、スタッフマスターテーブル（tbl_staff）のデータを項目として読み込むように設定されているが、その他に一覧に常時表示しておきたい項目を、［ListItemコレクションエディター］ダイアログボックスで追加することができる。

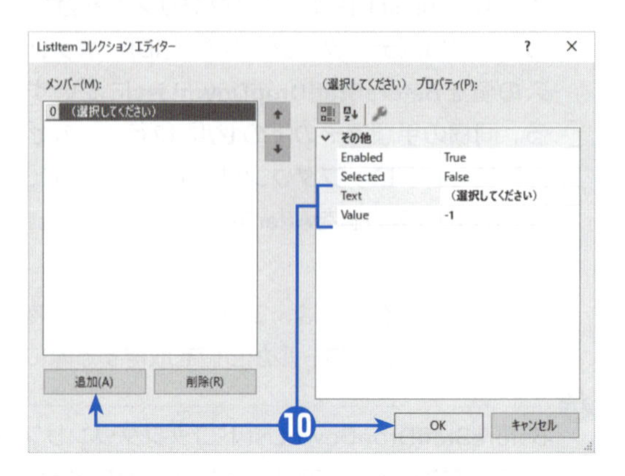

❿

［追加］をクリックし、右側のプロパティの一覧で［Text］ボックスに **(選択してください)**、［Value］ボックスに-1と入力して［OK］をクリックする。

●このプロパティ設定で、BeforeStaffDropDownListドロップダウンリストに-1という値を持つ「(選択してください)」という項目を追加したことになる。つまり、ユーザーが「(選択してください)」を選択しているかどうかは、BeforeStaffDropDownListドロップダウンリストの値が-1かどうかで判定することができる。

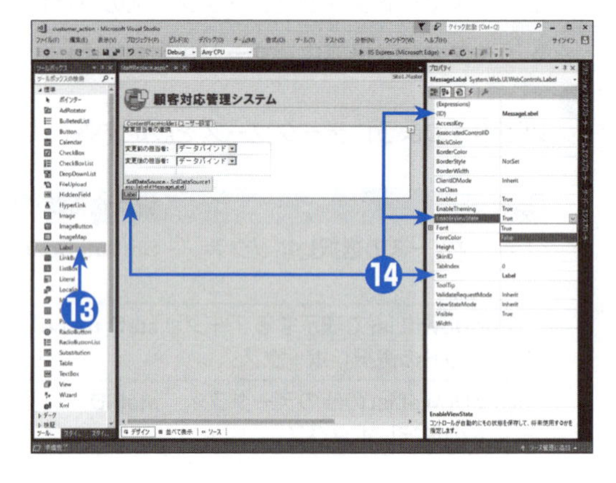

⓫

BeforeStaffDropDownListドロップダウンリストのプロパティウィンドウで［AppendDataBoundItems］ボックスを［True］に変更する。

●AppendDataBoundItemsプロパティをTrueに設定することで、手順❾、❿で追加した項目をデータソースから連動した値と共に表示することができる。

⓬

AfterStaffDropDownListドロップダウンリストでも、手順❻～⓫と同様に設定する。

⓭

データソースの右にカーソルを移動して、ツールボックスの［標準］グループで［Label］をダブルクリックする。

➡ラベルが追加される。

⑭

配置したラベルを選択して、プロパティウィンドウで［(ID)］ボックスを**MessageLabel**に変更し、［EnableViewState］ボックスを［False］に変更する。また、［Text］ボックスの値を削除する。

● このラベルには、処理実行時のメッセージを表示する。EnableViewStateプロパティは、ポストバックの実行時にコントロールの状態（この場合はメッセージの内容）を保持するかどうかを指定するもので、Falseにすることで毎回クリアされるようになる。

⑮

テーブルの3行2列のセル（右下のセル）にカーソルを移動して、ツールボックスの［標準］グループで［Button］をダブルクリックする。

➡ ボタンが追加される。

⑯

配置したボタンのプロパティウィンドウで［(ID)］ボックスの値を**ExecuteButton**、［Text］ボックスの値を**置換処理の実行**に変更する。

コードの記述

以下の手順で、一括更新処理を行うコードを記述します。

❶

フォームに配置した［置換処理の実行］ボタンをダブルクリックする。

➡ StaffReplace.aspx.csが開き、コードエディターにExecuteButton_Clickメソッドの外枠が用意される。

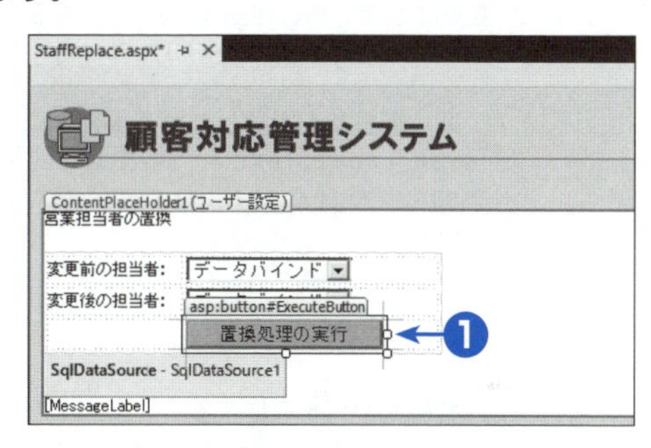

❷

コードエディターの先頭のブロックにusingステートメントを挿入し、ExecuteButton_Clickメソッドに以下のコードを記述する（色文字部分）。

● コード中の黒い右矢印（➔）は、コードエディター上で改行なしに続いていることを表している。

```
using System;
using System.Collections.Generic;
using System.Linq;
using System.Web;
using System.Web.UI;
using System.Web.UI.WebControls;
using System.Data.SqlClient;  ←1

namespace customer_action
{
```

```
public partial class StaffReplace : System.Web.UI.Page
{
  protected void Page_Load(object sender, EventArgs e)
  {

  }

  protected void ExecuteButton_Click(object sender, EventArgs e)
  {
    // 変更前の担当者を表す変数の定義と値のセット
    string beforeID = BeforeStaffDropDownList.SelectedValue;      ← 2
    // 変更後の担当者を表す変数の定義と値のセット
    string afterID = AfterStaffDropDownList.SelectedValue;

    // 変更前と変更後の担当者が選択されているかどうかを確認する
    if (beforeID == "-1" || afterID == "-1")
    {
      // 担当者が選択されていない場合には、メッセージを表示して処理を終了する   ← 3
      MessageLabel.Text = "変更前と変更後の担当者を選択してください。";
      MessageLabel.ForeColor = System.Drawing.Color.Red;
      return;
    }

    // 変更前と変更後の担当者が同じであるかどうかを確認する
    if (beforeID == afterID)
    {
      // 同じ担当者を選択している場合には、メッセージを表示して処理を終了する
      MessageLabel.Text = "変更前と変更後の担当者が同じであるため、処理を実行できません。";
      MessageLabel.ForeColor = System.Drawing.Color.Red;
      return;
    }                                                              ← 4

5 → try
    {
      // 接続文字列を取得する
      string connectionString = System.Configuration.ConfigurationManager.
        ConnectionStrings["customer_actionConnectionString"].ConnectionString;   ← 6

      // コネクションを定義する
      using (SqlConnection connection = new SqlConnection(connectionString))  ← 7
      {
        // コマンドを定義する
        SqlCommand command = connection.CreateCommand();  ← 8

        // コネクションを開く
        connection.Open();  ← 9

        // コマンドにSQLステートメントを指定する
        command.CommandText = "UPDATE tbl_customer SET staffID=" + afterID + →
          " WHERE staffID=" + beforeID;  ← 10

        // コマンドに定義したSQLステートメントを実行して、処理結果の件数を取得する
        int lines = command.ExecuteNonQuery();  ← 11

        // ラベルに結果のメッセージを表示する
        MessageLabel.Text = lines + "件の顧客で担当者を変更しました。";  ← 12
      }
    }
```

```
5       catch (Exception ex)
        {
          // 不明なエラーが発生したとき
          MessageLabel.Text = "エラーが発生したため、処理を中止します。<br>" + ex.Message;
        }
      }
    }
  }
```

コードの解説

ExecuteButton_Clickメソッドは［置換処理の実行］ボタンのクリック時に呼び出されるプログラムで、［営業担当者の置換］フォームで指定された変更前と変更後の担当者のスタッフIDによって、SQLステートメントを生成して処理を実行します。

1 usingステートメントで、プログラム中で使用するクラスの所属する名前空間として「System.Data.SqlClient」を定義します。たとえば、7で記述している「SqlConnection」というクラス名は、本来「System.Data.SqlClient.SqlConnection」と記述する必要がありますが、このusingステートメントの定義により「SqlConnection」と名前空間を省略して記述できます。

2 2つのドロップダウンリストから、変更前と変更後のスタッフID（staffID）の値を取得します。SelectedValueプロパティは、ドロップダウンリストで選択されている項目の値を取得するものです。この節の「条件指示フォームの作成（データソースとコントロールの配置）」の手順7で、ドロップダウンリストの値としてスタッフID（staffID）を指定しているため、ここで変数に格納される値は、表示されているスタッフ名（staff_name）ではなく、スタッフID（staffID）になります。
なお、スタッフマスターテーブル（tbl_staff）のスタッフID（staffID）はint型ですが、SelectedValueプロパティはstring型の値を返すため、2つの変数はstring型で定義しています。

3 ドロップダウンリストで変更前と変更後のスタッフID（staffID）が選択されているかどうかを判定し、いずれかが選択されていない場合には、処理を実行せずにMessageLabelラベルにエラーメッセージを表示して処理を終了します。この節の「条件指示フォームの作成（データソースとコントロールの配置）」の手順で、これらのドロップダウンリストに「(選択してください)」という-1の値を持つ項目を追加しているため、ドロップダウンリストの値が-1かどうかでスタッフが選択されているかどうかを判定できます。なお、エラーメッセージでは、メッセージ表示用ラベルのForeColorプロパティにSystem.Drawing.Color構造体からRedを指定することによって、文字色を赤に変更しています。

4 ドロップダウンリストで選択されている変更前と変更後のスタッフID（staffID）が同じであるかどうかを判定し、同じ場合には処理を実行せずに、MessageLabelラベルにエラーメッセージを表示して処理を終了します。

5 try-catchステートメントは、エラーを監視しながら処理を実行する場合に利用します。tryブロック内の処理でエラーが発生すると、catchブロックに処理が移動します。catchステートメントに記述している「Exception ex」は、エラーが発生したときに、Exceptionクラスの変数exに発生したエラーの内容を格納することを表しています。ExceptionクラスのMessageプロパティには、エラーメッセージが格納されます。

6 アプリケーション構成ファイル（Web.config）に格納されているデータベースの接続文字列を、変数connectionStringに設定します。ConnectionStringsプロパティにデータ接続名を指定することで、アプリケーション構成ファイルに記述されている接続文字列を取得することができます（アプリケーション構成ファイルについては、第6章のヒント「アプリケーション構成ファイル（Web.config）」を参照してください）。

7 usingステートメントを使用して、6で取得した接続文字列で新しいコネクションを作成します。usingステートメントを使用すると、usingステートメント内の処理を終了したときに、コネクションの正常終了時も異常終了時も確実にコネクションが破棄されます。

8 SqlCommandクラスの変数commandを定義して、7で定義したコネクションから新しいコマンドを作成します。コマンドはSQLステートメントを実行することができるオブジェクトで、データベースとのやり取りに使用します。

9 コネクションを開いて、データベースとの接続を開始します。

10 コマンドのCommandTextプロパティにSQLステートメントを定義します。ここで生成されるSQLステートメントは、以下のようなものになります（色文字部分が、変数afterIDと変数beforeIDの値によって、置き換えられます）。

```
UPDATE tbl_customer SET staffID=14 WHERE staffID=6
```

11 コマンドのExecuteNonQueryメソッドによって、CommandTextプロパティに設定されたSQLステートメントを実行します。コマンドのExecuteNonQueryメソッドは、ここで使用しているUPDATE命令のように一括処理のSQLステートメントを実行するためのメソッドです。なお、ExecuteNonQueryメソッドの戻り値には、処理が実行された行数が返されるため、その値を変数linesに設定しています。

12 変数linesに格納された処理件数を元に実行結果のメッセージを作成して、ラベルに設定します。

プログラムの実行

これで、営業担当者の一括更新用フォームが完成しました。以下の手順で、現在の顧客情報テーブル（tbl_customer）の登録データを確認してから、プログラムを実行してください。

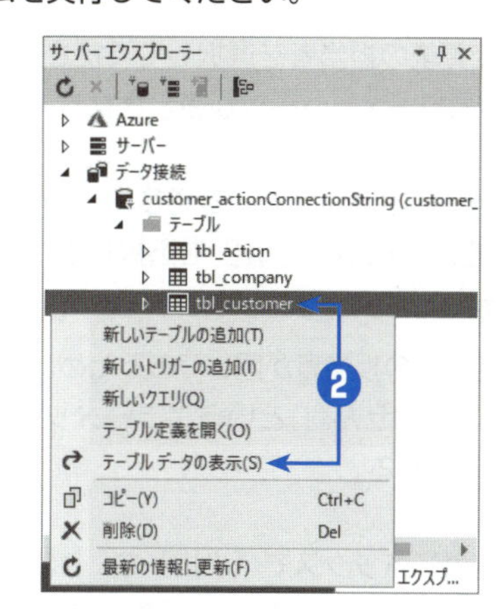

1

［表示］メニューの［サーバーエクスプローラー］をクリックする。

➡サーバーエクスプローラーが表示される。

2

サーバーエクスプローラーで、使用しているデータ接続を展開し、［テーブル］－［tbl_customer］を右クリックして、ショートカットメニューの［テーブルデータの表示］をクリックする。

➡顧客情報テーブルのデータがグリッドに表示される。

●［データ接続］が展開できない場合には、右クリックしてショートカットメニューの［最新の情報に更新］をクリックする。

●Management Studioで確認してもよいが、データを確認するだけであれば、サーバーエクスプローラーの方が早く作業できる。

3

顧客情報テーブルのデータが図のようになっていることを確認する。確認が終了したら、［ファイル］メニューの［閉じる］をクリックする。

➡データグリッドが閉じる。

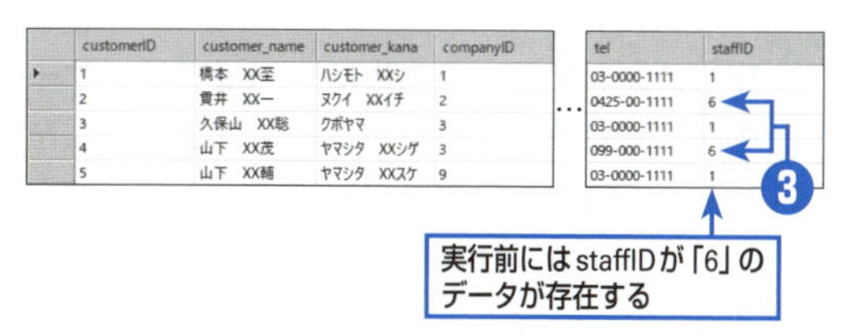

customerID	customer_name	customer_kana	companyID	…	tel	staffID
1	橋本　XX至	ハシモト　XXシ	1		03-0000-1111	1
2	貫井　XX一	ヌクイ　XXイチ	2		0425-00-1111	6
3	久保山　XX聡	クボヤマ	3		03-0000-1111	1
4	山下　XX茂	ヤマシタ　XXシゲ	3		099-000-1111	6
5	山下　XX輔	ヤマシタ　XXスケ	9		03-0000-1111	1

4

［表示］メニューの［ソリューションエクスプローラー］をクリックし、ソリューションエクスプローラーで［StaffReplace.aspx］を右クリックして、ショートカットメニューの［スタートページに設定］をクリックする。

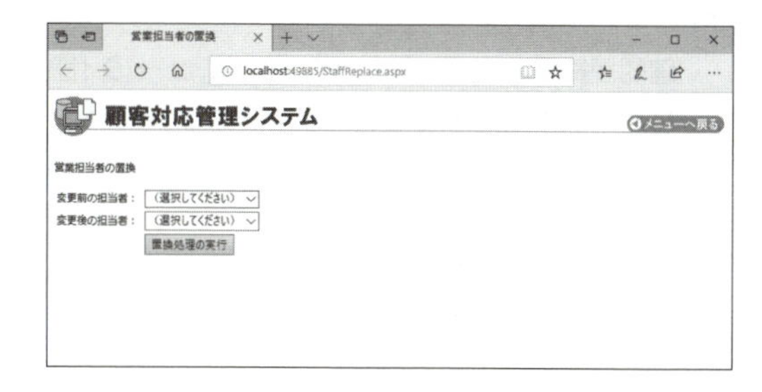

5

［デバッグ］メニューの［デバッグの開始］をクリックするか、F5を押す。

➡Webアプリケーションがテスト実行され、［営業担当者の置換］フォームが表示される。

●ドロップダウンリストには、［ListItemコレクションエディター］ダイアログボックスで登録した項目が先頭に表示され、その下にデータベースから取得した値が項目として表示される。

❻ ［変更前の担当者］ボックスと［変更後の担当者］ボックスで何も選択せずに、［置換処理の実行］ボタンをクリックする。

➡「変更前と変更後の担当者を選択してください。」というエラーメッセージが表示される。

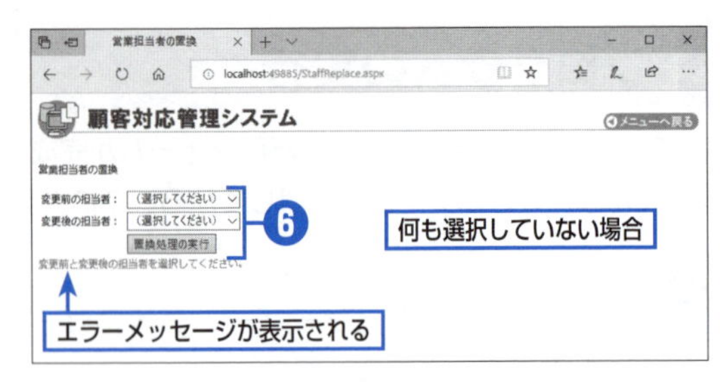

❼ ［変更前の担当者］ボックスと［変更後の担当者］ボックスで、いずれも［小川］を選択して、［置換処理の実行］ボタンをクリックする。

➡「変更前と変更後の担当者が同じであるため、処理を実行できません。」というエラーメッセージが表示される。

❽ ［変更前の担当者］ボックスで［小川］を、［変更後の担当者］ボックスで［青島］を選択して、［置換処理の実行］ボタンをクリックする。

➡置換処理が実行され、「3件の顧客で担当者を変更しました。」というメッセージが表示される。

❾ 実行結果を確認するために、Webブラウザーの閉じるボタンをクリックしてプログラムを終了し、再度、手順❶、❷と同様にして、顧客情報テーブル（tbl_customer）のデータを参照する。

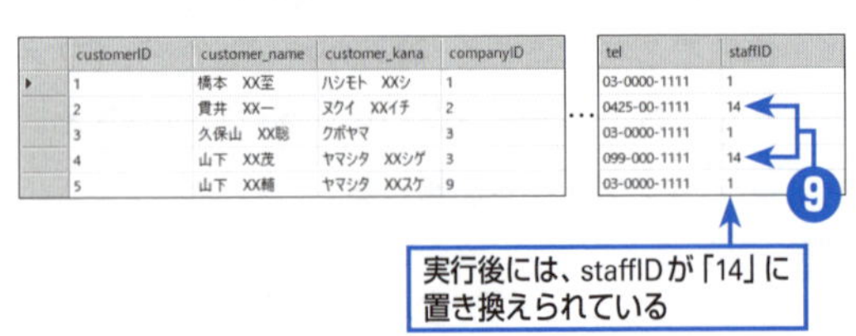

customerID	customer_name	customer_kana	companyID	…	tel	staffID
1	橋本　XX至	ハシモト　XXシ	1		03-0000-1111	1
2	貫井　XX一	ヌクイ　XXイチ	2		0425-00-1111	14
3	久保山　XX聡	クボヤマ	3		03-0000-1111	1
4	山下　XX茂	ヤマシタ　XXシゲ	3		099-000-1111	14
5	山下　XX輔	ヤマシタ　XXスケ	9		03-0000-1111	1

❿ 確認が終了したら、［ファイル］メニューの［閉じる］をクリックする。

➡データグリッドが閉じる。

以上で、指定した担当者の置換処理の実行（SQLステートメントの実行）によって、テーブルのデータが更新されたことを確認できました。

3　顧客データをエクスポートする

データベースに格納されているデータをテキストファイルなどでエクスポート（出力）すると、Accessなどのデータベース管理システムやExcelなどの表計算ソフトウェアでデータを活用できるようになります。ここでは、顧客情報テーブル（tbl_customer）のデータを、カンマ区切りのテキストファイル（csvファイル）としてエクスポートするプログラムを作成します。

条件指示フォームの作成（テーブルの作成）

顧客データのエクスポートは、対象とする営業担当者を選択して実行できるようにします。以下の手順で、Webフォームを作成して、テーブルを配置してください。

1

ソリューションエクスプローラーで［customer_action］プロジェクトを選択して、［プロジェクト］メニューの［新しい項目の追加］をクリックする。

➡［新しい項目の追加］ダイアログボックスが表示される。

●ソリューションエクスプローラーが表示されていない場合には、［表示］メニューの［ソリューションエクスプローラー］をクリックする。

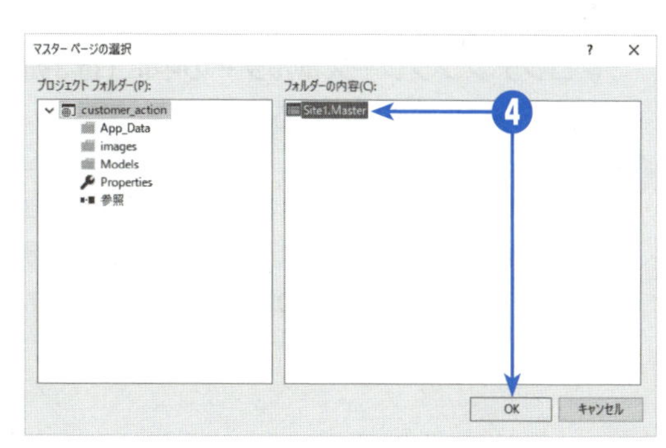

2

左側のペインで［インストール済み］－［Visual C#］－［Web］を選択肢、中央のペインで［マスターページを含むWebフォーム］を選択して、［名前］ボックスに**CustomerExport.aspx**と入力する。

3

［追加］をクリックする。

➡［マスターページの選択］ダイアログボックスが表示される。

4

［フォルダーの内容］ボックスで［Site1.Master］を選択して、［OK］をクリックする。

➡CustomerExport.aspx、CustomerExport.aspx.cs、CustomerExport.aspx.designer.csが、プロジェクトのフォルダーに作成される。ソリューションエクスプローラーに3つのファイルが追加され、［CustomerExport.aspx］タブのソースビューに、生成されたHTMLが表示される。

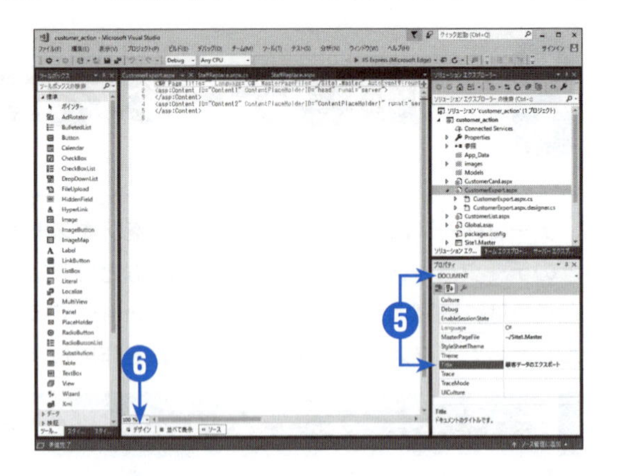

5 プロパティウィンドウの上部のドロップダウンリストで［DOCUMENT］を選択して、［Title］ボックスの値を**顧客データのエクスポート**に変更する。

6 ［デザイン］タブをクリックして、デザインビューに切り替えて、Webフォームデザイナーのコンテンツプレースホルダーの内部をクリックし、**顧客データのエクスポート**と入力してEnterを押す。

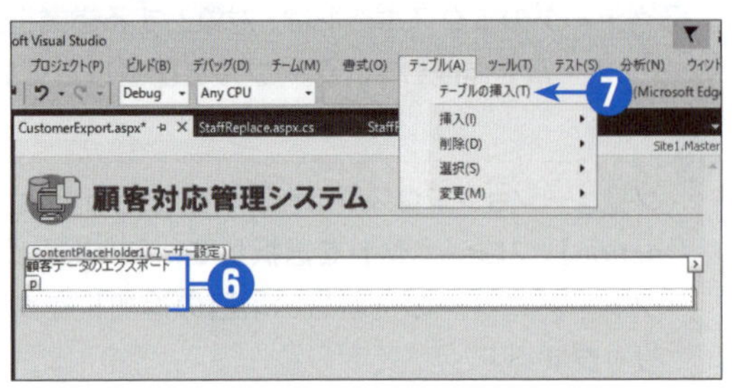

7 ［テーブル］メニューの［テーブルの挿入］をクリックする。

▶［テーブルの挿入］ダイアログボックスが表示される。

8 ［行］ボックスに**1**、［列］ボックスに**3**と入力し、［幅の指定］チェックボックスをオンにし、その下のボックスに**400**と入力して、単位として［ピクセル］を選択する。

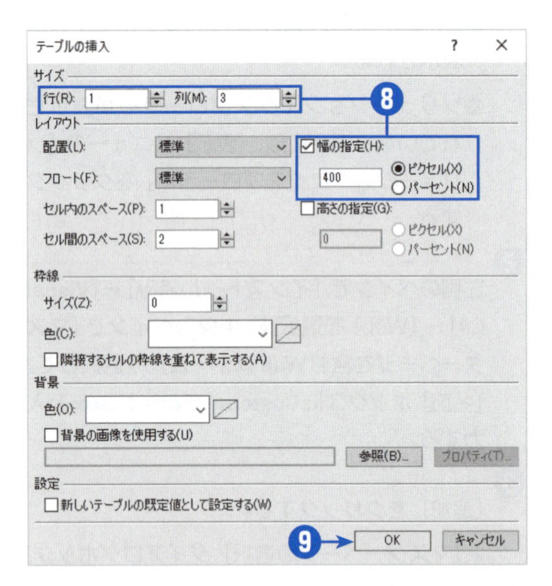

9 ［テーブルの挿入］ダイアログボックスで［OK］をクリックする。

▶コンテンツプレースホルダーの中に1行3列のテーブルが作成される。

10 配置されたテーブルで、1行1列のセルに**出力対象担当者：**と入力し、1列目と2列目の境界線をドラッグして1列目の幅を100pxに設定する。

条件指示フォームの作成（データソースとコントロールの配置）

ここでは、スタッフマスターテーブル（tbl_staff）を元にしたデータソースを用意して、このWebフォームに必要となるコントロールの配置と設定を行います。なお、ここでは手順を簡単に記載しますので、データソースやドロップダウンリストの設定方法の詳細については、前の節の手順を参照してください。

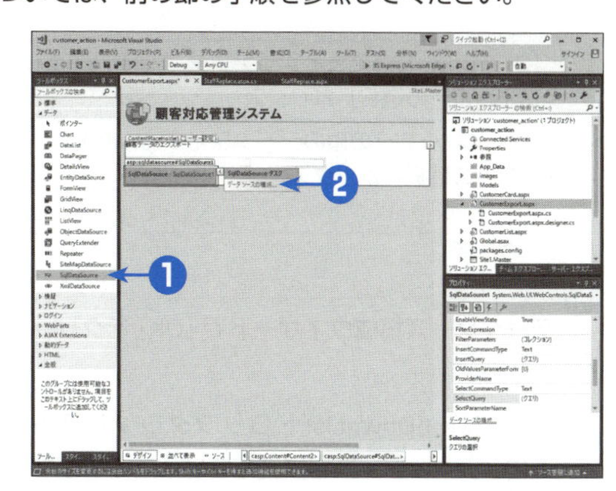

1

テーブルの3列目のセル（右端のセル）にカーソルを合わせてから、⇥を押してカーソルを移動し、ツールボックスの［データ］グループで［SqlDataSource］をダブルクリックする。

➡ データソースがWebフォームに配置され、スマートタグが表示される。

2

データソースのスマートタグで［データソースの構成］をクリックする。

➡ データソースの構成ウィザードが起動する。

3

以下の表のようにデータソースを設定し、［クエリのテスト］ページで［完了］をクリックする。

ページ	設定内容
データ接続の選択	［customer_actionConnectionString］を選択する。
Selectステートメントの構成	［テーブルまたはビューから列を指定します］を選択し、［コンピューター］ボックスで［tbl_staff］を選択して、［列］ボックスで［*］チェックボックスをオンにする。

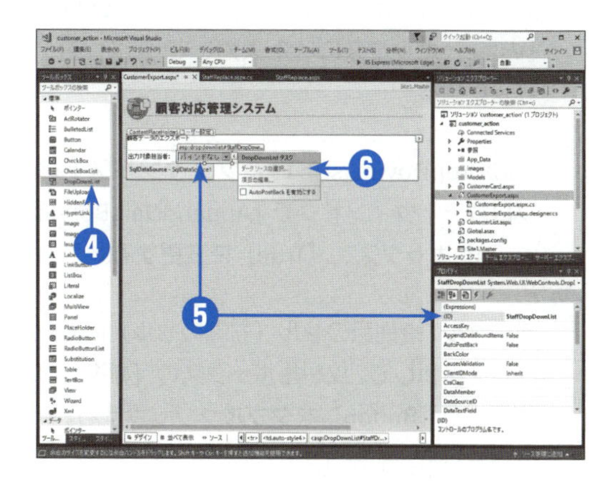

4

テーブルの2列目のセルにカーソルを移動して、ツールボックスの［標準］グループで［DropDownList］をダブルクリックする。

➡ DropDownList1ドロップダウンリストが作成される。

5

DropDownList1ドロップダウンリストを選択して、プロパティウィンドウで［(ID)］ボックスの値を**StaffDropDownList**に変更する。

6

StaffDropDownListドロップダウンリストのスマートタググリフをクリックして、スマートタグで［データソースの選択］をクリックする。

➡ データソース構成ウィザードが起動する。

❼

以下の表のようにデータソースを設定する。

項目	設定する値	説明
[データソースの選択] ボックス	SqlDataSource1	スタッフマスターテーブル（tbl_staff）を元にしたデータソースを使用する。
[DropDownListで表示するデータフィールドの選択] ボックス	staff_name	ドロップダウンリストの選択肢として画面上に表示される列を指定する。
[DropDownListの値のデータフィールドの選択] ボックス	staffID	ドロップダウンリストの値として設定される列を指定する。プログラムでこのコントロールを指定した場合には、ここで選択した列の値が取得できる。

❽

データソース構成ウィザードで [OK] をクリックする。

➡ StaffDropDownListドロップダウンリストに、データソースと接続していることを示す「データバインド」という文字が表示される。

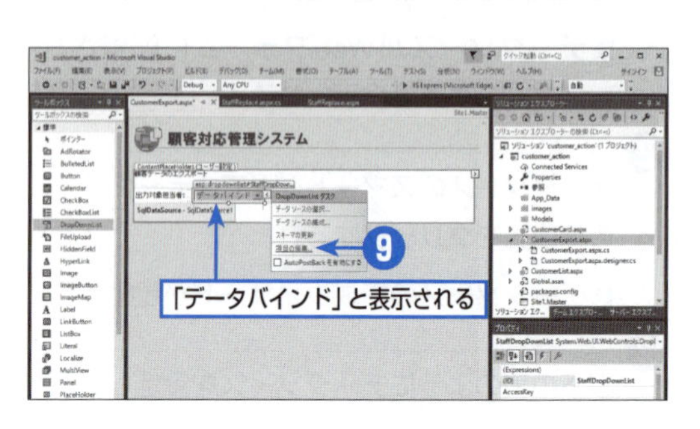

❾

StaffDropDownListドロップダウンリストのスマートタグで [項目の編集] をクリックする。

➡ [ListItemコレクションエディター] ダイアログボックスが表示される。

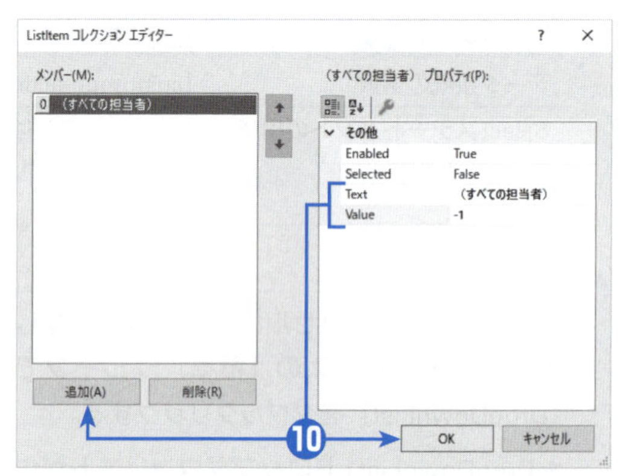

❿

[追加] をクリックし、右側のプロパティの一覧で [Text] ボックスに **（すべての担当者）**、[Value] ボックスに**-1**と入力して [OK] をクリックする。

⓫

StaffDropDownListドロップダウンリストのプロパティウィンドウで [AppendDataBoundItems] ボックスを [True] に変更する。

⓬

テーブルの3列目のセル（右端のセル）にカーソルを移動して、ツールボックスの [標準] グループで [Button] をダブルクリックする。

➡ ボタンが追加される。

●3列目の幅は狭くなっているため、間違って2列目に配置しないように注意する。

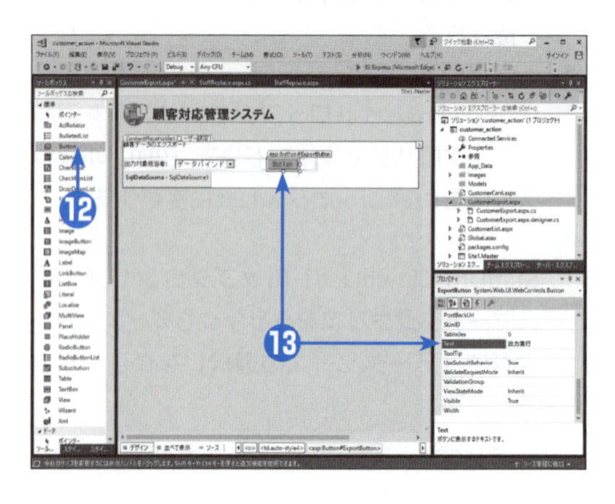

⓭

配置したボタンのプロパティウィンドウで [(ID)] ボックスの値を**ExportButton**、[Text] ボックスの値を**出力実行**に変更する。

コードの記述

以下の手順で、顧客データの出力処理を行うコードを記述します。

❶ フォームに配置した［出力実行］ボタンをダブルクリックする。

➡ CustomerExport.aspx.csが開き、コードエディターにExportButton_Clickメソッドの外枠が用意される。

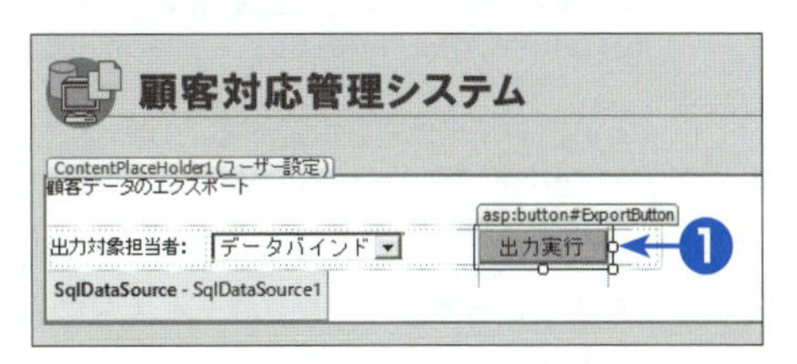

❷ コードエディターの先頭のブロックの下部にusingステートメントを挿入し、ExportButton_Clickメソッドに以下のコードを記述する（色文字部分）。その下に、MakeCSVDataメソッドとReplaceDoubleQuotesメソッドを記述する（色文字部分）。

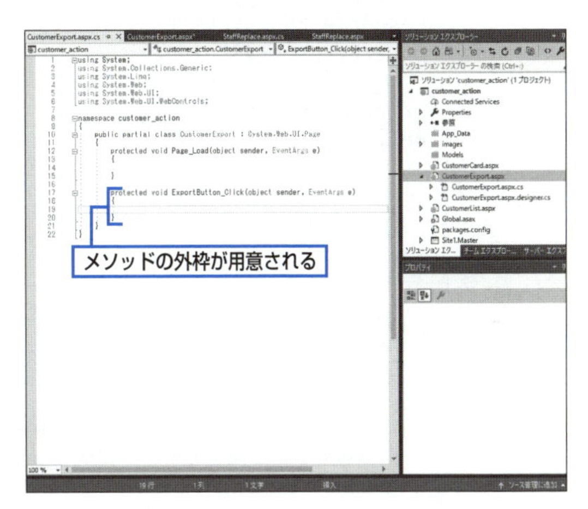


```
using System;
using System.Collections.Generic;
using System.Linq;
using System.Web;
using System.Web.UI;
using System.Web.UI.WebControls;
using System.Data.SqlClient;

namespace customer_action
{
  public partial class CustomerExport : System.Web.UI.Page
  {
    protected void Page_Load(object sender, EventArgs e)
    {

    }

    protected void ExportButton_Click(object sender, EventArgs e)
    {
      // カンマ区切りの文字列を作成して、変数csvStringに割り当てる
      string csvString = MakeCSVData(); ←1

      // BOMデータの作成
      byte[] bom = new byte[3] {0xef, 0xbb, 0xbf}; ←2

      // 出力する既定のファイル名
      const string csvFile = "customer.csv"; ←3
```

```
    // クライアントに出力するデータをクリアする
    Response.Clear(); ← 4

    // コンテンツタイプを指定する
    Response.ContentType = "application/octet-stream"; ← 5

    // HTTPヘッダーを指定する
    Response.AddHeader("Content-Disposition", →
      "attachment; filename=" + csvFile); ← 6

    // BOMを出力後、UTF-8のテキストファイルで出力する
    Response.BinaryWrite(bom);
    Response.BinaryWrite(System.Text.Encoding.GetEncoding("UTF-8").→
      GetBytes(csvString));                                          7

    // 出力するファイルを終了する
    Response.End(); ← 8
  }

  // 出力データをカンマ区切りのテキストファイルに生成するメソッド
  private string MakeCSVData()
  {
    // CSVファイルの内容を蓄積するためのStringBuilder型の変数を定義する
    System.Text.StringBuilder sb = new System.Text.StringBuilder(); ← 9

    // ヘッダー行の列名を出力する
    sb.AppendLine("¥"顧客ID¥",¥"顧客名¥",¥"顧客名カナ¥",¥"会社名¥",¥"部署¥",→
      ¥"役職¥",¥"郵便番号¥",¥"住所¥",¥"電話番号¥",¥"担当者名¥""); ← 10

    string queryString = "SELECT c.*, co.company_name, st.staff_name" +
      " FROM tbl_customer AS c LEFT OUTER JOIN" +
      " tbl_staff AS st ON c.staffID = st.staffID LEFT OUTER JOIN" +      11
      " tbl_company AS co ON c.companyID = co.companyID" +
      " WHERE c.delete_flag = 0";

    // 担当者が選択されているときには、WHERE句の抽出条件を追加する
    if (StaffDropDownList.SelectedValue != "-1")
    {                                                                      12
      queryString += " AND c.staffID=" + StaffDropDownList.SelectedValue;
    }

    try
    {
      // 接続文字列を取得する
      string connectionString = System.Configuration.ConfigurationManager.
        ConnectionStrings["customer_actionConnectionString"].ConnectionString;

      // コネクションを定義する
      using (SqlConnection connection = new SqlConnection(connectionString))
      {
        // コマンドを定義する
        SqlCommand command = new SqlCommand(queryString, connection);

        // コネクションを開く
        connection.Open();

        // コマンドからデータリーダーを定義する
        SqlDataReader reader = command.ExecuteReader(); ← 13
```

```
    // データ分だけ処理を繰り返す
    while (reader.Read())
    {
      // データリーダーから読み出したデータを変数sbに追加する
      sb.Append("¥"" + ReplaceDoubleQuotes(reader["customerID"]) + "¥",");
      sb.Append("¥"" + ReplaceDoubleQuotes(reader["customer_name"]) ➔
        + "¥",");
      sb.Append("¥"" + ReplaceDoubleQuotes(reader["customer_kana"]) ➔
        + "¥",");
      sb.Append("¥"" + ReplaceDoubleQuotes(reader["company_name"]) ➔
        + "¥",");
      sb.Append("¥"" + ReplaceDoubleQuotes(reader["section"]) + "¥",");
      sb.Append("¥"" + ReplaceDoubleQuotes(reader["post"]) + "¥",");
      sb.Append("¥"" + ReplaceDoubleQuotes(reader["zipcode"]) + "¥",");
      sb.Append("¥"" + ReplaceDoubleQuotes(reader["address"]) + "¥",");
      sb.Append("¥"" + ReplaceDoubleQuotes(reader["tel"]) + "¥",");
      sb.Append("¥"" + ReplaceDoubleQuotes(reader["staff_name"]) + "¥"");
      // 改行コードを追加する
      sb.Append("¥r¥n"); ←15
    }
  }
}                                                                    14
catch (Exception)
{
  // 何らかのエラーが発生した
}
// 文字列に変換して、メソッドの戻り値として返す
return sb.ToString(); ←16
}

// ダブルクォーテーションの置換処理
string ReplaceDoubleQuotes(object apdata)
{
  string tmp = apdata.ToString();                    17
  return tmp.Replace("¥"", "¥¥¥"");
}
  }
}
```

コードの解説

ExportButton_Clickメソッドは［出力実行］ボタンのクリック時に呼び出されるプログラムで、CustomerExportフォームで指定された担当者の顧客データをcsvファイルとして出力します。csvファイルのデータ生成は、MakeCSVDataメソッドで実行します。MakeCSVDataメソッドで呼び出しているReplaceDoubleQuotesメソッドは、「"」（ダブルクォーテーション）を「¥"」に置換するためのものです。csvファイルでは、「"」をそのまま出力すると文字列の囲みとして認識してしまうため、データとして登録されている「"」を「¥"」に変換する処理を行わなければなりません。

1 変数csvStringを定義して、MakeCSVDataメソッドで取得した文字列を割り当てます。MakeCSVDataメソッドは、指定された担当者の条件で顧客情報テーブル（tbl_customer）の対象データを読み出して、csvファイル用の文字列を生成します。

2 BOM付きのテキストファイルとして保存するため、出力するBOMデータを定義します。BOMとは、バイトオーダーマーク（Byte order mark）のことで、Unicodeのテキストファイルの先頭に付けるマークデータのことを言います。BOMが出力されていないと、Excelなど、一部のアプリケーションでファイルのエンコーディング（文字列のデータの持ち方）を正しく判定できずに文字化けが発生してしまいます。

3 既定のファイル名を定義します。

4 Webサーバーとのデータのやり取りを行うhttpプロトコルで出力するために、HttpResponseオブジェクト（Responseプロパティ）をクリアします。HttpResponseオブジェクトを使用すると、Webサーバーで生成したデータをクライアントに送信できます。

5 HttpResponseオブジェクトのContentTypeプロパティでは、コンテンツタイプを指定できます。application/octet-streamというコンテンツタイプは、何らかの種類のバイナリデータを表しています。

6 httpのContent-Dispositionヘッダーにattachmentと指定します。これでコンテンツをダウンロードするものとして指定したことになり、Webブラウザーでファイルをダウンロードできるようになります。また、3で指定したファイル名を既定のファイル名として指定します。

7 Windowsでは、通常テキストファイルは「Shift-JIS」または「UTF-8」というエンコーディングを利用します（UTF-8はUnicodeのエンコーディングの1つ）。ここで出力する顧客情報テーブル（tbl_customer）では、顧客名（customer_name）などにnvarchar型を使用しており、文字化けの発生を防ぐためにUnicodeで出力する必要があります。
「Encoding.GetEncoding("UTF-8")」でUTF-8によるエンコーディングを指定し、GetBytesメソッドで生成されたcsvファイル用の文字列をエンコード（変換）します。そして、エンコードされたデータをHttpResponseオブジェクトのBinaryWriteメソッドで出力します。
なお、UTF-8で出力する場合は、Excelで開いたときの文字化けを防止するために、2で定義したBOMデータを先頭に出力します（Shift-JISでエンコードする場合には、BOMデータは不要です）。

8 HttpResponseオブジェクトのEndメソッドで、ファイルの出力を終了します。

9 変数sbはStringBuilder型の変数で、csvファイル用のテキストデータを格納するために使用します。StringBuilderは可変長の文字列を表すクラスで、string型の変数よりも可変長の文字列を効率良く（高速に）取り扱うことができます。

10 変数sbに、ヘッダー行（csvファイルの1行目）として出力する項目名をカンマ区切りで設定します。AppendLineメソッドは、StringBuilder型のオブジェクトに対して、指定した文字列と改行コードを追加する命令です。
Visual C#では文字列として「"」を指定する場合には、「¥"」と記述します。このコードでは「"顧客ID","顧客名","顧客名カナ",・・・」のように出力されます。

11 変数queryStringを宣言して、顧客情報テーブル（tbl_customer）のすべての列と、外部結合した会社マスターテーブル（tbl_company）の会社名（company_name）、スタッフマスターテーブル（tbl_staff）のスタッフ名（staff_name）のデータを取得するためのSQLステートメントを定義します。なお、このSQLステートメントでは、顧客情報テーブル（tbl_customer）の削除フラグ（delete_flag）が0（False）のデータだけを対象にするためのWHERE句を追加しています。

12 「(すべての担当者)」が選択されている場合はStaffDropDownListドロップダウンリストの値が-1であるため、-1以外のときにスタッフID（staffID）による抽出条件を追加します。

13 変数readerに、コマンドを使用して読み出したデータを格納します。コマンドのExecuteReaderメソッドは、SQLステートメントを使用してデータリーダーによってデータを読み出すメソッドです。

14 データリーダーのReadメソッドは、データソースの中で次の行に移動して、データが存在する場合にtrue、次のデータが存在しない場合にはfalseを返します。このwhileステートメントは、reader.Read()がtrueである間、つまりデータが存在する間はループ内の処理を継続します。
データリーダーは、列名をパラメーターに渡すことで、現在の行のデータを取得することができます。ここでは、「"¥"" + ReplaceDoubleQuotes(reader("customerID")) + "¥","」のように記述することで、各列のデータを「"」(ダブルクォーテーション）で囲み、最後に「,」(カンマ）を付けて、Appendメソッドで変数sbに結合しています。Appendメソッドは、StringBuilder型のオブジェクトに対して、指定した文字列を追加します。
列全体を「"」で囲んでいるのは、データ自体に「,」が含まれているときに列の区切り文字として誤認識されることを防ぐためです。Visual C#では文字列として「"」を指定する場合には、「¥"」と記述します。つまり、「"¥""」は文字列の「"」を、「"¥","」は文字列の「",」を表しています。

15 1件のデータの終わりを表す改行コードを追加します。「¥r¥n」は、改行コードを表しています。

16 StringBuilder型の変数sbの値をToStringメソッドで文字列に変換します。最終的に、MakeCSVDataメソッドの戻り値として生成された文字列を返します。

17 csvファイルでは、「"」(ダブルクォーテーション）は文字列の始まりや終わりを示します。そのため、データに「"」が含まれる場合には、列の区切りを認識できなくなってしまうことがあります。
このReplaceDoubleQuotesメソッドは、引数apdataに含まれる「"」を「¥"」に変換するメソッドです。Replaceメソッドは、対象とする文字列から指定された文字列を探し出し、その文字列を指定された別の文字列に置換します。ここでは、「"」を「¥"」に変換するように指定していますが、引数として「"」で囲まれた中では、「"」を表すために「¥"」と記述し「¥」を表すために「¥¥」と記述しなければならないため、検索対象の「"」は「¥"」、置換対象の「¥"」は「¥¥¥"」とそれぞれ指定しています。

書式　Replaceメソッド（文字列の置換）

```
TargetString.Replace (SearchString, ReplaceString)
    TargetString：変換対象の文字列
    SearchString：検索する文字列
    ReplaceString：置換する文字列
```

プログラムの実行

これで、顧客データのエクスポートプログラムが完成しました。以下の手順で、動作を確認しましょう。

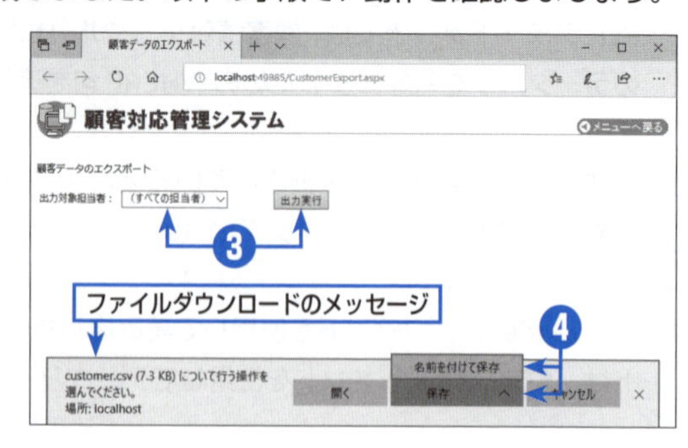

1 ソリューションエクスプローラーで［CustomerExport.aspx］を右クリックして、ショートカットメニューの［スタートページに設定］をクリックする。

2 ［デバッグ］メニューの［デバッグの開始］をクリックするか、F5を押す。

➡ Webアプリケーションがテスト実行され、［顧客データのエクスポート］フォームが表示される。

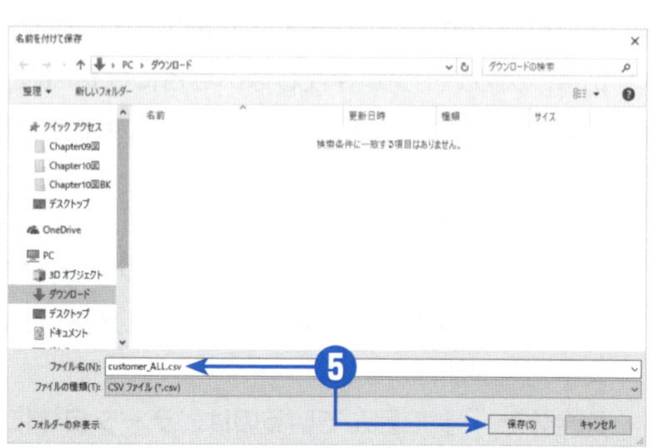

3 ［出力対象担当者］ボックスで［(すべての担当者)］を選択して、［出力実行］ボタンをクリックする。

➡ ファイルのダウンロードのメッセージが表示される。

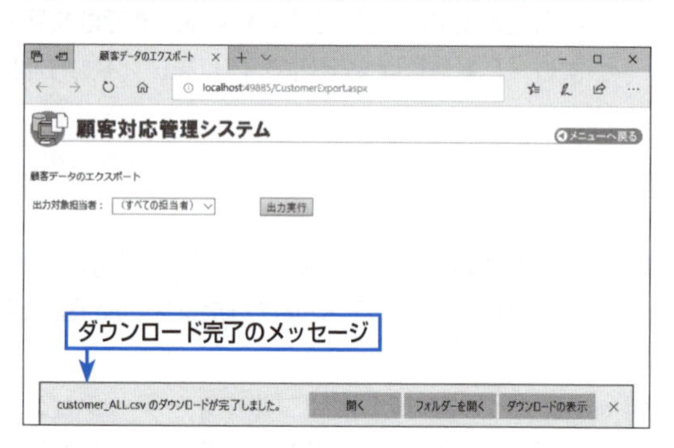

4 ［保存］ボタンの右にある［^］をクリックして［名前を付けて保存］をクリックする。

➡ ［名前を付けて保存］ダイアログボックスが表示される。

●Internet Explorerの場合には、［保存］ボタンの右にある［▼］をクリックする。

5 ［ファイル名］ボックスを**customer_ALL.csv**に変更して、［保存］をクリックする。

➡ ダウンロードが実行されて、ダウンロード完了のメッセージが表示される。

●保存先のフォルダーは、必要に応じて変更する。

6

Windowsエクスプローラーでファイルを保存したフォルダーを開き、「customer_ALL.csv」をダブルクリックして、Excelなどのアプリケーションでファイルを開く。右の図は、Excelとメモ帳で「customer_ALL.csv」を開いたものである。

- csvファイルをダブルクリックしたときに開くアプリケーションは、コンピューターにインストールされているアプリケーションによって変化する。エクスプローラーでcsvファイルを右クリックして、ショートカットメニューの［プログラムから開く］をクリックすると、ファイルを開くアプリケーションを指定することができる。

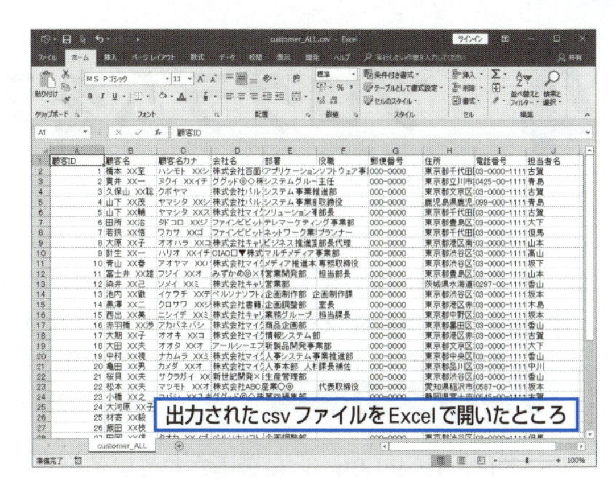

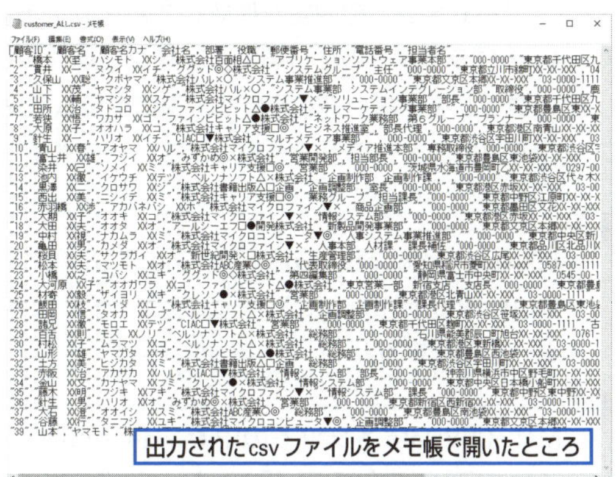

7

もう一度、Webアプリケーションの［顧客データのエクスポート］フォームに戻り、今度は［出力対象担当者］ボックスで［古賀］を選択して、［出力実行］ボタンをクリックする、手順4～6と同様にして、「customer_koga.csv」というファイル名で出力して結果を確認する。

- Excelやメモ帳でcsvファイルを開くと、指定した担当者のデータだけが出力されていることを確認できる。

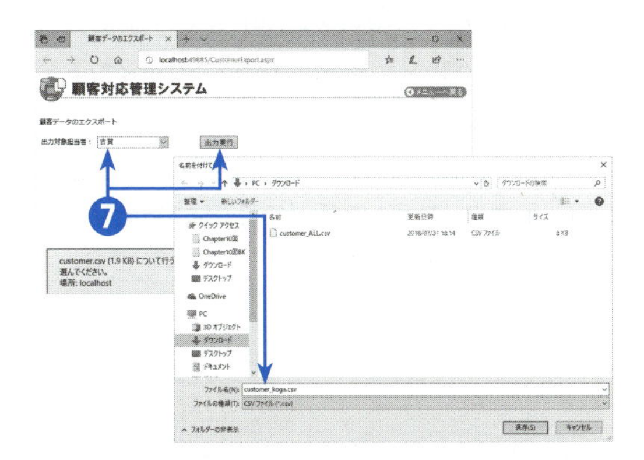

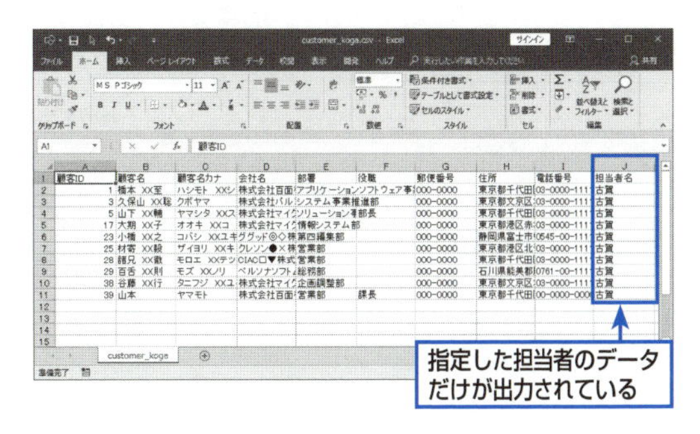

以上で、顧客情報テーブル（tbl_customer）のデータをcsvファイルとして出力することができました。

4 プログラムをデバッグする

この章で記述しているプログラムのように、Web-DBシステムの開発においては、さまざまな条件に応じてSQLステートメントを生成することが少なくありません。このときプログラムが正常に動作しないといった場合には、まずSQLステートメントが正しく生成されているかどうかを確認することが大切です。

デバッグの準備

ここでは、Visual Studioに装備されているデバッグ機能を利用して、プログラムの実行中に生成されるSQLステートメントの内容を確認してみましょう。なお、Webアプリケーションが実行されている場合には、Webブラウザーの閉じるボタンをクリックして終了してください。

プログラムをデバッグするには、プログラムを一時的に停止する箇所に「ブレークポイント」と呼ばれるマークを付けます。以下の手順で、ブレークポイントを設定してください。

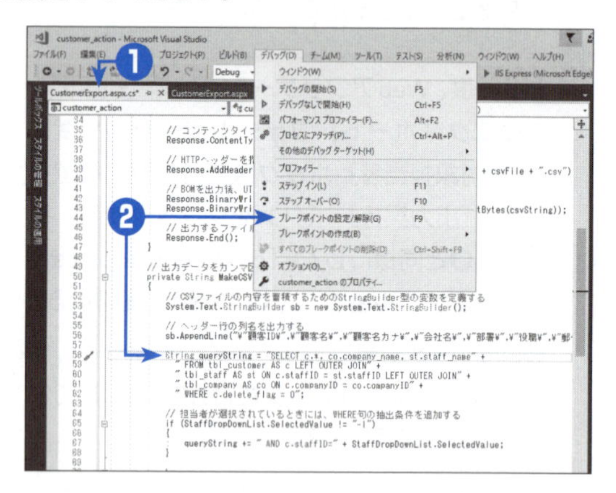

❶ ［CustomerExport.aspx.cs］タブをクリックして、CustomerExportフォームのコードエディターを表示する。

❷ MakeCSVDataメソッドの中で、queryString変数を定義している行（「string queryString = "SELECT･･･」の行）のいずれかをクリックし、［デバッグ］メニューの［ブレークポイントの設定/解除］をクリックする。

➡ 行の左端にブレークポイントのマークが表示され、指定した行（ここでは5行分）がえんじ色で反転する。

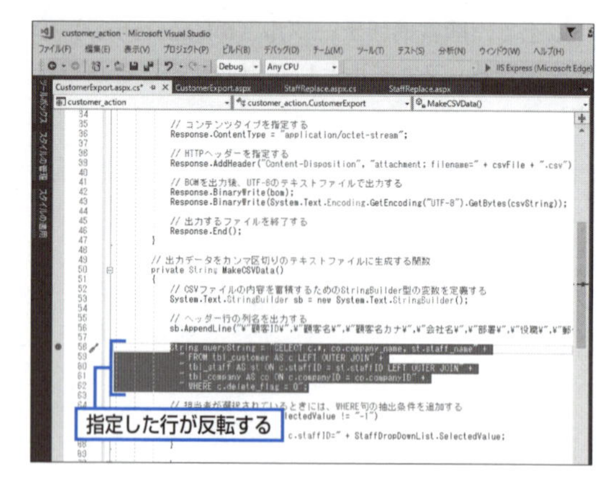

変数のウォッチ

ブレークポイントを設定した状態でプログラムを実行すると、該当箇所でプログラムの実行が一時的に中断し、その時点における変数の内容を確認することができます。以下の手順で、プログラムを一時停止して、変数の値を確認してください。

1

［デバッグ］メニューの［デバッグの開始］をクリックする。

➡ Webブラウザーで［顧客データのエクスポート］フォームが表示され、Visual Studioの統合開発環境のタイトルバーに「(実行中)」と表示される。

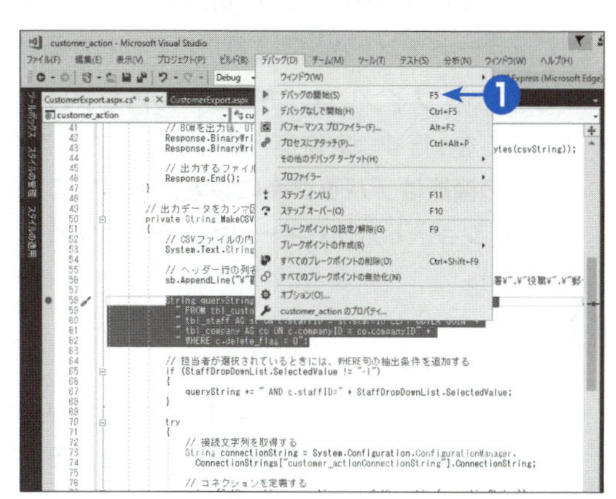

2

［出力対象者］ボックスで「但馬」を選択して、［出力実行］ボタンをクリックする。

➡ プログラムの実行が一時停止して、ブレークポイントを設定した行が反転表示した状態になる。Visual Studioの統合開発環境のタイトルバーには「(デバッグ中)」と表示される。

●反転表示された行は、これから実行する行を表している。

3

コードエディターの「queryString」にマウスポインターを合わせて、ポップアップウィンドウ（データヒント）のプッシュピンのアイコンをクリックする。

➡ データヒントに変数queryStringの現時点の値が表示される。プッシュピンのアイコンをクリックすることで、マウスポインターを移動してもデータヒントが常に表示された状態になる。

●この時点ではまだSQLステートメントの設定が実行されていないため、変数queryStringの値は「null」(未設定）となっている。

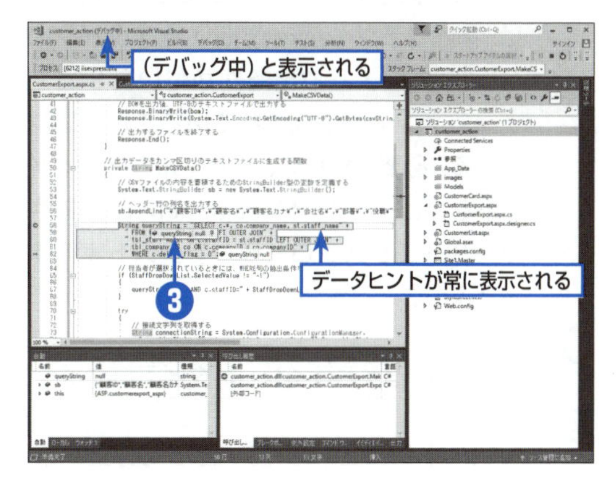

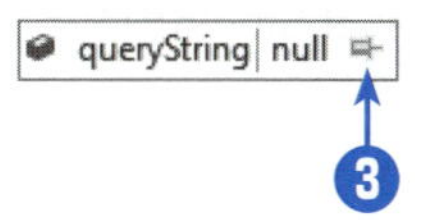

4

［デバッグ］メニューの［ステップイン］をクリックする。

- 処理の実行が継続して、次の行に遷移する。データヒントでは、変数queryStringにSQLステートメントが設定されたことがわかる。

●［ステップイン］は、モジュール内でプログラムを1行ずつ継続実行することができる。この機能はデバッグ時に頻繁に使用するため、ショートカットキー（F11）を利用するとよい。

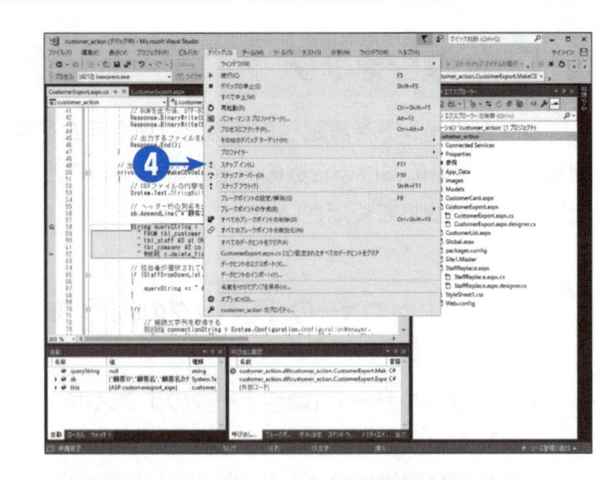

5

F11 を2回押す。

- ifステートメントによる条件判定の結果が成立するため、スタッフID（staffID）による抽出条件を追加する行に遷移する。

6

F11 を押す。

- 変数queryStringにスタッフID（staffID）によるWHERE句が追加される。

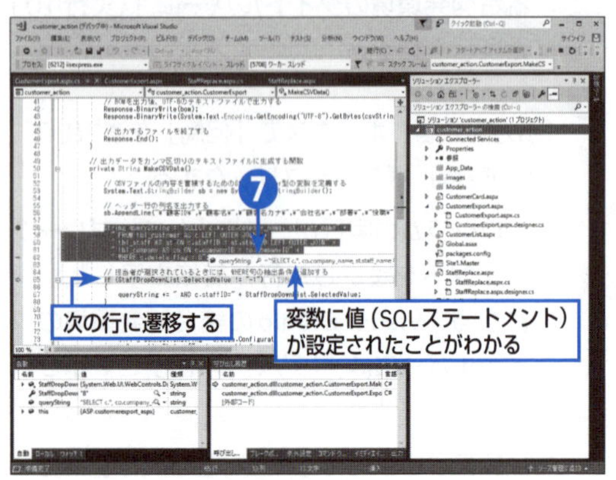

7

データヒントで虫眼鏡のアイコンをクリックする。

- ［テキストビジュアライザー］ダイアログボックスが表示される。

●テキストビジュアライザーでは、指定した変数や式の値を確認することができる。ここでは、削除フラグ（delete_flag）とスタッフID（staffID）による抽出条件が付いたSQLステートメントが生成されていることを確認できる。必要に応じて、このSQLステートメントをコピーして、Management Studioやサーバーエクスプローラーでテスト実行するとよい。

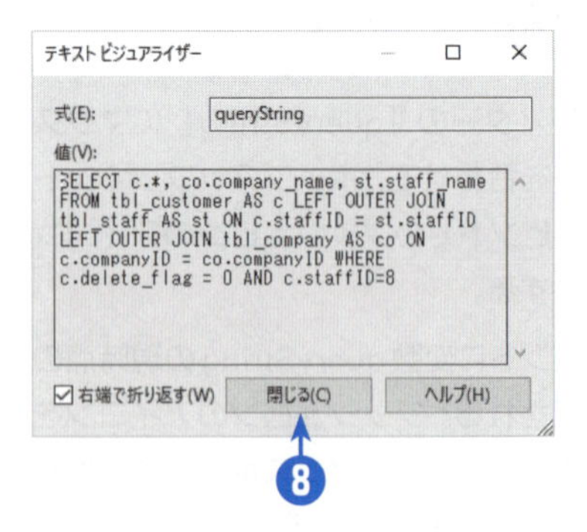

8

［テキストビジュアライザー］ダイアログボックスで［閉じる］をクリックする。

9

［デバッグ］メニューの［デバッグの停止］をクリックする。

- プログラムが終了し、Visual Studioのタイトルバーの「(デバッグ中)」の文字が消える。

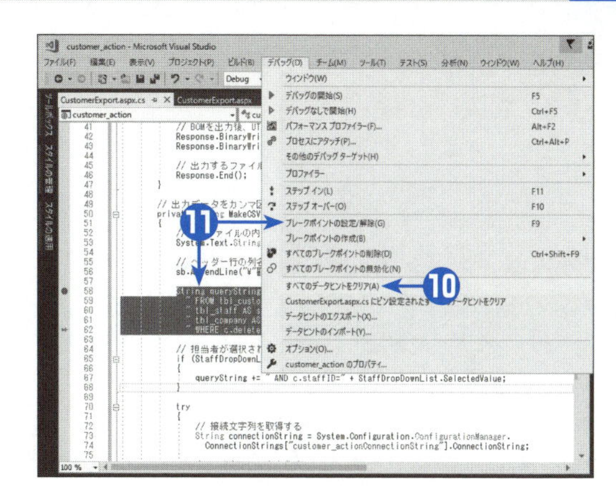

10

［デバッグ］メニューの［すべてのデータヒントをクリア］をクリックする。

➡ データヒントのポップアップが閉じる。

11

この節の「デバッグの準備」の手順❷で設定したブレークポイントのいずれかの行をクリックし、［デバッグ］メニューの［ブレークポイントの設定/解除］をクリックする。

➡ ブレークポイントが解除される。

以上で、プログラムのデバッグとデータヒントによる変数の値の確認が完了しました。

ヒント

変数やプロパティの値の確認

この節の手順ではデータヒントによる変数やプロパティの確認方法を紹介していますが、Visual Studioの統合開発環境ではその他にも用途に応じて多彩な確認方法が利用できるようになっています。
たとえば、デバッグ中に［デバッグ］メニューの［ウィンドウ］－［ローカル］をクリックして表示されるローカルウィンドウには、実行中の変数やプロパティの値が一覧表示されます。
ローカルウィンドウを表示した状態でステップ実行すると、多くの変数やプロパティの値を確認しながらデバッグを進めることができます。

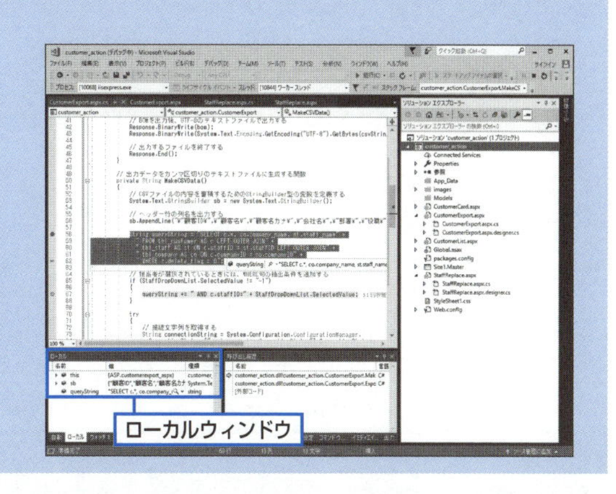

第11章 AJAXの利用

AJAXを利用することで、Webフォームはさらに使いやすく、機敏に動作するようになります。この章では、第7章で作成した［顧客一覧］フォームをAJAX対応に変更します。また、第9章で作成した［顧客情報］フォームの編集画面および新規追加画面で、ASP.NET AJAX Control Toolkitを利用した機能拡張を行います。

▼この章で学習する内容

STEP 1 ［顧客一覧］フォームにAJAXのアップデートパネルを配置して、Webページ内でサーバーへの問い合わせ処理を実行するように修正します。

STEP 2 ASP.NET AJAX Control Toolkitをインストールして、Visual Studioの開発環境に組み込みます。

STEP 3 ［顧客情報］フォームの編集画面および新規追加画面に、入力文字の制限機能とカレンダーによる日付の選択機能、ウォーターマーク（透かし文字）による入力ヒント機能を装備します。

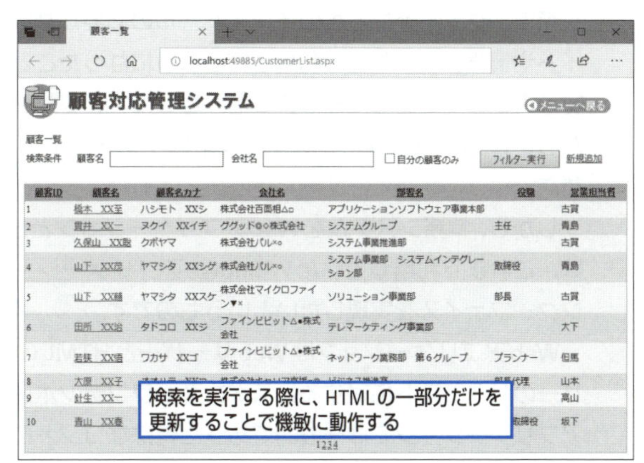

▲［顧客一覧］フォームへのアップデートパネル導入

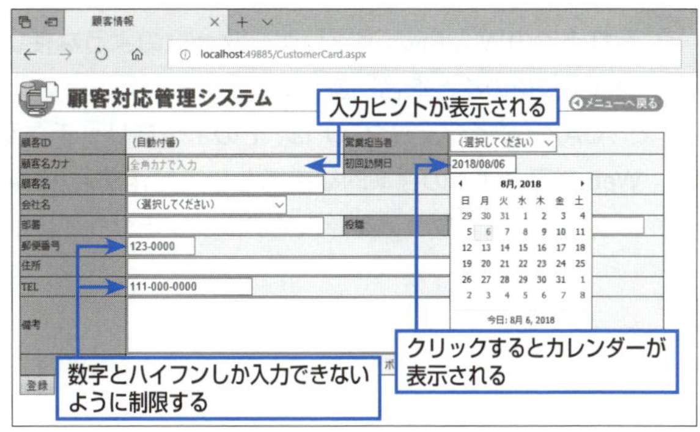

▲［顧客情報］フォームの各種機能拡張

1 AJAXとは

Visual C#には、WebアプリケーションでAJAXを利用するための機能が装備されています。AJAXを利用することで、Webフォームはさらに使いやすく、機敏に動作するようになります。この節では、AJAXの概要を解説します。

AJAX登場の背景

当初、Webアプリケーションは、ユーザーのリクエストに応じて、WebサーバーがWebページの内容を生成することで処理を実現していました。このとき、WebサーバーからWebブラウザーに送信されるデータがHTMLという標準規約で定められた形式であったため、ユーザーは標準的なWebブラウザーを準備するだけでアプリケーションを稼働させることができるようになり、それまでのアプリケーションで面倒であった配布や導入という手間がなくなったのです。

特に、クライアントへのインストールの必要がないという理由から、インターネット上のショッピングサイトや情報サイトなどで利用されるようになったことを皮切りに、本格的なインターネット時代の幕開けという大きな変革をもたらしました。さらに、アプリケーションの配布と導入の手間を減らしたいという要求から、Webアプリケーションの技術はイントラネット上で利用する企業用の業務システムにも広がりました。

しかし、業務システムをWebアプリケーションとして構築するにあたり、別の要求が出てきました。それは、これまで利用していたWindowsアプリケーションのように、GUIによる機能的で使いやすく高速なインターフェイスを実現したいというものです。

WebアプリケーションはWebサーバーとHTMLのデータをやり取りするという構造上、どうしてもユーザーのリクエストに対するレスポンスがワンテンポ遅れてしまうという欠点がありました。また、Windowsアプリケーションでは一般的であった特殊なコントロールによる処理が実現できないという弱点もありました。

そのような状況で登場してきたのが「リッチクライアント」という技術です。リッチクライアントとは、それまでのWindowsアプリケーションのような使いやすいインターフェイスを装備したWebアプリケーション技術のことを言います。

AJAX（エイジャックス）は、そのようなリッチクライアント技術の1つとして登場したものです。多くのWebブラウザーの標準的な機能として動作するJavaScriptを活用するため、クライアントコンピューターに新たなソフトウェアを導入せずにリッチクライアント環境を実現できることから、急速に普及しました。

AJAXの概要

AJAXは、Asynchronous（エイシンクロナス：非同期の意味）JavaScript And XMLから名付けられました。これは、クライアントスクリプトであるJavaScriptを使用して、XMLによる非同期通信を行う技術を意味しています。

JavaScriptを使用したXMLによる非同期通信では、サーバーから配信されたHTMLに埋め込まれたJavaScriptのスクリプトによって、クライアントが通常のサーバーとのWebページのリクエストとは別の通信処理として、データの送受信を行います。クライアントはWebサーバーに対してXMLHttpRequestによるリクエストを送信し、処理結果を受け取ります。この受け取ったデータを表示中のWebページの一部に挿入する（または差し替える）ことで、ページを遷移することなくコンテンツの更新だけを可能にしています。

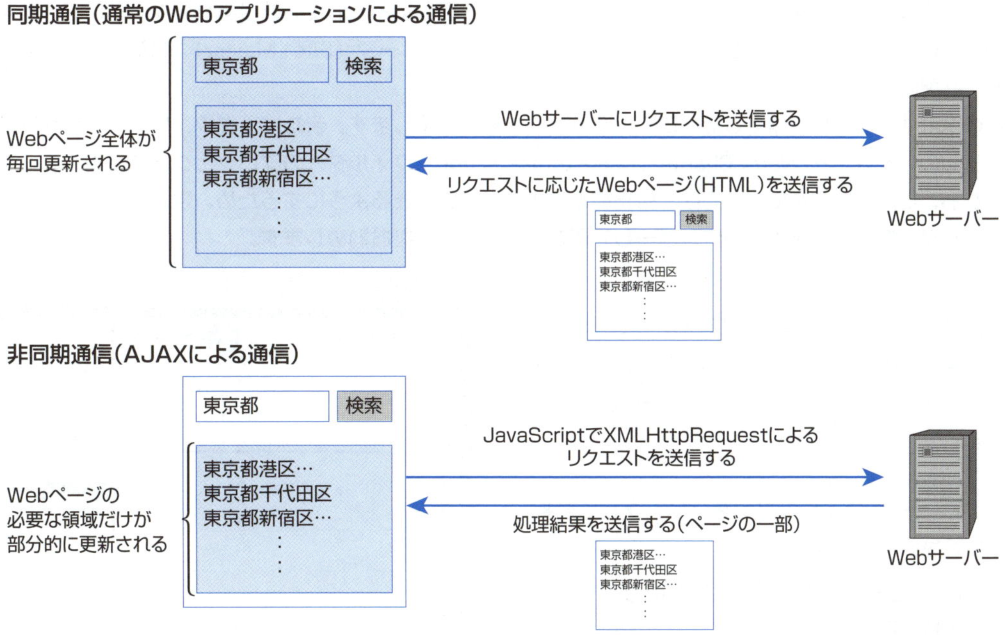

この後の節では、JavaScriptによる非同期通信の実装として、Visual C#に標準で装備されているAJAX Extensionsを利用します。また、拡張コントロールとしてのAJAXの利用サンプルとして、ASP.NET AJAX Control Toolkitについて解説します。

2 サーバーとの非同期通信処理を装備する

AJAXにはさまざまな利用方法がありますが、最も重要なことはJavaScriptによる非同期通信によって、Webページの遷移なしにページ内のコンテンツを動的に更新することができるようになるということです。ここでは、Visual C#に装備されているAJAX Extensionsを利用して、AJAXの非同期通信の動作を確認してみましょう。

スクリプトマネージャーの配置

Visual C#の提供するAJAX Extensionsを利用すると、コードの記述なしに部分更新可能なWebページを簡単に構築することができます。ただし、AJAX Extensionsを利用するためには、使用するすべてのWebフォームにスクリプトマネージャー（ScriptManager）を埋め込んでおく必要があります。ここでは、すべてのWebフォームで利用できるようにするため、マスターページ（Site1.Master）にスクリプトマネージャーを配置します。

この章では、前の章で作成したプロジェクトを引き続き使用します。または、ダウンロードしたサンプルファイルの［¥VC2017Web¥Chapter11¥customer_action］フォルダーのプロジェクトを使用してください。なお、この節の作業については、修正前と修正後を比較できるようにするため、現時点のプロジェクトのフォルダーを別のフォルダーにコピーして保存しておくことをお勧めします。

1. ソリューションエクスプローラーで［Site1.Master］をダブルクリックし、［デザイン］タブをクリックして、デザインビューに切り替える。

2. ［メニューへ戻る］ボタンをクリックして選択してから、→を押す。
   - ［メニューへ戻る］ボタンの右にカーソルが移動する。

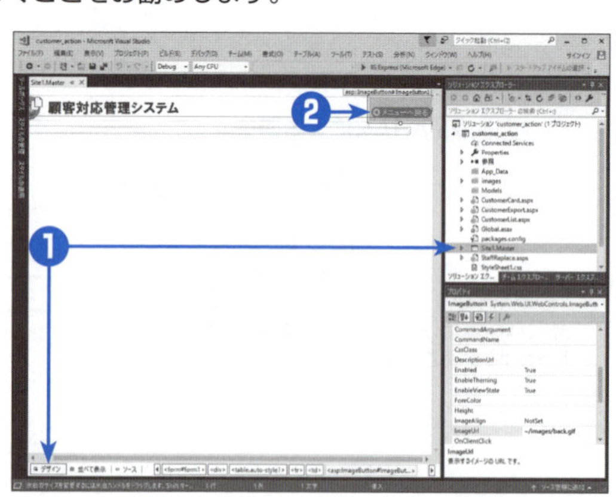

3. ツールボックスの［AJAX Extensions］グループで［ScriptManager］をダブルクリックする。
   - スクリプトマネージャーが配置される。

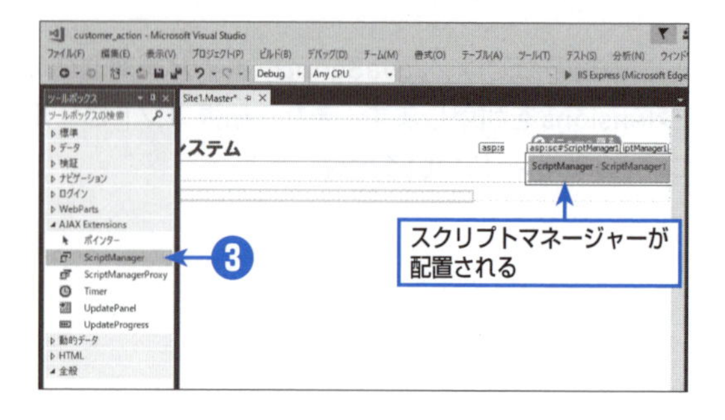

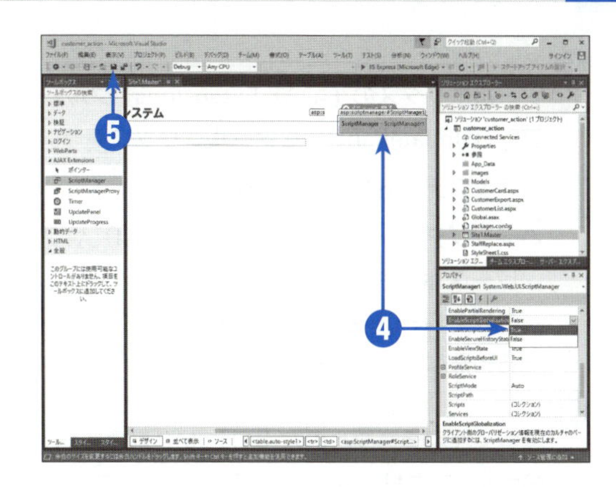

❹ 配置されたスクリプトマネージャーを選択して、プロパティウィンドウで［EnableScript Globalization］ボックスを［True］に変更する。

●EnableScriptGlobalizationプロパティをTrueにすることで、スクリプトマネージャーによるグローバライズ（国際化対応機能）がオンになり、この章の「4 入力文字の制限、カレンダー、入力ヒントを利用する」で使用するカレンダーの表示を日本語に切り替えることができる。

❺ ［ファイル］メニューの［Site1.Masterの保存］をクリックするか、［標準］ツールバーの［Site1.Masterの保存］ボタンをクリックする。

➡［Site1.Master］ページが保存される。

マスターページにスクリプトマネージャーを配置したことにより、各WebページでAJAX Extensionsのサーバーコントロールを利用する準備が整いました。

アップデートパネルによるWebページの部分更新

AJAX Extensionsのアップデートパネル（UpdatePanel）を使用すると、パネルの内部に配置したコントロールの値をWebページの遷移なしに部分更新することができます。ここでは、［顧客一覧］フォーム（CustomerListフォーム）のコントロールをアップデートパネル内に配置して、部分更新可能なWebフォームを作成します。

以下の手順で、［顧客一覧］フォームのデザインを修正してください。

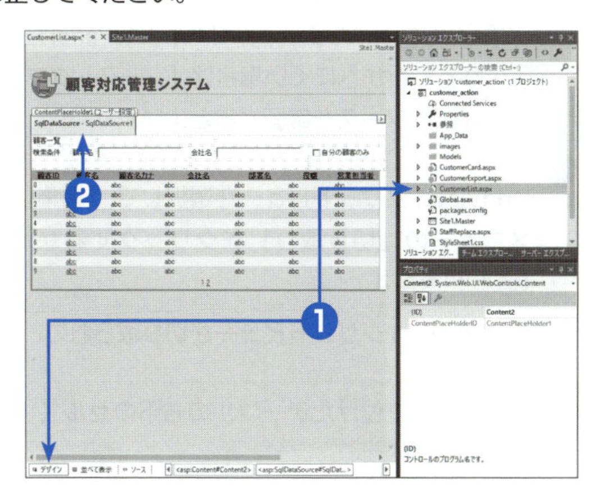

❶ ソリューションエクスプローラーで［CustomerList.aspx］をダブルクリックし、［デザイン］タブをクリックして、デザインビューに切り替える。

❷ SqlDataSource1データソースをクリックして選択してから、→を押す。

➡SqlDataSource1データソースの右にカーソルが移動する。

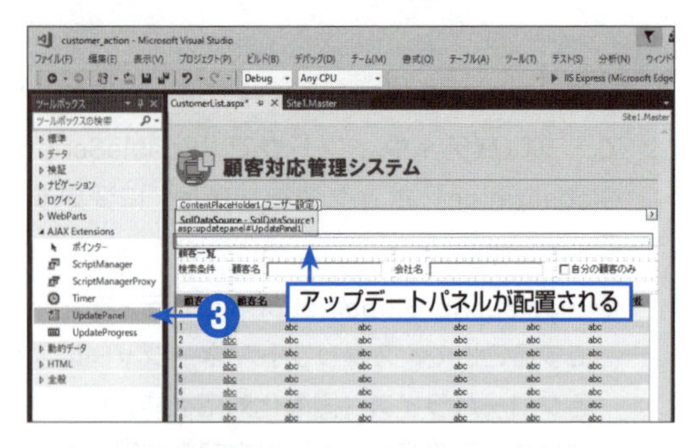

3

ツールボックスの［AJAX Extensions］グループで［UpdatePanel］をダブルクリックする。

➡アップデートパネルが配置される。

●アップデートパネルはパネル（Panel）やプレースホルダー（PlaceHolder）のように、コントロールを配置する領域として動作する特殊なコントロールである。

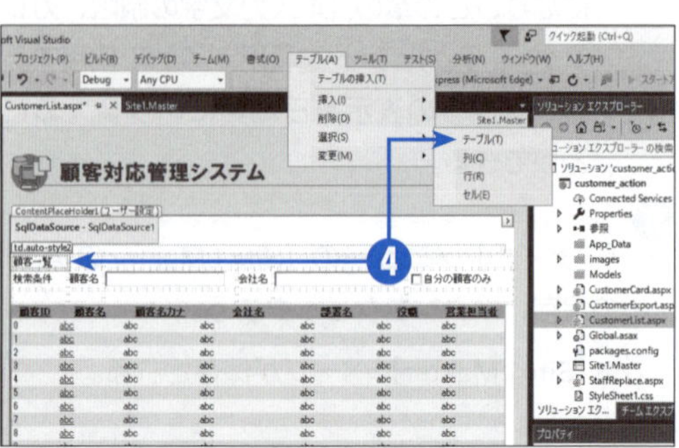

4

検索条件用テーブルの左上のセル（「顧客一覧」のセル）をクリックして、［テーブル］メニューの［選択］－［テーブル］をクリックする。

➡検索条件用テーブルが選択される。

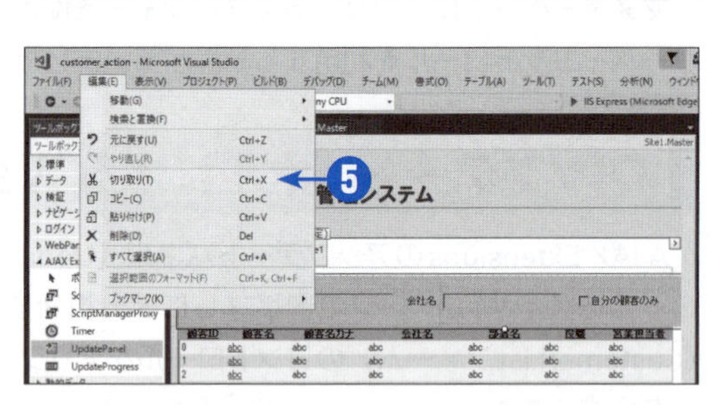

5

［編集］メニューの［切り取り］をクリックするか、Ctrl＋Xを押す。

➡テーブル全体が切り取られて、クリップボードに格納される。

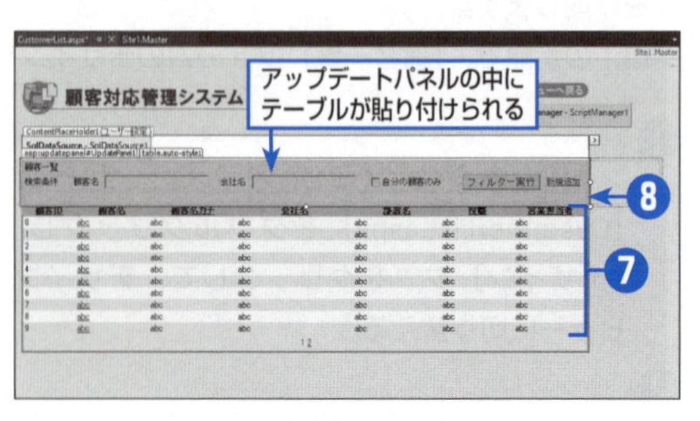

6

手順3で配置したアップデートパネルの中をクリックして、［編集］メニューの［貼り付け］をクリックするか、Ctrl＋Vを押す。

➡アップデートパネルの中にテーブルが貼り付けられる。

●アップデートパネルの中をクリックすると、カーソルの左上に表示されるグレーのタグの表示が「asp:Updatepanel#UpdatePanel1」になる。わかりにくい場合は［ソース］タブでHTMLソースを確認するとよい。

7

GridView1グリッドビューを選択して、［編集］メニューの［切り取り］をクリックするか、Ctrl＋Xを押す。

➡GridView1グリッドビューが切り取られて、クリップボードに格納される。

8

手順6で貼り付けたテーブルの右下のセル（［新規追加］リンクの下のセル）をクリックして、→を押す。

9

［編集］メニューの［貼り付け］をクリックするか、Ctrl＋Vを押す。

➡テーブルの下にGridView1グリッドビューが貼り付けられる。

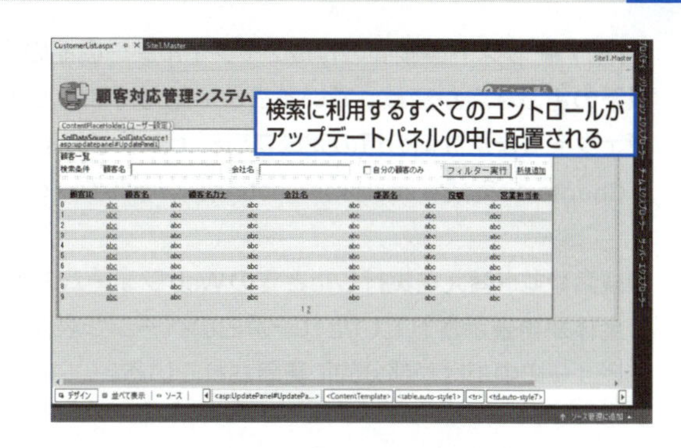

以上で、［顧客一覧］フォームの検索に利用するすべてのコントロールをアップデートパネルの中に配置することができました。

プログラムの実行

それでは、実際に［顧客一覧］フォーム（CustomerListフォーム）を動作させて、AJAXを利用したWebフォームの動作を確認してみましょう。

1

ソリューションエクスプローラーで［CustomerList.aspx］を右クリックして、ショートカットメニューの［スタートページに設定］をクリックする。

2

［デバッグ］メニューの［デバッグの開始］をクリックするか、F5を押す。

➡Webアプリケーションがテスト実行され、［顧客一覧］フォームが表示される。

●この時点では、修正前のWebフォームと動作はまったく変わらない。

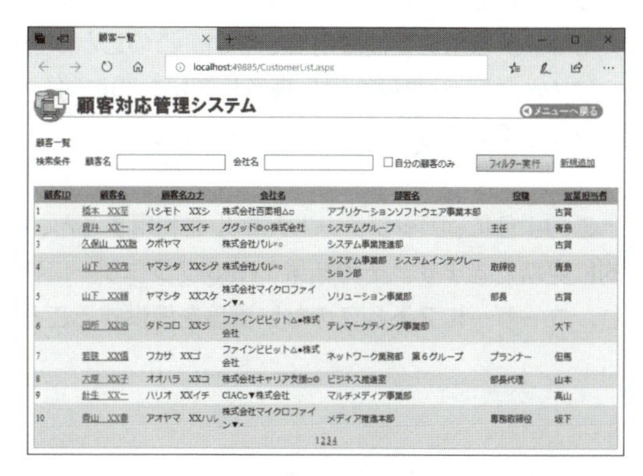

3

［顧客名］ボックスに**山**と入力して、［フィルター実行］ボタンをクリックする。

➡グリッドビューの一覧が、顧客名に「山」の文字が含まれるデータだけに絞り込まれる。

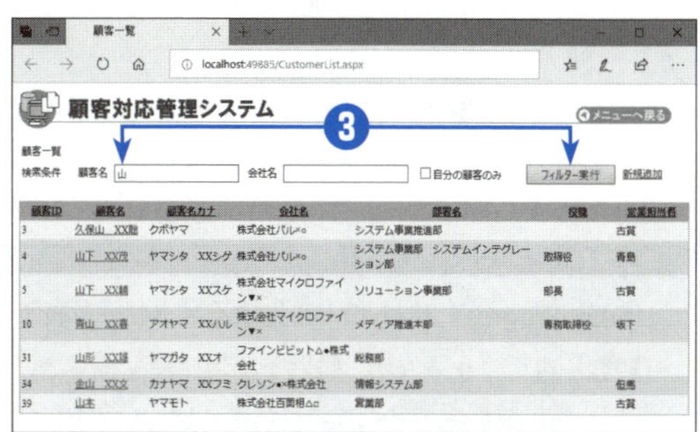

4

［顧客名］ボックスの文字列をクリアして、一覧の［顧客名カナ］リンクをクリックする。

➡グリッドビューの一覧が全件表示に戻り、「顧客名カナ」の昇順に並べ替わる。

5

グリッドビューの下部にあるページのリンクで［2］をクリックする。

➡2ページ目が表示される。

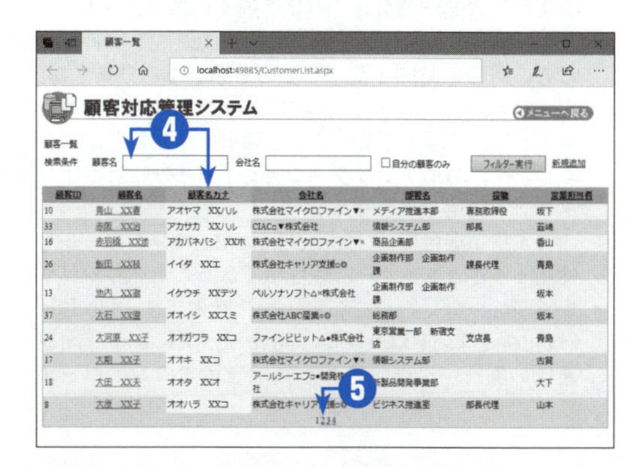

「第7章 リスト型画面の作成2－フィルター機能の追加」で作成したCustomerListフォームと比べると、以下のような点が変わっていることに気付くはずです。修正前に別のフォルダーにコピーしておいたプロジェクト（または前の章の完成プロジェクトであるダウンロードしたサンプルファイルの［¥VC2017Web¥Chapter10完成¥customer_action］フォルダーのプロジェクト）と比較してみてください。

- 検索や並べ替えを実行したときのWebフォームの表示が速い。AJAXを使用しないバージョンでは、画面全体が再表示されていた（一瞬白いページが表示されていた）が、AJAX対応バージョンではグリッドビューの中だけが部分的に更新されている。

- AJAXを使用しないバージョンでは、Webブラウザーの［顧客一覧］タブが一瞬読み込み中の動作に変わる。AJAX対応バージョンでは、読み込み中の動作にはならない。

- 第7章のWebフォームでは、検索や並べ替えを実行したときに、Webブラウザーの戻るボタンが使用できるようになっていた（第7章の「3 ポストバックの動作を検証する」の画面参照）。AJAX対応バージョンでは、戻るボタンは使用できない。このことからも、第7章のWebフォームではポストバックによって同じWebページを繰り返し表示していたのに対して、AJAX対応バージョンではWebページ内でのコンテンツの更新になっていることがわかる。

このように、アップデートパネルを利用すると、Webページ内において必要な箇所だけをJavaScriptで動的に更新できます。その結果、Webブラウザーに特有のページ切り替え時の“バタバタ”した動作がなくなり、ユーザーにストレスのない環境を提供することができるようになります。

ヒント

UpdateProgressコントロールによるメッセージ表示

［顧客一覧］フォームは、特殊な検索処理を行っていないことや対象とするデータ量が少ないことから、検索実行時の処理速度はそれほど遅くはありません。しかし、実際の業務システムでは、検索処理を実行したときに数秒の時間を要するものも珍しくありません。Windowsアプリケーションでは「砂時計ポインター」によって、処理中であることを簡単に示すことができましたが、Webアプリケーションでは「砂時計ポインター」を利用できません。

このような場合に、UpdateProgressコントロールを使用すると、ユーザーに処理中であることをわかりやすくフィードバックすることができます。UpdateProgressコントロールは、JavaScriptによる非同期通信の実行中に表示される領域を示すコントロールです。

右の図は、［顧客一覧］フォームにUpdateProgressコントロールを配置して、検索実行中（つまりAJAXによる非同期通信中）に「しばらくお待ちください」というメッセージを表示したものです。

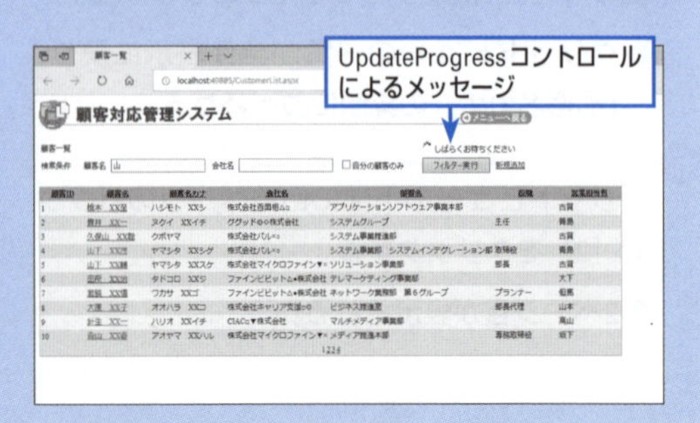

3 ASP.NET AJAX Control Toolkitをインストールする

「ASP.NET AJAX Control Toolkit」は、ASP.NETで利用できるオープンソースのAJAXコントロール集です。ASP.NET AJAX Control Toolkitを利用することで、Webフォームに AJAXによる便利な機能を簡単に組み込むことができます。

ASP.NET AJAX Control Toolkitのインストール

ASP.NET AJAX Control Toolkitは、公式のダウンロードサイトからダウンロードできます。以下の手順で、インストーラーをダウンロードして、インストールを行ってください。

❶ Webアプリケーションが実行されている場合には、Webブラウザーの閉じるボタンをクリックして終了する。

❷ Visual Studioを終了する。

❸ Webブラウザーで、ASP.NET AJAX Control Toolkitのダウンロードサイト（http://devexpress.com/act）から「ASP.NET AJAX Control Toolkit」のダウンロードを行う。

●本書の執筆時点では、リダイレクトした先のWebサイトの中央にある［DOWNLOAD］ボタンをクリックすれば、インストーラーをダウンロードできる。なお、「Why We Use Cookies」のバーが表示されて［DOWNLOAD］ボタンが見えない場合には、Webサイトを下にスクロールする。

❹ ダウンロードしたインストーラー（AjaxControlToolkit.Installer.18.1.exe）を実行して、ASP.NET AJAX Control Toolkitをインストールする。

以上で、Visual StudioでASP.NET AJAX Control Toolkitを利用するための準備が整いました。

注意

ASP.NET AJAX Control Toolkitのバージョン

本書の説明では、ASP.NET AJAX Control Toolkitのバージョン18.1を使用しています。他のバージョンでは、インストール方法や操作方法が異なることがある点にご注意ください。

注意

公式のWebサイトについて

インターネット上のWebサイトは頻繁に変更されます。上記のURLアドレスや画面などは変更されることもあるため、注意してください。Webサイトが見つからない場合には「ASP.NET AJAX Control Toolkit」をキーワードにして、検索エンジンで検索してください。

4 入力文字の制限、カレンダー、入力ヒントを利用する

ASP.NET AJAX Control Toolkitのコントロールを利用すると、Webフォーム上でさまざまな処理が簡単に実現できるようになります。ここでは、[顧客情報] フォーム（CustomerCardフォーム）の編集用と新規追加用のテンプレートで、郵便番号とTELに入力できる文字を「数字」と「ハイフン」だけに制限し、初回訪問日のカレンダーによる日付入力を可能にします。また、初回訪問日と顧客名カナにウォーターマーク（透かし文字）による入力ヒントを追加します。

エクステンダーの登録と設定

テキストボックスに入力文字の制限を行うために、エクステンダー*（拡張コントロール）としてFilteredTextBoxExtenderを利用します。また、カレンダーによる日付入力のためにCalendarExtenderを、テキストボックスへのウォーターマークのためにTextBoxWatermarkExtenderを利用します。

以下の手順で、[顧客情報] フォーム（CustomerCardフォーム）の編集用テンプレートと新規追加用テンプレートを修正してください。

用語

エクステンダー

エクステンダー（Extender）とは、既存のコントロールに機能を拡張するためのコントロールのことです。エクステンダーはそのコントロール自身では動作せずに、他のコントロールに対して機能を追加します。

この節で利用するFilteredTextBoxExtenderやCalendarExtender、TextBoxWatermarkExtenderは、テキストボックスの機能を拡張することができるエクステンダーです。

❶ Visual Studioを起動して、customer_actionのプロジェクトを開く。

❷ ソリューションエクスプローラーで[CustomerCard.aspx] をダブルクリックし、[デザイン] タブをクリックして、デザインビューに切り替える。

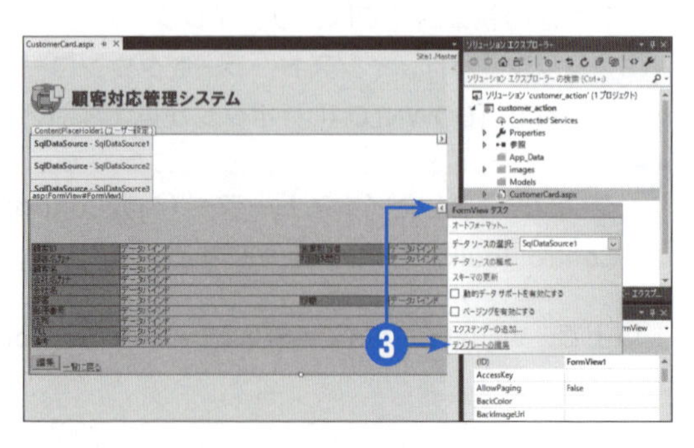

❸ フォームビューを選択して、スマートタググリフ（右向き三角矢印）をクリックし、スマートタグで [テンプレートの編集] をクリックする。

➡ フォームビューがテンプレート編集モードで表示される。

❹ スマートタグの [表示名] ボックスを [InsertItemTemplate] に変更する。

➡ テンプレートの編集対象が新規追加用テンプレートに切り替わる。

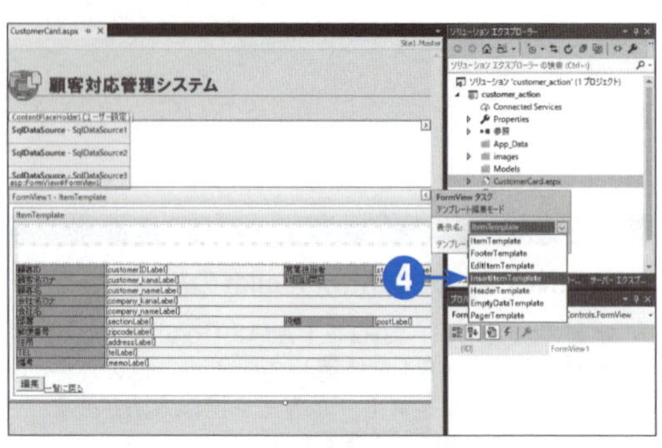

5

［郵便番号］テキストボックス（zipcodeTextBox）を選択し、スマートタググリフをクリックして、スマートタグで［エクステンダーの追加］をクリックする。

➡エクステンダーウィザードが起動する。

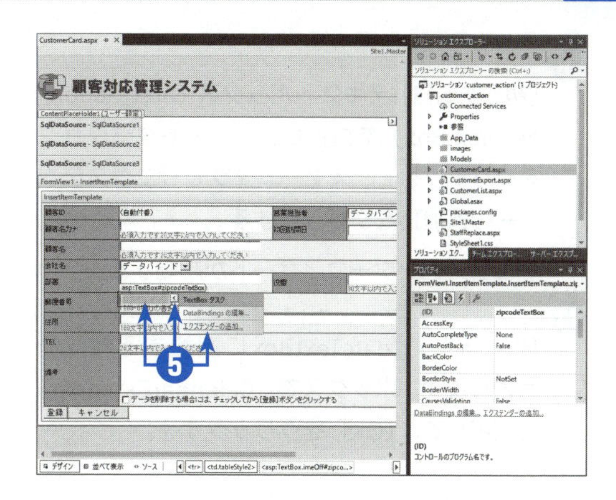

6

［zipcodeTextBoxに追加する機能を選択します］ボックスで［FilteredTextBoxExtender］を選択して、［OK］をクリックする。

➡［郵便番号］テキストボックスのプロパティウィンドウに［zipcodeTextBox_FilteredTextBoxExtender］プロパティのグループが追加される。

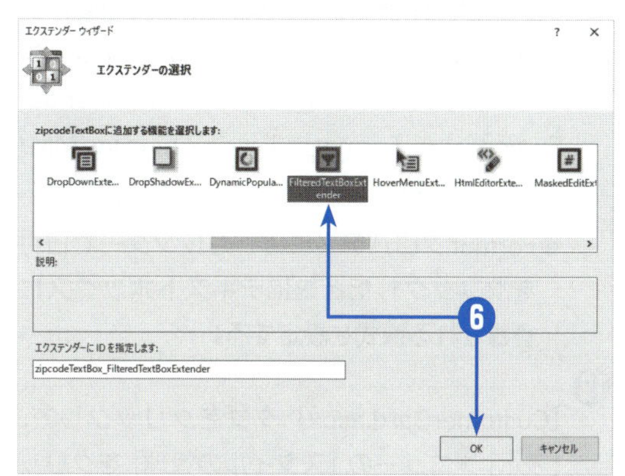

7

［郵便番号］テキストボックス（zipcodeTextBox）を選択して、プロパティウィンドウで［zipcodeTextBox_FilteredTextBoxExtender］を展開し、［FilterType］ボックスに**Custom, Numbers**と入力する。

●Customは設定した文字を許可するという意味で、Numbersは半角数字を許可するという意味になる（カンマで区切ることで、いずれも許可される）。なお、他の選択肢の［UppercaseLetters］は大文字のアルファベットのみが、［LowercaseLetters］は小文字のアルファベットのみが許可される。

8

［zipcodeTextBox_FilteredTextBoxExtender］－［InvalidChars］ボックスに**-**（半角のハイフン）と入力する。

●InvalidCharsプロパティには、FilterTypeプロパティで［Custom］を指定したときに許可する文字を指定する。

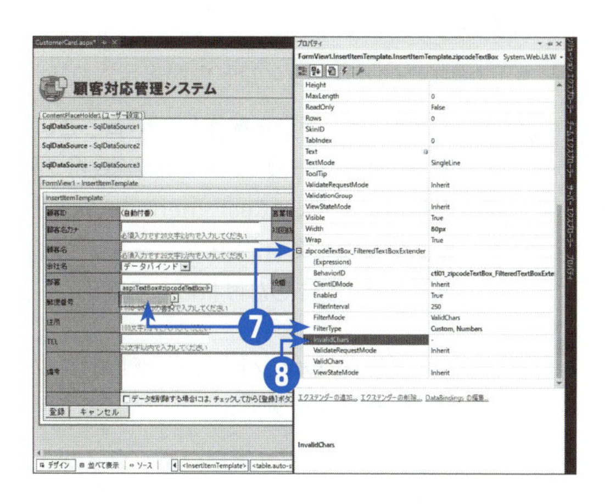

9

［TEL］テキストボックス（telTextBox）についても、手順5～8と同様に設定する。

●［TEL］テキストボックスのプロパティウィンドウには、エクステンダーの動作を設定するための［telTextBox_FilteredTextBoxExtender］プロパティのグループが追加される。

⑩
[初回訪問日] テキストボックス（first_action_dateTextBox）を選択し、スマートタググリフをクリックして、スマートタグで［エクステンダーの追加］をクリックする。

➡エクステンダーウィザードが起動する。

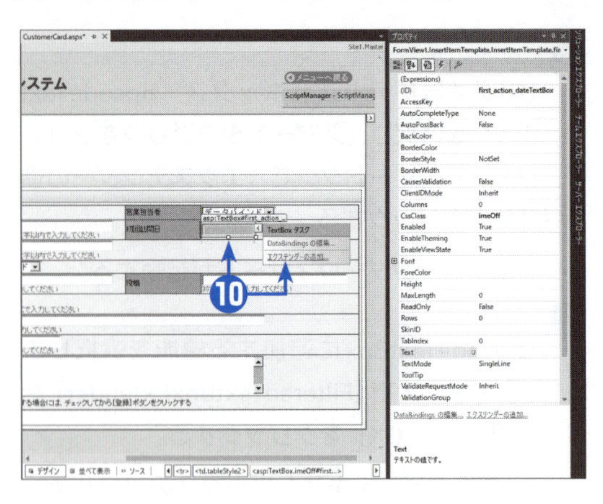

⑪
[first_action_dateTextBoxに追加する機能を選択します] ボックスで［CalendarExtender］を選択して、[OK］をクリックする。

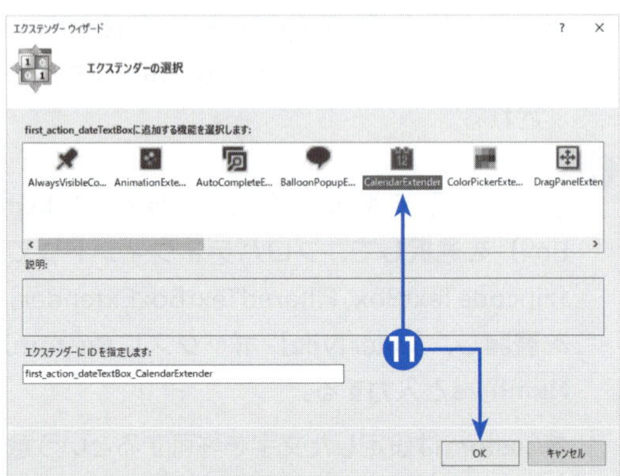

⑫
[初回訪問日] テキストボックス（first_action_dateTextBox）を選択して、プロパティウィンドウで［first_action_dateTextBox_CalendarExtender］−[Format］ボックスに**yyyy/MM/dd**と入力する。

●Formatプロパティには、カレンダーで日付をクリックしたときにテキストボックスに登録される書式を設定する。

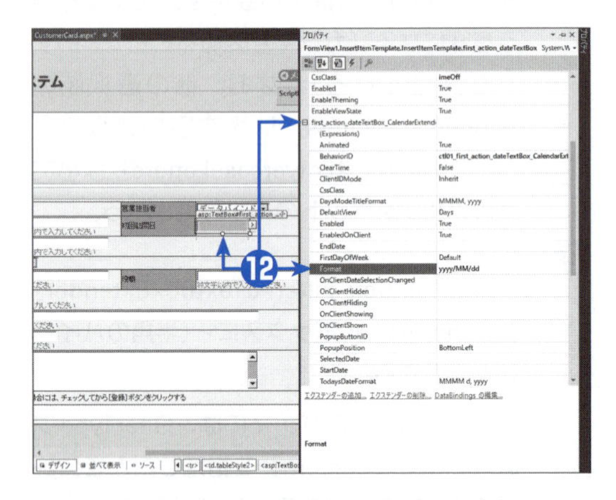

⑬
[CustomerCard.aspx] タブをクリックして、[表示] メニューの［スタイルの管理］をクリックする。

➡[スタイルの管理] ウィンドウが表示される。

●プロパティウィンドウを操作しているときには、[表示] メニューの［スタイルの管理］が表示されないため、[CustomerCard.aspx] タブをクリックして、Webフォームデザイナーをアクティブにしなければならない。

⑭
[スタイルの管理] ウィンドウの［新しいスタイル］ボタンをクリックする。

➡[新しいスタイル] ダイアログボックスが表示される。

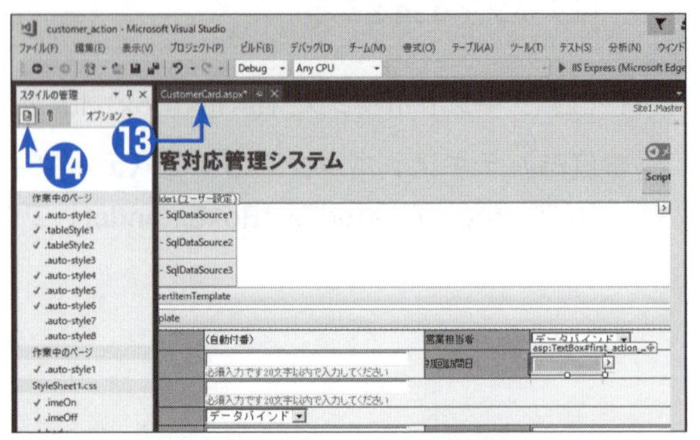

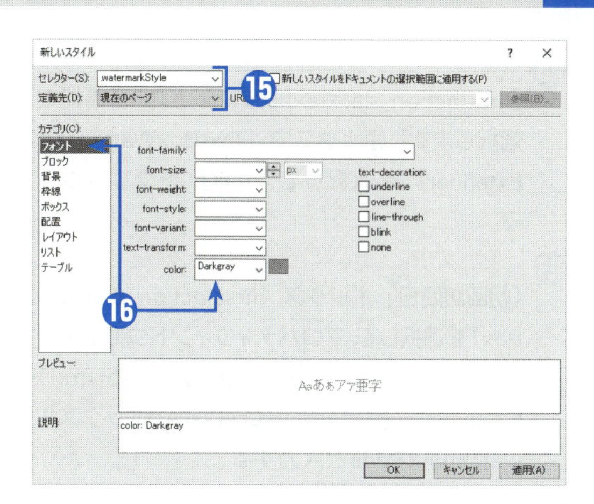

15

[セレクター] ボックスの値を **.watermarkStyle** に変更し、[定義先] ボックスが [現在のページ] になっていることを確認する。

16

[カテゴリ] ボックスで [フォント] をクリックして、[color] ボックスに **Darkgray** と入力する。

●ウォーターマークとして文字色を薄いグレーに設定する。

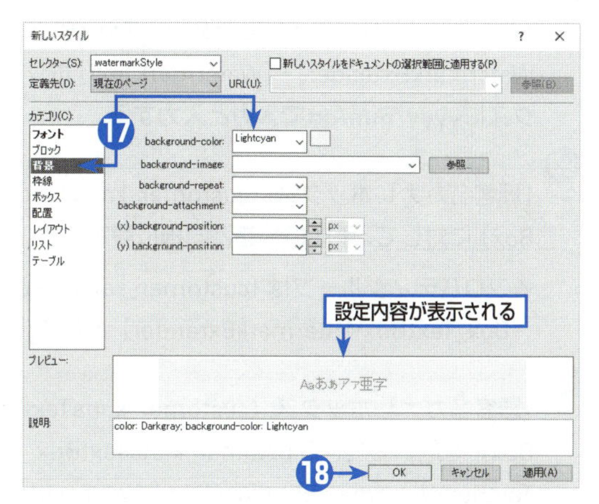

17

[カテゴリ] ボックスで [背景] をクリックして、[background-color] ボックスに **Lightcyan** と入力する。

●ウォーターマークとして背景色を薄い水色に設定する。

➡ フォーカスを移動すると、[プレビュー] ボックスに文字色と背景色の設定内容が表示される。

18

[新しいスタイル] ダイアログボックスで [OK] をクリックする。

➡ [スタイルの管理] ウィンドウの [作業中のページ] グループに「.watermarkStyle」が追加される。

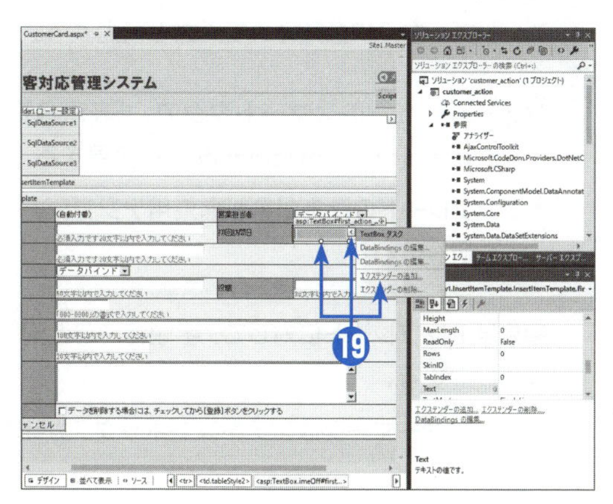

19

[初回訪問日] ボックス (first_action_dateTextBox) を選択し、スマートタググリフをクリックして、スマートタグで [エクステンダーの追加] をクリックする。

➡ エクステンダーウィザードが起動する。

⑳ [first_action_dateTextBoxに追加する機能を選択します] ボックスで [TextBoxWatermarkExtender] を選択して、[OK] をクリックする。

㉑ [初回訪問日] ボックス（first_action_dateTextBox）を選択して、プロパティウィンドウで[first_action_dateTextBox_TextBoxWatermarkExtender] − [WatermarkCssClass] ボックスに **watermarkStyle** と入力する。

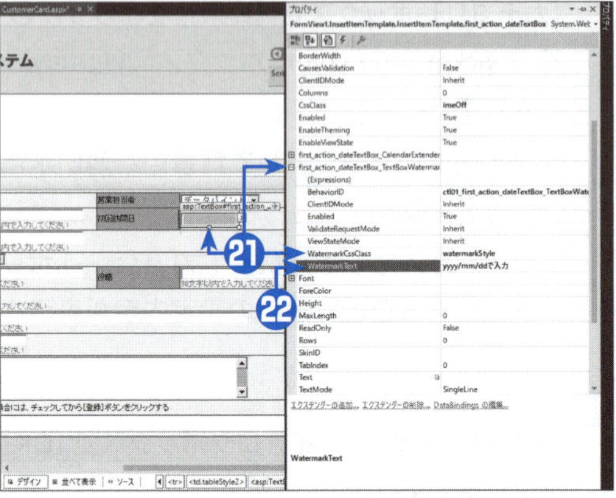

㉒ [first_action_dateTextBox_TextBoxWatermarkExtender] − [WatermarkText] ボックスに **yyyy/mm/ddで入力**と入力する。

㉓ [顧客名カナ] ボックス（customer_kanaTextBox）に対して、手順⑲〜㉑と同様に設定する。

●プロパティグループは [customer_kanaTextBox_TextBoxWatermarkExtender] となる。

㉔ [顧客名カナ] ボックス（customer_kanaTextBox）を選択して、[customer_kanaTextBox_TextBoxWatermarkExtender] − [WatermarkText] ボックスに**全角カナで入力**と入力する。

㉕ フォームビューのスマートタグで、[表示名] ボックスを [EditItemTemplate] に変更する。

➡テンプレートの編集対象が編集用テンプレートに切り替わる。

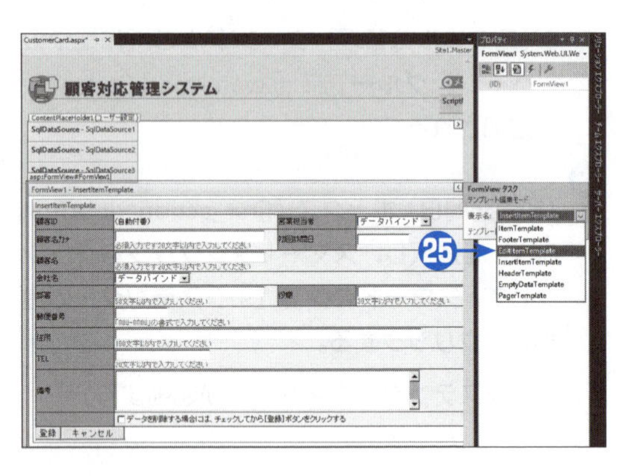

㉖ 編集用テンプレートに対して、手順⑤〜⑫と同様に設定する。

●ウォーターマークは、テキストボックスが未登録のときのみ必要なため、編集用テンプレートには設定しない。

以上で、[顧客情報] フォームの新規追加用テンプレートと編集用テンプレートに対するASP.NET AJAX Control Toolkitのエクステンダーによる設定が完了しました。

プログラムの実行

ここまでの作業で、ASP.NET AJAX Control Toolkitを利用して、［顧客情報］フォームに入力文字の制限とカレンダーによる入力機能、ウォーターマークによる入力ヒントを追加しました。

以下の手順で、動作を確認しましょう。

1

［デバッグ］メニューの［デバッグの開始］をクリックするか、F5を押す。

➡Webアプリケーションがテスト実行され、［顧客一覧］フォームが表示される。

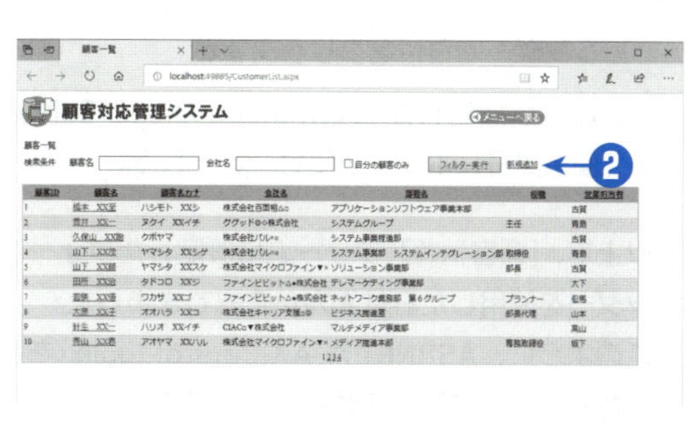

2

［顧客一覧］フォームで［新規追加］リンクをクリックする。

➡［顧客情報］フォームで新規追加画面が表示される。

●［初回訪問日］ボックスと［顧客名カナ］ボックスには、薄い水色の背景に薄いグレーの文字で、ウォーターマークによる入力ヒントが表示される。

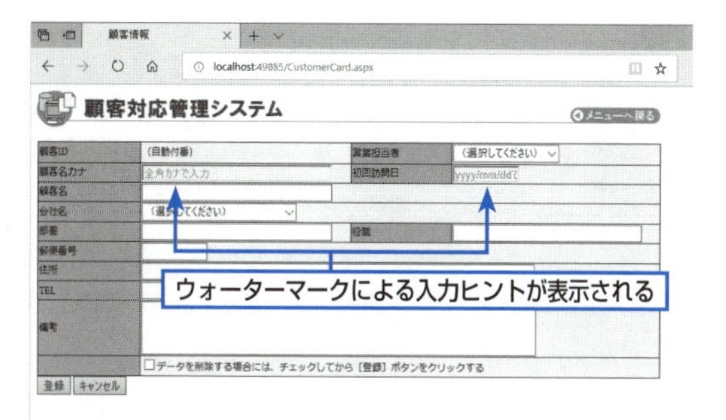

3

［顧客名カナ］ボックスに適当な文字を入力する。

➡ウォーターマークがクリアされる。

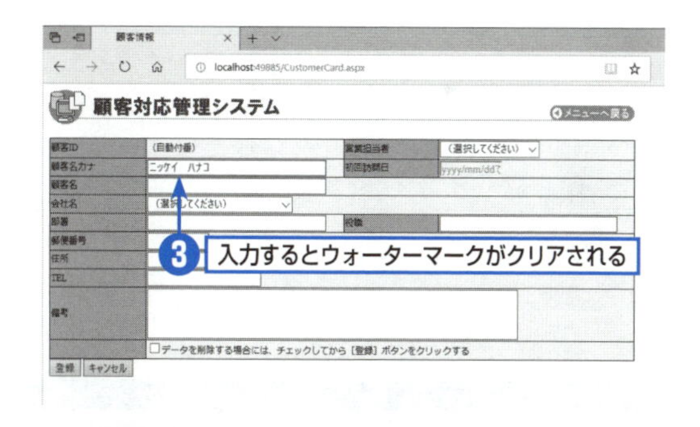

4

［郵便番号］ボックスに数字、アルファベット、記号などを入力する。

➡数字とハイフンだけが入力できることがわかる。

5

［TEL］ボックスに数字、アルファベット、記号などを入力する。

➡数字とハイフンだけが入力できることがわかる。

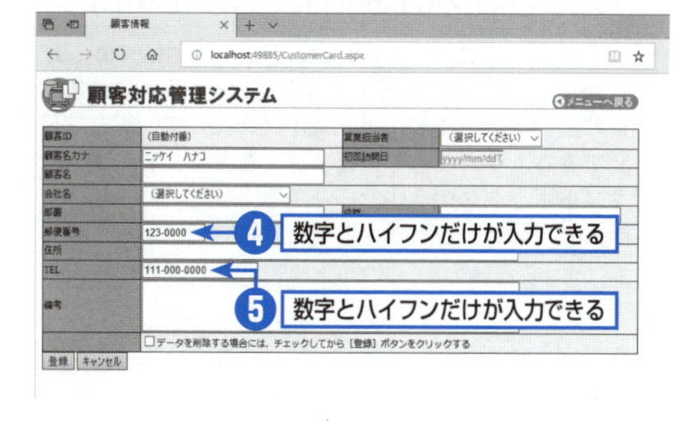

6 [初回訪問日] ボックスをクリックする。

➡ウォーターマークがクリアされて、テキストボックスの下にカレンダーが表示される。

7 カレンダーで日付をクリックする。

➡指定した日付がyyyy/mm/ddの形式で [初回訪問日] ボックスにセットされる。

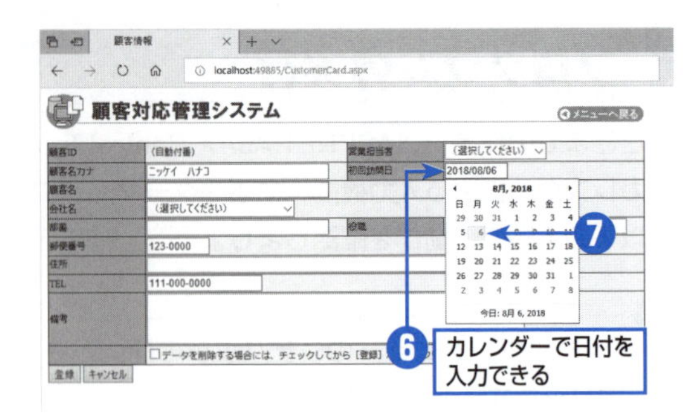

以上で、[顧客情報] フォームに設定したウォーターマークによる入力ヒントの表示、入力文字の制限、カレンダーを使用した日付入力が確認できました。

このように、ASP.NET AJAX Control Toolkitを利用すると、これまでのWebフォームでは実現が困難であったさまざまな処理を簡単に装備できます。

注意

第11章のサンプルファイルについて

本書のサンプルファイルには、この章の完成版は含まれていません（ASP.NET AJAX ControlToolkitが必要なため）。

ヒント

ASP.NET AJAX Control Toolkitのデモサイト

デモサイト（https://ajaxcontroltoolkit.devexpress.com/）では、ASP.NET AJAX Control Toolkitに含まれているコントロールの動作をWebサイト上で確認できるようになっています。たとえば、右の図はテキストボックスの入力ヒントを表示できる「Balloon Popup」のサンプルページです。

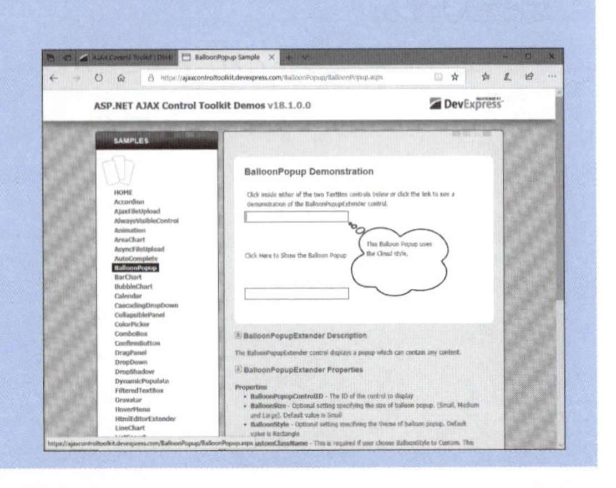

セキュリティ管理とログオン機能 第12章

多くの業務用のシステムでは、個人情報や機密情報などが登録されることになるため、ユーザーを認証するセキュリティ管理機能が必要となります。
この章では、Web-DBシステムにおけるセキュリティ管理機能として、ユーザーIDとパスワードを使用したユーザー認証機能を装備します。また、ログオン時に取得したログオンユーザーの管理者権限をセッション変数に保管しておくことで、一般ユーザーと管理者で異なるメニュー画面を表示します。

▼この章で学習する内容

STEP 1 [ログオン] フォームを作成して、ユーザーIDとパスワードによるユーザー認証機能を装備します。ユーザー認証結果は、セッション変数に格納します。

STEP 2 [メニュー] フォームを作成します。顧客対応管理システムでは管理者のみが使用できる機能が存在するため、一般ユーザーと管理者で異なる機能リンクを持つメニュー画面を作成します。

STEP 3 各Webフォームでは、お気に入りへの登録などによる直接の表示に備えて、[ログオン] フォームで認証済みであるかどうかを確認する必要があります。ここでは、[顧客一覧] フォームに、ユーザー認証の状況確認処理を追加します。

▲ [ログオン] フォーム

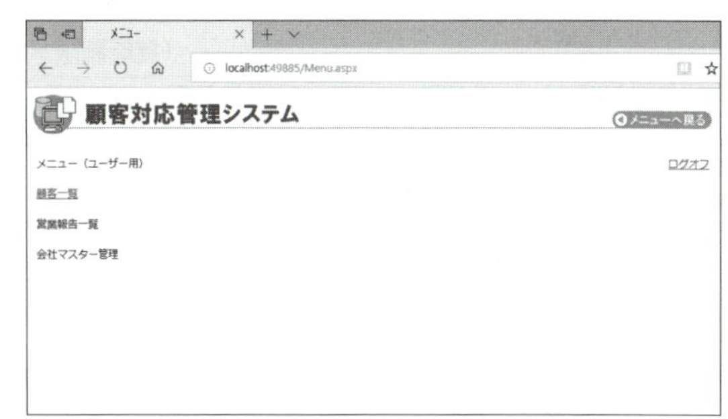

▲一般ユーザー用の [メニュー] フォーム

▲管理者用の [メニュー] フォーム

1 ログオン処理とユーザー権限

顧客対応管理システムでは、ログオン機能によって、ユーザー（利用者）がこのシステムを利用する権限を保有しているかどうかを確認します。このとき、ログオンしたユーザーの権限種類を判定し、メニュー画面で利用可能な機能のリンクだけを表示するようにします。

この節では、まず顧客対応管理システムのユーザー認証機能の概要を説明してから、その後で［ログオン］フォームを作成します。

ユーザー認証機能の概要

顧客対応管理システムでは、2種類のユーザーレベルを用意します。1つは「一般ユーザー」で、もう1つは「管理者」です。customer_actionデータベースでは、スタッフマスターテーブル（tbl_staff）をユーザーマスターとしても利用し、管理者の場合には管理者フラグ（admin_flag）にTrueをセットしておきます。

顧客対応管理システムの一般ユーザーと管理者では、以下の表のように利用可能な機能が異なります。表からもわかるように、管理者は一般ユーザーのすべての機能が利用できますが、その他に管理者だけが利用できる機能も存在します。管理者専用の機能はいずれもシステム全体の動作に関わるものであるため、管理者だけが利用できるように制限することで、一般ユーザーの操作ミスなどでデータが壊されてしまうといった障害を未然に防ぎます。

顧客対応管理システムのユーザーレベル別機能一覧

機能名	一般ユーザー	管理者
メニュー画面	○ （機能制限メニュー）	○ （全機能メニュー）
顧客一覧	○	○
顧客新規登録	○	○
顧客情報（閲覧）	○	○
顧客情報（編集）	○	○
営業報告登録	○	○
営業報告一覧	○	○
会社マスター管理	○	○
顧客データのエクスポート	−	○
営業担当者の置換	−	○
スタッフマスター管理	−	○

※○：利用できる　−：利用できない

ログオン機能によって、システムを利用する権限が与えられたユーザーであることを確認します。これを「ユーザー認証」と呼びます。さらにログオン時にログオンユーザーの管理者フラグの値を保存しておけば、一般ユーザーの場合に、いくつかの機能が使用できないように制限できます。

顧客対応管理システムでは、以下の図のようなユーザー認証機能を装備します。

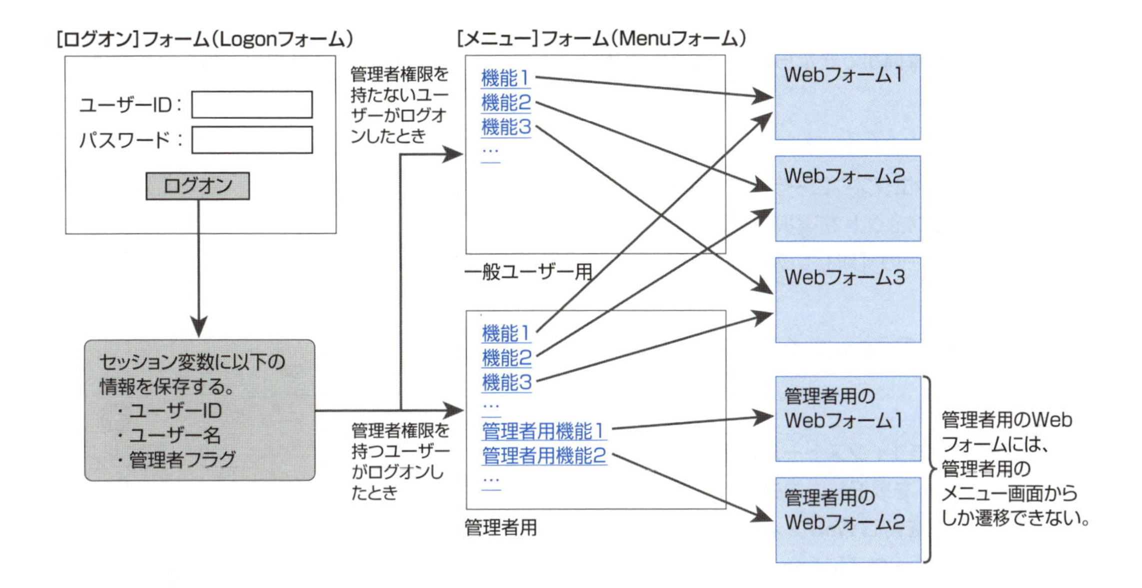

[ログオン] フォーム (Logonフォーム) では、ユーザーIDとパスワードによるユーザー認証を行い、スタッフマスターテーブル (tbl_staff) に登録されているユーザーであることが確認できた場合にのみ、システムへのログオンを許可します。ユーザーが認証された場合には、システム内の各Webフォームで利用するために、「ユーザーID」、「ユーザー名」、「管理者フラグ」の3つの情報をセッション変数※に保存しておきます。そして、管理者フラグ (admin_flag) がTrueであるかどうかを判定して、管理者の場合には管理者用のメニューを、それ以外の場合には一般ユーザー用のメニューを表示します。管理者用のメニューでは、一般ユーザー用には用意されていないいくつかのリンクが表示され、これらのリンクをクリックすることで、管理者専用の機能を使用することができるようになります。

用語

セッション変数

Webサーバーに格納される変数で、セッション※ごとに管理されます。セッション変数に格納された値は、あらかじめWebサーバーに設定された時間(タイムアウトの時間) が経過するまで保持され続けます。また、クライアントのWebブラウザーが閉じられた場合には、クライアントで保持していたセッションIDがクリアされるため、再度Webアプリケーションを使用してもセッション変数の値は利用できません。

用語

セッション

Webブラウザーが Webサーバーとの接続を開始してから接続を終了するまでの期間のことを言います。Webブラウザーから初めてWebサーバーにリクエストがあったときにセッションが開始され、一意の値を持つセッションIDが付番されます。Webブラウザーと Webサーバーは、互いにセッションIDを持ち合うことによって一連の接続であることを識別します。

[ログオン] フォームの作成とコントロールの配置

ここからは、ユーザー認証機能を装備した［ログオン］フォーム（Logonフォーム）の作成に取りかかります。なお、この章では、前の章で作成したプロジェクトを引き続き使用します。または、ダウンロードしたサンプルファイルの［¥VC2017Web¥Chapter12¥customer_action］フォルダーのプロジェクトを使用してください。

プロジェクトの準備ができたら、以下の手順でWebフォームを追加して、必要なコントロールを配置します。

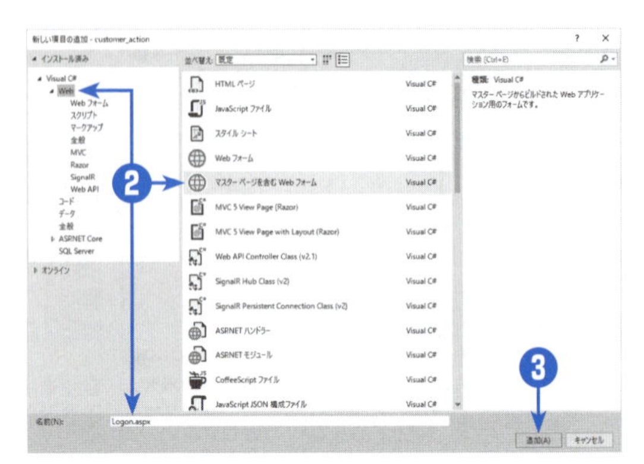

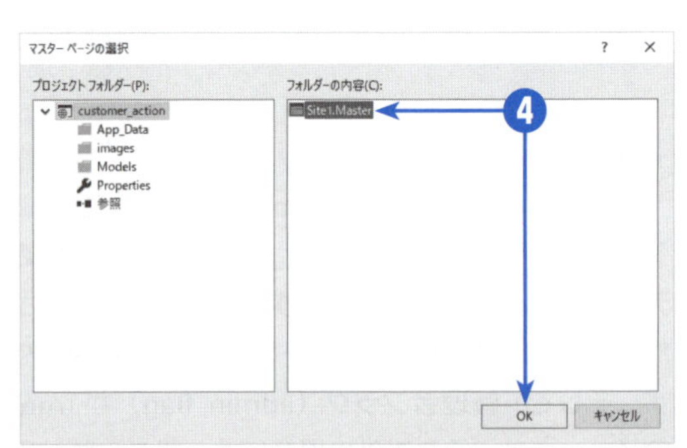

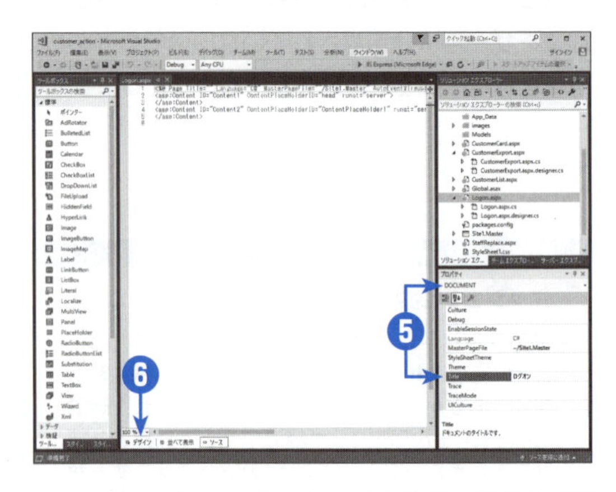

1

ソリューションエクスプローラーで［customer_action］プロジェクトを選択して、［プロジェクト］メニューの［新しい項目の追加］をクリックする。

➡［新しい項目の追加］ダイアログボックスが表示される。

2

左側のペインで［インストール済み］－［Visual C#］－［Web］を選択し、中央のペインで［マスターページを含むWebフォーム］を選択して、［名前］ボックスに**Logon.aspx**と入力する。

3

［追加］をクリックする。

➡［マスターページの選択］ダイアログボックスが表示される。

4

［フォルダーの内容］ボックスで［Site1.Master］を選択して、［OK］をクリックする。

➡ Logon.aspx、Logon.aspx.cs、Logon.aspx.designer.cs が、プロジェクトのフォルダーに作成される。ソリューションエクスプローラーに3つのファイルが追加され、［Logon.aspx］タブのソースビューに、生成されたHTMLが表示される。

5

プロパティウィンドウの上部のドロップダウンリストで［DOCUMENT］を選択して、［Title］ボックスの値を**ログオン**に変更する。

6

［デザイン］タブをクリックして、デザインビューに切り替えて、コンテンツプレースホルダーの内部をクリックし、［テーブル］メニューの［テーブルの挿入］をクリックする。

➡［テーブルの挿入］ダイアログボックスが表示される。

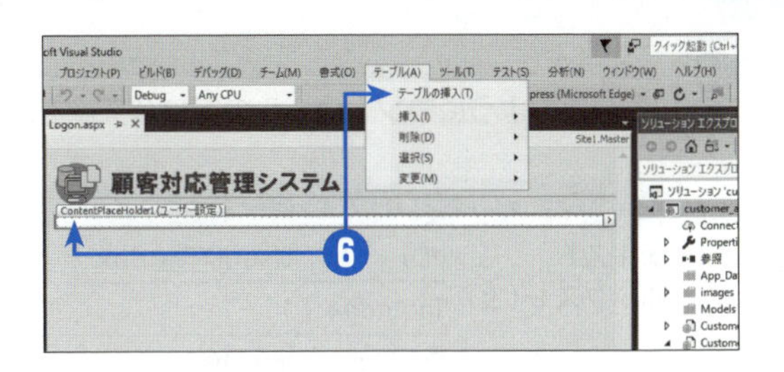

7

［行］ボックスに**3**、［列］ボックスに**3**と入力し、［幅の指定］チェックボックスをオンにし、その下のボックスに**400**と入力して、単位として［ピクセル］を選択する。

8

［テーブルの挿入］ダイアログボックスで［OK］をクリックする。

➡ コンテンツプレースホルダーの中に3行3列のテーブルが作成される。

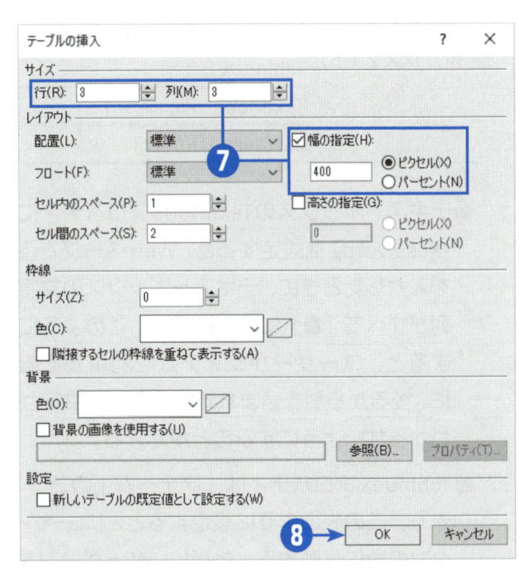

9

配置されたテーブルで3行目（最下行）の3つのセルを選択して、［テーブル］メニューの［変更］－［セルの結合］をクリックする。

➡ 3つのセルが結合する。

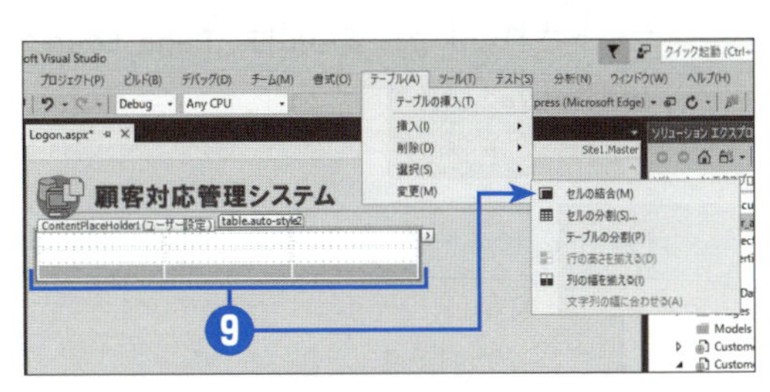

10

1列名と2列目の境界線をドラッグして、1列目の幅を100pxに設定し、テーブルの1行1列のセルに**ユーザー ID：**、2行1列のセルに**パスワード：**と入力する。

11

テーブルの1行2列のセルにカーソルを移動して、ツールボックスの［標準］グループで［TextBox］をダブルクリックする。2行2列のセルでも、同様に操作する。

➡ 2つのテキストボックスが配置される。

12

テーブルの2行3列のセルにカーソルを移動して、ツールボックスの［標準］グループで［Button］をダブルクリックする。

➡ ボタンが配置される。

● 3列目の幅は狭くなっているため、間違って2列目に配置しないように注意する。

13

テーブルの3行目のセルにカーソルを移動して、ツールボックスの［標準］グループで［Label］をダブルクリックする。

➡ ラベルが追加される。

● このラベルは、エラーメッセージの表示に利用する。

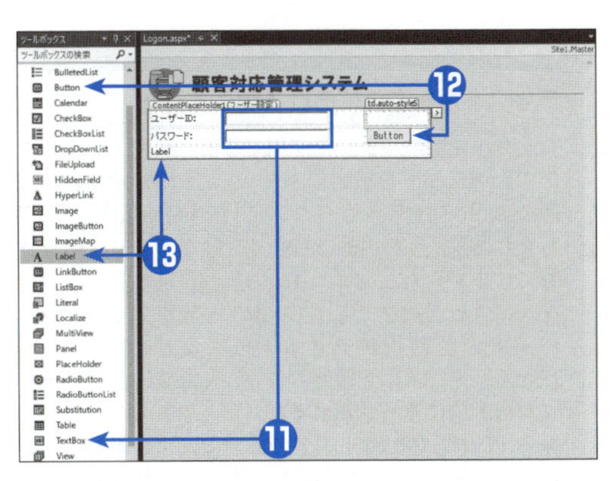

14 以下の表のようにコントロールのプロパティを設定する。

コントロール	プロパティ	設定する値
テキストボックス1（上）	(ID)	UserIDTextBox
	TabIndex	1
	CssClass	imeOff
テキストボックス2（下）	(ID)	PasswordTextBox
	TabIndex	2
	TextMode	Password
	CssClass	imeOff

コントロール	プロパティ	設定する値
ボタン	(ID)	LogonButton
	TabIndex	3
	Text	ログオン
ラベル	(ID)	ErrorLabel
	ForeColor	Red
	Text	値を削除

●テキストボックスのTextModeプロパティに[Password]を設定すると、Webページで値を入力したときに、テキストボックスの文字列がすべて「●」に置き換わる。このようにすると、ユーザーがシステムを利用する際に、後ろから覗き込まれても入力した文字がわからないようにすることができる。

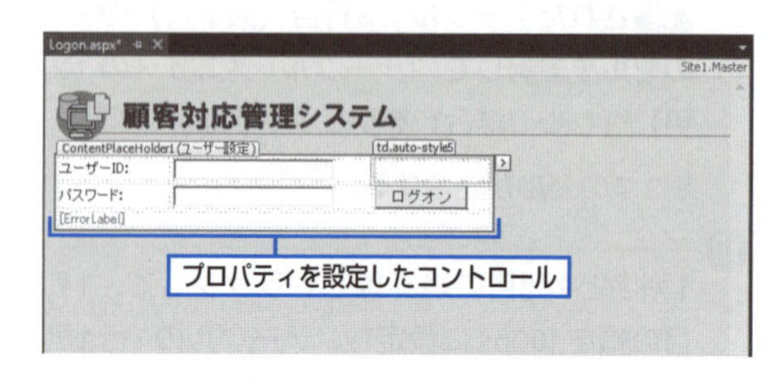

プロパティを設定したコントロール

●TabIndexプロパティは、フォーム上のコントロールにタブオーダー（Tabで移動する順番）を設定できる。この表のように設定すると、[ユーザーID] ボックス、[パスワード] ボックス、[ログオン] ボタンの順に移動する。ただし、Webページを表示したときに [ユーザーID] ボックスにフォーカスがセットされるようにするには、Page_Loadメソッドに簡単なコードを記述する必要がある（この後の手順参照）。

ヒント

テキストボックスにおける動作モード

TextModeプロパティを使用すると、テキストボックスの動作モードを設定できます。この節の手順では、PasswordTextBoxボックスに [Password] と設定しましたが、それ以外にも多くの動作モードが用意されています。たとえば、[Date] と設定するとカレンダーによる選択ができ、[Color] と設定するとカラーバーでの色選択ができるようになります。また、[Email] や [Url] と設定すると、入力値の書式チェックが自動的に実行されます。
なお、これらの動作モードの設定値による挙動は、使用するWebブラウザーによって異なるため注意してください（Webブラウザーによって、動作しない場合や異なる表示方法になる場合があります）。

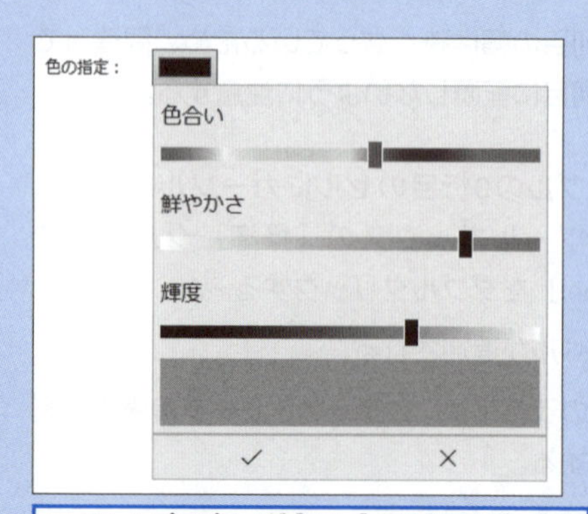

TextModeプロパティが [Color] のテキストボックス

コードの記述

Logonフォームには、［ログオン］ボタンをクリックしたときのLogonButton_Clickメソッド、ユーザー認証を行うCheckUserPasswordメソッド、Webページを表示したときに実行するPage_Loadメソッドを記述します。

1

［ログオン］ボタンをダブルクリックする。

➡ Logon.aspx.csが開き、コードエディターにLogonButton_Clickメソッドの外枠が用意される。

2

コードエディターの先頭のブロックにusingステートメントを挿入し、Page_Loadメソッドの上にメンバー変数を定義するコードを記述する（色文字部分）。また、Page_LoadメソッドとLogonButton_Clickメソッド、CheckUserPasswordメソッドのコードを記述する（色文字部分）。

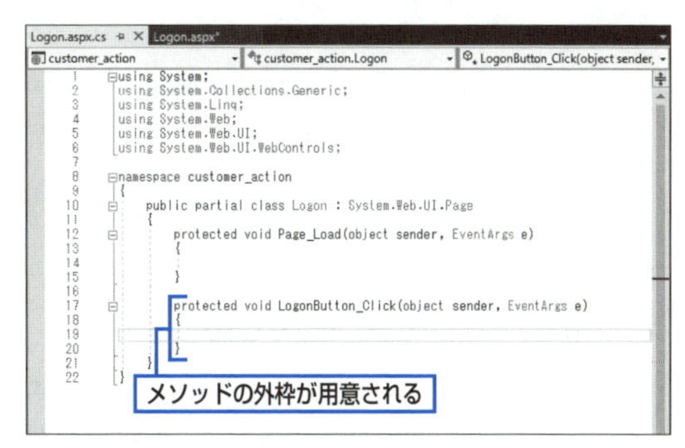


```
using System;
using System.Collections.Generic;
using System.Linq;
using System.Web;
using System.Web.UI;
using System.Web.UI.WebControls;
using System.Data.SqlClient;  ←1

namespace customer_action
{
  public partial class Logon : System.Web.UI.Page
  {
    // このWebフォームで使用するメンバー変数の宣言  ┐
    int staffID;                                   │2
    string staffName;                              │
    bool adminFlag;                                ┘

    protected void Page_Load(object sender, EventArgs e)
    {
      // ［ユーザー ID］ボックスにフォーカスをセットする
      UserIDTextBox.Focus();  ←3

      // ［ログオン］ボタンをこのWebフォームの既定ボタンにする
      this.Form.DefaultButton = LogonButton.UniqueID;  ←4
    }
```

```
protected void LogonButton_Click(object sender, EventArgs e)
{
  // ユーザー IDの入力チェック
  if (UserIDTextBox.Text == "")
  {
    ErrorLabel.Text = "ユーザー IDを入力してください";
    return;
  }                                                              5

  // パスワードの入力チェック
  if (PasswordTextBox.Text == "")
  {
    ErrorLabel.Text = "パスワードを入力してください";
    return;
  }                                                              6

  // ユーザーとパスワードの検証
  if (!CheckUserPassword(UserIDTextBox.Text, PasswordTextBox.Text))
  {
    ErrorLabel.Text = "ユーザー IDまたはパスワードが違います";
    return;
  }                                                              7

  // セッション変数へ値をセットする
  Session["StaffID"] = staffID;
  Session["StaffName"] = staffName;
  Session["AdminFlag"] = adminFlag;                              8

  // メニュー画面に遷移する
  Response.Redirect("Menu.aspx"); ←9
}

// ユーザー IDとパスワードを検証するメソッド
private bool CheckUserPassword(string userid, string password)
{
  bool ret;
  string queryString;

  try                                                            10
  {
    queryString = "SELECT staffID, staff_name, admin_flag FROM tbl_staff " +
      "WHERE userID = '" + userid.Replace("'", "''") +
      "' AND password = '" + password.Replace("'", "''") + "' " +
      "COLLATE Japanese_CS_AS_KS_WS";                            11

    // 接続文字列を取得する
    string connectionString = System.Configuration.ConfigurationManager.
      ConnectionStrings["customer_actionConnectionString"].ConnectionString;   12

    // コネクションを定義する
    using (SqlConnection connection = new SqlConnection(connectionString)) ←13
    {
      // コマンドを定義する
      SqlCommand command = new SqlCommand(queryString, connection); ←14

      // コネクションを開く
      connection.Open(); ←15
```

```
                // コマンドからデータリーダーを定義する
                SqlDataReader reader = command.ExecuteReader(); ←16
10
                // データリーダーから結果を読み込む
                if (reader.Read()) ←17
                {
                    // 対象データが存在する場合
                    // 正しいユーザーIDとパスワードが指定されたので、
                    // データリーダーから読み出したデータをメンバー変数にセットする
                    staffID = Int32.Parse(reader["staffID"].ToString());
                    staffName = reader["staff_name"].ToString();              18
                    adminFlag = Convert.ToBoolean(reader["admin_flag"]);

                    ret = true;
                }
                else
                {
                    // 対象データが存在しない場合
                    // 不正なユーザーIDまたはパスワードが指定された
                    ret = false; ←19
                }
            }
        }
        catch (Exception)
        {
            // 例外処理(SQLステートメントの実行エラーなど)
            ret = false; ←20
        }

        // 結果を返して終了する
        return ret; ←21
    }
  }
}
```

コードの解説

Page_Loadメソッドは、Webページが開いたときに呼び出されるプログラムで、ユーザーIDをすぐに入力できるように［ユーザーID］ボックスにフォーカスを移動します。また、［ログオン］ボタンをこのWebフォームの既定のボタンにして、ユーザーIDとパスワードの入力後にEnterでログオン処理を実行できるようにします。

LogonButton_Clickメソッドは［ログオン］ボタンのクリック時に呼び出されるプログラムで、Logonフォーム上で入力されたユーザーIDとパスワードによるユーザー認証を行います。LogonButton_ClickメソッドからはCheckUserPasswordメソッドを呼び出して、指定されたユーザーIDとパスワードが正しいものであるかどうかを検証します。

1 usingステートメントで、プログラム中で使用するクラスの所属する名前空間として「System.Data.SqlClient」を定義します。たとえば13で記述している「SqlConnection」というクラス名は、本来「System.Data.SqlClient.SqlConnection」と記述する必要がありますが、このusingステートメントの定義により「SqlConnection」と名前空間を省略して記述できます。

2 このWebフォーム内でのみ使用できるメンバー変数を定義します。このように定義したメンバー変数は、このWebフォーム内であれば値が保存されるため、メソッド間での値の受け渡しなどに利用することができます。ここで定義している3つのメンバー変数は、LogonButton_ClickメソッドとCheckUserPasswordメソッドで利用します。

3 Webページを表示した際に、[ユーザーID]ボックス(UserIDTextBoxボックス)にフォーカスをセットします。このLogonフォームのように、ユーザーが最初に値を入力するテキストボックスが決まっている場合には、この方法でフォーカスをセットしておくと、マウスでテキストボックスをクリックする手間を減らすことができるため、使いやすいフォームになります。

4 このWebフォームのDefaultButtonプロパティに[ログオン]ボタン(LogonButtonボタン)のUniqueIDプロパティをセットして、Enterを押したときに実行する既定のコントロールを設定します。UniqueIDプロパティは、サーバーコントロールの一意のIDです。

5 [ユーザーID]ボックス(UserIDTextBoxボックス)に文字列が入力されているかどうかを判定して、何も入力されていないときには、ErrorLabelラベルにエラーメッセージを表示します。なお、returnステートメントで処理を終了しているため、それ以降の処理を実行せずに[ログオン]フォームに戻ります。

6 [パスワード]ボックス(PasswordTextBoxボックス)に文字列が入力されているかどうかを判定して、何も入力されていないときには、ErrorLabelラベルにエラーメッセージを表示します。なお、顧客対応管理システムでは、パスワードがNull値であるユーザーのログオンは許可していないため、この判定条件を追加しています。

7 CheckUserPasswordメソッドを呼び出して、ユーザーIDとパスワードが正しいものであるかどうかを検証します。CheckUserPasswordメソッドは、正しいユーザーIDとパスワードの組み合わせの場合にtrueを返すため、ここではtrueでない場合にErrorLabelラベルにエラーメッセージを表示します。

8 ここに制御が移動しているということは、正しいユーザーIDとパスワードが指定されたことになります。各機能のWebフォームで利用するために、ここでメンバー変数staffIDの値をセッション変数StaffIDにセットします。このメンバー変数staffIDには、7で呼び出したCheckUserPasswordメソッドの中で、ログオンユーザーのスタッフID(staffID)がセットされています。同様に、セッション変数StaffNameにスタッフ名を、セッション変数AdminFlagに管理者フラグをセットします。なお、セッション変数はSession["変数名"]のように記述して利用します。

9 次の節で作成する[メニュー]フォーム(Menuフォーム)に遷移します。8でセットしたセッション変数の値はWebアプリケーションが動作している間は保持されるため、[メニュー]フォームに遷移しても使用できます。

10 try-catchステートメントは、エラーを監視しながら処理を実行する場合に利用します。tryブロック内の処理でエラーが発生すると、catchブロックに処理が移動します。catchの後のカッコ内「Exception」は、エラーが発生したときに、Exceptionクラスの変数に発生したエラーの内容を格納することを表しています。ただし、今回はExceptionの変数の値は使用しないため変数宣言を省略しています。

11 変数queryStringにSQLステートメントを定義します。ここで生成されるSQLステートメントは、以下のようなものになります（色文字部分が、引数useridと引数passwordの値によって置き換えられます）。なお、ユーザーIDとパスワードは、いずれもスタッフマスターテーブル（tbl_staff）に文字列として定義されているため、文字列の前後に「'」(シングルクォーテーション）を付けて指定しなければなりません。

```
SELECT staffID, staff_name, admin_flag FROM tbl_staff
WHERE userID = 'userid' AND password = 'password'
COLLATE Japanese_CS_AS_KS_WS
```

また、ここでは「SQLインジェクション」(特殊な文字列をWebサーバーにパラメーターとして受け渡すことでSQLステートメントを不正に生成して、本来想定されていない結果を実行するハッキング方法）の対策として、入力された文字列の置き換えを実行しています。ユーザーIDやパスワードに「'」(シングルクォーテーション）が入力された場合に、それぞれの文字列をReplaceメソッドで「'」を「''」(2つのシングルクォーテーション）に置換します（SQLインジェクションの詳細については、この章のコラム「SQLインジェクションの実例と対策」を参照してください）。
3行目の「COLLATE Japanese_CS_AS_KS_WS」は、SQL Serverの照合順序を設定するためのものです。SQL Serverの既定のインストールでは、照合順序は「Japanese_CI_AS」となっており、大文字と小文字を区別しません。「Japanese_CS_AS_KS_WS」と指定することで、大文字小文字の区別ができるようになり、パスワードの大文字と小文字が判定されます。

12 アプリケーション構成ファイル（Web.config）に格納されているデータベースの接続文字列を、変数connectionStringに設定します。ConnectionStringsプロパティにデータ接続名を指定することで、アプリケーション構成ファイルに記述されている接続文字列を取得することができます（アプリケーション構成ファイルについては、第6章のヒント「アプリケーション構成ファイル（Web.config)」を参照してください）。

13 usingステートメントを使用して、12で取得した接続文字列で新しいコネクションを作成します。usingステートメントを使用すると、usingステートメント内の処理を終了したときに、コネクションの正常終了時も異常終了時も確実にコネクションが破棄されます。

14 SqlCommandクラスの変数commandを定義して、11で定義したSQLステートメントと13で定義したコネクションから新しいコマンドを作成します。コマンドはSQLステートメントを実行することができるオブジェクトで、データベースとのやり取りに使用します。

15 コネクションを開いて、データベースとの接続を開始します。

16 ExecuteReaderメソッドは、SQLステートメントを使用して得られた結果を取得するためのデータリーダーを定義します。

17 データリーダーのReadメソッドで、データソースの中の先頭の行のデータを読み出します。データリーダーのReadメソッドは、データが存在する場合にtrue、データが存在しない場合にはfalseを返します。

18 データリーダーのReadメソッドで対象データが存在したということは、ユーザーIDとパスワードをWHERE句として指定したSQLステートメントを使用して、ユーザーのデータが取得できたことになります。これは、正しいユーザーIDとパスワードが指定されたことを意味します。
データリーダーは、列名をパラメーターに渡すことで、現在の行のデータを取得できるので、ここではスタッフID（staffID）、スタッフ名（staff_name）、管理者フラグ（admin_flag）を読み出して、2で定義したメンバー変数にそれぞれの型に合わせて変換した値をセットします。メンバー変数に値を格納しておくことで、LogonButton_Clickメソッドに処理が戻った後でもこれらの変数の値を使用することができます。
また、正しいユーザーIDとパスワードが指定されたという結果を返すために、変数retにtrueをセットします。

19 データリーダーのReadメソッドで対象データが存在しないということは、ユーザーIDとパスワードの組み合わせが正しくないことを意味します。これは、スタッフマスターテーブル（tbl_staff）にユーザーIDが存在しない場合や、ユーザーIDが存在していてもパスワードが正しくない場合などが考えられます。ここでは、変数retにfalseをセットします。

20 SQLステートメントの実行エラーなどが発生した場合には、正しくユーザー認証が実行できなかったとして、変数retにfalseをセットします。

21 この時点で、ユーザー認証の結果として、変数retにtrueまたはfalseがセットされています。メソッドの戻り値として変数retの値を返して、処理を終了します。

2　ユーザー別のメニュー画面を作成する

この節では、[ログオン] フォームによるユーザー認証の後に表示する [メニュー] フォームを作成します。[メニュー] フォームには、各機能のWebフォームに遷移するためのリンクを配置しますが、一般ユーザーと管理者では使用できる機能が異なるため、あらかじめ作成した2つのパネルをログオンユーザーの管理者フラグによって切り替える仕組みを採用します。

[メニュー] フォームの作成（パネルとテーブルの作成）

[メニュー] フォーム（Menuフォーム）は、新しいWebフォームとして作成します。以下の手順でWebフォームを追加して、必要なコントロールを配置しましょう。

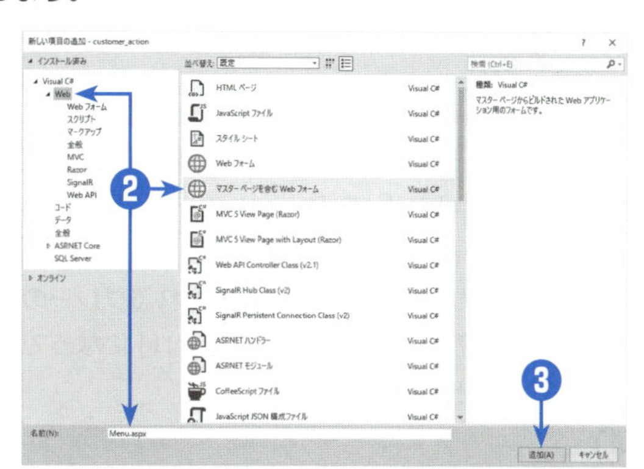

1 ソリューションエクスプローラーで[customer_action] プロジェクトを選択して、[プロジェクト] メニューの [新しい項目の追加] をクリックする。

➡ [新しい項目の追加] ダイアログボックスが表示される。

2 左側のペインで [インストール済み] − [Visual C#] − [Web] を選択し、中央のペインで [マスターページを含むWebフォーム] を選択して、[名前] ボックスに**Menu.aspx**と入力する。

3 [追加] をクリックする。

➡ [マスターページの選択] ダイアログボックスが表示される。

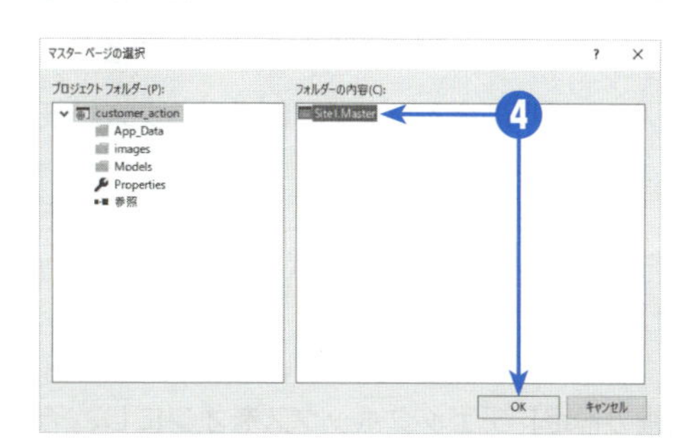

4 [フォルダーの内容] ボックスで [Site1.Master] を選択して、[OK] をクリックする。

➡ Menu.aspx、Menu.aspx.cs、Menu.aspx.designer.csが、プロジェクトのフォルダーに作成される。ソリューションエクスプローラーに3つのファイルが追加され、[Menu.aspx] タブのソースビューに、生成されたHTMLが表示される。

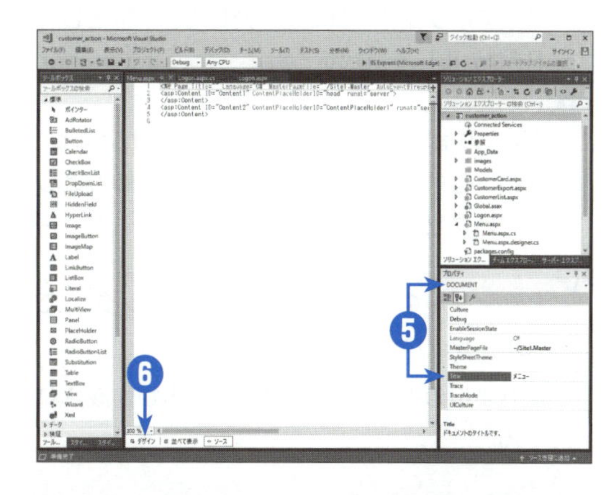

5 プロパティウィンドウの上部のドロップダウンリストで [DOCUMENT] を選択して、[Title] ボックスの値を**メニュー**に変更する。

6

［デザイン］タブをクリックして、デザインビューに切り替えて、コンテンツプレースホルダーの内部をクリックし、ツールボックスの［標準］グループで［Panel］をダブルクリックする。

➡ パネルが配置される。

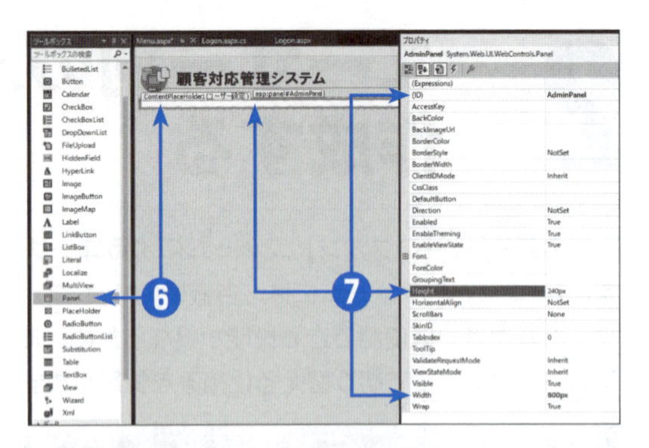

7

パネルをクリックして、プロパティウィンドウで［(ID)］ボックスを**AdminPanel**、［Height］ボックスを**240px**、［Width］ボックスを**800px**に変更する。

➡ パネルのコントロール名とサイズが変更される。

●パネルの選択がわかりにくい場合には、プロパティウィンドウの上部のドロップダウンリストで［Panel1 System.Web.UI.WebControls.Panel］を選択してもよい。または、カーソルの右上に表示されるグレーのタグの表示が「asp:panel#Panel1」になっていることを確認する。

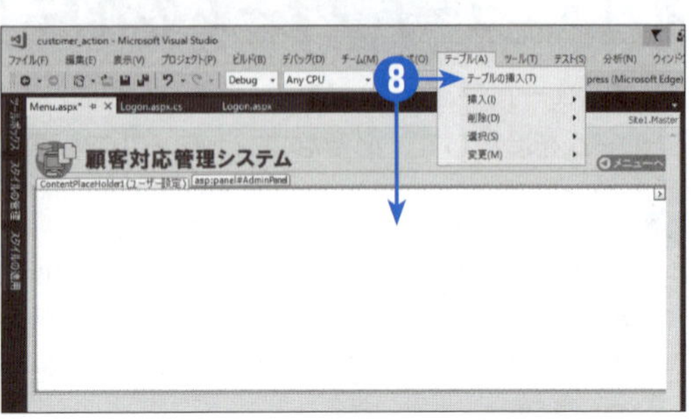

8

パネルの内部をクリックして、［テーブル］メニューの［テーブルの挿入］をクリックする。

➡［テーブルの挿入］ダイアログボックスが表示される。

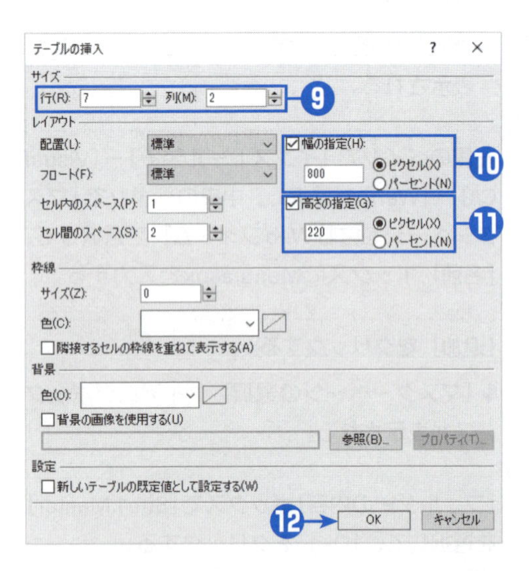

9

［行］ボックスに**7**、［列］ボックスに**2**と入力する。

10

［幅の指定］チェックボックスをオンにし、その下のボックスに**800**と入力して、単位として［ピクセル］を選択する。

11

［高さの指定］チェックボックスをオンにし、その下のボックスに**220**と入力して、単位として［ピクセル］を選択する。

12

［テーブルの挿入］ダイアログボックスで［OK］をクリックする。

➡ パネルの中に7行2列のテーブルが作成される。

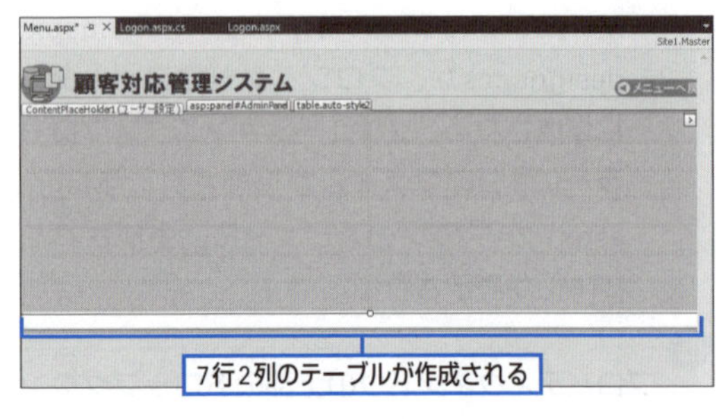

[メニュー] フォームの作成（コントロールの配置と設定）

作成したテーブルにコントロールを配置して、プロパティを設定します。

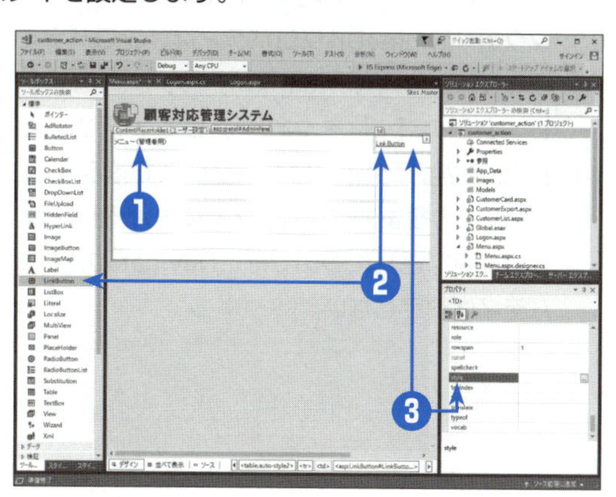

❶

配置されたテーブルで1行1列のセル（左上のセル）に**メニュー（管理者用）**と入力する。

❷

1行2列のセル（右上のセル）を選択して、ツールボックスの［標準］グループで［LinkButton］をダブルクリックする。

➡ リンクボタンが配置される。

❸

配置されたリンクボタンの右の空いている領域を選択して、プロパティウィンドウの［style］ボックスを選択して、右側の［...］をクリックする。

➡［スタイルの変更］ダイアログボックスが表示される。

●styleプロパティは、検証のターゲットスキーマが「HTML5」のときには「style」と表示され、「HTML4.01」のときには「Style」と先頭が大文字で表示される。

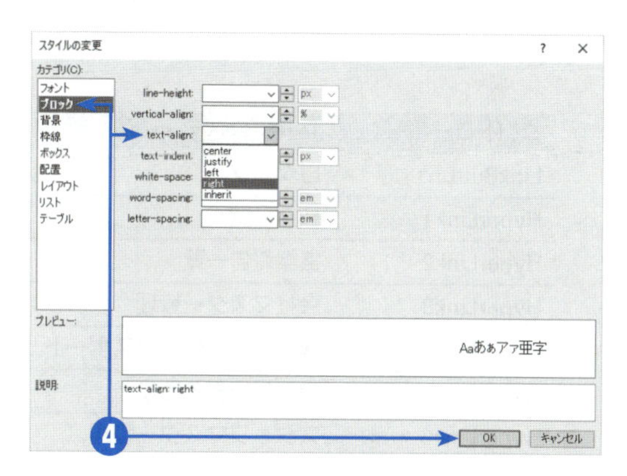

❹

［カテゴリ］ボックスで［ブロック］を選択し、［text-align］ボックスで［right］を選択して、［OK］をクリックする。

➡ styleプロパティに「text-align: right」とセットされ、リンクボタンがセルの中で右寄せになる。

●このように操作した場合は、tdタグのstyleとしてtext-alignプロパティが埋め込まれる。

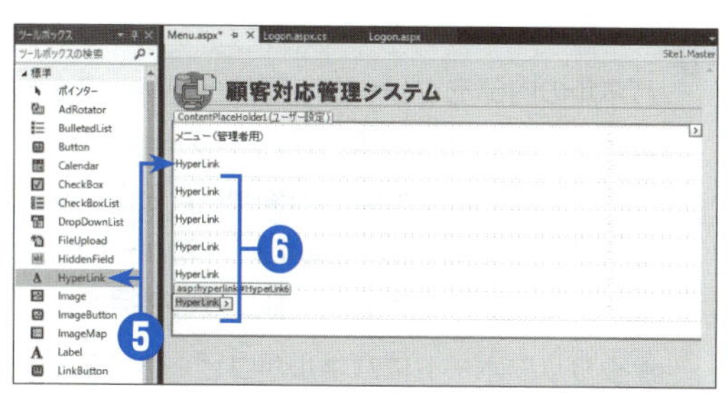

❺

2行1列のセルを選択して、ツールボックスの［標準］グループで［HyperLink］をダブルクリックする。

❻

手順❺と同様にして、3行1列から7行1列のセルにハイパーリンクを配置する。

➡ 合計で6個のハイパーリンクが配置される。

7

次の表のように、リンクボタンとハイパーリンクのプロパティを設定する。なお、ハイパーリンクのNavigateUrlプロパティは、プロパティウィンドウの［NavigateUrl］ボックスを選択し、右側の［...］をクリックして表示される［URLの選択］ダイアログボックスで指定する。また、この章までに作成していない機能（営業報告一覧など）については、NavigateUrlプロパティは設定しない。

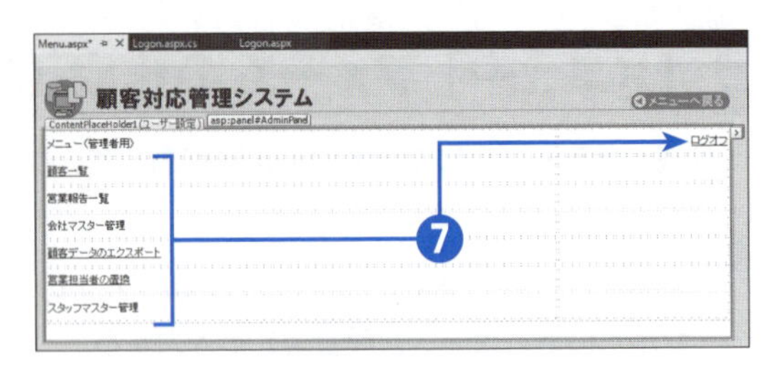

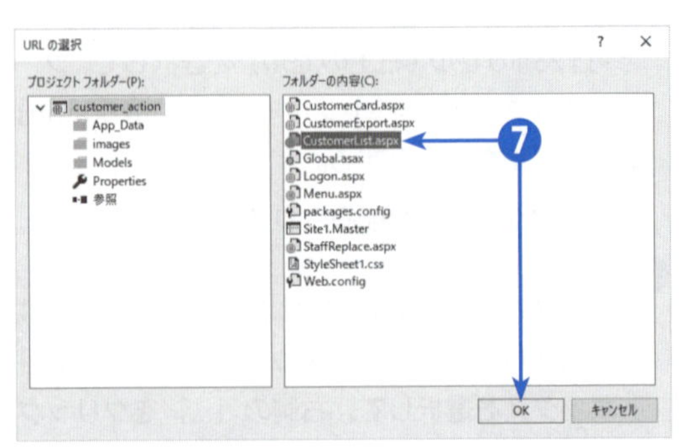

コントロール	Textプロパティの値	NavigateUrlプロパティの値
LinkButton1	ログオフ	
HyperLink1	顧客一覧	~/CustomerList.aspx
HyperLink2	営業報告一覧	
HyperLink3	会社マスター管理	
HyperLink4	顧客データのエクスポート	~/CustomerExport.aspx
HyperLink5	営業担当者の置換	~/StaffReplace.aspx
HyperLink6	スタッフマスター管理	

8

パネルの内部をクリックしてから、Webフォームデザイナーの下部にあるタグの階層表示領域で［<asp:Panel#AdminPanel>］をクリックしてパネルを選択し、［編集］メニューの［コピー］をクリックするか、Ctrl＋Cを押す。

➡クリップボードにパネルがコピーされる。

●パネルの内部にテーブルが含まれる場合には、パネルの内部をクリックしてもテーブルのセルが選択されてしまうが、タグの階層構造を利用すると明示的にパネルを選択することができる。

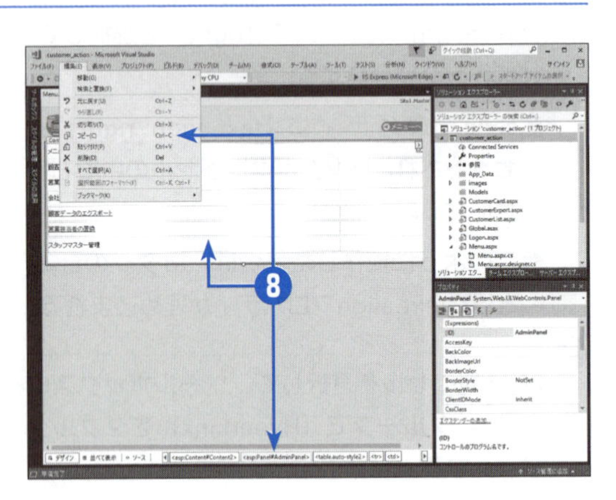

9

⇥を押してカーソルを移動し、［編集］メニューの［貼り付け］をクリックするか、Ctrl＋Vを押す。

➡元のパネルの下に、新しいパネルが貼り付けられる。

●この新しいパネルを一般ユーザー用として利用する。

❿ 貼り付けたパネルの内部をクリックしてから、Webフォームデザイナーの下部にあるタグの階層表示領域で［<asp:Panel#AdminPanel0>］をクリックしてパネルを選択し、パネルのプロパティウィンドウで、［(ID)］ボックスの値を**UserPanel**に変更する。

⓫ 貼り付けられた新しいパネルの1行1列のセルの文字列を**メニュー(ユーザー用)**に変更する。

⓬ 下のパネルにある［顧客データのエクスポート］リンクを選択して、Deleteを押す。同様に、［営業担当者の置換］リンクと［スタッフマスター管理］リンクもそれぞれを選択してDeleteを押す。

➡3つのハイパーリンクが削除される。

●これらのハイパーリンクの機能は管理者しか使用できないようにするため、一般ユーザー用のパネルから削除する。

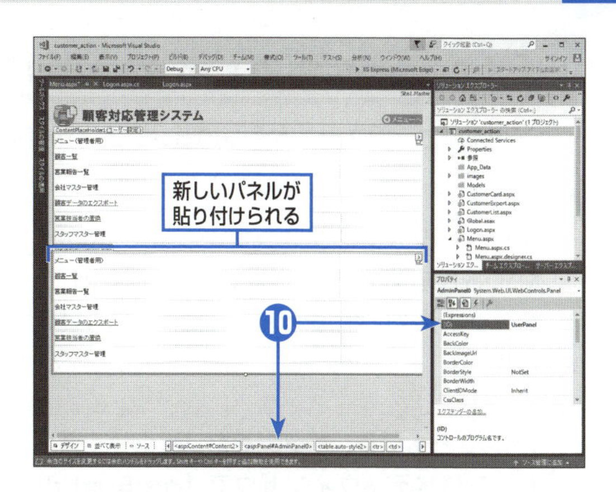

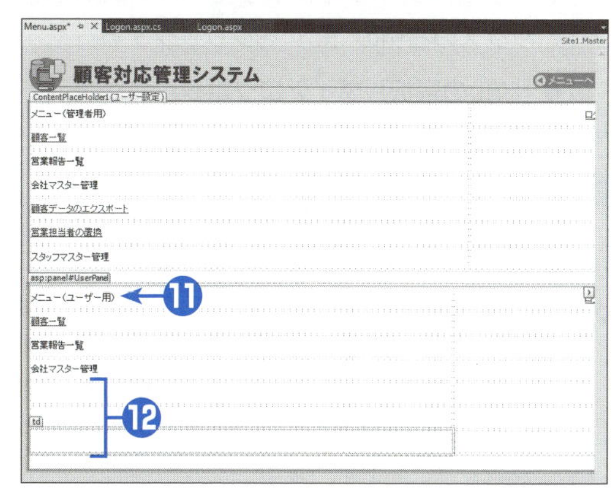

以上で、管理者用と一般ユーザー用の2つのパネルを持つ［メニュー］フォームができあがりました。この後で、ログオンユーザーの管理者権限の有無によって、［メニュー］フォームで表示するパネルを切り替えるコードを記述します。その前に、できあがった［メニュー］フォームをマスターページの［メニューへ戻る］ボタンの移動先として設定しておきましょう。

ヒント

パネルの選択

手順❽や❿のようにパネルの内部に別のコントロールが含まれている場合には、パネルをクリックしたつもりでも、別のコントロールが選択されていることがあります。そのため、選択時にプロパティウィンドウの上部のドロップダウンリストの表示を確認するようにしてください。明示的にパネルを選択するには、Webフォームデザイナー下部のタグの階層構造で［<asp:Panel#*panelname*］をクリックする方法以外にも、パネルの上に表示される［asp:Panel#*panelname*］タグをクリックする方法、プロパティウィンドウの上部のドロップダウンリストで選択する方法があります。

[メニューへ戻る] ボタンのリンクの設定

以下の手順で、マスターページの [メニューへ戻る] ボタンのリンクを設定します。

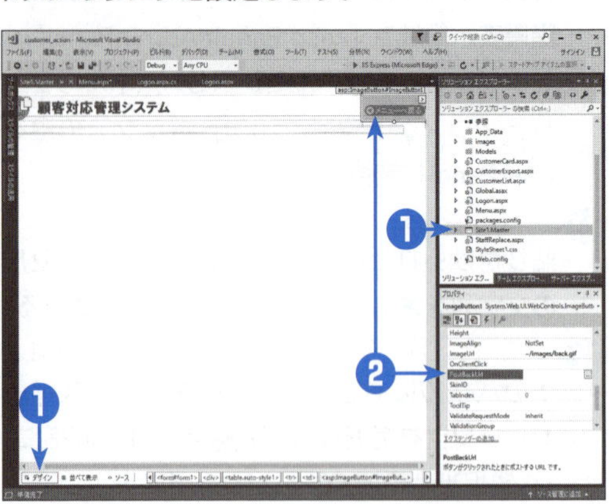

1. ソリューションエクスプローラーで [Site1.Master] をダブルクリックし、[デザイン] タブをクリックして、デザインビューに切り替える。
2. [メニューへ戻る] ボタンをクリックして選択し、プロパティウィンドウで [PostBackUrl] ボックスの右側の [...] をクリックする。
   - [URLの選択] ダイアログボックスが表示される。

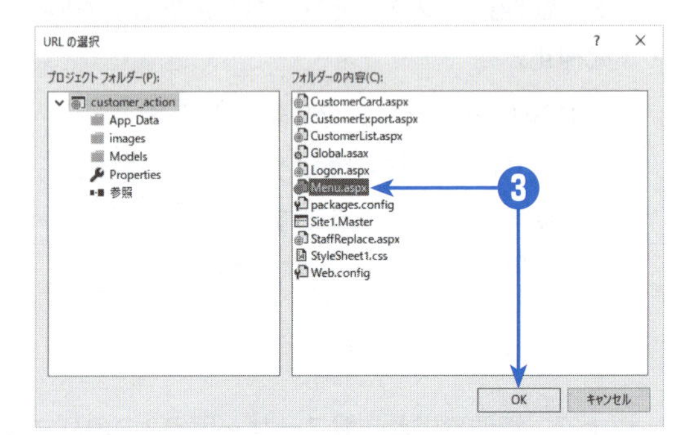

3. [フォルダーの内容] ボックスで [Menu.aspx] を選択して、[OK] をクリックする。
4. [ファイル] メニューの [閉じる] をクリックして、保存確認のダイアログボックスで [はい] をクリックする。

コードの記述

Menuフォームでは、Webページを表示したときに実行されるPage_Loadメソッドで、ログオンユーザーの管理者権限の判定とパネルの切り替え処理を行います。

以下の手順で、Menuフォームにコードを記述してください。

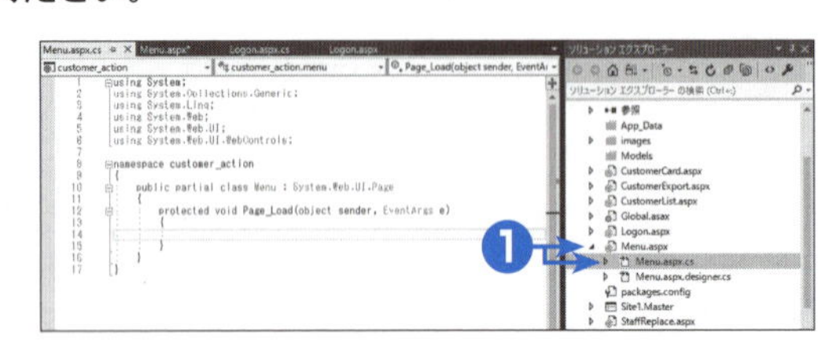

1. ソリューションエクスプローラーで [Menu.aspx] の左にある▷をクリックして展開し、[Menu.aspx.cs] をダブルクリックする。
   - Menu.aspx.csが開き、コードエディターに表示される。

❷

以下のコードを記述する（色文字部分）。ここでは、Page_Loadメソッドの後に、GetUserLevelメソッドも記述する。

```
namespace customer_action
{
  public partial class Menu : System.Web.UI.Page
  {
    protected void Page_Load(object sender, EventArgs e)
    {
      // 管理者権限によって、パネルの表示を切り替える

      // ユーザーレベルによる処理の分岐                         ← 1
      switch (GetUserLevel())
      {
        case 1:
          // 管理者のとき
          AdminPanel.Visible = true;                         ← 2
          UserPanel.Visible = false;
          break;
        case 2:
          // 一般ユーザーのとき
          AdminPanel.Visible = false;                        ← 3
          UserPanel.Visible = true;
          break;
        default:
          // その他(ログオンされていないときなど)
          // ユーザーが認証されていないため、[ログオン]フォームに戻る   ← 4
          Response.Redirect("Logon.aspx");
          break;
      }
    }

    private int GetUserLevel()  ← 5
    {
      // ユーザーレベルを取得する
      // 管理者=1、一般ユーザー=2、その他(ログオンされていないときなど)=0

      // セッション変数から取得した値の判定
      if (Session["AdminFlag"] == null)
      {
        // セッション変数の値が存在しない場合                     ← 6
        return 0;
      }
      else if (Convert.ToBoolean(Session["AdminFlag"]))
      {
        // セッション変数AdminFlagがtrueの場合                  ← 7
        return 1;
      }
      else
      {
        // セッション変数AdminFlagがfalseの場合                 ← 8
        return 2;
      }
    }
  }
}
```

❸ [Menu.aspx] タブをクリックして、管理者用パネルの [ログオフ] リンクボタンをダブルクリックする。

➡LinkButton1_Clickメソッドの外枠が用意される。

❹ 以下のコードを記述する（色文字部分）。

```
protected void LinkButton1_Click(object sender, EventArgs e)
{
  // セッション変数をクリアする
  Session.Clear(); ← 9
  // [ログオン]フォームに遷移する
  Response.Redirect("Logon.aspx"); ← 10
}
```

❺ [Menu.aspx] タブをクリックして、一般ユーザー用パネルの [ログオフ] リンクボタンをダブルクリックする。

➡LinkButton2_Clickメソッドの外枠が用意される。

❻ 以下のコードを記述する（色文字部分）。

●このコードは、手順❹で記述した管理者用パネルのものとまったく同じものである。

```
protected void LinkButton2_Click(object sender, EventArgs e)
{
  // セッション変数をクリアする
  Session.Clear();
  // [ログオン]フォームに遷移する
  Response.Redirect("Logon.aspx");
}
```

コードの解説

Page_LoadメソッドはWebページが開いたときに呼び出されるプログラムで、GetUserLevelメソッドを呼び出して、Logonフォームによるユーザー認証時に保存されたセッション変数の値を取得し、管理者用と一般ユーザー用のいずれかのパネルを表示します。

1 switch-caseステートメントを使用して、GetUserLevelメソッドの値によって処理を分岐します。GetUserLevelメソッドは、ログオンユーザーが管理者のときに「1」、一般ユーザーのときに「2」、それ以外のときに「0」を返すため、その戻り値を使用して処理を分岐します。
switch-caseステートメントは、次の書式で使用します。switch句の後ろに評価式として変数や式を指定して、指定された評価式がそれぞれのcase句の値に一致した場合には、そのcase句のブロックの処理を実行します。すべてのcase句の値に一致しない場合には、default句のブロックの処理が実行されます。なお、default句は省略できます。

書式　複数値による制御構造（switch-caseステートメント）

```
switch(評価式)
{
  case 値1:
    処理1;
    break;
  case 値2:
    処理2;
    break;
      .
      .
      .
  case 値n:
    処理n;
    break;
  default:
    その他の処理;
    break;
}
```

2 ログオンユーザーが管理者のときには、管理者用メニューパネル（AdminPanelパネル）を表示して、一般ユーザー用メニューパネル（UserPanelパネル）を非表示にします。

3 前述の2の処理と逆に、ログオンユーザーが一般ユーザーのときには一般ユーザー用メニューパネル（UserPanelパネル）を表示して、管理者用メニューパネル（AdminPanelパネル）を非表示にします。

4 管理者でも一般ユーザーでもないため、ユーザー認証が実行されていない状態と判断して、Logonフォームに処理を戻します。

5 GetUserLevelメソッドは、ログオンユーザーが管理者権限を持つかどうかによって、ユーザーレベルを返します。

6 セッション変数AdminFlagがnullの場合には、ユーザー認証がされていないということになります。ここでは、ユーザーレベルとして0を返します。

7 セッション変数AdminFlagがtrueの場合には、ログオンユーザーが管理者権限を持つことを示しています。ここでは、ユーザーレベルとして1を返します。

8 セッション変数AdminFlagがfalseの場合には、ログオンユーザーが管理者権限を持たない（一般ユーザー）ことを示しています。ここでは、ユーザーレベルとして2を返します。

9 SessionオブジェクトのClearメソッドを実行して、セッション情報をクリアします。セッション情報をクリアすると、すべてのセッション変数の値が存在しない状態（null）になります。

10 Logonフォームに処理を移します。

3 ユーザー認証済みであることをチェックする

通常、各機能のWebフォームへはメニュー画面から遷移しますが、Webブラウザーの「お気に入りに追加」の機能を利用したり、URLアドレスを直接入力したりすれば、ログオン画面を通さずに（ユーザー認証なしに）それぞれのWebフォームに直接遷移することもできます。そのため、Web-DBシステムのセキュリティ管理機能には、個々のWebフォームにおけるユーザー認証チェックが必須となります。

Webフォームでの認証状況の確認

それぞれのWebフォームでは、ログオン画面によるユーザー認証が済んでいることを確認し、認証されていない場合はシステムを利用できないようにしなければなりません。ユーザー認証状況は、セッション変数に正しく値が登録されているかどうかで確認できます。この処理はWeb-DBシステム内のすべてのWebフォーム（［ログオン］フォームを除く）に対して行う必要があります。

前の節では［メニュー］フォームに対して、表示内容の切り替えと合わせて認証状況の確認処理を実装しました。ここでは、「第7章 リスト型画面の作成2－フィルター機能の追加」で作成した［顧客一覧］フォーム（CustomerListフォーム）に認証状況の確認処理を装備します。

以下の手順で、CustomerListフォームに認証状況の確認機能を追加してください。

1 ソリューションエクスプローラーで［CustomerList.aspx］の左にある▷をクリックして展開し、［CustomerList.aspx.cs］をダブルクリックする。

➡ CustomerList.aspx.csが開き、コードエディターに表示される。

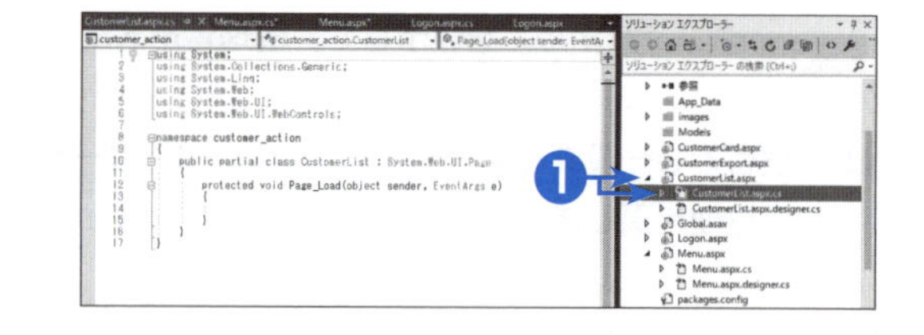

2 Page_InitメソッドとPage_Loadメソッドに、以下のコードを記述する（色文字部分）。

●Page_Initメソッドの外枠は用意されていないため、Page_Loadメソッドの上に、メソッドの外枠ごと記述する。

```
using System;
using System.Collections.Generic;
using System.Linq;
using System.Web;
using System.Web.UI;
using System.Web.UI.WebControls;

namespace customer_action
{
  public partial class CustomerList : System.Web.UI.Page
  {
    protected void Page_Init(object sender, EventArgs e) ←1
    {
```

```
        if (Session["StaffID"] == null)
        {
          // ユーザーが認証されていないため、[ログオン]フォームに戻る   2
          Response.Redirect("Logon.aspx");
        }
      }

      protected void Page_Load(object sender, EventArgs e)   ← 3
      {
        // このWebページをキャッシュしないように設定する
        Response.Cache.SetCacheability(HttpCacheability.NoCache);   ← 4
      }
    }
  }
```

コードの解説

［顧客一覧］フォーム（CustomerListフォーム）を表示する際に、セッション変数の内容を確認して、ユーザー認証の状況をチェックします。

1 Page_Initメソッドは、Webページのロード（読み込み）前に処理を実行する際に利用できます。

2 ［ログオン］フォーム（Logonフォーム）で正しくユーザー認証が実行されていれば、セッション変数StaffIDにスタッフIDが格納されています。セッション変数StaffIDの値が存在しない場合には、ユーザー認証が実行されていない状態と判断して、Logonフォームに処理を戻します。

3 Page_Loadメソッドは、Webページを表示するときに呼び出されます。順番としては、Page_Initメソッドの後に実行されます。

4 Webブラウザーは、Webページを表示する際にクライアント上のキャッシュ※を利用して、前回表示したWebページを再度表示することがあります。このステートメントによって、クライアントでWebページをキャッシュしないように設定することができます。
この設定を行わなければ、ログオンしていない（セッション変数に値がセットされていない）場合でも、キャッシュによって前回のWebページが表示されてしまうことがあります。

なお、ここではCustomerListフォームだけに確認処理を追加しましたが、完成版の顧客対応管理システムでは、すべてのWebフォームに同様の処理を装備してあります。完成版の顧客対応管理システムは、ダウンロードしたサンプルファイルの［¥VC2017Web¥完成版¥customer_action］フォルダーのプロジェクトで実行することができます。サンプルファイルについては、ダウンロードページの説明を参照してください。

用語

キャッシュ

一度利用したデータをディスクやメモリなどの領域に保管しておいて、後から要求されたときに高速に利用できるようにする技術のこと。
Webブラウザーのキャッシュとは、閲覧したページのコンテンツをクライアントのディスク上に一時的に保存しておき、再度同じページがリクエストされた場合に、Webサーバーからダウンロードせずにクライアント上のファイルを再利用する技術です。

4 ユーザー認証機能を利用する

ここまでの作業で、顧客対応管理システムのユーザー認証機能が完成しました。これで、[ログオン] フォーム（Logonフォーム）でユーザー認証を行い、[メニュー] フォーム（Menuフォーム）から各Webフォームに遷移することができるようになります。

プログラムの実行

以下の手順で、プログラムの動作を確認してみましょう。

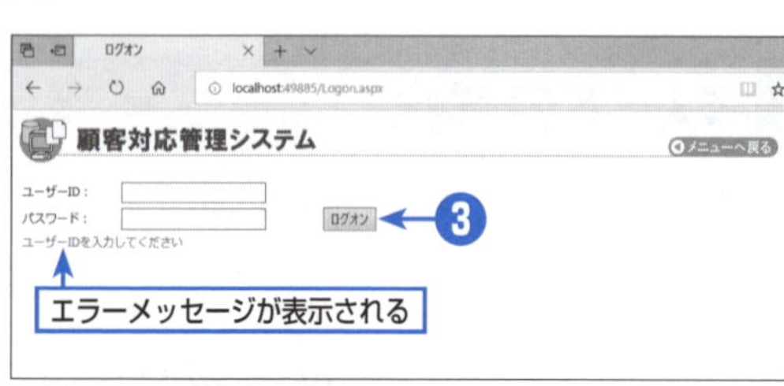

ユーザーIDが未入力の場合

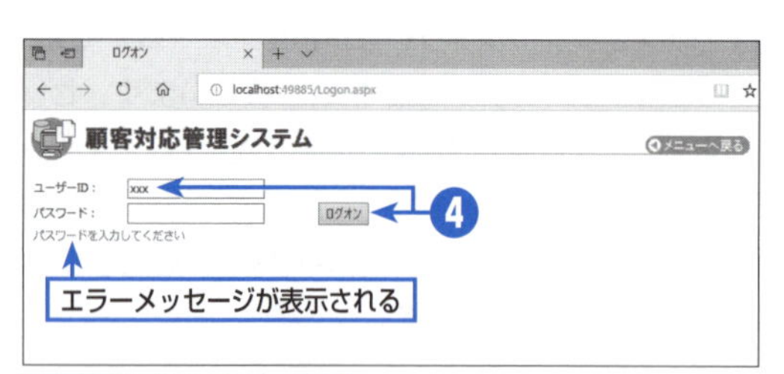

パスワードが未入力の場合

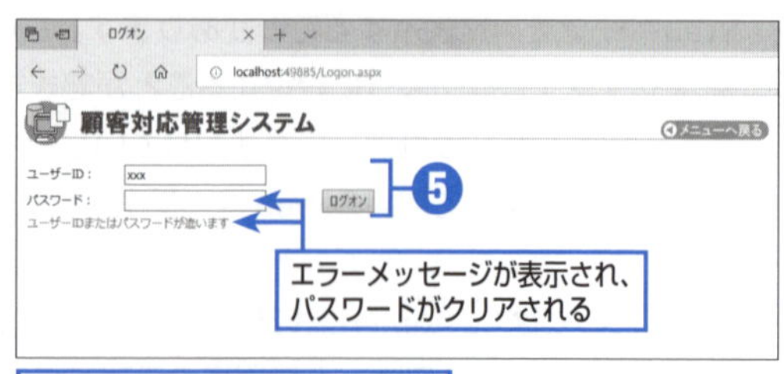

存在しないユーザーを指定した場合

1. ソリューションエクスプローラーで [Logon.aspx] を右クリックして、ショートカットメニューの [スタートページに設定] をクリックする。

2. [デバッグ] メニューの [デバッグの開始] をクリックするか、F5を押す。
   - ➡Webアプリケーションがテスト実行され、[ログオン] フォームが表示される。

3. 何も入力せずに、[ログオン] ボタンをクリックする（ユーザーIDが未入力の場合）。
   - ➡「ユーザーIDを入力してください」というエラーメッセージが表示される。
   - ●[ログオン] ボタンをクリックする代わりに、Enterを押してもよい。

4. [ユーザーID] ボックスに**xxx**と入力して、[ログオン] ボタンをクリックする（パスワードが未入力の場合）。
   - ➡「パスワードを入力してください」というエラーメッセージが表示される。

5. [ユーザーID] ボックスに**xxx**、[パスワード] ボックスに**xxx**と入力して、[ログオン] ボタンをクリックする（存在しないユーザーを指定した場合）。
   - ➡「ユーザーIDまたはパスワードが違います」というエラーメッセージが表示され、[パスワード] ボックスがクリアされる。

6

［ユーザー ID］ボックスに**sakasita**、［パスワード］ボックスに**c9999**と入力して、［ログオン］ボタンをクリックする（ユーザー IDは正しいが、パスワードを間違えている場合）。

➡「ユーザー IDまたはパスワードが違います」というエラーメッセージが表示され、［パスワード］ボックスがクリアされる。

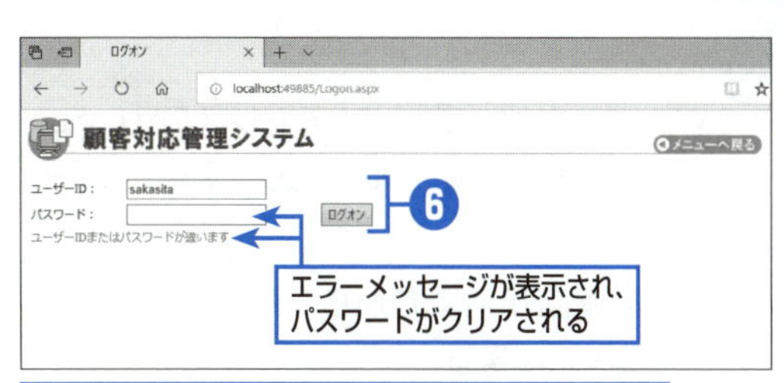

ユーザー IDは正しいが、パスワードを間違えている場合

7

［ユーザー ID］ボックスに**sakasita**、［パスワード］ボックスに**c7833**と入力して、［ログオン］ボタンをクリックする（正しいユーザー IDとパスワードを入力した場合）。

➡ユーザーが認証され、［メニュー］フォーム が表示される。

●「sakasita」というユーザーは管理者権限を持たないため、一般ユーザー用のパネルが表示される。

一般ユーザー用のメニュー

8

［メニュー］フォームで［ログオフ］リンクをクリックする。

➡［ログオン］フォームに戻る。

9

［ユーザー ID］ボックスに**koga**、［パスワード］ボックスに**a0022**とそれぞれ入力して、［ログオン］ボタンをクリックする。

➡ユーザーが認証され、［メニュー］フォーム が表示される。

●「koga」というユーザーは管理者権限を持つため、管理者用のパネルが表示される。

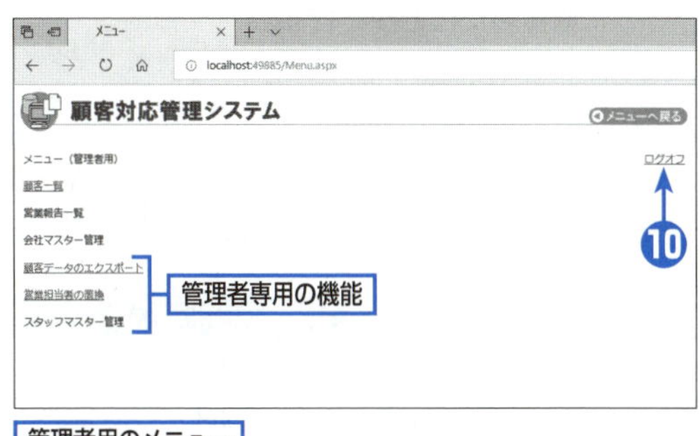

管理者用のメニュー

10

［メニュー］フォームで［ログオフ］リンクをクリックする。

➡［ログオン］フォームに戻る。

●［ログオフ］リンクをクリックしたことで、前回ユーザー認証した際に格納されたセッション変数の値はクリアされる。

⑪ Webブラウザーで、URLアドレスの「Logon.aspx」をCustomerList.aspxに変更してEnterを押す。

➡一度画面が消えてから、再度［ログオン］フォームに戻る。

●CustomerList.aspxのプログラムを呼び出した際に、セッション変数がクリアされているため、再度［ログオン］フォームに遷移している。このことにより、Web-DBシステムへのユーザー認証が行われていない場合には、そのWebフォームを利用することはできないことが確認できた。

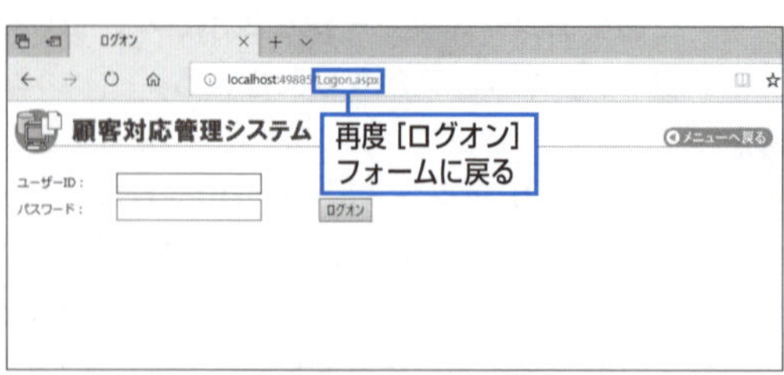

⑫ Webブラウザーで、URLアドレスの「Logon.aspx」をCustomerExport.aspxに変更する。

➡［顧客データのエクスポート］フォームが表示される。

●［顧客データのエクスポート］フォーム（CustomerExportフォーム）のプログラムには、［顧客一覧］フォーム（customer_list.aspx）に記述したユーザー認証確認のコードが含まれていないため、ユーザー認証なしに直接開くことができる。

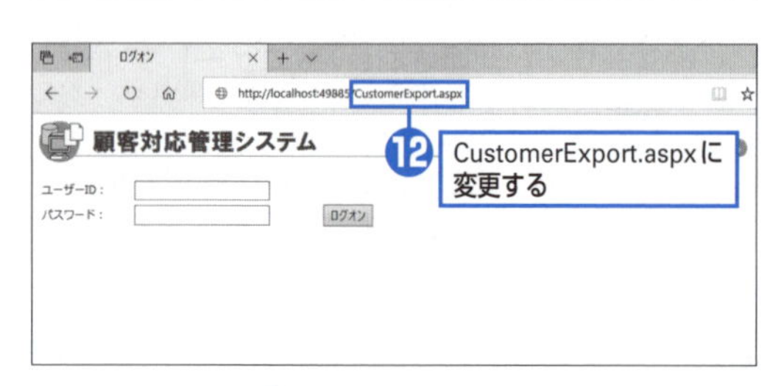

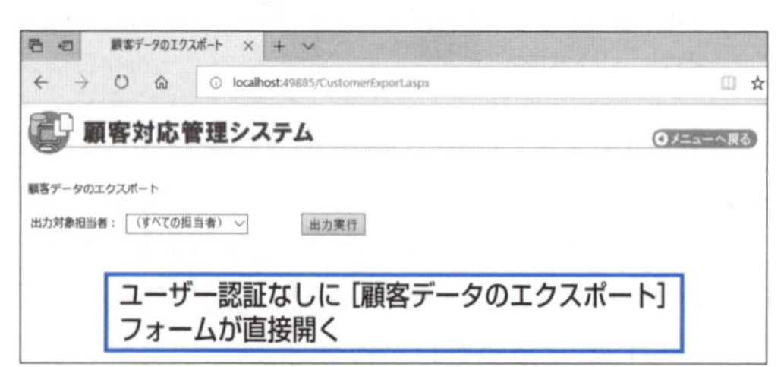

以上で、顧客対応管理システムのユーザー認証機能を検証することができました。なお、テスト用にスタッフマスターテーブル（tbl_staff）に登録されているユーザーIDとパスワードを抜粋して記載しておきます。

ユーザーID	パスワード	管理者権限
koga	a0022	あり
nakagawa	c4429	なし
sakasita	c7833	なし

ユーザーID	パスワード	管理者権限
ogawa	b8765	あり
nirasaki	b0023	あり
aoshima	a0016	なし

ヒント

管理者権限のチェック

［顧客一覧］フォームではユーザー認証確認のプログラムを記述しましたが、［営業担当者の置換］フォームや［スタッフマスター管理］フォームのような管理者専用のプログラムでは、ユーザーが認証されていることだけでなく、ユーザー権限の種類（管理者であること）もチェックする必要があります。その場合には、Page_Initメソッドで管理者権限（セッション変数AdminFlag）の値がfalse（一般ユーザー）のときに、強制的に［ログオン］フォームに遷移させるようにします。

なお、第13章の「3 ユーザー管理画面を作成する」で、［スタッフマスター管理］フォームを作成して管理者権限のチェック処理を装備しています。

ヒント

トレース機能の利用とセッション変数の確認

ASP.NETのトレース機能を利用すると、Webアプリケーションの実行内容を追跡し、その結果をWebフォーム上で確認することができます。
トレース機能を使用する場合には、対象とするWebフォームで、プロパティウィンドウの上部のドロップダウンリストで［DOCUMENT］を選択し、Traceプロパティを［true］に設定してください。
トレース機能を使用してWebアプリケーションを実行すると、Webフォーム下部にトレース情報が表示され、その中の［セッション状態］グループにセッション変数の内容が表示されます。トレース情報では、Webページに対する要求内容やコントロールのツリー構造、クエリ文字列の内容なども確認することもできます。
右の図は、［メニュー］フォーム（Menuフォーム）でトレース機能を利用しているところです。
なお、一度設定したトレース機能を戻す際には、Traceプロパティを［false］に変更してください。

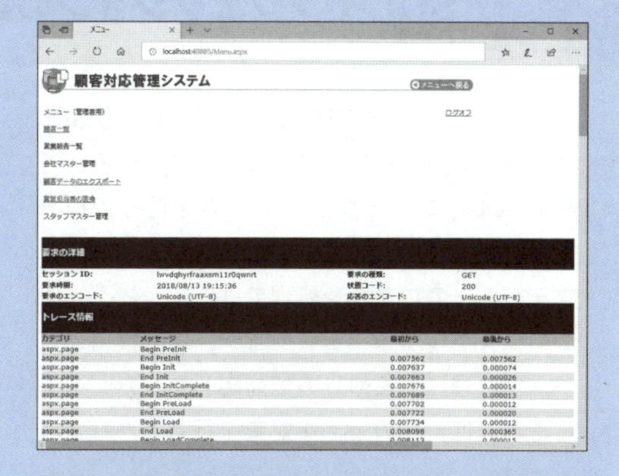

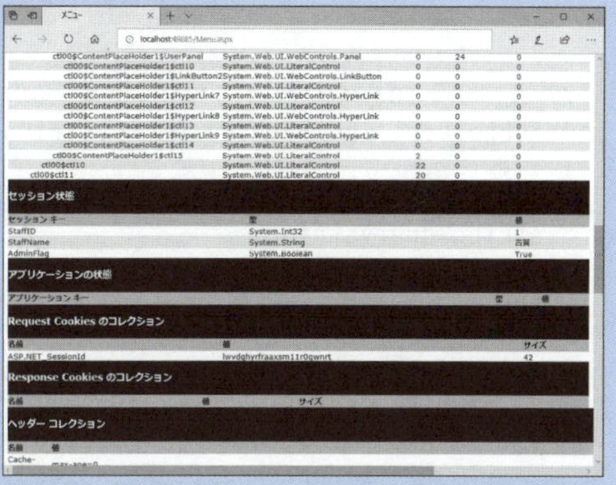

注意

セッション変数による値の保持期間

セッション変数に格納された値は、Webサーバーとクライアントのwebブラウザーとの間におけるセッションが有効であるうちは保持されます。しかし、Webブラウザーからwebサーバーに何もリクエストをしない状態のまま、Webサーバーに設定されたセッションのタイムアウトの時間が経過した場合には、セッションがクリアされ、次のリクエスト時に新しいセッションとして接続が開始されます。新しいセッションが開始された場合には、セッション変数の値はクリアされてしまいます。
セッション変数がクリアされているということは、ユーザーが認証されていないことを意味するため、各Webフォームを表示しようとした際には強制的に［ログオン］フォーム（Logonフォーム）に戻るようにしなければなりません。この処理は、この章の「3 ユーザー認証済みであることをチェックする」で記述したコードによって実現しています。

SQLインジェクションの実例と対策

本書では、WHERE句で条件指定を行うSQLステートメントを生成するコードについて、各所でSQLインジェクション対策を行っています。この章の［ログオン］フォーム（Logonフォーム）のログオン処理では、「'」を「''」(2つのシングルクォーテーション）に置換（エスケープ処理）するやり方で対応しました。

それでは、このような対策を行わなかった場合、実際にはどのような問題が発生するのでしょうか。この章で作成した［ログオン］フォーム（Logonフォーム）のログオン処理を修正して、実際のSQLインジェクションのハッキング動作を検証します。

まず、CheckUserPasswordメソッドのコードを以下のように修正します（色文字部分）。

```
// ユーザーIDとパスワードを検証するメソッド
private bool CheckUserPassword(string userid, string password)
{
  bool ret;
  string queryString;

  try
  {
    queryString = "SELECT staffID, staff_name, admin_flag FROM tbl_staff " +
      "WHERE userID = '" + userid +
      "' AND password = '" + password + "' " +
      "COLLATE Japanese_CS_AS_KS_WS";

    // 接続文字列を取得する
    string connectionString = System.Configuration.ConfigurationManager.
      ConnectionStrings["customer_actionConnectionString"].ConnectionString;

・・・省略・・・
```

上記のコードは、［ユーザーID］ボックスに入力された文字列をWHERE句にセットしてそのまま実行するようになっており、SQLインジェクション対策のための「'」のエスケープ処理を行っていません。

このプログラムを実行し、［ログオン］フォームで［ユーザーID］ボックスに以下のように入力します。

```
';INSERT INTO tbl_staff_backup(staffID,staff_name) VALUES(999,N'不正アクセス');--
```

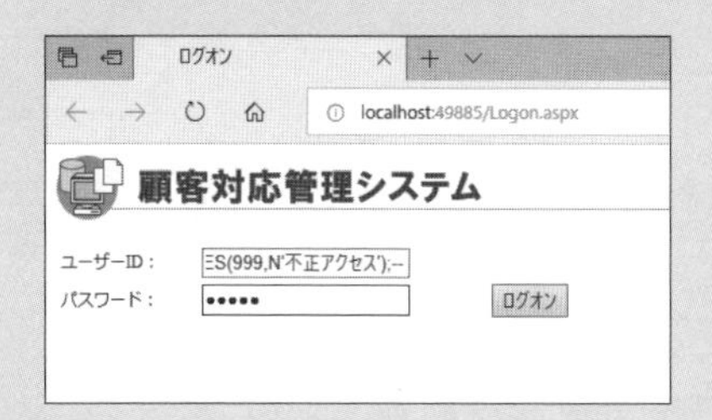

［パスワード］ボックスに適当な文字列を入力し、［ログオン］ボタンをクリックすると、「ユーザーIDまたはパスワードが違います」と表示され、一見すると何も問題なく動作しているように見えます。しかし、Management Studioでcustomer_actionデータベースのtbl_staff_backupテーブルを参照すると、次のようになっています。

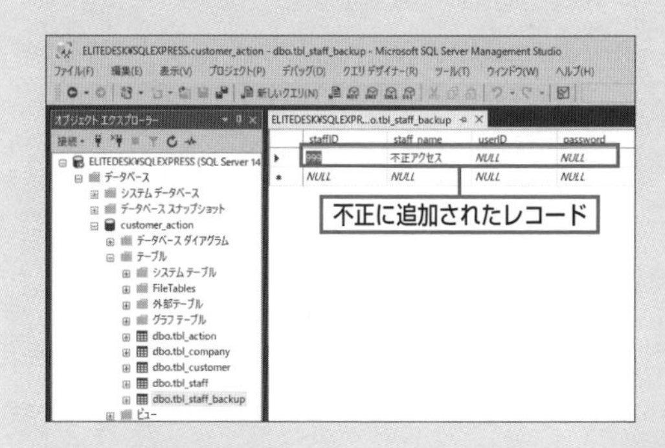

スタッフマスターバックアップ用テーブル（tbl_staff_backup）には、［ログオン］フォームから不正にデータベースが操作された結果として1件のレコードが追加されています。これは、先ほど［ユーザーID］ボックスに入力した文字列の先頭にある「'」で文字列の終わりを不正に明示して、その後に続くSQLステートメントを実行させることで実現しています。

この例のように、SQLインジェクションの対策が行われていないプログラムは、システム上の画面を通して、不正にSQLステートメントが実行されてしまうことがあります。このことが、不正なデータ操作やデータ削除などのハッキング操作につながるというわけです。場合によっては、気付かないうちにデータベース上のデータだけが抜き取られてしまうことになるかもしれません。

このような不正なハッキング行為から防御するためには、以下の両方の対策が必要となります。

①入力された文字列についてはそのままSQLステートメントに引き渡さずに、エスケープ処理を行うか、データコマンドのパラメーターとして処理を行う。

②システムでデータベースを操作する際には、SQL Serverの管理用アカウントを使用せずに、専用のユーザーを利用する。

2つ目の対策は、管理者用アカウントでSQL Serverのすべてのデータベースを自由に操作できないようにするためのものです。管理者用アカウントを使用しないことで、少なくともSQL Serverの管理データベース（masterデータベース）が操作されることを防ぐことができ、他のデータベースに被害が及ぶことはありません。本書でも、第4章の「7 SQL Serverの認証方法を設定する」でu_customer_actionユーザーを作成しました。

しかしながら、専用のSQL Serverのユーザーを使用している場合であっても、このコラムで紹介したようにシステムで利用しているデータベース（このシステムではcustomer_actionデータベース）内の操作はできてしまうため、1つ目のSQLインジェクション対策については必ず実行するようにしてください。

非表示のコントロール

［メニュー］フォーム（Menuフォーム）では、管理者用と一般ユーザー用で2つのパネルをVisibleプロパティで切り替えています。Visibleプロパティは、コントロールの表示/非表示をサーバーサイドで処理するためのものです。そのため、［メニュー］フォームにおいて、一般ユーザーでログオンしている場合には、Webサーバーから Webブラウザーに送信されるHTMLデータには管理者用のパネルは含まれません。

右の図は、一般ユーザーでログオンした場合の［メニュー］フォームのソースをメモ帳で表示したものです（一部抜粋）。このソースは、Internet ExplorerでWebフォームを表示しているときに、［表示］メニューの［ソース］をクリックすることで確認できます。

このように表示したHTMLのソースを見ると、この［メニュー］フォームには一般ユーザー用のパネル上のコントロールしか含まれていないことがわかります（下の図参照）。また、管理者権限を持つユーザーでログオンした場合の［メニュー］フォームには管理者用のパネルしか含まれていません。

Menu[1] - メモ帳
ファイル(F) 編集(E) 書式(O) 表示(V) ヘルプ(H)

```
<!DOCTYPE html>

<html>
<head><meta http-equiv="Content-Type" content="text/html; charset=utf-8" /><title>
	メニュー
</title>
	<style type="text/css">
	.auto-style2 {
		width: 800px;
		height: 220px;
	}
</style>

	<style type="text/css">
		.auto-style1 {
			width: 800px;
		}
	</style>
	<link href="StyleSheet1.css" rel="stylesheet" type="text/css" /></head>
<body>
	<form method="post" action="./Menu.aspx" id="form1">
<div class="aspNetHidden">
<input type="hidden" name="__EVENTTARGET" id="__EVENTTARGET" value="" />
<input type="hidden" name="__EVENTARGUMENT" id="__EVENTARGUMENT" value="" />
<input type="hidden" name="__VIEWSTATE" id="__VIEWSTATE" value="WDoBUjU3oHLq01CCLbcjgYvZTFijXs7shKJH+/D3BR3rVMwgNU+roE
</div>

<script type="text/javascript">
//<![CDATA[
var theForm = document.forms['form1'];
if (!theForm) {
	theForm = document.form1;
}
function __doPostBack(eventTarget, eventArgument) {
	if (!theForm.onsubmit || (theForm.onsubmit() != false)) {
		theForm.__EVENTTARGET.value = eventTarget;
		theForm.__EVENTARGUMENT.value = eventArgument;
		theForm.submit();
	}
}
//]]>
</script>


<script src="/WebResource.axd?d=pynGkmcFUV13He1Qd6_TZA-EXqzzrAB6z6b5cui-l_EJEowLb1t3ImbtRCGh8QYIF20DJZ6IL-i5CXN5aBrKkQ

<div class="aspNetHidden">

		<input type="hidden" name="__VIEWSTATEGENERATOR" id="__VIEWSTATEGENERATOR" value="8A99A23D" />
		<input type="hidden" name="__PREVIOUSPAGE" id="__PREVIOUSPAGE" value="XKspvNxnvPGm_6MvgH6IYenPhWQP3vaEzzb5o6rA
		<input type="hidden" name="__EVENTVALIDATION" id="__EVENTVALIDATION" value="MCsHJ8DVuecd66Ti3NcigzoDcpxaAv2f/c
</div>
		<div>
			<table cellpadding="0" cellspacing="0" class="auto-style1">
				<tr>
					<td>
						<img id="Image1" src="images/title.gif" />
					</td>
					<td>
						<input type="image" name="ctl00$ImageButton1" id="ImageButton1" src="images/back.gif" onclick=
					</td>
				</tr>
			</table>
			<br />


<div id="ContentPlaceHolder1_UserPanel" style="height:240px;width:800px;">

	<table class="auto-style2">
		<tr>
			<td>メニュー（ユーザー用）</td>
			<td style="text-align: right">
				<a id="ContentPlaceHolder1_LinkButton2" href="javascript:__doPostBack(&#39;ctl00$ContentPlaceHolder1$L
			</td>
		</tr>
		<tr>
			<td>
				<a id="ContentPlaceHolder1_HyperLink7" href="CustomerList.aspx">顧客一覧</a>
			</td>
			<td> </td>
		</tr>
		<tr>
			<td>
				<a id="ContentPlaceHolder1_HyperLink8">営業報告一覧</a>
			</td>
			<td> </td>
		</tr>
		<tr>
			<td>
				<a id="ContentPlaceHolder1_HyperLink9">会社マスター管理</a>
			</td>
			<td> </td>
		</tr>
		<tr>
			<td> </td>
			<td> </td>
		</tr>
		<tr>
			<td> </td>
			<td> </td>
		</tr>
		<tr>
			<td> </td>
			<td> </td>
		</tr>
	</table>

</div>

		</div>
	</form>
</body>
</html>
```

一般ユーザー用メニューのHTML

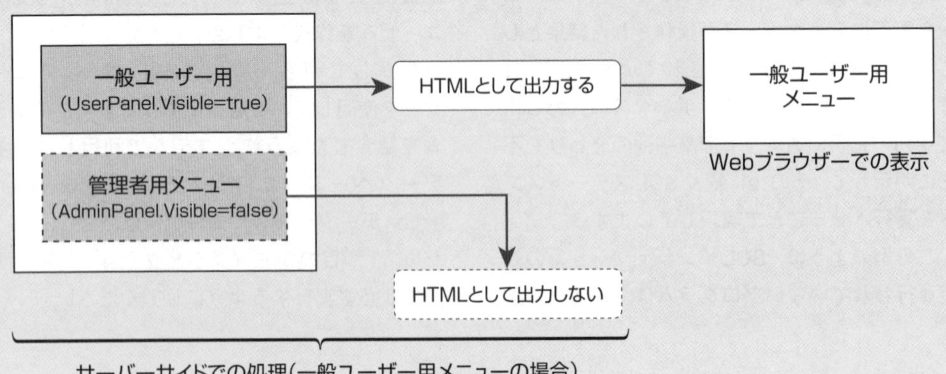

サーバーサイドでの処理（一般ユーザー用メニューの場合）

ユーザー認証情報の活用と マスター管理画面の作成

第13章

前の章では、[ログオン] フォームを作成して、ユーザー認証機能を装備しました。この章では、ログオン時にセッション変数に保存したログオンユーザーの情報を用いて、ログオンユーザーの担当している顧客データだけを一覧表示し、顧客データの更新時に更新者名をセットします。
最後に、[スタッフマスター管理] フォームの作成を通して、簡易的なマスター管理に使用できる編集機能付きのリスト型Webフォームの作成方法を紹介します。

▼この章で学習する内容

STEP 1 [顧客一覧] フォームで [自分の顧客のみ] チェックボックスをオンにしたときのデータソースを別に用意して、チェックボックスのオン/オフによってデータソースを切り替えます。

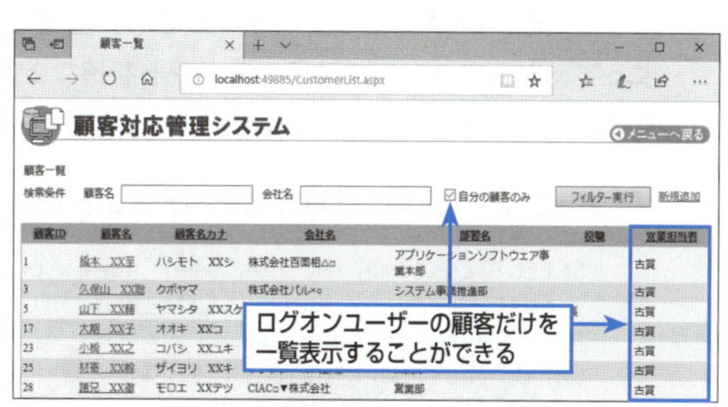

▲[顧客一覧] フォーム

STEP 2 セッション変数に格納されているログオンユーザー名を使用して、[顧客情報] フォームの新規登録時と編集時に、初回登録者や最終更新者を登録します。

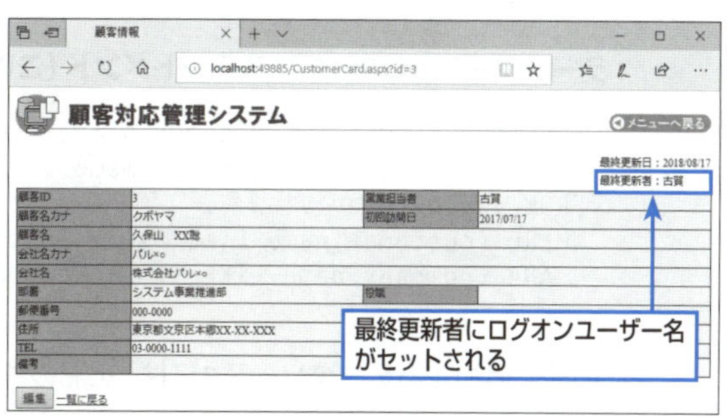

▲[顧客情報] フォーム

STEP 3 グリッドビューは簡単な設定だけで編集機能を装備することができます。[スタッフマスター管理] フォームは、閲覧機能と編集機能を持つグリッドビューを使用して作成します。

STEP 4 [スタッフマスター管理] フォームは管理者専用機能のため、Webページを開いたときに管理者権限の有無を確認する処理を追加します。

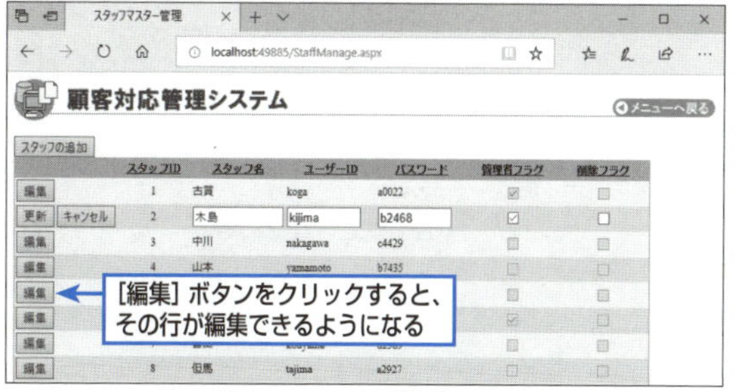

▲[スタッフマスター管理] フォーム

1 ログオンユーザーの顧客データだけを表示する

前の章で作成した［ログオン］フォーム（Logonフォーム）では、ユーザー認証を行った際に、セッション変数にログオンユーザーの情報を格納しました。このセッション変数の値を利用することにより、Web-DBシステム内でユーザー情報を活用した処理が可能になります。

この節では、［顧客一覧］フォームを修正して、ログオンユーザーが担当している顧客データだけを一覧表示します。

抽出条件によるデータソースの切り替え

現時点の［顧客一覧］フォーム（CustomerListフォーム）に配置されているデータソースは、顧客名と会社名を抽出条件として利用しています。ここでは、［自分の顧客のみ］チェックボックスをオンにしたときに営業担当者による抽出条件を追加しますが、チェックボックスをオフにした場合は、これまでどおり顧客名と会社名だけを抽出条件にしなければなりません。

そのため、CustomerListフォームでは、営業担当者による抽出条件を指定した場合と指定しない場合によって、以下のSELECTステートメントを持つ2つのデータソースを切り替えて使用することにします（色文字部分が相異点）。

データソース1のSELECTステートメント（既存のデータソース）

```
SELECT customerID, customer_name, customer_kana, section,
  post, company_name, staff_name
FROM vw_customer_view
WHERE (customer_name LIKE '%' + @customer_name + '%')
  AND (company_name LIKE '%' + @company_name + '%')
```

データソース2のSELECTステートメント（この節で追加するデータソース）

```
SELECT customerID, customer_name, customer_kana, section,
  post, company_name, staff_name
FROM vw_customer_view
WHERE (customer_name LIKE '%' + @customer_name + '%')
  AND (company_name LIKE '%' + @company_name + '%') AND (staffID = @staffid)
```

この節で追加するデータソース2には、上記のようにスタッフID（staffID）による抽出条件（色文字部分）を追加します。

データソースのコピーと修正

CustomerListフォームに、スタッフID（staffID）による抽出条件を持つ新しいデータソースを追加します。この抽出条件には、セッション変数StaffIDの値を指定します。以下の手順で、データソースを追加してください。

なお、この章では、前の章で作成したプロジェクトを引き続き使用します。または、ダウンロードしたサンプルファイルの［¥VC2017Web¥Chapter13¥customer_action］フォルダーのプロジェクトを使用してください。

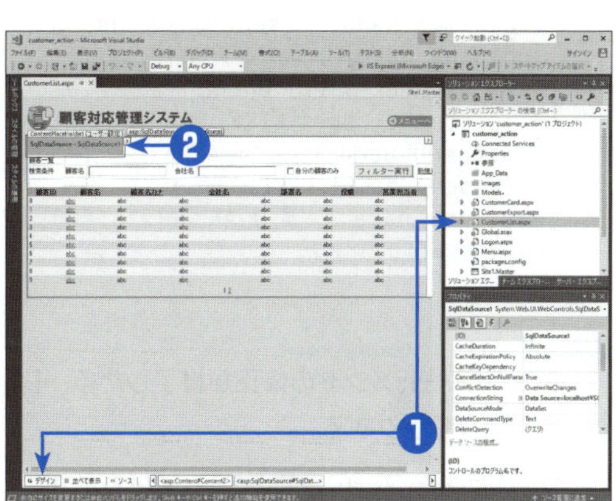

1 ソリューションエクスプローラーで［CustomerList.aspx］をダブルクリックし、［デザイン］タブをクリックして、デザインビューに切り替える。

2 SqlDataSource1データソースを選択して、［編集］メニューの［コピー］をクリックするか、Ctrl＋Cを押す。

➡ SqlDataSource1データソースがクリップボードにコピーされる。

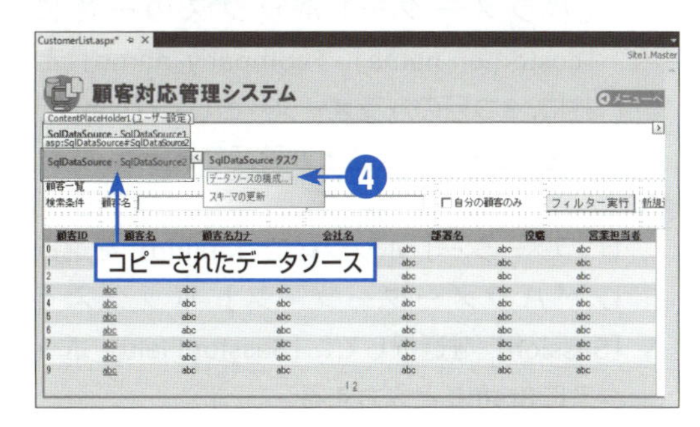

3 データソースの右の空いている領域をクリックしてから、［編集］メニューの［貼り付け］をクリックするか、Ctrl＋Vを押す。

➡ データソースとして、SqlDataSource2データソースが貼り付けられる。

4 SqlDataSource2データソースを選択し、スマートタググリフをクリックして、スマートタグで［データソースの構成］をクリックする。

➡ データソースの構成ウィザードが起動して、［データ接続の選択］ページが表示される。

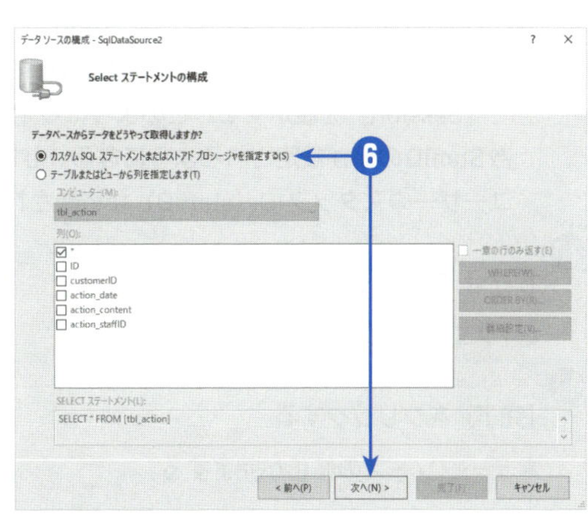

5 データ接続として［customer_actionConnectionString］が選択されていることを確認して、［次へ］をクリックする。

➡ ［Selectステートメントの構成］ページが表示される。

6 ［カスタムSQLステートメントまたはストアドプロシージャを指定する］が選択されていることを確認して、［次へ］をクリックする。

➡ ［カスタムステートメントまたはストアドプロシージャを定義します。］ページが表示される。

7

[SELECT] タブをクリックして、[SQLステートメント] ボックスに記述されているSQLステートメントを以下のように修正する（色文字部分を追加）。なお、□は半角スペースを入力する。

```
SELECT [customerID] , [customer_name] ,
[customer_kana] , [section] , [post] ,
[company_name] , [staff_name] FROM
[vw_customer_view] WHERE
(([customer_name] LIKE '%' +
@customer_name + '%') AND
([company_name] LIKE '%' +
@company_name + '%')□AND□([staffID]
□=□@staffid))
```

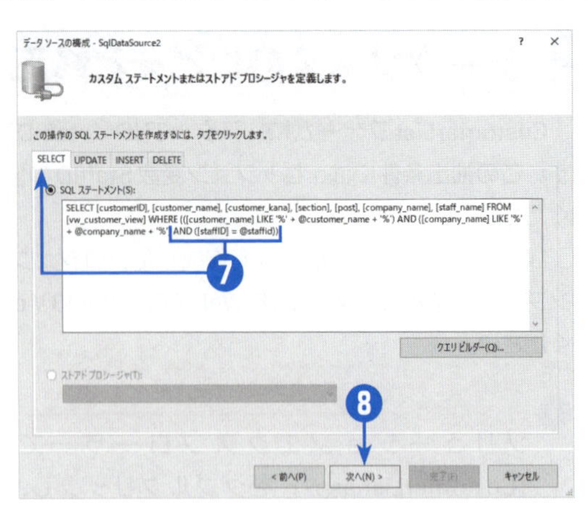

8

SQLステートメントの修正が終了したら、[次へ] をクリックする。

➡ [パラメーターの定義] ページが表示され、[パラメーター] ボックスの一覧に「customer_name」、「company_name」と共に、3つ目のパラメーターとして「staffid」が追加されていることが確認できる。

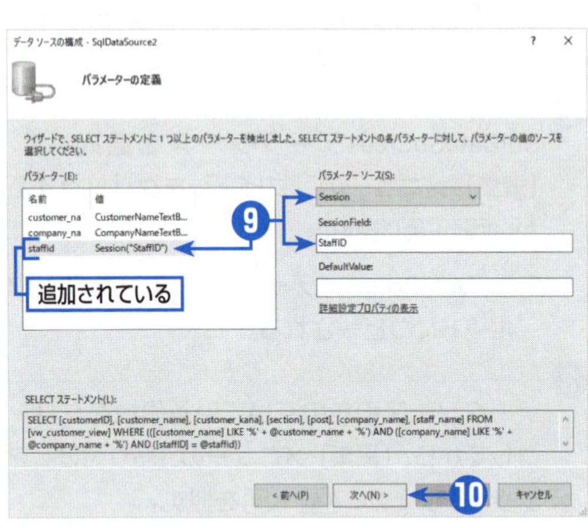

9

[パラメーター] ボックスで [staffid] を選択し、[パラメーターソース] ボックスで [Session] を選択して、[SessionField] ボックスに**StaffID**と入力する。

●customer_nameパラメーターとcompany_nameパラメーターは、パラメーターソースとして [Control] が設定されているが、追加したstaffidパラメーターについては、パラメーターソースとして [Session] を設定する。このように設定することにより、staffidパラメーターにはセッション変数StaffIDの値が設定されるようになる。なお、セッション変数StaffIDには、ログオン時にログオンユーザーのスタッフID（staffID）が格納される。

10

[次へ] をクリックする。

➡ [クエリのテスト] ページが表示される。

11

[完了] をクリックする。

➡ データソースの修正が完了する。

以上で、スタッフID（staffID）の抽出条件を追加したデータソースの設定が完了しました。

コードの記述

「第7章 リスト型画面の作成2－フィルター機能の追加」では、ポストバックによってコントロールの値が抽出条件として自動的にデータソースに反映されるため、［顧客一覧］フォーム（CustomerListフォーム）の［フィルター実行］ボタンには何もコードを記述しませんでした。ここでは、［フィルター実行］ボタンに、［自分の顧客のみ］チェックボックスの指定の有無によってデータソースを切り替える処理を記述します。

［フィルター実行］ボタンをダブルクリックすると、CustomerList.aspx.csにFilterButton_Clickメソッドの外枠が用意されるので、以下のコードを記述します（色文字部分）。

```
protected void FilterButton_Click(object sender, EventArgs e)
{
  // [自分の顧客のみ]チェックボックスの判定
  if (MyCustomerCheckBox.Checked)  ← 1
  {
    // オンのとき
    // グリッドビューのデータソースとしてSqlDataSouce2を設定する  ← 2
    GridView1.DataSourceID = SqlDataSource2.ID;
  }
  else
  {
    // オフのとき
    // グリッドビューのデータソースとしてSqlDataSouce1を設定する  ← 3
    GridView1.DataSourceID = SqlDataSource1.ID;
  }
}
```

コードの解説

［フィルター実行］ボタンをクリックしたときには、グリッドビューのデータソースを切り替える処理を実行します。なお、抽出条件をデータソースのパラメーターに反映し、グリッドビューの表示内容を変更する処理は、これまでどおりポストバック処理で自動的に実現されます。

1 ［自分の顧客のみ］チェックボックス（MyCustomerCheckBoxチェックボックス）がオンになっているかどうかをCheckedプロパティで判定します。

2 ［自分の顧客のみ］チェックボックスがオンのときには、この節で追加したSqlDataSource2データソースを使用するため、グリッドビューのデータソースをSqlDataSource2データソースに変更します。グリッドビューのDataSourceIDプロパティにデータソースのIDを設定することで、グリッドビューのデータソースを変更できます。

3 ［自分の顧客のみ］チェックボックスがオフのときには、グリッドビューのデータソースとしてSqlDataSource1データソースを設定します。この場合には、スタッフID（staffID）は条件として使用せずに、顧客名と会社名だけが抽出条件として使用されます。

2 初回登録者と最終更新者をセットする

第9章の「2 フォーム制御のプログラムを記述する」では、顧客データを登録した際に、初回登録日時と初回登録者、最終更新日時、最終更新者をセットするプログラムを作成しました。ただし、第9章の時点では、初回登録者と最終更新者に仮の文字列がセットされています。

コードの記述

ここでは、[顧客情報] フォーム（CustomerCardフォーム）のFormView1_ItemUpdatingメソッドとFormView1_ItemInsertingメソッドについて、セッション変数StaffNameに格納されているスタッフ名を初回登録者と最終更新者にセットするように修正します。以下の手順で、CustomerCardフォームのコードを修正してください。

❶ ソリューションエクスプローラーで［CustomerCard.aspx］の左にある▷をクリックして展開し、［CustomerCard.aspx.cs］をダブルクリックする。

❷ FormView1_ItemUpdatingメソッドとFormView1_ItemInsertingメソッドのコードを以下のように修正する（色文字部分）。

```
protected void FormView1_ItemUpdating(object sender, FormViewUpdateEventArgs e)
{
    // 最終更新日時と最終更新者をセットする
    e.NewValues["update_date"] = DateTime.Now;
    e.NewValues["update_staff_name"] = Session["StaffName"];
}

protected void FormView1_ItemInserting(object sender, FormViewInsertEventArgs e)
{
  // 顧客IDを取得する(最大値+1)
  int customerID = GetNewID();

  if (customerID != -1)
  {
    // 顧客IDが取得できたため、顧客IDをセットする
    e.Values["customerID"] = customerID;

    // 初回登録日時と初回登録者をセットする
    e.Values["input_date"] = DateTime.Now;
    e.Values["input_staff_name"] = Session["StaffName"];

    // 最終更新日時と最終更新者をセットする
    e.Values["update_date"] = DateTime.Now;
    e.Values["update_staff_name"] = Session["StaffName"];
  }
  else
  {
    // 顧客IDの取得に失敗したため、処理をキャンセルする
    e.Cancel = true;
  }
}
```

3 ユーザー管理画面を作成する

顧客対応管理システムのユーザー認証機能は、スタッフマスターテーブル（tbl_staff）をユーザー情報として利用しています。このようなユーザー情報は頻繁に変更が発生するため、管理者のみが利用することのできるマスター管理機能として装備しておくと便利です。

この節では、グリッドビューを利用した［スタッフマスター管理］フォーム（StaffManageフォーム）を作成します。

Webフォームの追加とデータソースの設定

StaffManageフォームでは、グリッドビューで編集できるようにするため、更新可能なデータソースが必要です。以下の手順で、Webフォームを追加して、データソースを配置します。

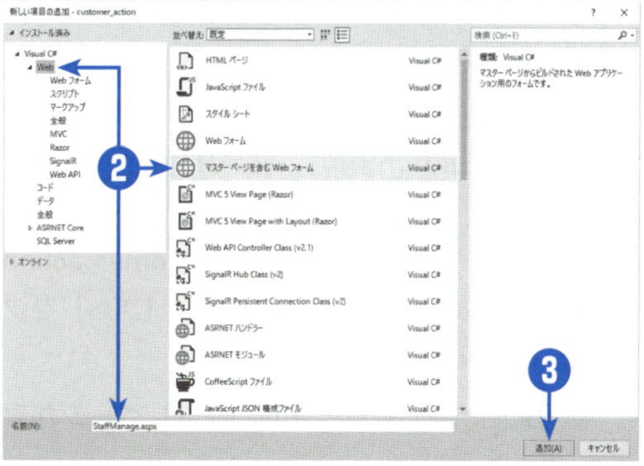

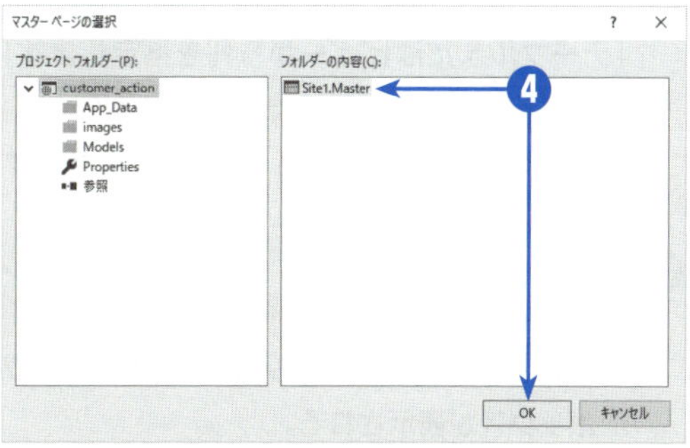

❶ ソリューションエクスプローラーで［customer_action］プロジェクトを選択して、［プロジェクト］メニューの［新しい項目の追加］をクリックする。

➡［新しい項目の追加］ダイアログボックスが表示される。

❷ 左側のペインで［インストール済み］－［Visual C#］－［Web］を選択し、中央のペインで［マスターページを含むWebフォーム］を選択して、［名前］ボックスに**StaffManage.aspx**と入力する。

❸ ［追加］をクリックする。

➡［マスターページの選択］ダイアログボックスが表示される。

❹ ［フォルダーの内容］ボックスで［Site1.Master］を選択して、［OK］をクリックする。

➡ StaffManage.aspx、StaffManage.aspx.cs、StaffManage.aspx.designer.csが、プロジェクトのフォルダーに作成される。ソリューションエクスプローラーに3つのファイルが追加され、［StaffManage.aspx］タブのソースビューに、生成されたHTMLが表示される。

5

プロパティウィンドウの上部のドロップダウンリストで［DOCUMENT］を選択して、［Title］ボックスの値を**スタッフマスター管理**に変更する。

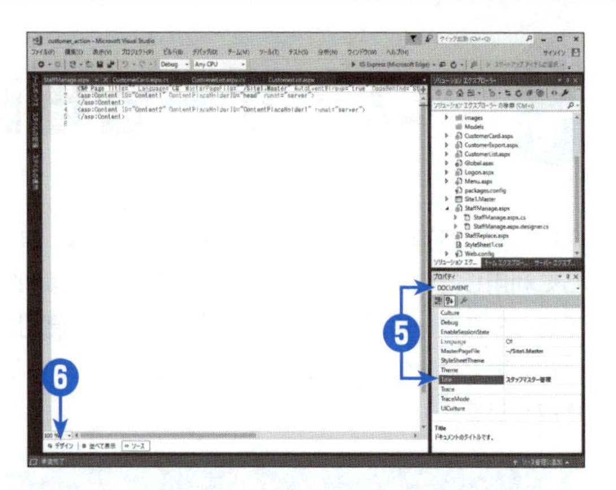

6

［デザイン］タブをクリックして、デザインビューに切り替えて、コンテンツプレースホルダーの内部をクリックし、ツールボックスの［データ］グループで［SqlDataSource］をダブルクリックする。

▶データソースがWebフォームに配置され、スマートタグが表示される。

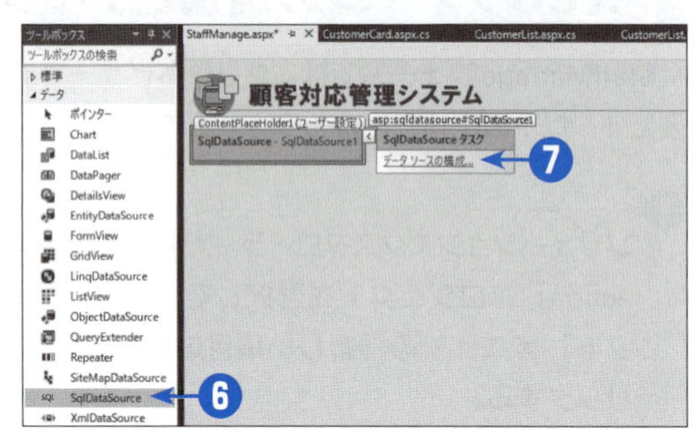

7

データソースのスマートタグで［データソースの構成］をクリックする。

▶データソースの構成ウィザードが起動して、［データ接続の選択］ページが表示される。

8

データ接続として［customer_action ConnectionString］を選択して、［次へ］をクリックする。

▶［Selectステートメントの構成］ページが表示される。

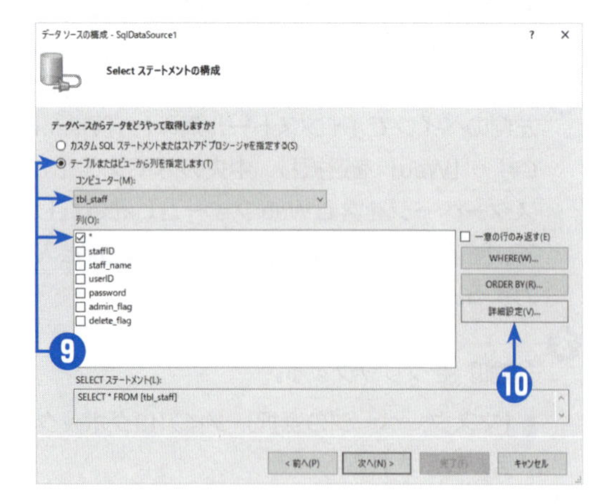

9

［テーブルまたはビューから列を指定します］を選択し、［コンピューター］ボックスで［tbl_staff］を選択して、［列］ボックスで［*］チェックボックスをオンにする。

10

［詳細設定］をクリックする。

▶［SQL生成の詳細オプション］ダイアログボックスが表示される。

⑪
［INSERT、UPDATE、およびDELETEステートメントの生成］チェックボックスをオンにして、［OK］をクリックする。

⑫
［次へ］をクリックする。

➡［クエリのテスト］ページが表示される。

⑬
［完了］をクリックする。

➡データソースの設定が完了する。

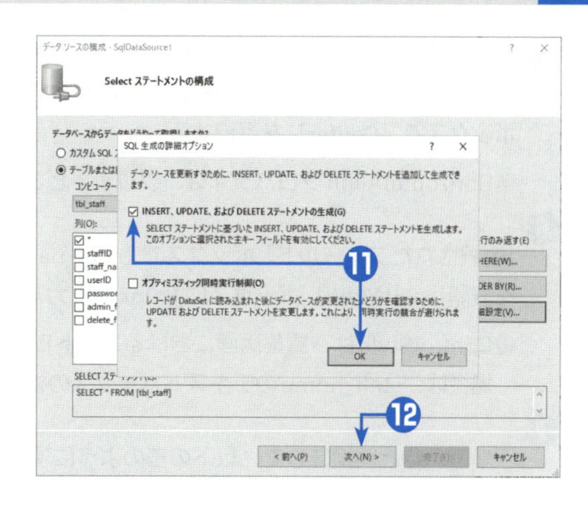

以上で、StaffManageフォームと使用するデータソースの準備ができました。

グリッドビューの配置と設定

StaffManageフォームには、編集機能を備えたグリッドビューを用意します。以下の手順で、グリッドビューを配置して、グリッドビューと列のプロパティを設定してください。

❶
SqlDataSource1データソースをクリックして選択してから、⇥を押してカーソルを移動し、ツールボックスの［データ］グループで［GridView］をダブルクリックする。

➡グリッドビューが配置され、スマートタグが表示される。

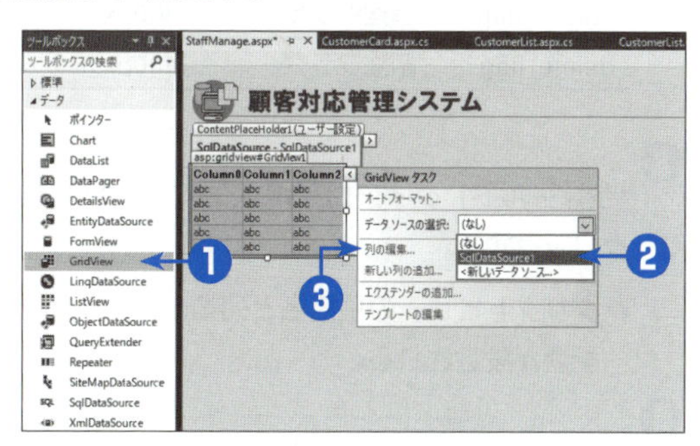

❷
スマートタグの［データソースの選択］ボックスで［SqlDataSource1］を選択する。

➡グリッドビューの項目名がスタッフマスターテーブル（tbl_staff）の列名になる。

❸
スマートタグで［列の編集］をクリックする。

➡［フィールド］ダイアログボックスが表示される。

❹
［選択されたフィールド］ボックスで［staffID］を選択し、右側のプロパティの一覧で［HeaderText］ボックスに**スタッフID**と入力してEnterを押す。

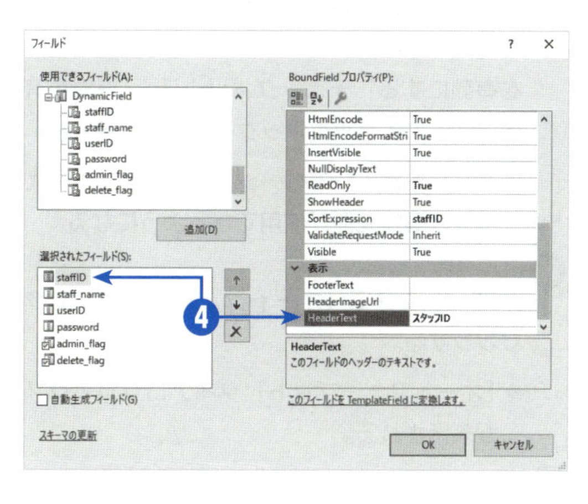

➡［選択されたフィールド］ボックスの表記が「スタッフID」に変更される。

5

[スタイル] グループで [ItemStyle] を展開して [Width] ボックスに**80px**と入力し、[HorizontalAlign] ボックスで [Center] を選択する。

●HorizontalAlignプロパティは、グリッドビューの列における水平方向の配置を設定するものである。

6

[選択されたフィールド] ボックスで [staff_name] を選択して、[スタイル] グループで [ControlStyle] を展開し、[Width] ボックスに**100px**と入力する。

●ControlStyleは、編集画面におけるコントロール（テキストボックス）のスタイルを指定する。この場合は、staff_nameのテキストボックスの幅が100pxに設定される。

7

手順4～6と同様にして、以下の表のように項目名と列幅、水平方向の配置、コントロールの幅を設定する。

フィールド	HeaderText プロパティの値	ItemStyle-Width プロパティの値	ItemStyle-HorizontalAlign プロパティの値	ControlStyle-Width プロパティの値
staff_name	スタッフ名	100px		100px
userID	ユーザーID	100px		80px
password	パスワード	100px		80px
admin_flag	管理者フラグ	100px	Center	
delete_flag	削除フラグ	100px	Center	

8

[フィールド] ダイアログボックスで [OK] をクリックする。

➡グリッドビューの項目名と列幅、水平方向の配置が設定される。

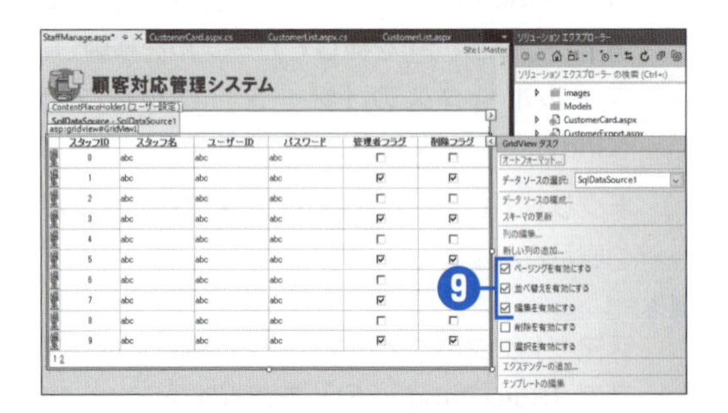

9

グリッドビューのスマートタグで [ページングを有効にする] チェックボックス、[並べ替えを有効にする] チェックボックス、[編集を有効にする] チェックボックスをオンにする。

➡グリッドビューでページング機能、並べ替え機能、編集機能が使用できるようになる。

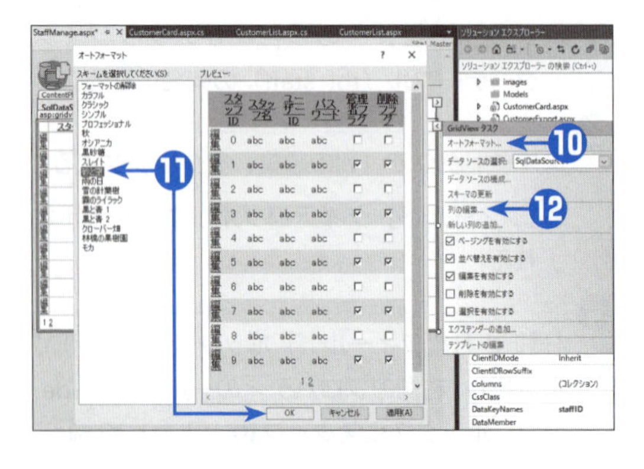

10

スマートタグで [オートフォーマット] をクリックする。

➡[オートフォーマット] ダイアログボックスが表示される。

11

[スキームを選択してください] ボックスで [砂と空] を選択して、[OK] をクリックする。

➡グリッドビューのデザインが変更される。

⓬ スマートタグで［列の編集］をクリックする。

➡［フィールド］ダイアログボックスが表示される。

⓭［選択されたフィールド］ボックスで［編集、更新、キャンセル］を選択し、［ButtonType］ボックスを［Button］に変更して、［OK］をクリックする。

➡グリッドビューの［編集］リンクがボタンに変更される。

●［編集、更新、キャンセル］は、手順❾で［編集を有効にする］チェックボックスをオンにしたことによって、追加されたものである。

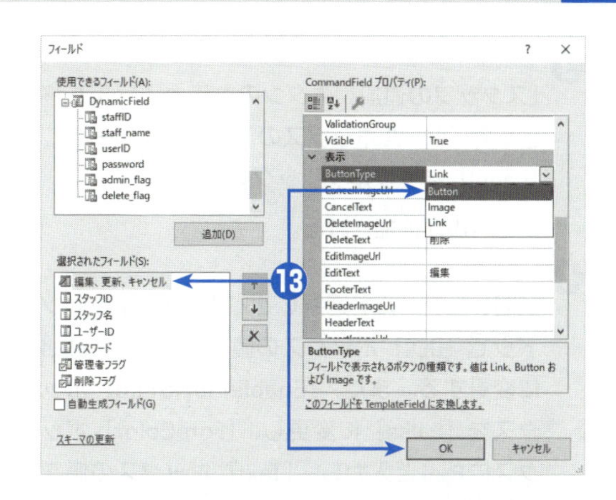

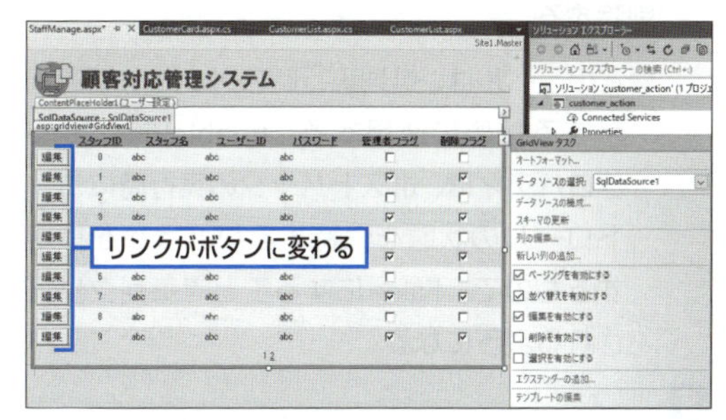

以上で、スタッフマスターテーブル（tbl_staff）に連結したグリッドビューが完成しました。

新規スタッフの追加

ここまでに作成したStaffManageフォームでは、スタッフの一覧表示と編集が可能ですが、グリッドビューの機能では新しいスタッフを追加することはできません。ここでは、StaffManageフォームに対する最後の作業として、新しいスタッフを追加するためのボタンを追加します。

以下の手順で、ボタンを配置してコードを記述してください。

❶ SqlDataSource1データソースをクリックして選択してから、→を押してカーソルを移動し、ツールボックスの［標準］グループで［Button］をダブルクリックする。

➡フォームにボタンが追加される。

❷ 配置したボタンを選択して、プロパティウィンドウで［(ID)］ボックスの値を**InsertButton**に、［Text］ボックスの値を**スタッフの追加**に変更する。

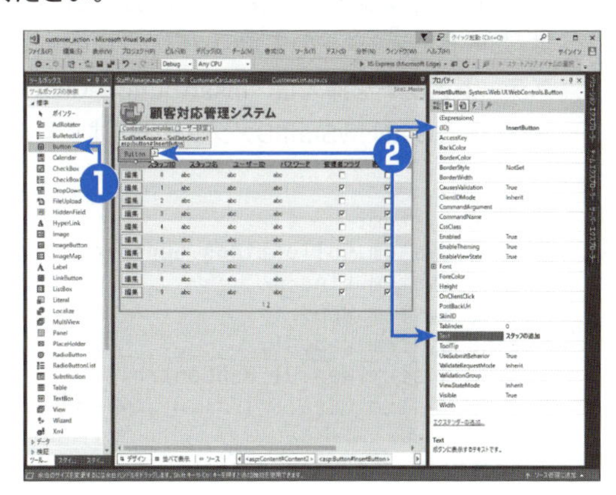

3

［スタッフの追加］ボタンの右にカーソルを移動して、ツールボックスの［標準］グループで［Label］をダブルクリックする。

➡ラベルが追加される。

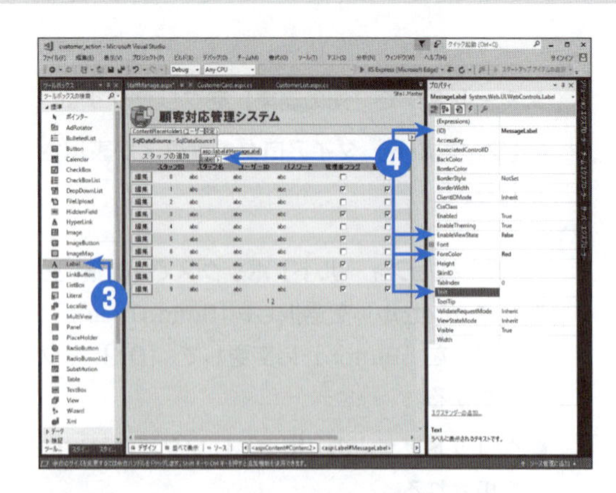

4

配置したラベルを選択して、プロパティウィンドウで［(ID)］ボックスの値を**MessageLabel**に変更する。また、［EnableViewState］ボックスを［False］に変更し、［ForeColor］ボックスに**Red**と入力し、［Text］ボックスの値を削除する。

●このラベルは、処理実行時のメッセージを表示するために使用する。EnableViewStateプロパティは、ポストバックの実行時にコントロールの状態を保持するかどうかを指定するもので、Falseにすることで毎回クリアされるようになる。

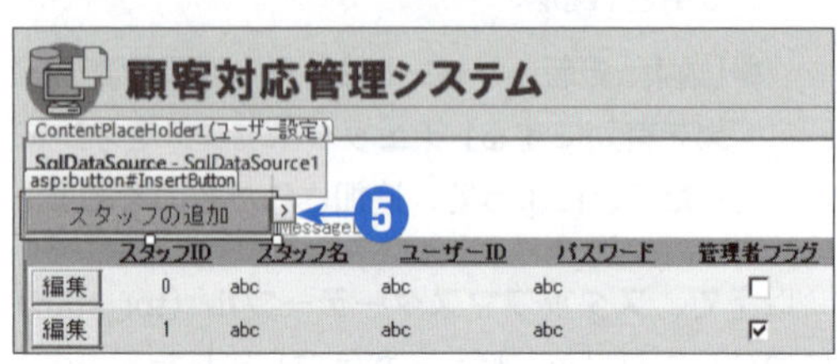

5

［スタッフの追加］ボタンをダブルクリックする。

➡StaffManage.aspx.csが開き、コードエディターにInsertButton_Clickメソッドの外枠が用意される。

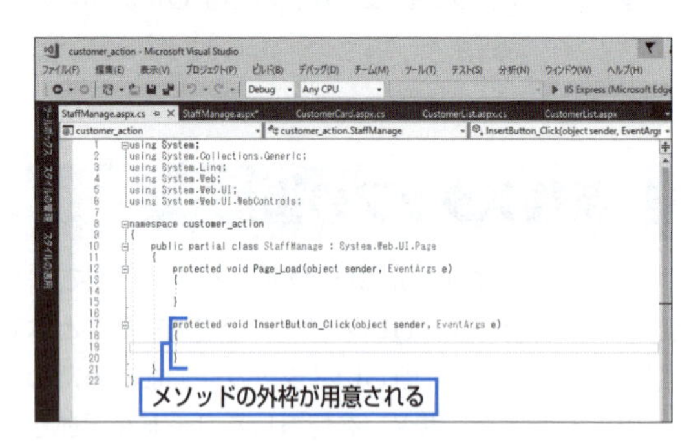

6

以下のコードを記述する（色文字部分）。ここでは、コードエディターの先頭のブロックにusingステートメントを挿入し、InsertButton_ClickメソッドとGetNewStaffIDメソッドを記述する。

```
using System;
using System.Collections.Generic;
using System.Linq;
using System.Web;
using System.Web.UI;
using System.Web.UI.WebControls;
using System.Data.SqlClient;    ← 1

namespace customer_action
{
  public partial class StaffMange : System.Web.UI.Page
  {
    protected void Page_Load(object sender, EventArgs e)
    {

    }
```

```
protected void InsertButton_Click(object sender, EventArgs e)
{
  // 新しいスタッフIDを取得する(最大値+1)
  int newStaffID = GetNewStaffID(); ←2

  if (newStaffID == -1)
  {
    // スタッフIDの取得に失敗したとき
    MessageLabel.Text = ➔
      "スタッフIDの取得に失敗しました。データベースを確認してください。";
    return;
  }
  (3)

  // 新規行挿入用のSQLステートメントを定義する
  string queryString = "INSERT INTO tbl_staff" +
    " (staffID, staff_name, userID, password, admin_flag, delete_flag)" +
    " VALUES (" + newStaffID + ", '（新規）', '', '', 0, 0)";
  (4)

  try
  {
    // 接続文字列を取得する
    string connectionString = System.Configuration.ConfigurationManager.
      ConnectionStrings["customer_actionConnectionString"].ConnectionString;
    (6)

    // コネクションを定義する
    using (SqlConnection connection = new SqlConnection(connectionString)) ←7
    {
      // コマンドを定義する
      SqlCommand command = new SqlCommand(queryString, connection); ←8

      // コネクションを開く
      connection.Open(); ←9

      // コマンドに定義したSQLステートメントを実行する
      command.ExecuteNonQuery(); ←10

      // グリッドビューを再バインドしてデータを読み込み直す
      GridView1.DataBind(); ←11

      // 結果のメッセージを表示する
      MessageLabel.Text = "新しいスタッフを追加しました。"; ←12
    }
  }
  catch (Exception ex)
  {
    // エラーが発生したとき
    MessageLabel.Text = "エラーが発生したため、処理を中止します。<br />" + ex.Message;
  }
  (5: try～catch)
}
```

```
        private int GetNewStaffID() ←13
        {
            // 戻り値用の変数を定義する(-1は失敗したときの値として設定)
            int ret = -1; ←14

            try
            {
                // 接続文字列を取得する
                string connectionString = System.Configuration.ConfigurationManager.
                    ConnectionStrings["customer_actionConnectionString"].ConnectionString;

                // コネクションを定義する
                using (SqlConnection connection = new SqlConnection(connectionString))
                {
                    // SQLステートメントを定義する(現在のスタッフIDの最大値+1を取得)
                    string queryString = "SELECT ISNULL(MAX(staffID), 0)+1 FROM tbl_staff"; ←15

                    // コマンドを定義する
                    SqlCommand command = new SqlCommand(queryString, connection);

                    // コネクションを開く
                    connection.Open();

                    // SQLステートメントの実行結果を取得する
                    Object result = command.ExecuteScalar(); ←16

                    // 結果を正しく取得できたときには、戻り値を設定する ┐
                    if (result != null)                                 │
                    {                                                   ├17
                        ret = Convert.ToInt32(result.ToString());       │
                    }                                                   ┘
                }
            }
            catch (Exception)
            {
                // 何らかのエラーが発生した
            }
            // 新規のスタッフIDを返す
            return ret; ←18
        }
    }
}
```

コードの解説

ここで記述したコードは、StaffManageフォームで新しいスタッフを追加するためのものです。

1 usingステートメントで、プログラム中で使用するクラスの所属する名前空間として「System.Data.SqlClient」を定義します。たとえば7で記述している「SqlConnection」というクラス名は、本来「System.Data.SqlClient.SqlConnection」と記述する必要がありますが、このusingステートメントの定義により「SqlConnection」と名前空間を省略して記述できます。

2 変数newStaffIDを定義して、GetNewStaffIDメソッドで取得した新しいスタッフIDをセットします。

3 取得したスタッフIDが-1の場合には、何らかの理由（データベースが動作していない、スタッフマスターテーブル（tbl_staff）が存在しないなど）によって新しいスタッフIDが取得できなかったことになります。この場合には、MessageLabelラベルにエラーメッセージを表示してプログラムの実行を終了します。

4 変数queryStringに新規の行を挿入するためのSQLステートメントを設定します。ここで使用するSQLステートメントはINSERT命令を使用したものになります。なお、このSQLステートメントでは、スタッフID（staffID）は2で取得したものを、スタッフ名（staff_name）には「（新規）」を、ユーザーID（userID）とパスワード（password）には空文字列を、管理者フラグ（admin_flag）と削除フラグ（delete_flag）には0（False）を指定しています。

5 try-catchステートメントは、エラーを監視しながら処理を実行する場合に利用します。tryブロック内の処理でエラーが発生すると、catchブロックに処理が移動します。catchステートメントに記述している「Exception ex」は、エラーが発生したときに、Exceptionクラスの変数exに発生したエラーの内容を格納することを表しています。ExceptionクラスのMessageプロパティには、エラーメッセージが格納されます。

6 アプリケーション構成ファイル（Web.config）に格納されているデータベースの接続文字列を、変数connectionStringに設定します。ConnectionStringsプロパティにデータ接続名を指定することで、アプリケーション構成ファイルに記述されている接続文字列を取得することができます（アプリケーション構成ファイルについては、第6章のヒント「アプリケーション構成ファイル（Web.config）」を参照してください）。

7 usingステートメントを使用して、新しいコネクションを宣言します。コネクションを作成するために、6で取得した接続文字列を使用しています。usingステートメントを使用すると、usingステートメント内の処理を終了したときに、コネクションの正常終了時も異常終了時も確実にコネクションが破棄されます。

8 SqlCommandクラスの変数commandを定義して、4で定義したSQLステートメントと7で定義したコネクションから新しいコマンドを作成します。コマンドはSQLステートメントを実行することができるオブジェクトで、データベースとのやり取りに使用します。

9 コネクションを開いて、データベースとの接続を開始します。

10 ExecuteNonQueryメソッドによって、コマンドに設定されたSQLステートメントを実行します。

11 DataBindメソッドによって、グリッドビューを再度バインドし直してデータを読み込み直します。この操作によって、グリッドビューに新しい行が表示されます。

12 MessageLabelラベルに処理が成功したことを示すメッセージを表示します。

13 GetNewStaffIDメソッドを整数型（int）の戻り値を持つメソッドとして宣言します。

⑭ 整数型（int）の変数retを宣言して-1を割り当てます。この後の処理が成功すると、変数retに新しいスタッフIDがセットされるため、変数retの値が-1のままであるということは新しいスタッフIDの取得に失敗したことを意味します。

⑮ 現在のスタッフID（staffID）の最大値＋1の値を取得するためのSQLステートメントを定義します。このSQLステートメントでは、SQL Serverの2つの関数を使用しています。MAX関数は指定した列の最大値を取得する関数です。ISNULL関数は、第1引数の値がNull値の場合に、第2引数の値を返す関数です。ここでは、MAX関数で取得した値がNull値のとき（つまり、スタッフマスターテーブル（tbl_staff）に1行のデータも存在しないとき）に0を返します。そして、取得した値に1を加算した結果を返します。

⑯ オブジェクト型（Object）の変数resultを宣言します。コマンドのExecuteScalarメソッドによって、設定されたSQLステートメントを実行します。ExecuteScalarメソッドは、単一の値を返すSQLステートメントを実行するためのメソッドで、指定した変数に結果がセットされます。

⑰ 変数resultがnullかどうかを判定します。null以外のときには、⑯で新しいスタッフIDの値を受け取ったことになります。その場合には、戻り値用の変数retに、新しいスタッフIDをConvert.ToInt32メソッドで数値に変換してセットします。

⑱ 変数retをメソッドの戻り値として返して、メソッドの実行を終了します。

ヒント

パスワードのハッシュ化

customer_actionデータベースでは、パスワードの文字列をそのままスタッフマスターテーブル（tbl_staff）に格納しています。この格納方法では、何らかの手段でスタッフマスターテーブル（tbl_staff）を参照されたり、データを抜き取られてしまったりした場合に、不正にアカウントを利用されてしまう危険性があります。しかし、クレジットカード番号を保存するショッピングサイトや機密情報を取り扱うシステムでは、安全性を高めるための対策が必要となります。そのために使用される技術の1つがパスワードのハッシュ化です。
ハッシュ化とは、文字列を可逆性のないアルゴリズムで別の文字列に変換することを言います。たとえば、ハッシュ化の関数を使用すると、「xDHkw27%」というパスワードの文字列が「a00a482b85f92d01b016cd1ae99ec73e85d57d778b1d62ff9049fb115e832555」のような文字列に変換されます。このような文字列をハッシュ値と呼びます。勘違いされやすいことですが、ハッシュ化は暗号化とは異なり、可逆性を持たないため、ハッシュ値から元の文字列に戻すことはできません。ログオン処理で入力されたパスワードが正しいものかどうかを判定するには、データベース上のハッシュ値を元のパスワードに戻して比較するのではなく、入力されたパスワードを同じハッシュ関数で処理して、そのハッシュ値がデータベースに格納されているハッシュ値と一致しているかどうかを確認します。
なお、パスワードをハッシュ化して保存する場合には、この章で作成した［スタッフマスター管理］フォーム（StaffManageフォーム）のようにパスワードを直接格納することはできなくなるため、パスワード変更用に別のWebフォームを用意して、そのWebフォーム上で入力されたパスワードをハッシュ化して保存する必要があります。

管理者の認証済みチェック

第12章の「3 ユーザー認証済みであることをチェックする」では、［顧客一覧］フォーム（CustomerListフォーム）にユーザー認証の確認処理を追加しました。この節で作成している［スタッフマスター管理］フォーム（StaffManageフォーム）は管理者専用の機能であるため、管理者権限を持つユーザーが認証済みであることをチェックする必要があります。

管理者権限の認証チェックを行うため、StaffManageフォームのPage_InitメソッドとPage_Loadメソッドに、以下のコードを記述してください（色文字部分）。なお、Page_Initメソッドは、メソッドの枠組みも記述します。

```
using System;
using System.Collections.Generic;
using System.Linq;
using System.Web;
using System.Web.UI;
using System.Web.UI.WebControls;
using System.Data.SqlClient;

namespace customer_action
{
  public partial class StaffManage : System.Web.UI.Page
  {
    protected void Page_Init(object sender, EventArgs e)
    {
      if (!Convert.ToBoolean(Session["AdminFlag"]))
      {
        // セッション変数をクリアする
        Session.Clear();
        // 管理者として認証されていないため、[ログオン]フォームに戻る
        Response.Redirect("Logon.aspx");
      }
    }

    protected void Page_Load(object sender, EventArgs e)
    {
      // このWebページをキャッシュしないように設定する
      Response.Cache.SetCacheability(HttpCacheability.NoCache);
    }

                              ・・・
```

上記のコードの処理内容は、第12章の「3 ユーザー認証済みであることをチェックする」の［顧客一覧］フォーム（CustomerListフォーム）に記述したものとほぼ同じです。ただし、このプログラムではセッション変数AdminFlagがtrueでない場合に、［ログオン］フォーム（Logonフォーム）に遷移します。

なお、ここではStaffManageフォームだけに管理者権限の確認処理を追加しましたが、完成版の顧客対応管理システムでは管理者用のすべてのWebフォームに同じ処理を装備してあります。完成版の顧客対応管理システムは、ダウンロードしたサンプルファイルの［¥VC2017Web¥完成版¥customer_action］フォルダーのプロジェクトで実行することができます。サンプルファイルについては、ダウンロードページの説明を参照してください。

メニュー画面のリンクの設定

作成したStaffManageフォームをメニュー画面から呼び出すことができるようにするため、［メニュー］フォーム（Menuフォーム）の［スタッフマスター管理］リンクを設定します。

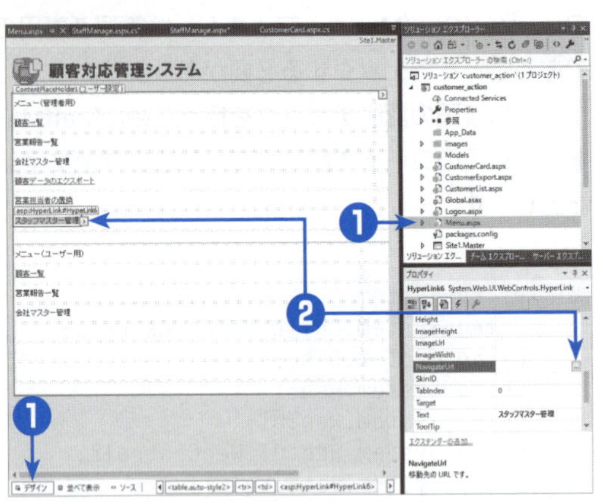

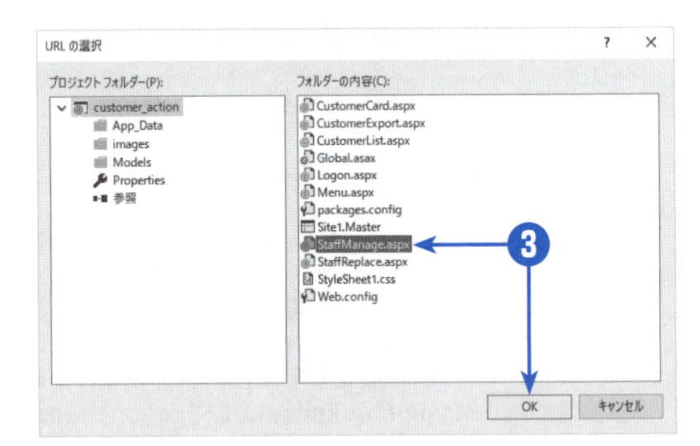

1. ソリューションエクスプローラーで［Menu.aspx］をダブルクリックし、［デザイン］タブをクリックして、デザインビューに切り替える。
2. Menuフォームの［スタッフマスター管理］リンクを選択し、プロパティウィンドウの［NavigateUrl］ボックスを選択して、右側の［...］をクリックする。
   - ［URLの選択］ダイアログボックスが表示される。
3. ［フォルダーの内容］ボックスで［StaffManage.aspx］を選択して、［OK］をクリックする。
4. ［ファイル］メニューの［閉じる］をクリックし、保存確認のダイアログボックスで［はい］をクリックする。
   - ［メニュー］フォームが閉じる。

4 セッション変数の利用とユーザー管理機能の実行

この章では、前の章で作成した［ログオン］フォームで格納されたセッション変数の値を利用して、［顧客一覧］フォームにおけるログオンユーザーの担当顧客だけを表示する機能と、［顧客情報］フォームでの初回登録者、最終更新者のセット処理を追加しました。また、グリッドビューを利用した［スタッフマスター管理］フォームを作成しました。

プログラムの実行

以下の手順で、この章で装備した機能の動作を検証します。

1 ［デバッグ］メニューの［デバッグの開始］をクリックするか、F5を押す。

➡ Webアプリケーションがテスト実行され、［ログオン］フォームが表示される。

2 ［ユーザーID］ボックスに**koga**、［パスワード］ボックスに**a0022**とそれぞれ入力して、［ログオン］ボタンをクリックする。

➡ ユーザーが認証され、管理者用の［メニュー］フォームが表示される。

3 ［メニュー］フォームで［顧客一覧］リンクをクリックする。

➡ ［顧客一覧］フォームが表示される。

4 ［自分の顧客のみ］チェックボックスをオンにして、［フィルター実行］ボタンをクリックする。

➡ ログオンユーザー（koga：古賀）が担当している顧客だけが一覧表示される。

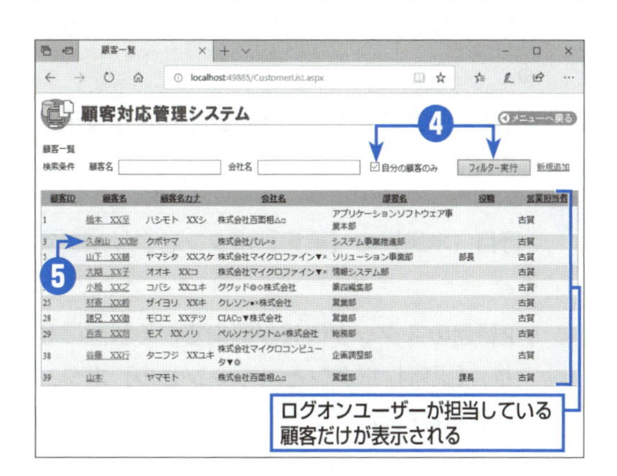

5 ［顧客一覧］フォームで［久保山 ××聡］をクリックする。

➡ ［顧客情報］フォームの閲覧モードで「久保山 ××聡」のデータが表示される。この時点では、最終更新者に「(－－－)」と表示されている。

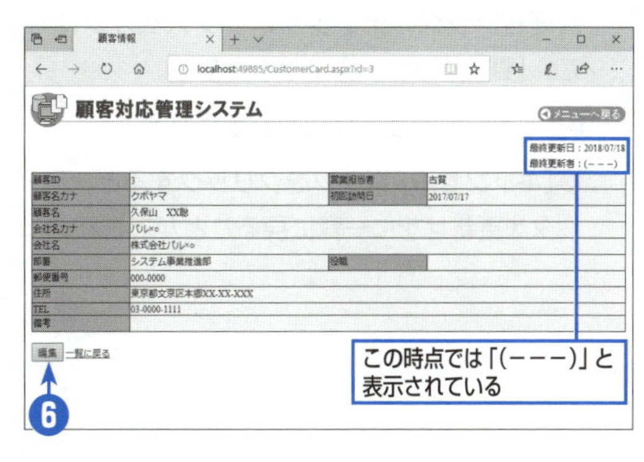

6

［編集］ボタンをクリックする。

➡［顧客情報］フォームの編集モードに遷移する。

7

［登録］ボタンをクリックする。

➡更新処理が実行されて、［顧客情報］フォームの表示モードに遷移する。［顧客情報］フォームでは、最終更新者が「古賀」に書き換わっていることがわかる。

●「第9章 カード型画面の作成2－編集画面の作成」では、最終更新者として"（－－－）"を登録するようになっていたが、この章で修正したプログラムによってセッション変数のログオンユーザー名がセットされるようになった。

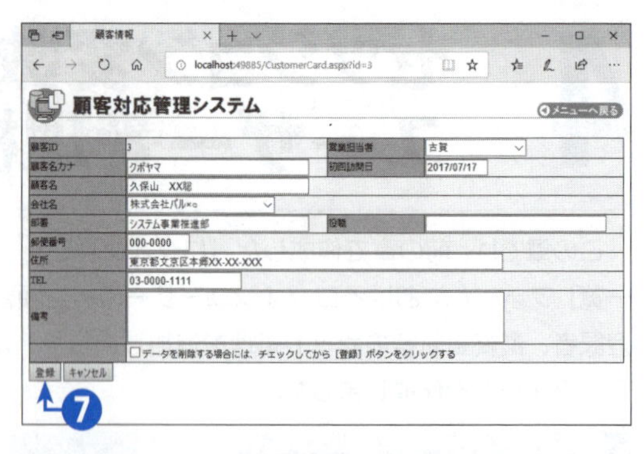

8

［メニューへ戻る］ボタンをクリックする。

➡［メニュー］フォームに戻る。

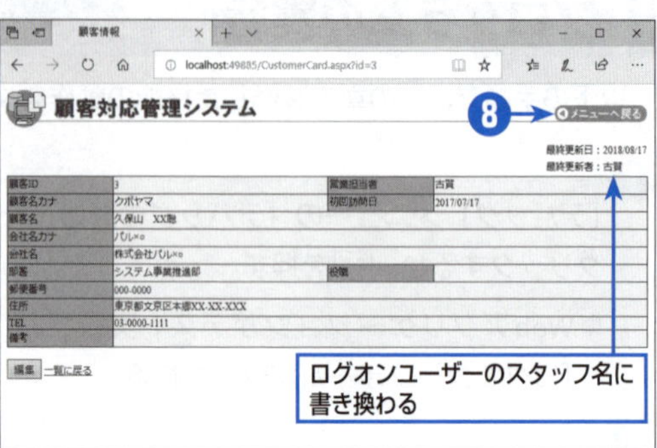

9

［スタッフマスター管理］リンクをクリックする。

➡［スタッフマスター管理］フォームが表示される。

10

2行目（木島）の［編集］ボタンをクリックする。

➡2行目のスタッフ情報が編集できる状態になり、［更新］ボタンと［キャンセル］ボタンが表示される。

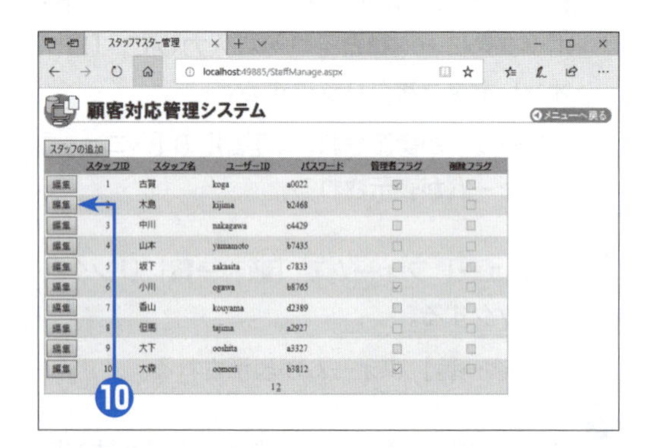

11

管理者フラグのチェックボックスをオンにして、［更新］ボタンをクリックする。

➡「木島」に管理者権限が設定される。

●［キャンセル］ボタンをクリックすると、データを更新せずに一覧に戻ることができる。

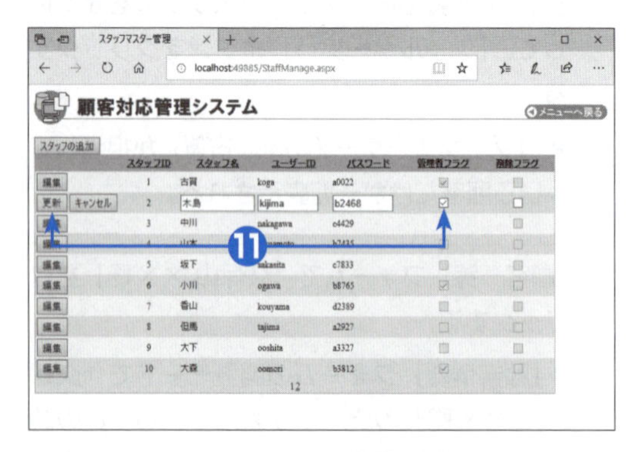

⓬ [スタッフID] リンクを2回クリックする。

➡ 一覧がスタッフIDの降順で並べ替わる。

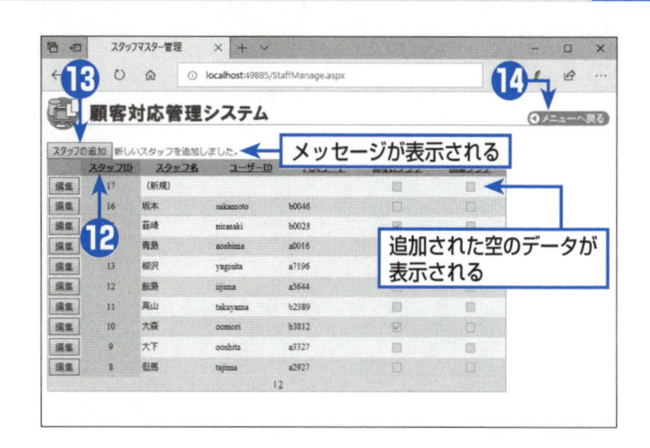

⓭ [スタッフの追加] ボタンをクリックする。

➡ スタッフマスターテーブル（tbl_staff）に新しいスタッフが追加され、「新しいスタッフを追加しました。」というメッセージが表示される。

⓮ [メニューへ戻る]ボタンをクリックしてメニューに戻り、[ログオフ] リンクをクリックする。

➡ [ログオン] フォームが表示される。

⓯ [ユーザー ID] ボックスに**sakasita**、[パスワード] ボックスに**c7833**とそれぞれ入力して、[ログオン] ボタンをクリックする。

➡ ユーザーが認証され、一般ユーザー用の [メニュー] フォームが表示される。

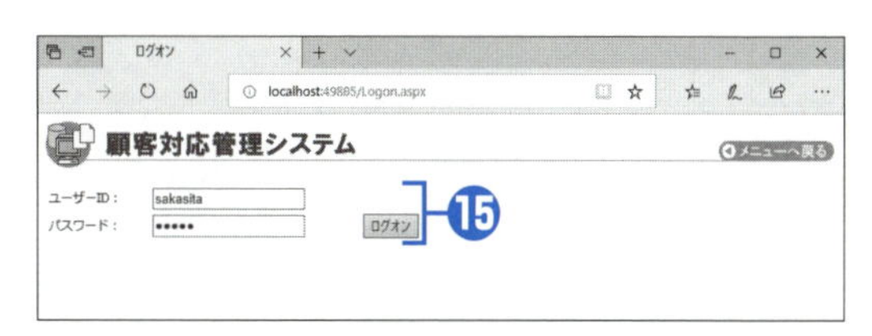

⓰ URLアドレスの「Menu.aspx」を**StaffManage.aspx**に変更して Enter を押す。

➡ [ログオン] フォームに戻る。

●StaffManage.aspxのプログラムを呼び出した際に、管理者でユーザー認証していない（セッション変数AdminFlagがtrueでない）ため、[ログオン] フォームに遷移している。

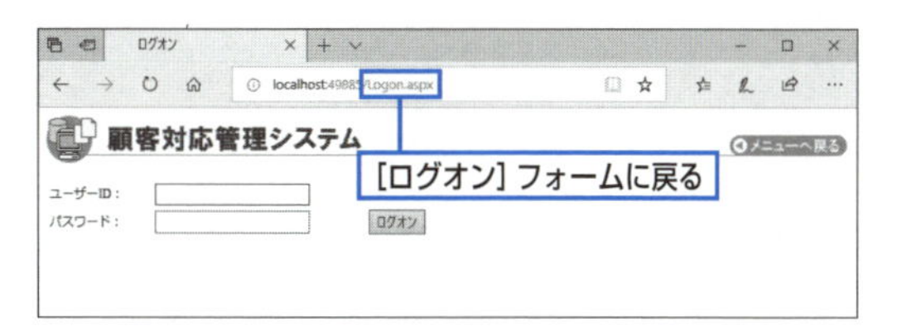

この章で、顧客対応管理システムの開発実習は完了です。本書で取り上げていないその他の機能については、ダウンロードしたサンプルファイルの完成版のプログラムと「顧客対応管理システムのその他の機能.pdf」を参照してください。

次の章からは、本番環境への導入やシステム運用について説明します。

ヒント

スタッフ名の必須チェック

[スタッフマスター管理] フォームでは、スタッフ名の必須チェックを行っていません。そのため、スタッフ名をクリアして [更新] ボタンをクリックすると、エラーが発生してプログラムが停止します。完成版の顧客対応管理システムでは、GridView1_RowUpdatingメソッドにプログラムを追加することで、スタッフ名のエラーチェックを行っています。グリッドビューのRowUpdatingイベントは、グリッドビューのデータが更新されるときに発生するイベントです。

インターネット インフォメーション サービス(IIS)の環境構築

第14章

Webアプリケーションは Webサーバーを利用して、接続する各クライアントのWebブラウザーとデータのやり取りを行います。Visual C#は、Windowsに装備されているインターネット インフォメーション サービス（IIS）というWebサーバーを利用することで、ASP.NETによるプログラムの実行が可能になります。

この章では、本番環境のサーバーにIISを導入して、接続確認用の静的Webページを表示します。

▼この章で学習する内容

STEP 1 本番環境のサーバーに、インターネット インフォメーション サービス（IIS）とASP.NETをインストールします。

STEP 2 インターネット インフォメーション サービス（IIS）を使用して、Webアプリケーションを配置するためのWebサイトを構築します。

STEP 3 サンプルのHTMLファイルを使用して、Webサイトの接続をテストします。

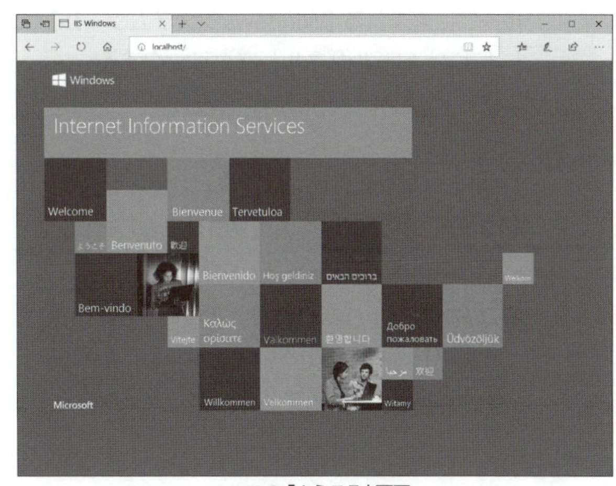

▲IISの「ようこそ」画面

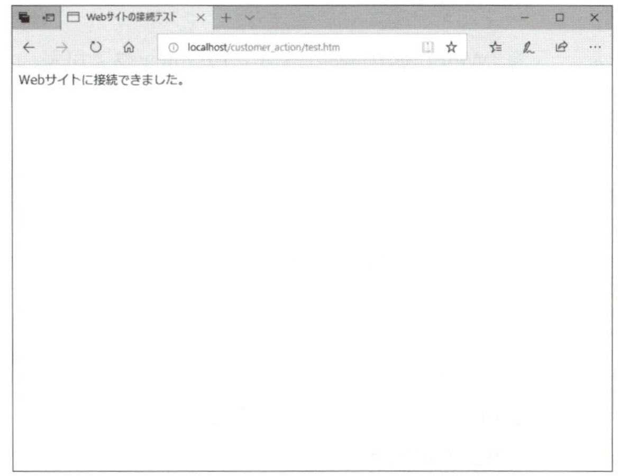

▲サンプルHTMLによるWebサイトの確認画面

1 インターネット インフォメーション サービス(IIS)をインストールする

インターネット インフォメーション サービス(IIS:Internet Information Services)は、Windowsに標準的に装備されているWebサーバーです。ここでは、Windows 10にIISを導入して、ASP.NETを利用できるように設定しておきましょう。また、本番環境でのシステム稼働に備えて、Windows Server 2016におけるIISの環境設定も紹介します。

IISとASP.NETのインストール(Windows 10の場合)

Windows 10の各エディションにはIIS 10.0が付属していますが、標準的なインストールでは導入されません。以下の手順で、IIS をインストールして、ASP.NET 4.0を登録してください。なお、この章の操作は、管理者権限を持つユーザーでWindowsにサインインして実行してください。

❶ スタートボタンをクリックして、「W」のグループに含まれる[Windowsシステムツール]ー[コントロールパネル]をクリックする。

➡コントロールパネルが表示される。

❷ [プログラム]をクリックする。

➡コントロールパネルの[プログラム]のウィンドウが表示される。

●コントロールパネルの表示方法を「大きいアイコン」または「小さいアイコン」にしている場合は、[プログラムと機能]をクリックする。

❸ [Windowsの機能の有効化または無効化]をクリックする。

➡[Windowsの機能]ダイアログボックスが表示される。

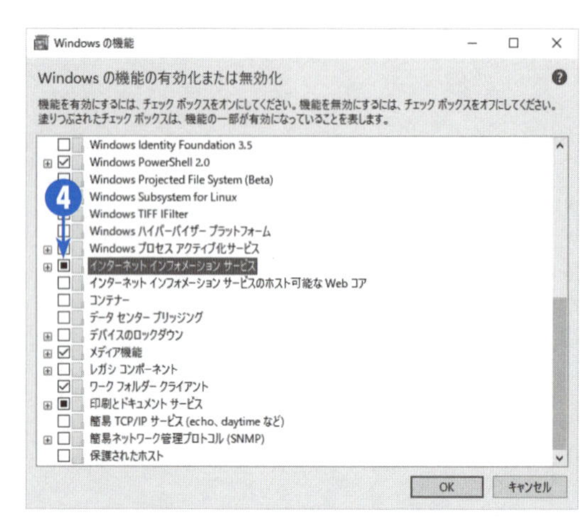

❹ [インターネット インフォメーション サービス]チェックボックスをオンにする。

➡IISの既定の機能がオンになる。

❺ [インターネット インフォメーション サービス]の左にある[+]をクリックし、[World Wide Webサービス]ー[アプリケーション開発機能]を展開する。

6

[ASP.NET 4.7] チェックボックスをオンにする。

➡ [.NET拡張機能 4.7] など、必要なコンポーネントのチェックボックスが自動的にオンになる。

● コンピューターにインストールされている.NET Frameworkのバージョンによって、選択できるASP.NETのバージョンが異なる。ここでは、Webアプリケーション開発に利用したバージョンを選択する。

7

[OK] をクリックする。

➡ IISとASP.NETのコンポーネントがインストールされ、[Windowsの機能] ダイアログボックスが自動的に閉じる。

● ここでは、追加するコンポーネントを指定することができる。本書で解説している機能だけを利用する場合には、上記の機能だけを追加すればよい。

8

再起動を促すダイアログボックスが表示された場合には、コンピューターを再起動する。表示されない場合には、コントロールパネルを閉じる。

以上で、Windows 10におけるIISとASP.NETのインストールが完了しました。

ヒント

IIS Express

Visual Studioには、IISをインストールしなくても動作テストをすぐに行うことができるように、「IIS Express」という機能が装備されています。IIS Expressを利用すると、自動的に割り当てられたポートを利用して、開発しているWebサイトをWebブラウザーで表示することができます（Visual Studioで開発中のWebアプリケーションをデバッグ実行したときには、自動的にIIS Expressが起動します）。IIS Expressを利用することで、IISのインストールや次の節で説明する仮想ディレクトリの設定が不要になるため、学習目的などで簡易的に操作したい場合に便利な機能です。しかし、IIS Expressはあくまでも開発用のIISのサブセットであり、複数ユーザーによる動作テストやネットワークを介した場合の速度検証には不向きであるため、実際にWeb-DBシステムを開発する場合には、この章の手順でIISの環境を整えて、できる限り本番環境に近い形で動作テストを行うことをお勧めします。

ヒント

インストールされている.NET Frameworkの確認

コンピューターにインストールされている.NET Frameworkのバージョンについては、Windowsエクスプローラーで [C:¥Windows¥Microsoft.NET¥Framework] フォルダー（または [Framework64] フォルダー）を確認してください。[Framework] フォルダーには、.NET Frameworkのバージョンごとにフォルダーが格納されています。

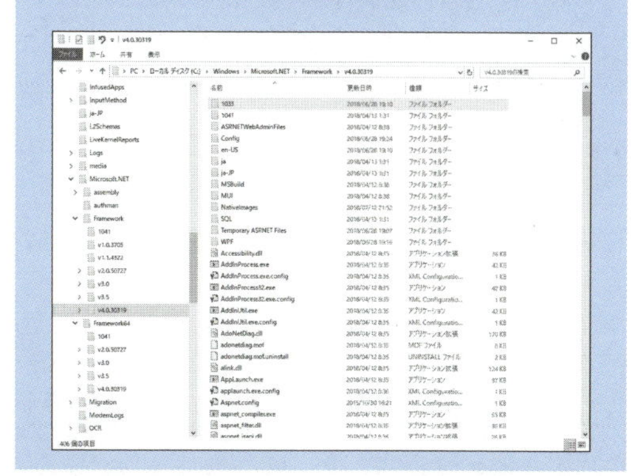

IISとASP.NETのインストール（Windows Server 2016の場合）

Windows Server 2016には、WebサーバーとしてIIS 10.0が付属しています。しかし、Windows Server 2016ではインストール直後はほとんどの機能が使用できない状態になっており、必要に応じて随時機能を追加する仕組みになっています。

以下の手順で、サーバーマネージャーを使用して、IISとASP.NETをインストールしてください。

注意

Windows Server 2016のインストール種類

Windows Server 2016はインストール時に、「Server Core」と「デスクトップエクスペリエンス」を選択することができます。「Server Core」とは、GUIを取り除いたOSのコアコンポーネントのみのインストール状態で、コマンドプロンプトやPowerShellを使用して管理します。この節の手順では、「デスクトップエクスペリエンス」でインストールされたWindows Server 2016で解説しています。

ヒント

Windows Server 2016の基本コンセプト

Windows Server 2016は、セキュリティを強化するために、初期状態で必要最低限の機能だけが動作している（インストールされている）状態になっています。そのため、Windows Server 2016でサーバーとしての機能（Active DirectoryサービスやWebサーバー、ファイルサーバーなど）を利用するには、サーバーマネージャーを利用して、役割の追加を行う必要があります。

1 Windows Server 2016の［スタート］ボタンをクリックして、［サーバーマネージャー］をクリックする。

➡サーバーマネージャーが起動する。

2 ［役割と機能の追加］をクリックする。

➡役割と機能の追加ウィザードが起動する。

3 役割と機能の追加ウィザードの［開始する前に］ページで、［次へ］をクリックする。

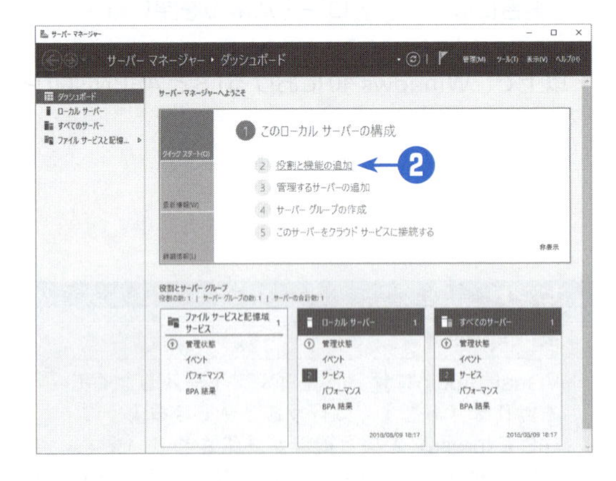

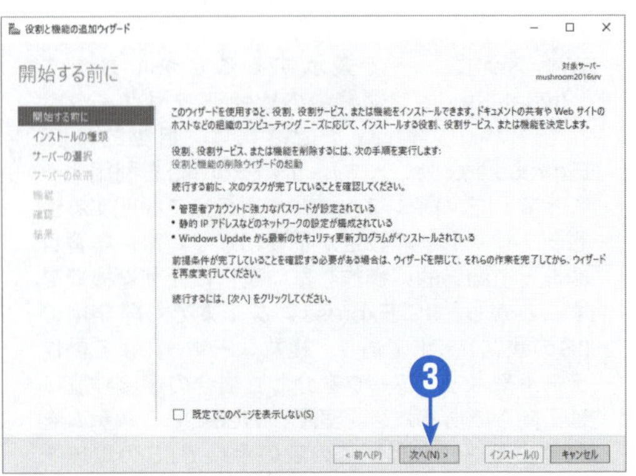

❹

［インストールの種類の選択］ページで、［役割ベースまたは機能ベースのインストール］が選択されていることを確認して、［次へ］をクリックする。

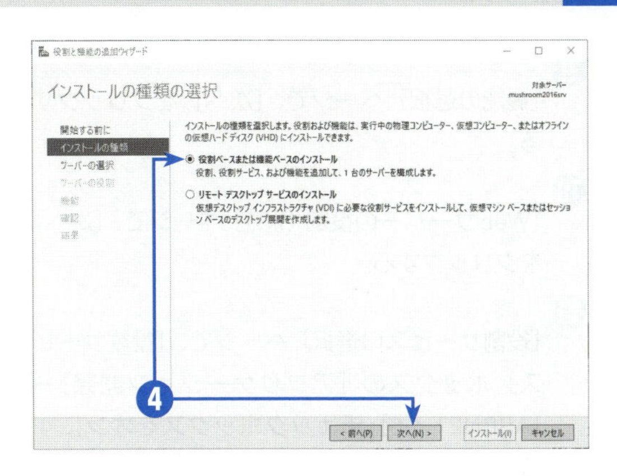

❺

［対象サーバーの選択］ページで、［サーバープールからサーバーを選択］が選択されていることを確認する。［サーバープール］ボックスで、使用しているコンピューター（サーバー）名が選択されていることを確認して、［次へ］をクリックする。

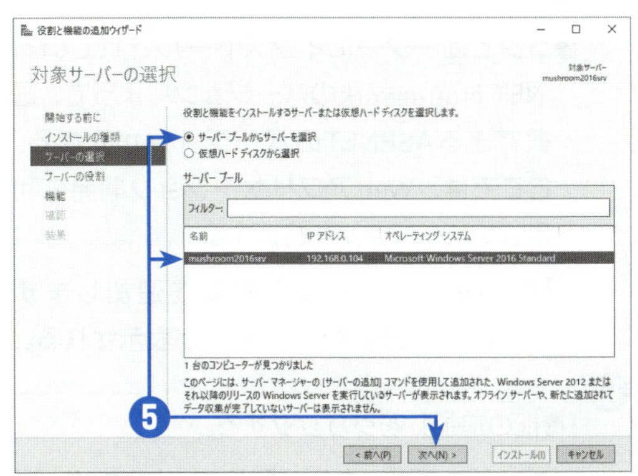

❻

［サーバーの役割の選択］ページで、［役割］ボックスの［Webサーバー（IIS）］チェックボックスをオンにする。

➡「Webサーバー（IIS）に必要な機能を追加しますか？」という確認メッセージが表示される。

●一度Webサーバー（IIS）の役割を削除してから再度インストールした場合には、機能はインストールされたままの状態になるため、この確認メッセージは表示されない。その場合には、手順❽に進む。

❼

［機能の追加］をクリックする。

➡ダイアログボックスが閉じて、［役割］ボックスの［Webサーバー（IIS）］チェックボックスがオンになる。

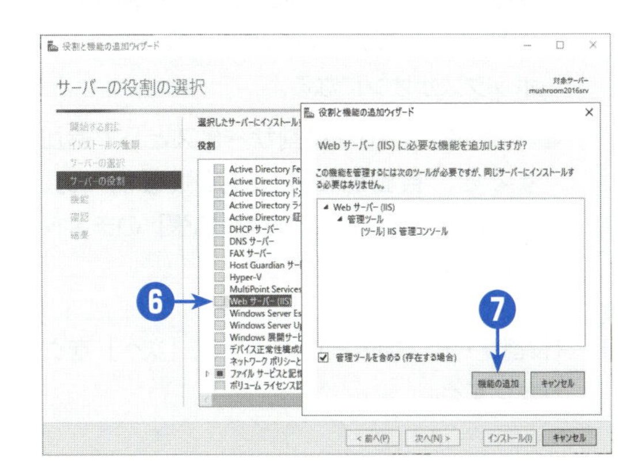

❽

［サーバーの役割の選択］ページで、［次へ］をクリックする。

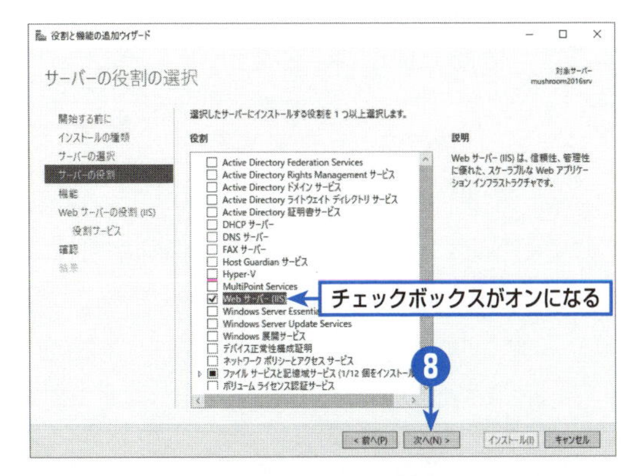

9

[機能の選択] ページで、[次へ] をクリックする。

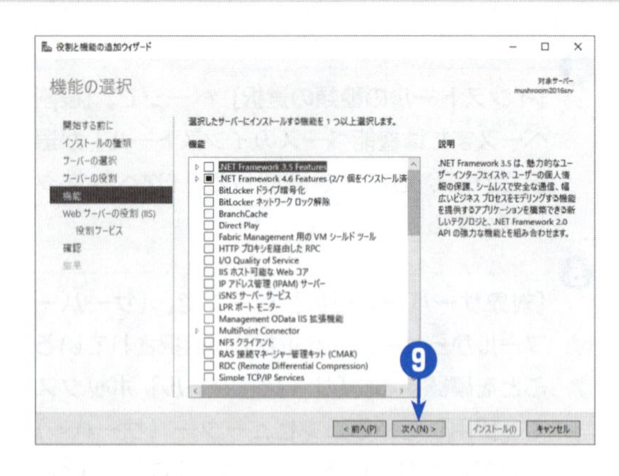

10

[Webサーバーの役割 (IIS)] ページで、[次へ] をクリックする。

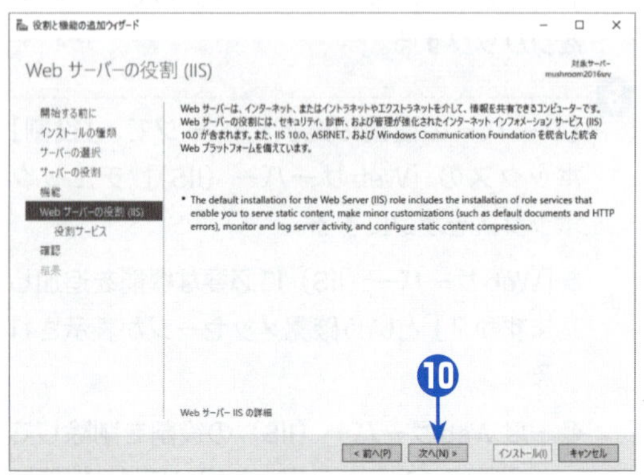

11

[役割サービスの選択] ページで、[役割サービス] ボックスの [アプリケーション開発] − [ASP.NET 4.6] チェックボックスをオンにする。

●コンピューターにインストールされている.NET Frameworkのバージョンによって、選択できるASP.NETのバージョンが異なる。ここでは、Webアプリケーション開発に利用したバージョンを選択する。

➡「ASP.NET 4.6に必要な機能を追加しますか?」という確認メッセージが表示される。

12

[機能の追加] をクリックする。

➡ダイアログボックスが閉じて、[役割サービス] ボックスの [ASP.NET 4.6] チェックボックスがオンになる。

●「ASP.NET 4.6」を役割サービスとして追加すると、自動的に [.NET拡張機能 4.6]、[ISAPIフィルター]、[ISAPI拡張] のチェックボックスもオンになる。

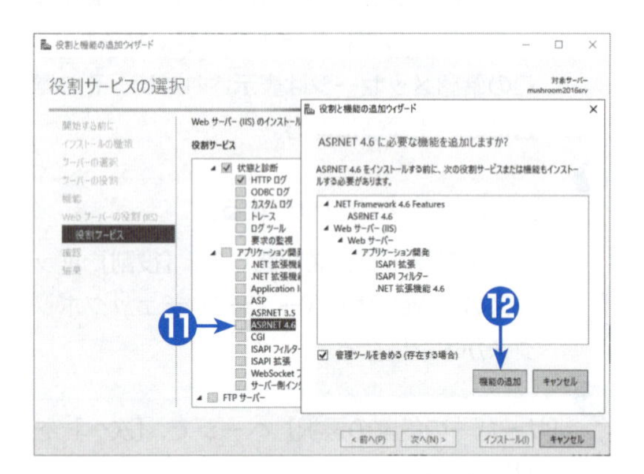

13

[役割サービスの選択] ページで、[次へ] をクリックする。

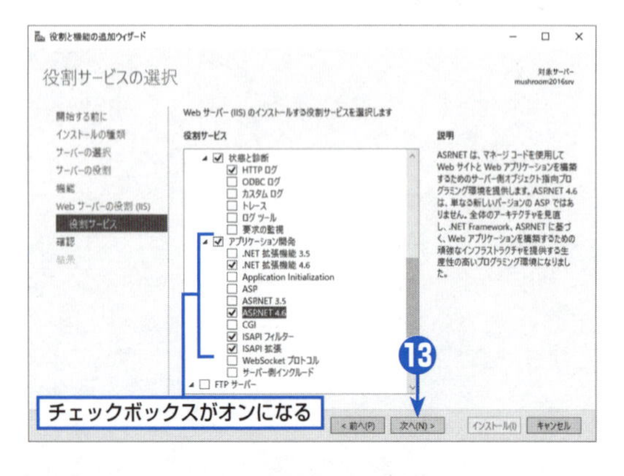

⓮

［インストールオプションの確認］ページで、［インストール］をクリックする。

➡IISとASP.NET 4.6のコンポーネントがインストールされる。インストールが完了すると、［インストールの結果］ページが表示される。

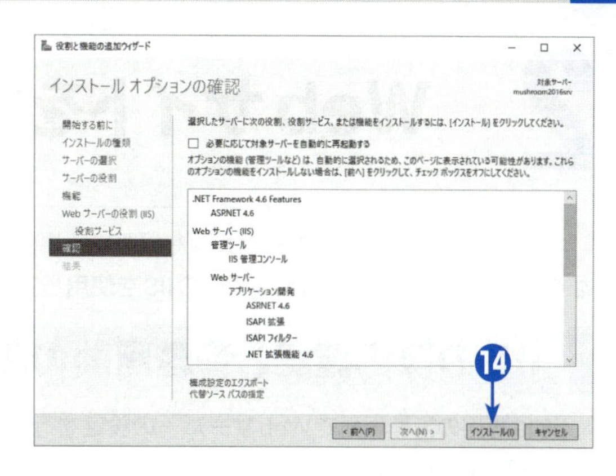

⓯

［インストールの進行状況］ページで［閉じる］をクリックして、役割と機能の追加ウィザードを終了する。

●インストールが開始したら、役割と機能の追加ウィザードを閉じて、裏側でインストールを実行してもよい。

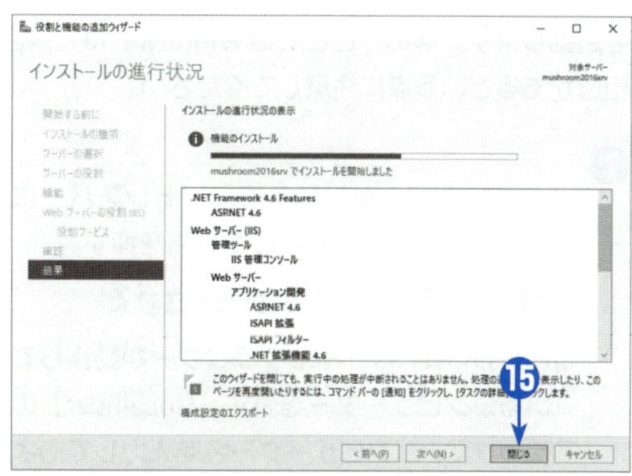

以上で、Windows Server 2016におけるIISとASP.NETのインストールが完了しました。

2 Webサイトを構築する

本番環境にWebアプリケーションを構築する場合には、システムを稼働するWebサイトの準備が必要になります。ここでは、Windows 10のIISを使用して、システムで利用するWebサイトを準備しましょう。

IISの稼働確認と管理画面の呼び出し

IISは専用の管理画面でWebサーバーの設定を行います。以下の手順で、IISが正常に稼働しているかどうかを確認し、インターネット インフォメーション サービス（IIS）マネージャー（以下、IISマネージャー）を起動します。なお、ここではWindows 10で解説を行うため、他のOSでは操作方法や画面などに若干の相違があるという点に注意してください。

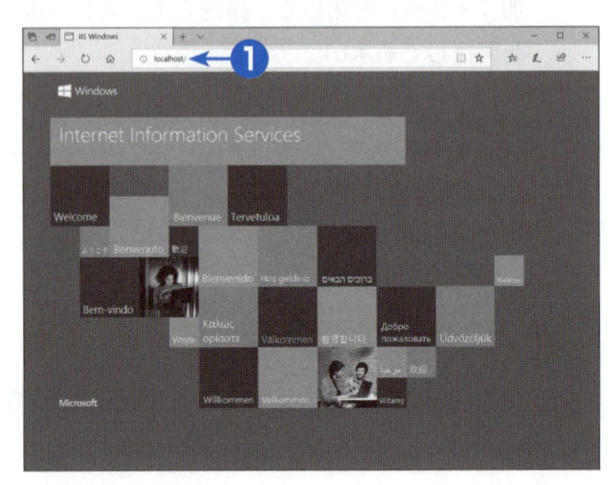

1 Webブラウザーを起動して、アドレスバーに**http://localhost/**と入力して[Enter]を押す。

➡IISの「ようこそ」画面が表示される。

●「localhost」は、Webブラウザーが動作しているコンピューターを表す。「localhost」の代わりに、コンピューター名を入力してもよい。

●「このページを表示できません」というメッセージが表示された場合には、IISが正しく実行されていない可能性がある。

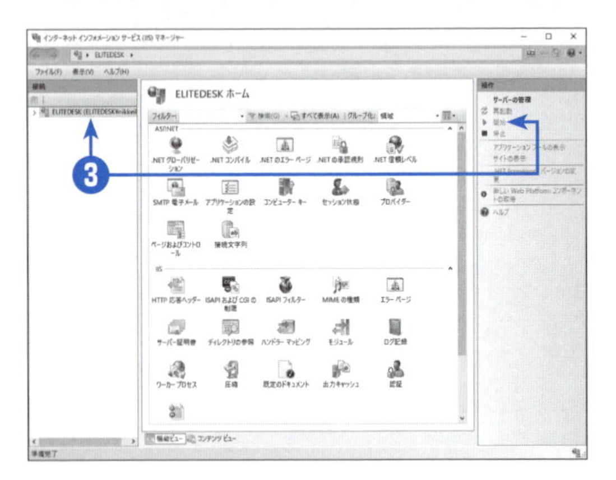

2 スタートボタンをクリックして、「W」のグループに含まれる［Windows管理ツール］－［インターネット インフォメーション サービス（IIS）マネージャー］をクリックする。

➡IISマネージャーが起動する。

3 ［接続］ペインでコンピューター名をクリックする。

●右側の［操作］ペインの［サーバーの管理］グループで、「開始」が有効になっている（青字になっている）場合には、Webサーバー自体が停止しているため、［開始］をクリックする。

4

［接続］ペインでコンピューター名を展開して、［サイト］－［Default Web Site］をクリックする。

●右側の［操作］ペインの［Webサイトの管理］グループで、「開始」が有効になっている（青字になっている）場合には、Webサイトが停止しているため、［開始］をクリックする。

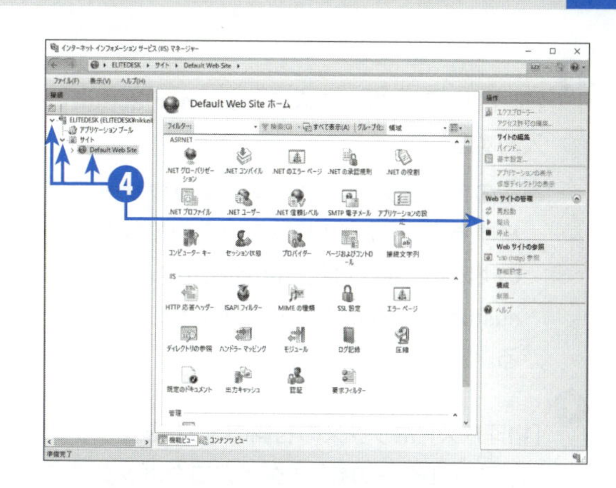

フォルダーの準備と仮想ディレクトリの設定

IISでは、仮想ディレクトリ（アプリケーション）を作成することで、コンピューター内の任意のフォルダーを指定した名前で公開することができます。ここでは、［C:¥inetpub¥customer_action］フォルダーを作成して、仮想ディレクトリとして設定します。

1

Windowsエクスプローラーで［C:¥inetpub］フォルダーを開き、フォルダー内で右クリックし、ショートカットメニューの［新規作成］－［フォルダー］をクリックして、フォルダー名を**customer_action**に変更する。

2

再度IISマネージャーに切り替えて、コンピューター名－［サイト］－［Default Web Site］を右クリックして、ショートカットメニューの［アプリケーションの追加］をクリックする。

➡［アプリケーションの追加］ダイアログボックスが表示される。

●静的なWebサイト（通常のホームページ）を公開する場合には、ショートカットメニューの［仮想ディレクトリの追加］をクリックする。ただし、その場合にはASP.NETのプログラムは実行できない。ここでの手順のようにWebアプリケーションを公開するには、「アプリケーション」として追加する必要がある。

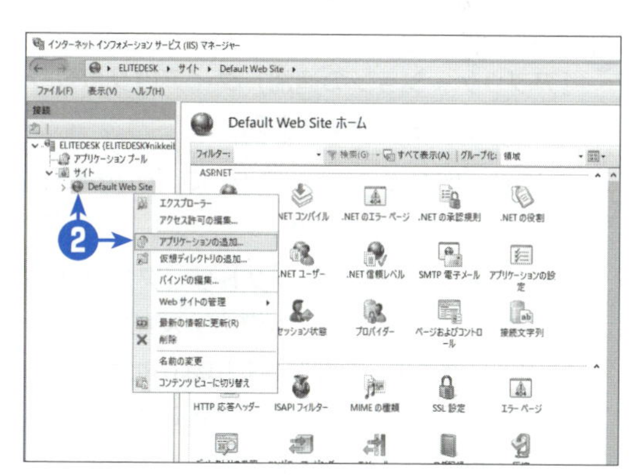

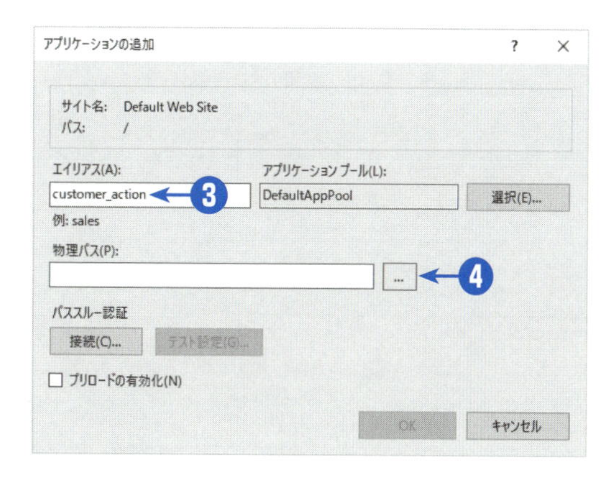

3

［エイリアス］ボックスに**customer_action**と入力する。

●このエイリアス名が、Webブラウザーで接続する際のURLアドレスの名前になる。この場合であれば、http://*computername*/customer_action/がWebサイトの名前になる。

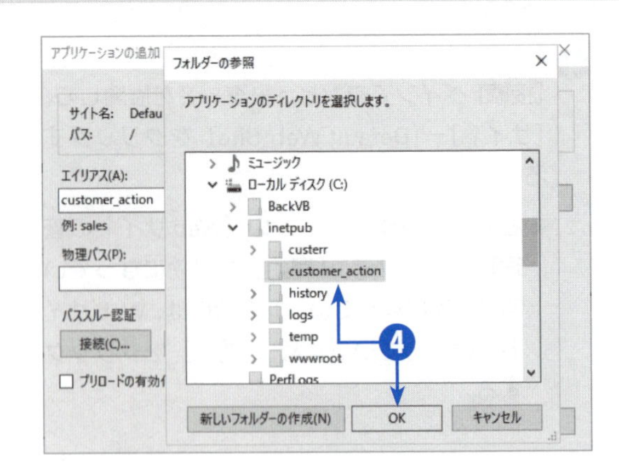

4

［物理パス］ボックスの右側の［...］をクリックし、［フォルダーの参照］ダイアログボックスで［PC］－［ローカルディスク（C:)］－［inetpub］－［customer_action］を選択して、［OK］をクリックする。

➡［物理パス］ボックスに「C:¥inetpub¥customer_action」と設定される。

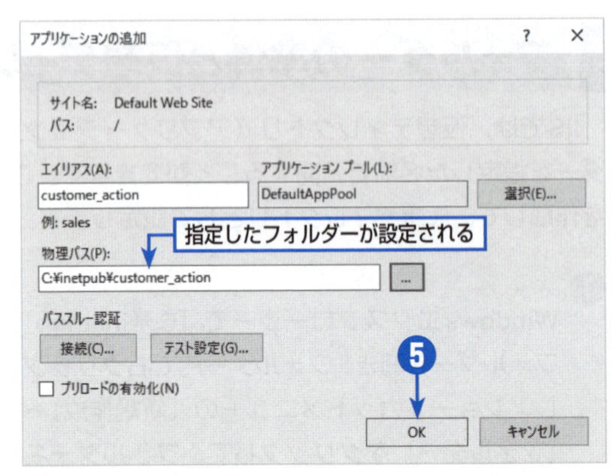

5

［アプリケーションの追加］ダイアログボックスで［OK］をクリックする。

➡［Default Web Site］の中に［customer_action］が追加される。

●この時点で仮想ディレクトリ（アプリケーション）は作成できているが、まだコンテンツ（ファイル）を登録していないため、Webブラウザーで接続しても正常に表示されない（403のエラー画面になる）。

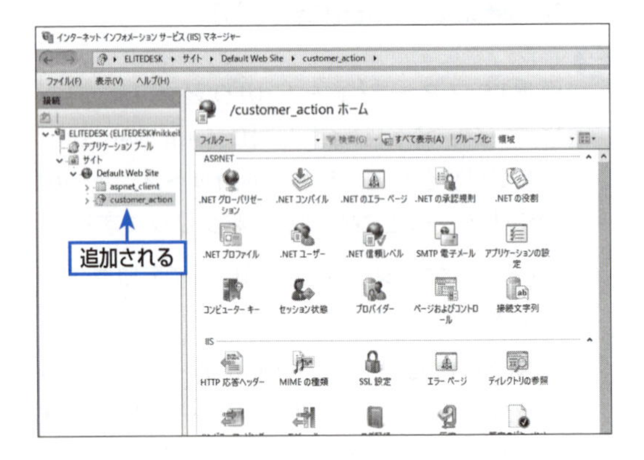

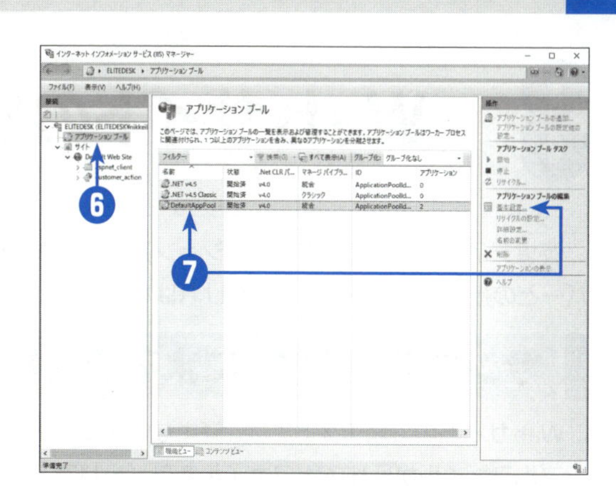

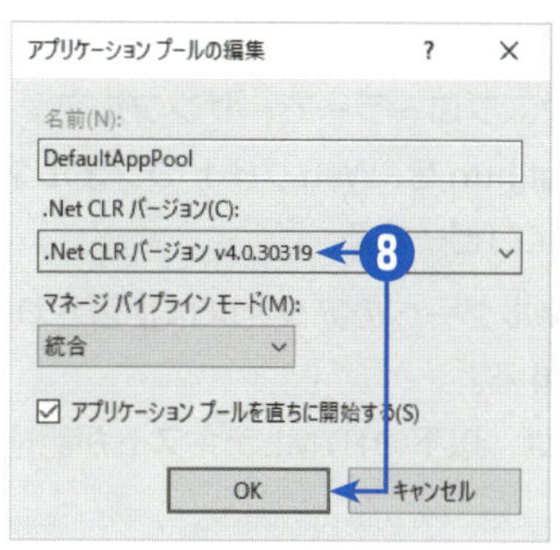

6

コンピューター名－[アプリケーションプール] をクリックする。

➡ [アプリケーションプール] ページが表示される。

●アプリケーションプールとは、IISのプロセスの実行単位のことで、必要に応じてWebサーバーに複数のアプリケーションプールを用意しておくことができる。IISに登録したそれぞれのWebアプリケーションは、利用するアプリケーションプールを指定することで、動作方法（使用する.NET Frameworkのバージョンや再起動方法など）を切り替えることができる。

●この章の手順では、[アプリケーションの追加] ダイアログボックスで既定のアプリケーションプールである「DefaultAppPool」が設定されている。

7

アプリケーションプールの一覧で [DefaultAppPool] を選択して、[操作] ペインで [基本設定] をクリックする。

➡ [アプリケーションプールの編集] ダイアログボックスが表示される。

8

[.Net CLRバージョン] ボックスで.NET Frameworkのバージョンとして、[.Net CLRバージョンv4.0.xxxxx]（図では [.Net CLRバージョンv4.0.30319]）を選択し、[OK] をクリックする。

➡ DefaultAppPoolのアプリケーションプールを利用するように設定されたWebアプリケーションは、.NET Framework 4.0で動作することになる。

●環境によってバージョンが異なる場合があるため、適宜該当するバージョンを選択する。

以上で、Webサイトの構築が終了しました。IISマネージャーを終了してください。

ヒント

CLRとは

[アプリケーションプールの編集] ダイアログボックスで選択する「.Net CLRバージョン」のCLRとは、Common Language Runtime（共通言語ランタイム）の略で、.NET Frameworkのアプリケーションを実行するためのランタイム環境のことを表します。このランタイム環境によって、Visual Studioがインストールされていない環境で、.NET Frameworkのアプリケーションを実行できるようになります。

注意

.NET Frameworkのバージョンが混在する場合

Webアプリケーションごとに異なるメジャーバージョンの.NET Frameworkを利用する場合には、アプリケーションプールをバージョンごとに用意して、それぞれのWebアプリケーションに設定する必要があります。

3 Webサイトの接続をテストする

仮想ディレクトリ（アプリケーション）を作成した後には、実際にHTMLファイルを配置して、Webサーバーとの接続をテストしておかなければなりません。

サンプルHTMLによるテスト

Webサイトの接続テストでは、簡単なHTMLファイルを使用します。以下の手順で、ダウンロードしたサンプルファイルからHTMLファイルをコピーして、Webサイトの動作をテストしてください。

1. Windowsエクスプローラーで、サンプルファイルの［¥VC2017Web¥Chapter14］フォルダーに用意されているtest.htmを、Webサイトのフォルダー（この章の手順では［C:¥inetpub¥customer_action］フォルダー）にコピーする。

- ［対象のフォルダーへのアクセスは拒否されました］ダイログボックスが表示された場合は、［続行］をクリックする。
- test.htmには、以下のHTMLテキストが記述されている。

```
<html>
<head><title>Webサイトの接続テスト</title></head>
<body>
Webサイトに接続できました。
</body>
</html>
```

ヒント

仮想ディレクトリ

仮想ディレクトリとは、Webサーバー上の特定のフォルダーを、クライアントのWebブラウザーから接続する際の仮想的なアドレスとして使用することができるディレクトリ名のことです。「URLマッピング」とも呼ばれます。
Webブラウザーはhttp://*servername*/*directoryname*/*filename.htm*のように記述したURLアドレスを使用して、Webサーバーのコンテンツにアクセスします。通常、http://*servername*/のようにサーバー名だけを指定して接続した場合には、既定のWebサイト（IIS10の既定では［C:¥inetpub¥wwwroot］フォルダー）に格納されている既定のドキュメントを要求したことになります。そして、この既定のWebサイトのフォルダーの下にフォルダーが作成されている場合には、「/」（スラッシュ）で区切ることで、下位のフォルダーを指定できます。
このようにファイルを格納していくと、常に［C:¥inetpub¥wwwroot］フォルダーの下に、公開するすべてのフォルダーやファイルを配置しなければなりません。しかし、［C:¥inetpub¥customer_action］フォルダーを［customer_action］という仮想ディレクトリとして設定しておけば、仮想的なWeb上のディレクトリとして扱うことができるようになります。この場合には、http://*servername*/customer_action/というURLアドレスによって、［C:¥inetpub¥customer_action］フォルダーに格納されているコンテンツにアクセスすることができるわけです。
このように、仮想ディレクトリを利用することで、1台のWebサーバー上の複数のコンテンツやWebアプリケーションをわかりやすく、そして安全に管理できるようになります。

❷

手順❶でコピーした［C:¥inetpub¥customer_action］フォルダーにあるtest.htmをダブルクリックする。

➡Webブラウザーでtest.htmが表示される。

●Windowsエクスプローラーからファイルを開いた場合には、作成したHTMLファイルの記述内容や構造が正しいかどうかを確認できる。ただし、このテストでは、Webサーバー（IIS）を経由していないため、IISの設定や作成した仮想ディレクトリが正しく動作していることを検証できたわけではない。

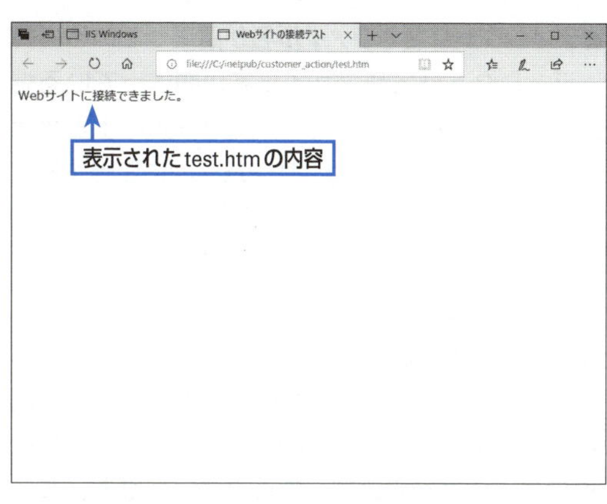

❸

Webブラウザーを起動して、アドレスバーに**http://localhost/customer_action/test.htm**と入力してEnterを押す。

➡Webサーバー（IIS）および仮想ディレクトリが正常に動作していれば、「Webサイトに接続できました。」と表示される。Webページが表示されない場合には、IISが正しく動作していないか、仮想ディレクトリが正しく作成されていない可能性がある。

❹

テストが成功したら、Windowsエクスプローラーで［C:¥inetpub¥customer_action］フォルダーのtest.htmを削除する。

ヒント

ネットワーク上の別のコンピューターからの接続

ネットワーク上の別のコンピューターからの接続をテストしたい場合には、手順❸でURLアドレスの「localhost」をコンピューター名に置き換えて実行してください。

以上の操作で、テスト用のHTMLファイルが正しく表示されない場合には、以下のような障害が考えられます。ここでは、代表的な間違いの例を示しておきますので、障害の原因を確認してください。

●サーバー名が間違っている場合

サーバー名のスペルが間違っている場合には、「このページを表示できません」というメッセージが表示されます。右の図では、URLアドレスで「localhost」を「localhast」と入力ミスしています。なお、このときWebブラウザーに表示されるメッセージは、Webブラウザーの種類やバージョンによって異なります。

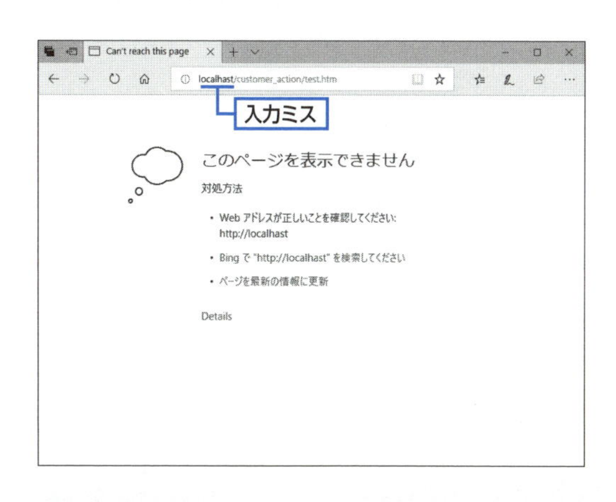

●ディレクトリ名やファイル名が間違っている場合

ディレクトリ名やファイル名が間違っている場合には、「HTTP エラー 404.0 - Not Found」と表示されます。このエラーは、サーバー内に該当するコンテンツが存在しないことを示しています。

右の図では、URLアドレスで「test.htm」を「test.html」と入力ミスしています。URLアドレスでディレクトリ名を入力ミスした場合や、前の節の手順で、仮想ディレクトリのエイリアス名を間違えてしまった場合も同様です。エイリアス名は、IISマネージャーで確認してください。なお、エイリアス名を間違えて作成してしまっている場合には、再度仮想ディレクトリを作成し直してください。

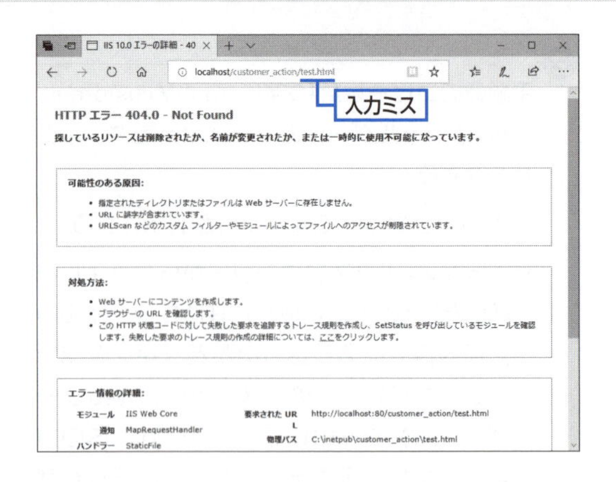

●IISまたはDefault Web Siteが停止している場合

IISまたはDefault Web Siteが停止している場合には、「このページを表示できません」と表示されます。IISまたはDefault Web Siteが停止しているかどうかは、この章の「2 Webサイトを構築する」の「IISの稼働確認と管理画面の呼び出し」の手順で確認することができます。

ヒント

IISのサービス

IISのサービスは「World Wide Web発行サービス」という名前で管理されています。コンピューターの再起動時にIISが自動的に起動しない場合には、[Windows管理ツール]－[サービス]をクリックして、「World Wide Web発行サービス」の[スタートアップの種類]を[自動]に設定してください。

Windowsファイアウォール

Windows 10やWindows Server 2016で実行するWebサーバーに別のコンピューターから接続する場合には、「Windowsファイアウォール」（または「Windows Defenderファイアウォール」）の設定を確認する必要があります。Windowsファイアウォールはセキュリティを強化するために、使用しないポートの利用制限や指定されていないコンピューターやネットワークからの接続制限を行うことができる機能です。

Windows 10やWindows Server 2016では、既定の設定でWindowsファイアウォールが有効になっており、IISをインストールした際に、初めてhttpプロトコル（Webページのやり取りに使用する通信手段）やhttpsプロトコル（Webページの暗号化通信に使用する通信手段）が利用できるように設定されます。なお、これらのプロトコルがファイアウォールによって遮断された場合には、Webブラウザーに「このページは表示できません」というメッセージが表示されます。

Windowsファイアウォールの設定は、以下の手順で変更できます。

❶コントロールパネルの［システムとセキュリティ］のウィンドウで［Windowsファイアウォールによるアプリケーションの許可］をクリックして、［許可されたアプリ］のウィンドウを表示する。

❷［設定の変更］をクリックし、［World Wide Webサービス（HTTP）］のチェックボックス（ネットワークの利用状況によって、「プライベート」や「パブリック」などに分かれている）をオンにして、［OK］をクリックする。

●httpsプロトコルの場合には「セキュアWorld Wide Webサービス（HTTPS）」のチェックボックスをオンにする。

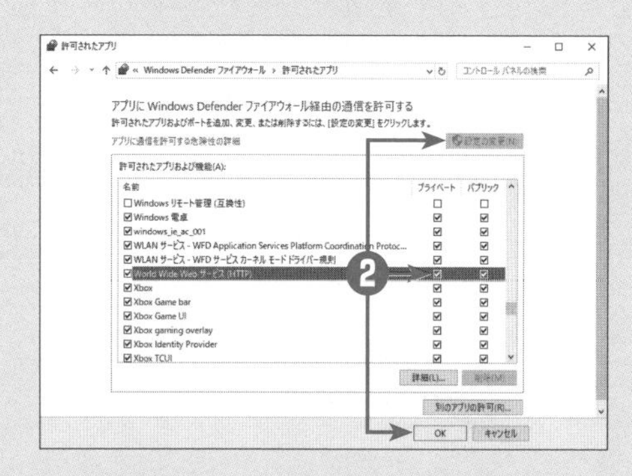

また、使用しているコンピューターにセキュリティ対策ソフトウェア（統合的なウイルス対策ソフトウェアを含む）を導入している場合には、Windowsファイアウォール以外に、独自のファイアウォール機能が稼働していることがあります。その場合には、Windowsファイアウォールだけでなく、セキュリティ対策ソフトウェアのファイアウォールの設定変更も必要になります。

本番環境への導入とシステムテスト

第15章

ここでは、完成したWeb-DBシステムを使用するために必要な導入作業とシステムテスト、運用開始後のデータベースのバックアップと復元について説明します。

▼この章で学習する内容

STEP 1 完成したWebアプリケーションをビルドして、プログラムやHTMLにエラーがないことを検証します。ビルドで検出したエラーについては、エラー一覧から該当箇所に遷移して修正します。

STEP 2 完成したWebアプリケーションを実行する本番環境において、導入が必要なソフトウェアと作業を整理します。

STEP 3 Webアプリケーションを発行して、本番環境に必要なファイル一式をコピーします。Webアプリケーションの発行は、Visual Studioに装備されている機能を使用します。

STEP 4 本番環境用にアプリケーション構成ファイル（Web.config）を修正して、データベース接続情報の変更を行います。

STEP 5 インターネット インフォメーション サービス（IIS）マネージャーで、Webサイトが指定されたときに既定で開くドキュメント（プログラム名）を指定します。

STEP 6 本番環境のWebサーバーを使用して、完成したWebアプリケーションを実行します。Webブラウザーで正しくWeb-DBシステムが動作することを確認します。

STEP 7 完成したWeb-DBシステムをテストします。テスト仕様書に基づき、単体テスト、結合テスト、運用テスト、総合テストと段階的に実施します。

STEP 8 Web-DBシステムの運用開始後には、定期的にSQL Serverデータベースをバックアップします。ここでは、Management Studioを利用して、データベースのバックアップと復元を行います。

▲顧客対応管理システムの［ログオン］フォーム

▲顧客対応管理システムの［メニュー］フォーム

1 Webアプリケーションのビルドとエラーチェック

完成したWebアプリケーションはプロジェクト全体をビルドすることで、プログラムやHTMLなどを検証することができます。

Webアプリケーションのビルドの実行

以下の手順で、Webアプリケーションのビルドを実行します。ここではダウンロードしたサンプルファイルの［¥VC2017Web¥Chapter15¥customer_action］フォルダーのプロジェクトを使用します。なお、このプロジェクトは操作手順用にプログラムにエラーを含んだものになっており、そのままでは動作しないため注意してください。

注意

第15章のサンプルのプロジェクト

この節で使用している［¥VC2017Web¥Chapter15¥customer_action］フォルダーのプロジェクトには、顧客対応管理システムの全機能が含まれています（第11章分を除く）。本書で作成していない機能については、サンプルファイルの「顧客対応管理システムのその他の機能.pdf」を参照してください。
また、Express以外のエディションのSQL Server 2017を使用している場合や、既定のインスタンスにcustomer_actionデータベースを作成していない場合には、データベースの接続情報の修正が必要になります。サンプルファイルのダウンロードページの説明を参照して、アプリケーション構成ファイル（Web.config）でデータベースの接続情報を修正してください。

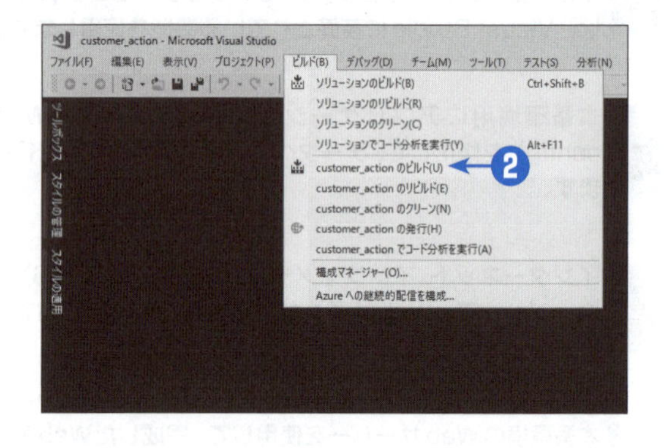

❶ ダウンロードしたサンプルファイルの［¥VC2017Web¥Chapter15¥customer_action］フォルダーのプロジェクトを開く。

●プロジェクトの開き方の詳細については、第7章の「1 フィルター実行用のコントロールを追加する」を参照する。

❷ ソリューションエクスプローラーで［customer_action］プロジェクトを選択して、［ビルド］メニューの［customer_actionのビルド］をクリックする。

➡プロジェクトのビルドが開始される。

●ビルドを実行すると、プロジェクトに含まれるすべてのWebフォームのコードがコンパイルされ、HTML、スタイルシート、アプリケーション構成ファイルの内容がチェックされる。

❸ Webフォームにエラーが含まれているため、［エラー一覧］ウィンドウにエラーの内容が表示され、ステータスバーに「ビルド失敗」と表示される。

●［出力］タブをクリックすると、ビルドの状態と結果を確認できる。

❹

エラー一覧で項目をダブルクリックする。

➡Webフォームの該当行にジャンプする。

●エラーが発生した箇所には、コードエディターやWebフォームデザイナーのソースビューで波線が引かれて、マウスポインターを合わせるとエラーの内容がポップアップウィンドウに表示される。なお、ビルドを実行して行われるエラーチェックには、Visual C#などのコードの構文やオブジェクトの存在チェックの他に、HTMLやスタイルシート、アプリケーション構成ファイル（Web.config）のタグの検証が含まれる。

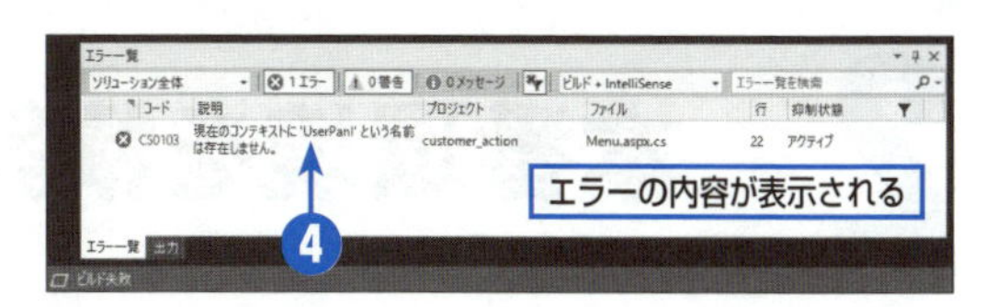

❺

エラーのある箇所を修正する。ここでは、「UserPanl」を**UserPanel**に修正する。

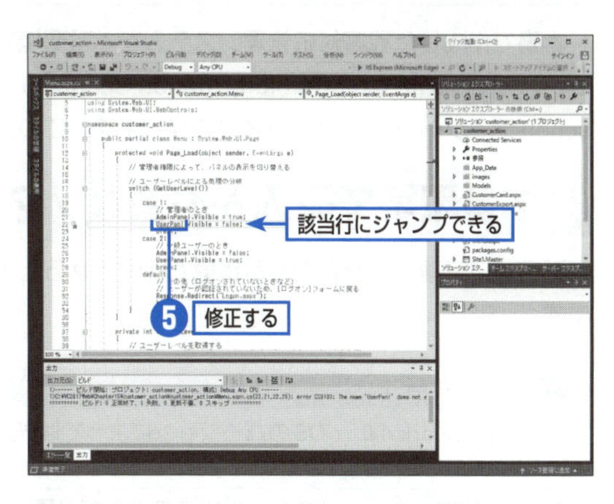

❻

［ビルド］メニューの［customer_actionのビルド］をクリックして、再度ビルドを実行する。

➡ビルドが正常に終了すると、［出力］ウィンドウに「ビルド: 1 正常終了、0 失敗、・・・」というメッセージが表示され、ステータスバーに「ビルド正常終了」と表示される。

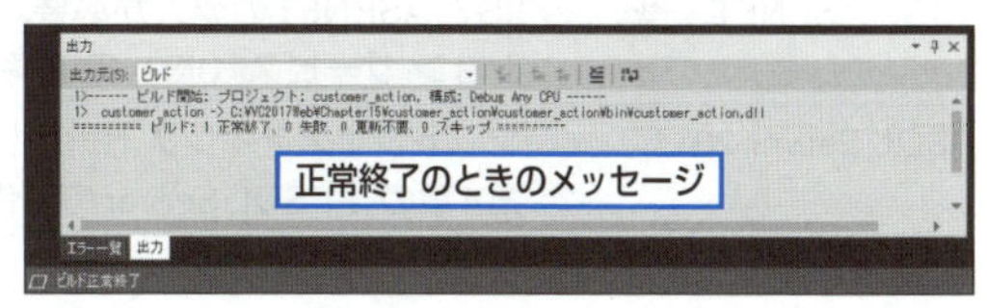

以上で、WebアプリケーションのプログラムとHTMLなどの検証が完了しました。

ヒント

Webアプリケーションのテスト実行

［デバッグ］メニューの［デバッグ開始］をクリックして、Webアプリケーションをテスト実行したときにも、実行前にWebアプリケーションがビルドされます。
このとき、WebアプリケーションのプログラムやHTMLなどにエラーがあると、下の図のようにビルドエラーが発生したということを伝えるエラーメッセージが表示されます。

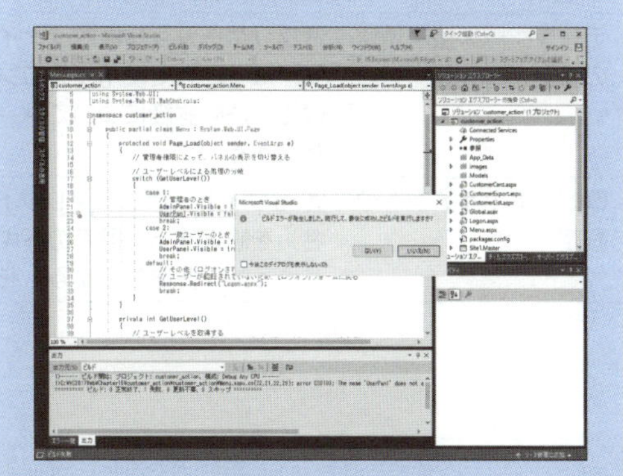

2 本番環境を構築する

本書で作成した顧客対応管理システムを本番環境で稼働させるためには、インターネット インフォメーション サービス(IIS：Internet Information Services)、ASP.NET、.NET Framework、SQL Server、customer_actionデータベースの導入が必要になります。この節では、必要な導入作業を整理します。

本番環境で導入が必要なソフトウェアと作業

顧客対応管理システムを本番環境で稼働させるためには、以下のソフトウェアの導入と作業が必要になります。

必要なソフトウェア	備考
.NET Framework 4.0	OSのバージョンによっては既定でインストールされている。もしくは、マイクロソフト社のホームページからダウンロードできる。
IIS、ASP.NET	IISとASP.NETの導入が必要。詳細については、「第14章 インターネット インフォメーション サービス（IIS）の環境構築」を参照する。
SQL Server 2017	ソフトウェアをインストールした後で、サービスの実行状態を確認する。詳細については、第4章の「1 SQL Serverの動作状況を確認する」を参照する。

必要な作業	備考
データベースの構築	SQL Serverにcustomer_actionデータベースを導入する。customer_actionデータベースの構築方法の詳細については、第4章の「5 サンプルデータベースを準備する」を参照する。
SQL Serverのログインとデータベースユーザーの作成	SQL Serverに対して、Webアプリケーションから接続するためのログインとデータベースユーザーを作成する。ログインとデータベースユーザーの作成方法の詳細については、第4章の「7 SQL Serverの認証方法を設定する」を参照する。
フォルダーの作成	Webサイトのプログラムを配置するためのフォルダーを作成する。フォルダーの作成の詳細については、第14章の「2 Webサイトを構築する」を参照する。
IISの仮想ディレクトリの作成	作成したフォルダーを仮想ディレクトリ（アプリケーション）として設定する。仮想ディレクトリの作成方法の詳細については、第14章の「2 Webサイトを構築する」を参照する。
Webアプリケーションの発行	Visual Studioの発行機能を使用して、Webアプリケーションを本番環境のWebサイトにコピーする。Webアプリケーションの発行については、この章の「3 本番環境にWebアプリケーションを発行する」を参照する。
データベース接続情報の変更	アプリケーション構成ファイル（Web.config）のデータベース接続情報を、データベースサーバーとして使用するコンピューター名に変更する。アプリケーション構成ファイルの修正方法の詳細については、この章の「4 アプリケーション構成ファイルを修正する」を参照する。
既定のドキュメントの設定	Webサイト（仮想ディレクトリ）に接続したときに既定で開くドキュメント（プログラム名）を設定する。既定のドキュメントの設定方法の詳細については、この章の「5 既定のドキュメントを設定する」を参照する。

3 本番環境にWebアプリケーションを発行する

開発したWeb-DBシステムをWebアプリケーションとして本番環境で実行するためには、開発環境で作成したファイルを本番環境のフォルダーにコピーしなければなりません。

Visual Studioには、開発環境のプログラムをビルドして、本番環境のWebアプリケーションのフォルダーに必要なファイルをコピーできる発行機能が用意されています。ここでは、Webアプリケーションの発行機能を使用して本番環境にファイルを配置します。

Webアプリケーションの発行

ここでは、ダウンロードしたサンプルファイルの［¥VC2017Web¥完成版¥customer_action］フォルダーのプロジェクトを使用します。

プロジェクトの準備ができたら、以下の手順でWebアプリケーションの発行機能を使用して、本番環境にファイルをコピーします。開発環境のコンピューターをそのまま本番環境として利用する場合であっても、同じコンピューター内の開発用フォルダーと本番用のWebサイトのフォルダーを対象にしてWebアプリケーションの発行機能を使用できます。

なお、この節の内容は、本番環境のWebサイトが準備できていることを前提としています。準備が完了していない場合には、「第14章 インターネット インフォメーション サービス（IIS）の環境構築」を参照して、本番環境のWebサイトを構築してから作業を行ってください。

1

Visual Studioを終了する。

2

スタートボタンをクリックして、「V」のグループに含まれる［Visual Studio 2017］を右クリックして、ショートカットメニューの［その他］−［管理者として実行］をクリックする。

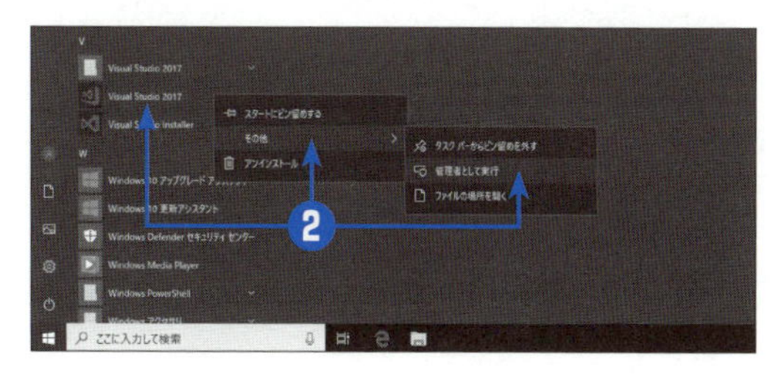

●［ユーザーアカウント制御］ダイアログボックスが表示された場合は、［はい］をクリックする。

●ここでは、アクセス制限が掛かっているIISのフォルダー（C:¥inetpub）にファイルをコピーするため、管理者としてVisual Studioを実行する。管理者として起動すると、Visual Studioのタイトルバーに「(管理者)」と表示される。なお、アクセス制限のないフォルダーにファイルをコピーする場合には、通常のアカウントで構わないため、通常通りVisual Studioを起動してもよい。

3

Visual Studioで開発環境のプロジェクトを開く。

●本書の手順では、［C:¥VC2017Web¥完成版¥customer_action］フォルダーのプロジェクトを開く。

4

ソリューションエクスプローラーで［customer_action］プロジェクトを選択して、［ビルド］メニューの［customer_actionの発行］をクリックする。

➡発行ページが開き、［発行先を選択］ダイアログボックスが表示される。

5

発行先として、[フォルダー] を選択する。[参照] ボタンをクリックして、[ターゲットの場所] ダイアログボックスで発行先のフォルダー（本書の手順では、[C:¥inetpub¥customer_action] フォルダー）を選択し、[開く] ボタンをクリックする。

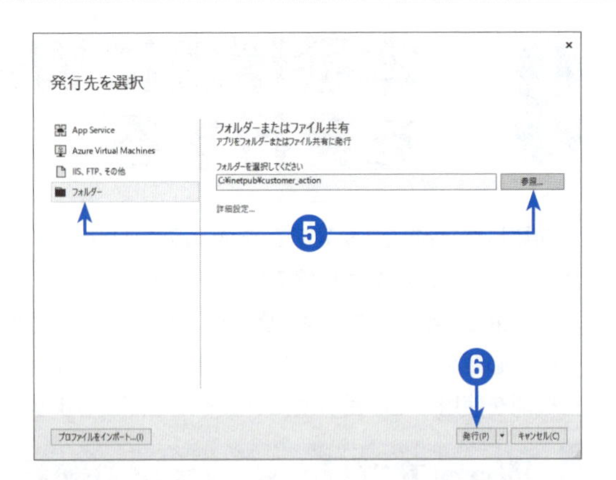

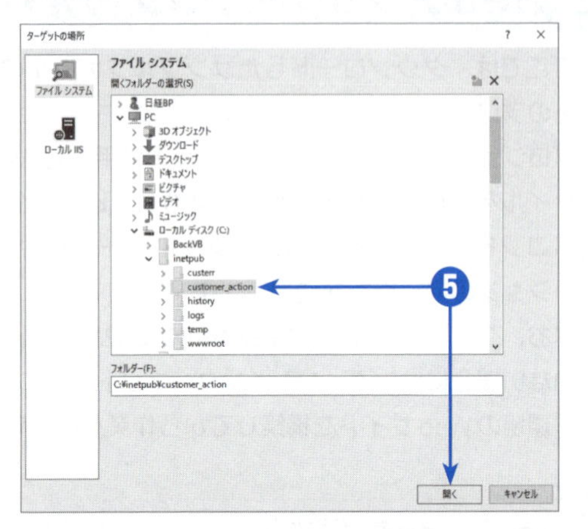

6

[発行] ボタンをクリックする。

➡ビルドが実行され、指定したフォルダーにWebアプリケーションが発行される。発行ページには発行先の情報が表示され、[出力] ウィンドウにビルドと公開のメッセージが表示される。

● [Web発行アクティビティ] タブをクリックすると、発行の状態と結果を確認できる。

●発行されるWeb.configファイルは、debug属性が削除されるなど、本番稼働用に修正されたものとなる。

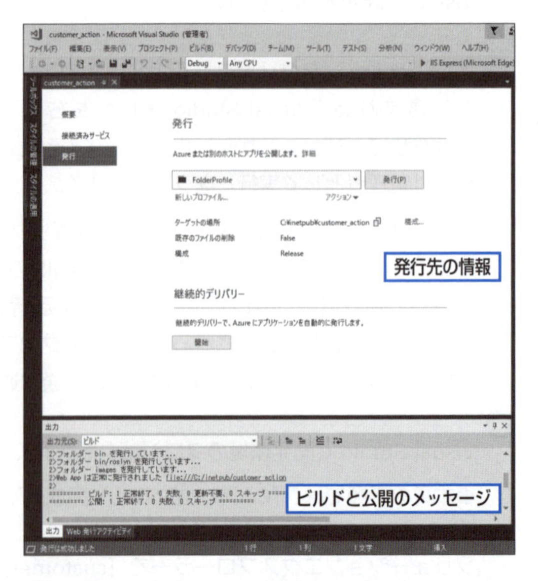

7

Windowsエクスプローラーで発行先のフォルダーを開く。

● [customer_action] フォルダーには、aspxファイルやスタイルシートファイル（cssファイル）、Web.configファイルなどが格納されていることがわかる。このフォルダーには、プログラムコードを記述したcsファイルはコピーされておらず、代わりに [bin] フォルダーにビルドされたcustomer_action.dllファイルが作成されている。

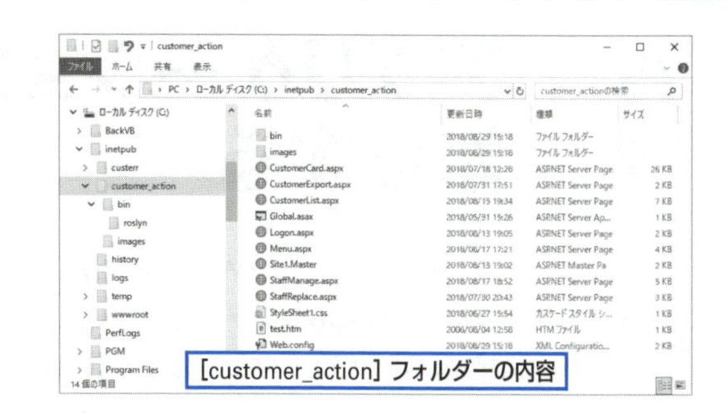

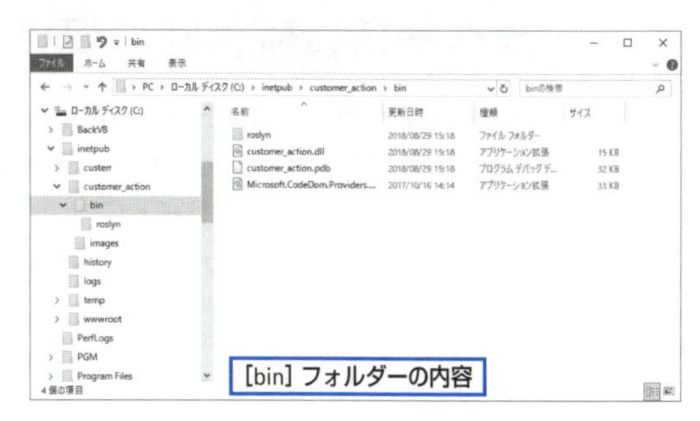

ヒント

プログラムを修正した場合

Webアプリケーションの発行後にプログラムを修正した場合には、再度この項の手順を実行します。なお、一度発行機能を使用すると、次回以降は手順6の処理後の発行ページが表示されるため、[発行] ボタンをクリックするだけでWebアプリケーションが発行されます。
発行先のフォルダーなどの設定を修正したいときには、[構成] リンクをクリックします。

ヒント

発行処理のプロファイル追加

発行ページで [新しいプロファイル] リンクをクリックすることで、発行処理のプロファイル（設定内容）を追加することができます。登録されたプロファイルは、ドロップダウンリストで選択でき、指定したプロファイルの内容でWebアプリケーションを発行することができます。プロファイルの名前変更や削除は [アクション] リンクをクリックして実行できます。

4 アプリケーション構成ファイルを修正する

アプリケーション構成ファイル（Web.config）には、Webアプリケーションで使用する環境設定の情報が格納されています。Web-DBシステムを本番環境で稼働させるためには、アプリケーション構成ファイルでデータベース接続情報を修正しなければなりません。

データベース接続情報の変更

データベースが稼働するコンピューターを変更する場合には、データベース接続情報の変更が必要です。Visual C#によるWebアプリケーションでは、データベース接続情報はアプリケーション構成ファイルに保存されているため、本番環境のWebサイトにファイルをコピーした後で修正できます。

以下の手順で、本番環境のアプリケーション構成ファイルを修正してください。

❶ メモ帳などのテキストエディターを管理者として起動する。

●Windows 10やWindows Server 2016であれば、スタートボタンをクリックして、「W」のグループに含まれる［Windowsアクセサリ］－［メモ帳］を右クリックして、ショートカットメニューの［その他］－［管理者として実行］をクリックする。

●［ユーザーアカウント制御］ダイアログボックスが表示された場合は、［はい］をクリックする。

●アクセス制限が掛かっているIISのフォルダー（C:¥inetpub）のファイルを修正するために、管理者として起動しなければならない。

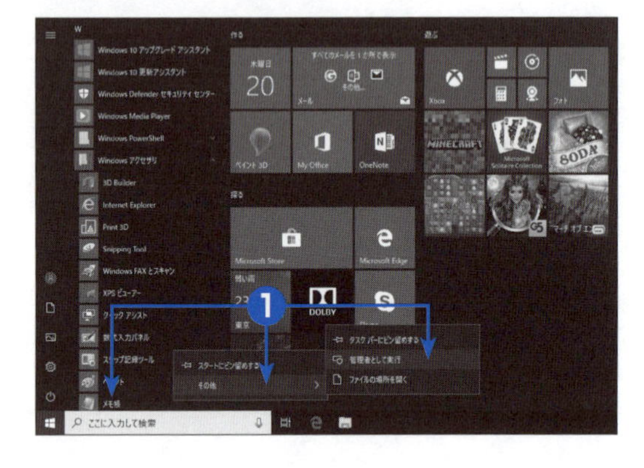

❷ 本番環境のWebサイトのフォルダー（本書の手順では、［C:¥inetpub¥customer_action］フォルダー）の［Web.config］を開く。

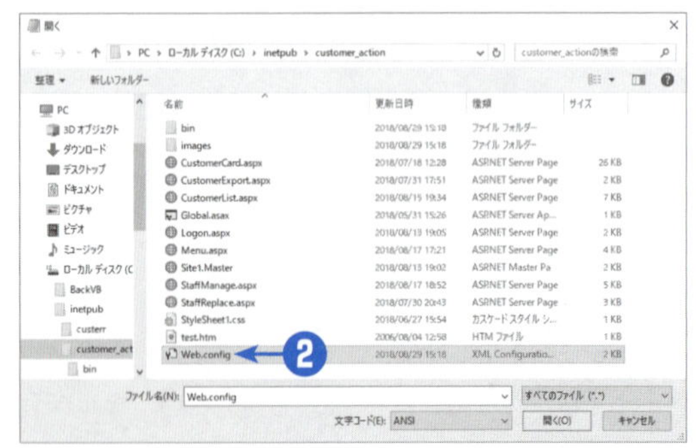

●メモ帳では、ファイルの種類を「すべてのファイル」に変更すると、Web.configを選択できるようになる。

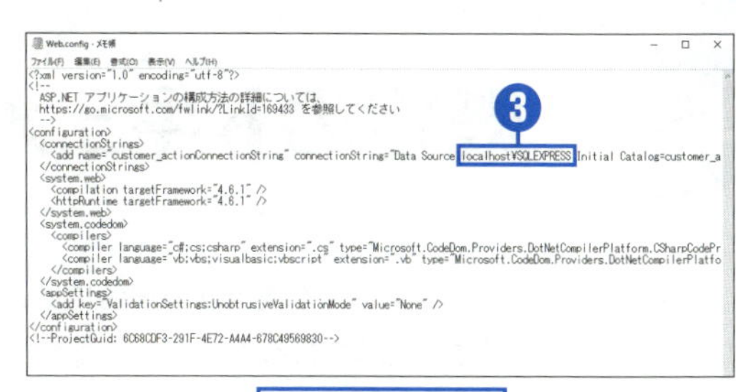

Web.configファイル

3

<connectionStrings>タグの中のconnectionString属性で、「Data Source＝」の後ろのコンピューター名¥インスタンス名（またはコンピューター名）を変更する。

- IISとSQL Serverを同じコンピューターで実行する場合には、コンピューター名の代わりに「localhost」と指定してもよい。「localhost」は、Webアプリケーションを実行しているコンピューターという意味になる。
- SQL Server 2017 Expressを使用している場合には、既定のインスタンス名が「SQLEXPRESS」であるため、コンピューター名¥SQLEXPRESSまたはlocalhost¥SQLEXPRESSと指定する。

4

修正が完了したら、ファイルを保存して閉じる。

以上で、アプリケーション構成ファイル（Web.config）の修正が完了しました。

既定のドキュメントを設定する

Webブラウザーでシステムを実行する場合には、Webサーバーと仮想ディレクトリの名前を指定するだけで、ログオン画面が表示されるようにしておくと便利です。IISでは既定のドキュメントを設定することで、仮想ディレクトリのURLでシステムを起動できます。

既定のドキュメントの設定

顧客対応管理システムでは、http://*computername*/customer_action/と入力した際に、http://*computername*/customer_action/Logon.aspxを表示するように設定します。

以下の手順で、IISマネージャーを起動して、既定のドキュメントを設定してください。

注意

この節の動作環境

この節では、すべてWindows 10に付属するIISマネージャー（バージョン10）の画面を掲載しています。他のバージョンのIISを使用している場合には、画面や操作方法が異なることがあるため、適宜該当する機能で操作してください。

1 スタートボタンをクリックして、「W」のグループに含まれる［Windows管理ツール］－［インターネット インフォメーション サービス（IIS）マネージャー］をクリックする。

➡ IISマネージャーが起動する。

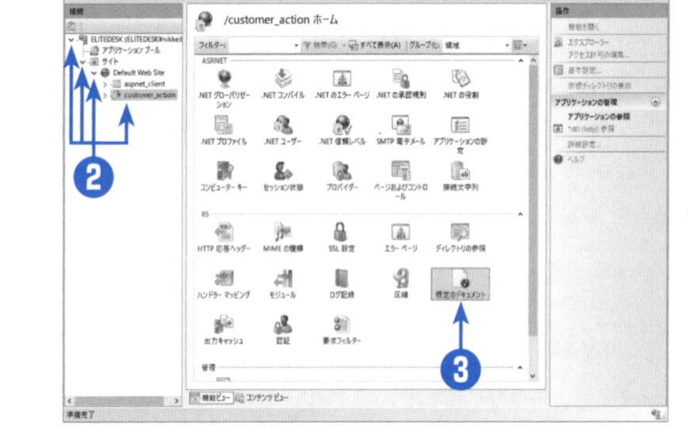

2 ［接続］ペインでコンピューター名－［サイト］－［Default Web Site］を展開して、［customer_action］をクリックする。

➡ 中央のペインに［/customer_action ホーム］が表示される。

● ［/customer_action ホーム］では、Webサイトに対するさまざまな設定を行うことができる。

3 中央のペインで［既定のドキュメント］をダブルクリックする。

➡ ［既定のドキュメント］の設定画面が表示される。

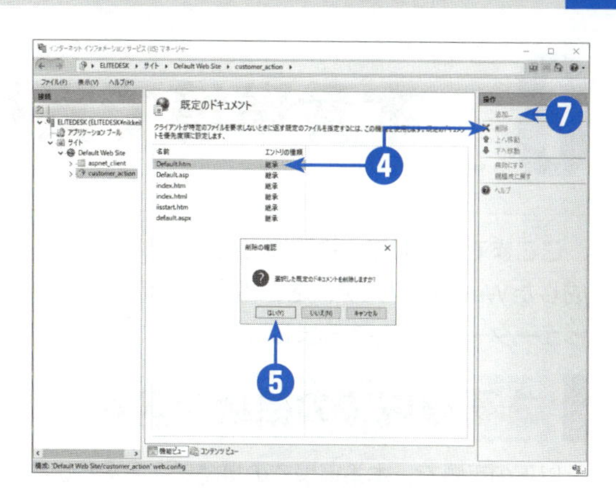

❹

［既定のドキュメント］の一覧で［Default.htm］を選択して［削除］をクリックする。

➡［削除の確認］ダイアログボックスが表示される。

●対象のドキュメントを選択して Delete を押してもよい。

❺

［はい］をクリックする。

➡一覧から［Default.htm］が削除される。

❻

手順❹、❺と同様にして、すべてのファイルを削除する。

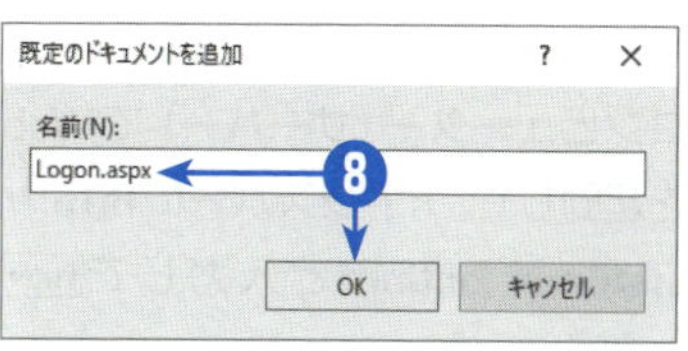

❼

［追加］をクリックする。

➡［既定のドキュメントを追加］ダイアログボックスが表示される。

❽

［名前］ボックスに**Logon.aspx**と入力して、［OK］をクリックする。

➡［既定のドキュメント］の一覧に［Logon.aspx］が追加される。

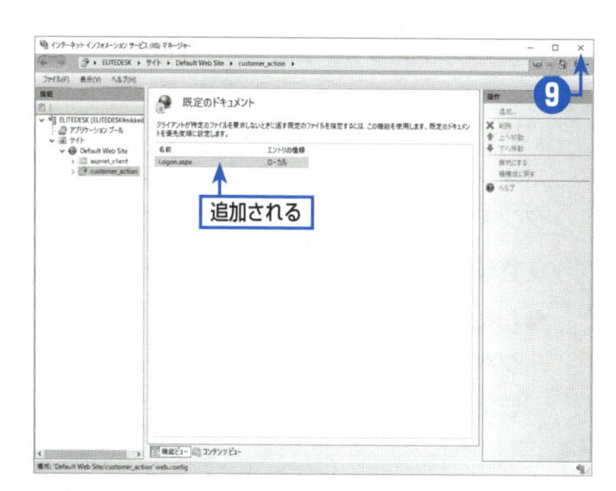

❾

IISマネージャーの閉じるボタンをクリックして、終了する。

以上のように設定することにより、http://*computername*/customer_action/と入力してWebサーバーに接続した場合に、http://*computername*/customer_action/Logon.aspxが表示されるようになります。

ヒント

［/customer_action ホーム］への戻り方

各設定画面から［/customer_action ホーム］に戻る場合には、左側のペインでWebサイト（仮想ディレクトリ）をクリックするか、IISマネージャーのツールバーで［ホーム］ボタンをクリックするか、ツールバーにある階層構造で［customer_action］をクリックします。

本番環境で実行する

ここまでの作業で本番環境で実行するWebアプリケーションの準備が整いました。それでは最終的に完成したWeb-DBシステムを、本番環境のコンピューター（サーバー）およびネットワーク上の別のコンピューターで実行してみましょう。

本番環境での接続テスト

以下の手順で、本番環境での接続テストを行います。

1 本番環境のコンピューター（サーバー）でWebブラウザーを起動して、アドレスバーに**http://localhost/customer_action/**と入力して Enter を押す。

➡ [ログオン] フォームが表示される。

2 [ユーザー ID] ボックスに**koga**、[パスワード] ボックスに**a0022**と入力して、[ログオン] ボタンをクリックする。

➡ 管理者用の[メニュー]フォームが表示される。

● [メニュー] フォームが表示されれば、データベースと正しく接続されたことが確認できたことになる。

3 ネットワーク上のクライアントでWebブラウザーを起動して、アドレスバーに**http://*computername*/customer_action/**と入力して Enter を押す。

➡ [ログオン] フォームが表示される。

● *computername*には、本番環境のコンピューター名（サーバー名）を入力する。

4 [ユーザー ID] ボックスに**koga**、[パスワード] ボックスに**a0022**と入力して、[ログオン] ボタンをクリックする。

➡ 管理者用の [メニュー] フォームが表示される。

以上のように、ネットワーク上のコンピューターから本番環境のWebサーバーに接続して、[メニュー] フォームまで表示できれば、基本的な接続テストは完了です（確認ができたら、Webブラウザーの閉じるボタンをクリックして、プログラムの実行を終了してください)。この手順のいずれかでうまく動作しない場合には、以下の点を確認してください。

●手順❶で表示されない場合

Webブラウザーに入力したURLアドレスを再度確認してください。正しいURLアドレスで動作しない場合には、本番環境でIISまたはASP.NETが動作していない可能性があります。

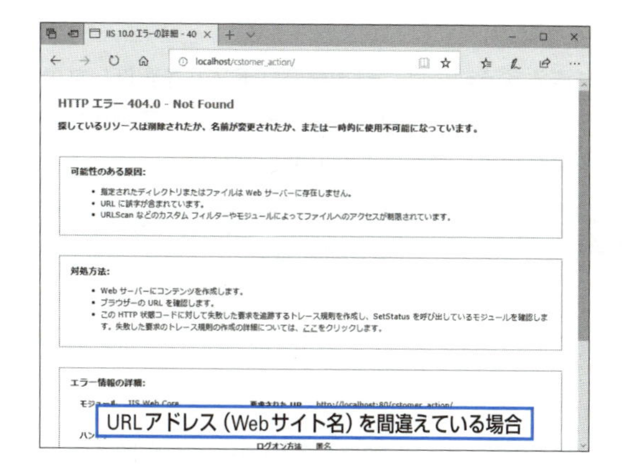

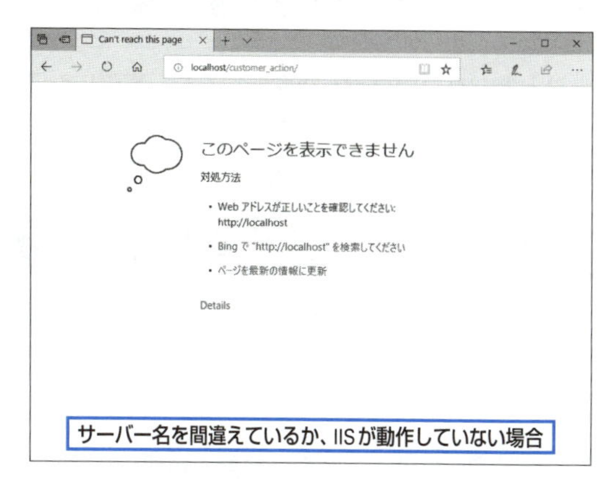

●手順❷でログオンできない場合

正しいユーザーアカウントを入力してもシステムにログオンできない（エラーメッセージ「ユーザーIDまたはパスワードが違います」が表示される）場合には、SQL Serverが動作していないか、IISがSQL Serverと正しく接続できていない可能性があります。SQL Serverのサービスが開始されていることを確認してください。また、第4章の「7 SQL Serverの認証方法を設定する」で設定したデータベースユーザー（ログイン）を確認してください。

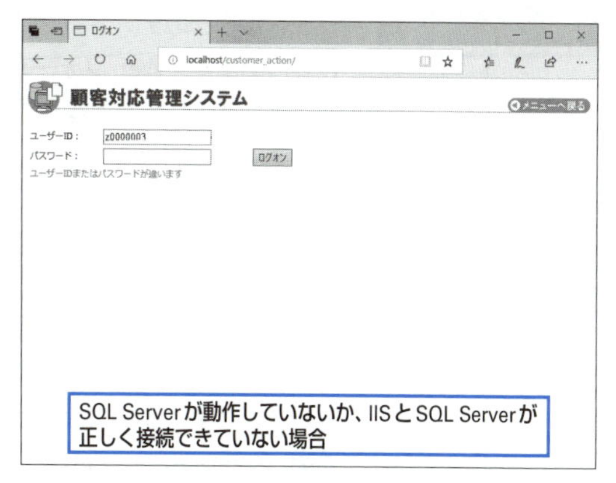

SQL Serverにcustomer_actionデータベースが作成されていないことも考えられます。Management Studioを起動して、customer_actionデータベースが作成されていること、4つのテーブル（tbl_customer、tbl_company、tbl_action、tbl_staff）およびvw_customer_viewビューが正しく作成され、データが格納されていることを確認してください。

●手順❸で表示されない場合

Webサーバーでファイアウォールが動作していることなどが原因で、ネットワーク上のクライアントとWebサーバーがhttpプロトコルで接続できていないことが考えられます。第14章の「3 Webサイトの接続をテストする」の手順で、再度クライアントからWebサーバーにhttpプロトコルで正しく接続できているかどうかを確認してください。

7 完成したWeb-DBシステムをテストする

ひととおりプログラムが完成しても、実際にシステムを導入する前には、必ず綿密なテストを実施しなければなりません。特にデータベースを利用したWeb-DBシステムでは、登録されるデータによって動作が変わることも多いため、想定されるすべてのパターンのデータを利用したテストが必要となります。

Web-DBシステムのテスト手順

代表的なテストには、以下のようなものがあります。システムの規模によってテストの方法や手順は異なりますが、以下のようなテストを行うのが一般的です。

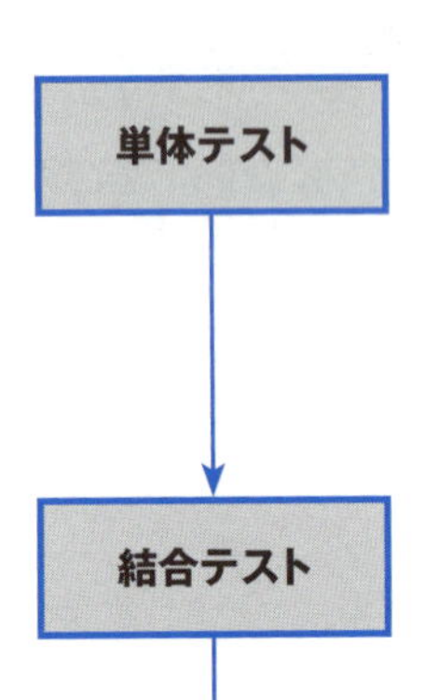

単体テスト

画面、帳票、各処理の個別の機能について、正しく動作していることを確認するモジュールごとのテスト。プログラムのすべての処理を実行できるテストケースを作成して行います。Webフォームであれば、個々のフィールドにデータが正しく入力できること、不正な値を登録した場合に適切なエラー処理がなされていることなどを検証します。

結合テスト

それぞれのプログラムを結合したときに、意図したとおりに正常に動作することを検証します。本書で開発している顧客対応管理システムであれば、[ログオン] フォームでWeb-DBシステムにログオンし、[メニュー] フォームから各機能を動作させて、それぞれの機能が正しく実行できることを確認します。
また、システムを利用するユーザーのクライアント環境に合わせて、対象とするすべてのOSとWebブラウザーで正しくWebページが表示され、正常に動作することを検証します。

運用テスト

実際の運用方法や手順に合わせてシステムの操作を行います。運用テストの際には、事前に本番に近いデータを準備した上でテストを実施することが一般的です。システムを利用するエンドユーザーにテスト作業に参加してもらったり、エンドユーザーにテストを実施してもらったりすることもあります。

総合テスト

最終的なテストとして、すべての機能を通して利用した場合にシステム全体が正しく動作するかどうかを検証します。システムの負荷や障害発生時の動作などのテストを実施することもあります。

ヒント

どこまでのテストを開発環境で行うのか

すべてを本番環境でテストするのが理想的ですが、本番環境でのテストやデバッグ作業にはどうしても余分な手間がかかってしまうものです。そのため、前述のテストのうち、単体テストと基本的な結合テストまでを開発環境で行い、結合テスト以降を本番環境で行うことが現実的なテスト方法と言えます。ただし、本番環境が客先に設置されているサーバーになるような場合には、開発環境の他に、テスト用の本番環境を準備しておいて、そこで運用テストまで実施する方法も検討してください。

Web-DBシステムでのテストにおいて、注意しなければならないことは、Visual Studioの統合開発環境上で動作していても、IISで実行したときに同じように動作することが保証されているわけではないという点です。特に、本番環境とは異なるOSやソフトウェア（データベースソフトのバージョンなど）で開発を行っている場合には、本番環境に移行した後で、必ずすべての機能に対してテストを実施するようにしてください。

テスト仕様書の作成

システムの規模やテスト方法によって異なりますが、一般的な業務システムでは網羅的にテストを実施するために、あらかじめテスト項目を記載した「テスト仕様書」を作成します。テスト仕様書は、前述の単体テスト、結合テスト、運用テスト、総合テストごとに、異なるフォーマットで作成します。

テストの種類	テスト項目の例
単体テスト	●設計書に記載された仕様どおりにプログラムが動作するか。
	●正しくデータが表示されているか。
	●データは正しく登録できるか。登録が必要な項目には、必須入力チェックが設定されているか。
	●特殊な値（空データ、長すぎる文字列、大きすぎる値など）の入力に対応しているか。
	●型が違うデータ（数値の項目に数字以外の文字列が入力されるなど）の入力に対応しているか。
結合テスト	●メニュー画面から各機能に正しく遷移するか。
	●ある画面でデータを登録したり削除したりした際に、他の機能に影響はないか。
	●入力したデータが正しく帳票に出力されているか。
	●入力したデータが正しく集計されているか。
	●入力したデータが正しくファイルに出力されているか。
	●ターゲットの環境（OS、Webブラウザーなど）で正しく動作するか。
運用テスト	●毎日の処理が正しく実行できるか。
	●日常的なマスターの変更（顧客やユーザーの追加など）が正しく実行できるか。
	●定期的な更新処理が正しく実行できるか（担当者の異動処理や退職処理など）。
	●月次の処理や年度末の処理は正しく実行できるか。
総合テスト	●本番環境のネットワーク、サーバー、クライアントを利用して、すべての機能が正しく実行できるか。
	●複数のユーザーが同時にシステムを利用することができるか。
	●適正な負荷（5人のユーザーが同時に利用するなど）をかけても、システムが正しく動作するか。
	●データベースに準備された稼動時のマスターやデータが正しいものであるか。

注意

実際の業務システムでのテスト

実際の開発現場では、システムの内容、システムの規模、ユーザーの数、スケジュールなどの条件によって、テスト方法が変わります。ここで紹介しているテストの例は、比較的一般的なものですが、開発するシステムによって、テストの種類や方法が大きく異なるということに注意してください。

8 データベースのバックアップと復元

実際の業務でWeb-DBシステムの運用を開始した後には、必ず何らかの方法でデータベースの定期的なバックアップを行わなければなりません。バックアップにはさまざまな方法がありますが、ここではManagement Studioを利用したバックアップと復元の方法を紹介します。

Management Studioによるデータベースのバックアップ

ここでは、Management Studioを使用して、SQL Serverデータベースのバックアップと復元の操作方法を説明します。

以下の手順で、customer_actionデータベースをバックアップします。

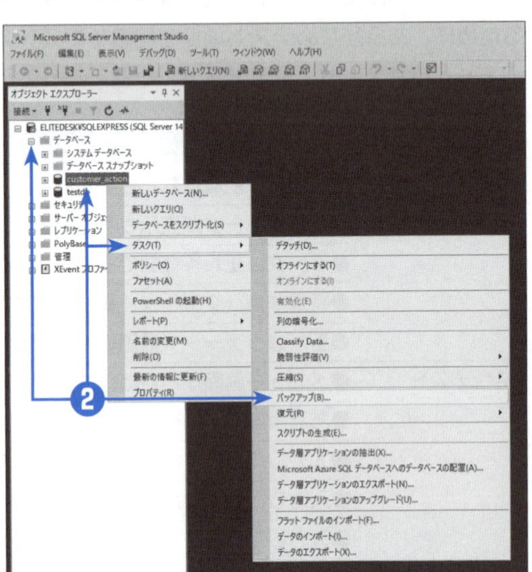

1. Management Studioを起動して、SQL Serverに接続する。
2. オブジェクトエクスプローラーで［データベース］を展開し、［customer_action］を右クリックして、ショートカットメニューの［タスク］－［バックアップ］をクリックする。
   - ➡［データベースのバックアップ］ダイアログボックスが表示される。
   - ●［データベースのバックアップ］ダイアログボックスでは、バックアップの種類やバックアップ先など、バックアップ操作に関するオプションを指定できる。
3. ［ソース］グループの［バックアップの種類］ボックスで［完全］を選択する。
4. ［バックアップ先］ボックスの一覧に、前回実行したバックアップのファイル名が表示されている場合は、ファイル名を選択して［削除］をクリックする。
   - ➡［バックアップ先］ボックスの内容が消去される。
   - ●前回のバックアップファイルが一覧に存在する場合、そのファイルがバックアップの対象となる（同じファイルに上書きしたり、バックアップを追加したりする場合には、前回のバックアップファイルをそのまま使用してもよい）。

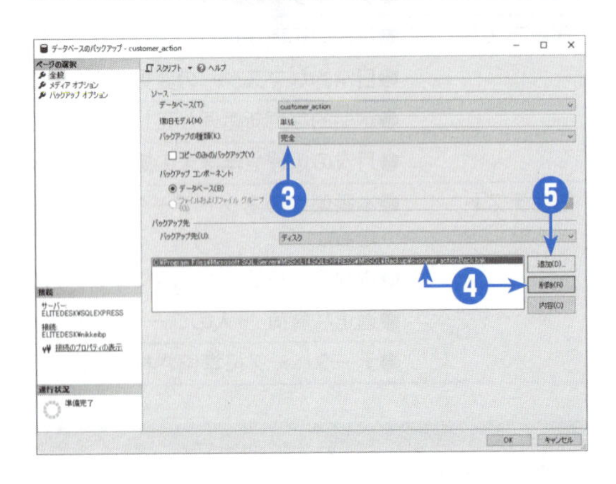

5
［追加］をクリックする。

➡［バックアップ先の選択］ダイアログボックスが表示される。

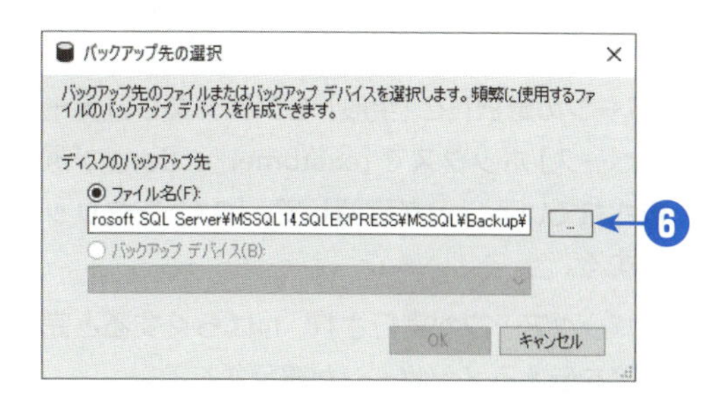

6
［ファイル名］ボックスの右側にある［...］をクリックする。

➡［データベースファイルの検索］ダイアログボックスが表示される。

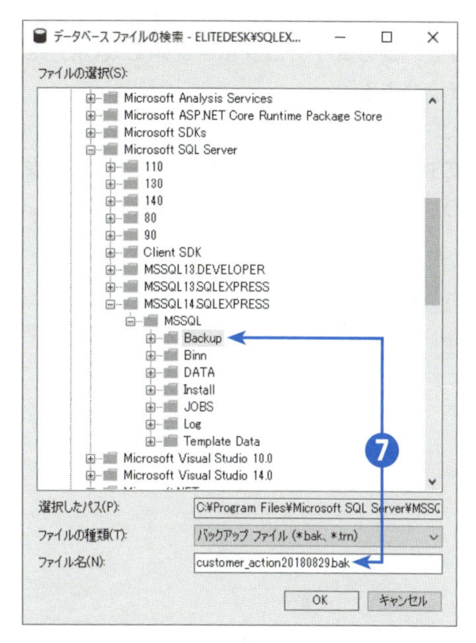

7
［ファイルの選択］ボックスで保存先のフォルダーを選択して、［ファイル名］ボックスにバックアップファイルのファイル名を指定する。ここでは、既定のフォルダーのままで、［ファイル名］ボックスに**customer_action*yyyymmdd*.bak**（*yyyymmdd*は今日の日付）と入力して、［OK］をクリックする。

8
［バックアップ先の選択］ダイアログボックスで［OK］をクリックする。

➡［データベースのバックアップ］ダイアログボックスの［バックアップ先］ボックスの一覧に、バックアップ先のフルパスのファイル名が設定される。

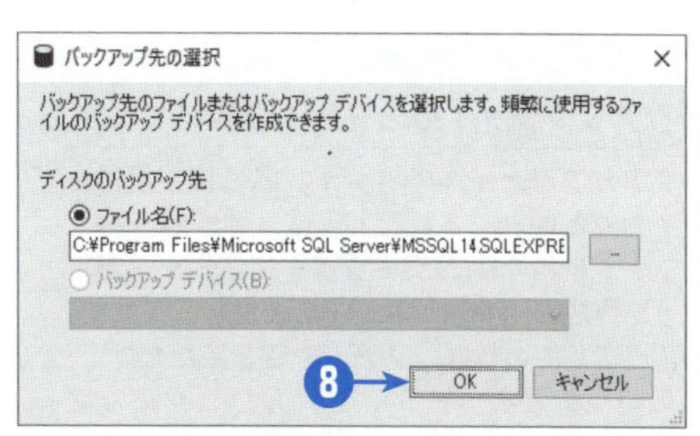

9
［ページの選択］で［メディアオプション］をクリックして、［メディアを上書きする］グループで［既存のすべてのバックアップセットを上書きする］を選択する。

●1つのバックアップファイルには、複数のバックアップセットを保存することもできる。

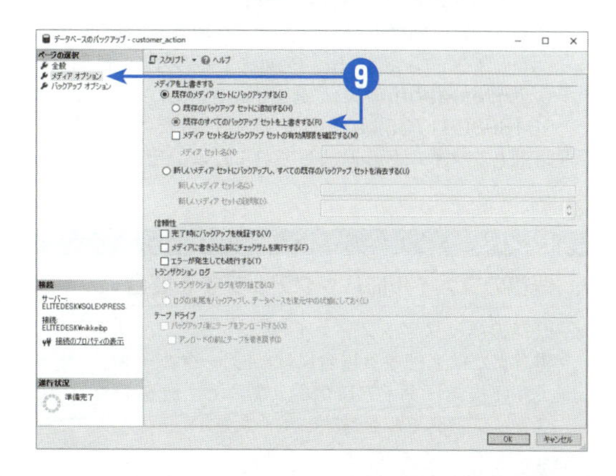

10 [ページの選択] で [全般] をクリックし、[データベース] ボックスで [customer_action] が選択されていることを確認して、[OK] をクリックする。

➡ バックアップが実行され、しばらくすると完了を伝えるメッセージが表示される。

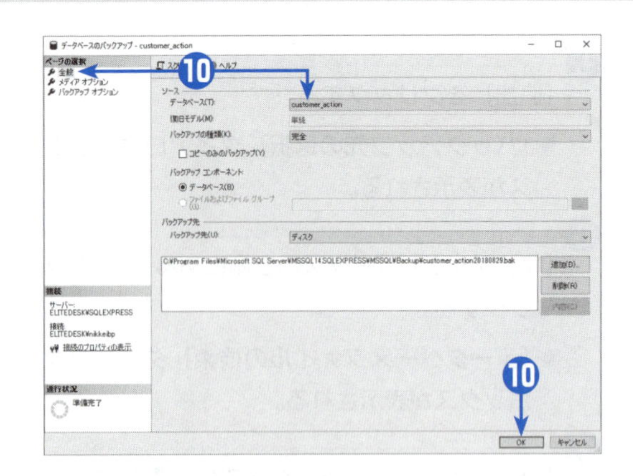

11 メッセージのダイアログボックスで [OK] をクリックする。

以上の操作で、指定したフォルダーにデータベースのバックアップファイルが作成されました。

ヒント

バックアップファイルのファイル名

バックアップファイルのファイル名には、日付を含めておくと便利です。たとえば、手順❼で指定したファイル名では、「データベース名」+「バックアップ作成日 (*yyyymmdd*)」を設定しています。このようにしておけば、ファイル名を見ただけで、いつの時点のどのデータベースのバックアップファイルなのかひと目でわかります。

なお、一日に何度もバックアップを取る場合には、「データベース名」+「バックアップ作成日時 (*yyyymmddhhnn*)」(例:customer_action 201808291735.bak) のように、日付だけでなく時刻もファイル名に追加しておくとよいでしょう。

ヒント

既存のファイルにバックアップする場合

既存のバックアップファイルにバックアップを上書きまたは追加する場合には、[データベースファイルの検索] ダイアログボックスで、既存のバックアップファイルを選択してください。

注意

バックアップファイルの保存先

Management Studioで作成したバックアップファイルは、SQL Serverが稼働しているコンピューターのフォルダーに保存されます。クライアントからサーバー上のSQL Serverをリモートで操作している場合であっても、クライアントのフォルダーに直接バックアップすることはできません。

ヒント

定期的なバックアップ

SQL Serverでデータベースを定期的にバックアップする際には、メンテナンスプランを利用します。メンテナンスプランを使用すると、指定したスケジュールでデータベースのバックアップやインデックスの再構築等の保守作業を自動的に実行できます。

なお、メンテナンスプランはExpressエディションでは利用できません。

ヒント

SQL Server 2017における復旧モデル

SQL Server 2017では、データベースごとに次の3種類の復旧モデルのいずれかを設定することができます。

復旧モデル	説明
完全 (FULL)	トランザクションログ※には、データベースに対する処理の履歴が完全に記録される。トランザクションログのデータは増加し続けるため、定期的なトランザクションログのバックアップが必要。定期的にトランザクションログをバックアップしておくことで、その時点のデータに戻すことができる。
一括ログ (BULK_LOGGED)	「完全」と同様にトランザクションログが保存されるが、一括操作については最小限のログだけが記録される。そのため、一括操作のパフォーマンスが向上する。定期的なトランザクションログのバックアップが必要。
単純 (SIMPLE)	トランザクションログには、トランザクション処理における作業中のデータだけが一時的に保存される。不要になったトランザクションデータは自動的に削除されるため、トランザクションログのバックアップは不要（バックアップできない）。バックアップは完全または差分のみが可能となり、データベースを復旧する場合には、完全または差分のバックアップ時点までとなる。

データベースの復旧モデルを確認するには、対象のデータベースを右クリックして表示されるショートカットメニューの［プロパティ］をクリックして、［データベースのプロパティ］ダイアログボックスを表示します。［ページの選択］で［オプション］をクリックすると、右側のペインに［復旧モデル］ボックスが表示され、現在の状態を確認したり、変更したりすることができます。

通常のデータベースでは、復旧モデルを「完全」に設定したままで構いません。システムにおいて、一括処理のクエリを多用する場合には、パフォーマンスを向上させるために、「一括ログ」に変更してもよいでしょう。「完全」または「一括ログ」の場合には、定期的な作業として、トランザクションログのバックアップを実行するようにしてください。「単純」は、小規模なシステムや一時的なデータしか格納しないシステムで利用してください。なお、customer_actionデータベースは「単純」に設定されています。

SQL Server 2017 Expressでは既定の復旧モデルが「単純」になっていますが、［データベースのプロパティ］ダイアログボックスで「完全」や「一括ログ」に変更することができます。

新しく作成するデータベースにおける既定の復旧モデルを変更したい場合には、［システムデータベース］に含まれるmodelデータベースの復旧モデルを変更してください。

用語

トランザクションログ

SQL Serverデータベースのファイルは、「データ」と「ログ」の2つのファイルとして格納されます。ログとはトランザクションログのことで、データベースに対して加えられた修正を記録する役割を持ちます。

多くのデータベースソフトでは、トランザクションを別に保管することで、障害発生時のロールバック（第2章の「6 SQLの概要」を参照）を実現しています。

Management Studioによるデータベースの復元

Management Studioでバックアップしたファイルは、Management Studioを使用して復元することができます。ここでは、先ほどバックアップしたデータベースのバックアップセットをデータベースに復元してみましょう。

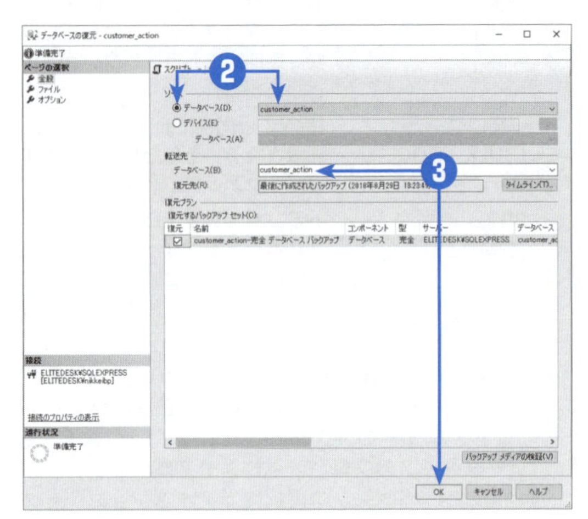

1. Management Studioのオブジェクトエクスプローラーで［customer_action］を右クリックして、ショートカットメニューの［タスク］－［復元］－［データベース］をクリックする。
   - ［データベースの復元］ダイアログボックスが表示される。
2. ［ソース］グループで［データベース］を選択し、右側のボックスで［customer_action］を選択する。
   - ［復元するバックアップセット］ボックスの一覧に、前述の手順で作成したデータベースのバックアップセットが表示される。
   - 別のコンピューターにデータベースを復元する際には、バックアップファイルを復元先のコンピューターにコピーしてから、［ソース］グループで［デバイス］を選択し、右側のボックスでバックアップファイルを指定する。

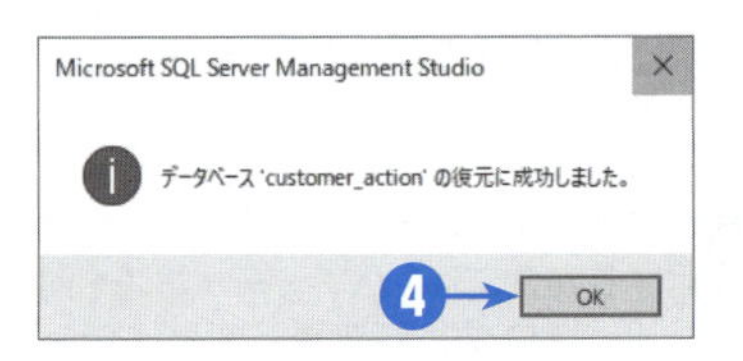

3. ［転送先］グループの［データベース］ボックスで対象とするデータベース（［customer_action］）が選択されていることを確認して、［OK］をクリックする。
4. データベースの復元処理が実行され、完了を伝えるメッセージが表示されるので、［OK］をクリックする。

以上で、バックアップファイルからデータベースを復元することができました。

ヒント

排他アクセスが獲得できないとき

いずれかのユーザーが処理対象のデータベースを利用しているときには、排他アクセスを獲得できずに復元処理が失敗します。その場合には、データベースに接続しているすべてのアプリケーションを終了して、少し時間をおいてから再度復元処理を実行するようにしてください。それでも復元できない場合には、Management StudioやVisual Studioなどを利用していないか、確認してください。

注意

データベースの復元における注意事項

データベースを復元すると、データベースに格納されている定義情報、格納データ、ビューやストアドプロシージャなど、すべての情報がバックアップファイルの内容に置き換えられてしまいます。そのため、データベースの復元作業を行う際には、慎重に操作しなければなりません。

ヒント

別のデータベースへの復元

バックアップファイルを別のデータベースや保存先の異なるデータベースに復元する場合には、まず［ソース］グループの［デバイス］でバックアップファイルを指定し、［転送先］グループの［データベース］で復元先のデータベースを選択します。次に、［ページの選択］で［オプション］を選択し、［復元オプション］グループで［既存のデータベースを上書きする］チェックボックスをオンに設定します。このとき、［ログ末尾のバックアップ］グループの［復元の前にログ末尾のバックアップを実行する］チェックボックスがオンになることがありますが、別のデータベースに復元する場合はオフにして構いません。さらに、［ページの選択］で［ファイル］を選択し、それぞれのデータベースファイル（行データとログ）で、復元先のデータベースのフルパスのファイル名を指定します。

SQLステートメントの生成

Management Studioでは、スクリプトの生成機能を利用して、データベース全体をSQLステートメントとして生成することができるようになっています。この機能は、データベースのバックアップにも利用することができます。

SQLステートメントの生成は、以下の手順で使用してください。

❶Management Studioのオブジェクトエクスプローラーで対象のデータベースを右クリックして、ショートカットメニューの［タスク］－［スクリプトの生成］をクリックする。
　➡スクリプトの生成とパブリッシュウィザードが起動して、［説明］ページが表示される。

❷［次へ］をクリックする。
　➡［オブジェクトの選択］ページが表示される。
　●［オブジェクトの選択］ページでは、作成対象のオブジェクトを選択できる。

❸［次へ］をクリックする。
　➡［スクリプト作成オプションの設定］ページが表示される。
　●［スクリプト作成オプションの設定］ページでは、保存方法を指定できる。

❹［詳細設定］をクリックする。
　➡［スクリプト作成の詳細オプション］ダイアログボックスが表示される。

❺［全般］グループにある［スクリプトを作成するデータの種類］を［スキーマとデータ］に設定して、［OK］をクリックする。
　●スキーマとは、テーブルやリレーションなどの情報、つまりデータベースの枠組みを表す。既定では「スキーマのみ」となっているため、この設定を変更しないとデータが含まれないことになる。

❻［スクリプト作成オプションの設定］ページで保存方法を設定して、［次へ］をクリックする。
　➡［概要］ページが表示される。

❼［次へ］をクリックする。
　➡出力処理が実行され、SQLステートメントのファイルが生成される。

❽［完了］をクリックして、ウィザードを終了する。

出力されるSQLステートメントには、全テーブルの作成とデータの挿入、ビューの作成などが含まれています。生成されたSQLステートメントをデータベースで実行することで、テーブルとビューが復元され、データが挿入されます（SQLステートメントの実行方法は、第4章の「5 サンプルデータベースを準備する」を参照してください）。

記号

A

B

C

D

E

F

X

あ

か

さ

た

な

は

ま

や

ら

わ

●著者紹介

ファンテック株式会社（http://www.funtech.co.jp/）

平成2年設立。業務システムの設計・開発、インターネットによるASPサービスの提供、パッケージソフトの開発を主な業務にしている。
大手百貨店、大手不動産会社、自治体、大学などを対象に、主にSQL Serverを使用した業務システムの開発実績を持つ。また、パッケージソフトとして、データベースを利用した栄養計算ソフトや電子文書管理ソフトの開発も行う。

五百蔵　重典（いおろい　しげのり）

東京理科大学 理学部応用数学科卒業。北陸先端科学技術大学院大学 情報科学研究科博士後期課程修了。博士（情報科学）。
現職、神奈川工科大学 情報学部情報工学科教授、専修大学 商学部非常勤講師、北陸先端科学技術大学院大学 教育連携客員教授。ソフトウェア工学を専門として、プログラミング言語の実装および仕様記述言語に興味を持ち、研究を続ける毎日である。

ひと目でわかる
Visual C# 2017 Webアプリケーション開発入門

2018年10月29日　初版第1刷発行

著　　者　ファンテック株式会社 / 五百蔵 重典
発 行 者　村上 広樹
発　　行　日経BP社
　　　　　東京都港区虎ノ門4-3-12　〒105-8308
発　　売　日経BPマーケティング
　　　　　東京都港区虎ノ門4-3-12　〒105-8308
装　　丁　コミュニケーションアーツ株式会社
DTP制作　持田 美保
印刷・製本　図書印刷株式会社

ISBN978-4-8222-5378-3　Printed in Japan